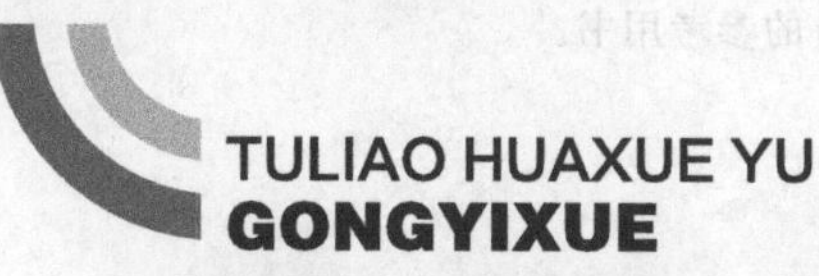

涂料化学与工艺学

官仕龙　主编

化学工业出版社

·北京·

本书系统地介绍了涂料化学和涂料工艺学知识。全书共14章，重点介绍了涂料的基本组成和作用；涂料的化学基础；涂料用树脂（包括醇酸树脂、聚酯树脂、丙烯酸树脂、聚氨酯树脂、环氧树脂、氨基树脂、氟硅树脂等）的合成原理、原料、工艺和实例；涂料用颜填料、助剂、涂料配方原理；涂料的涂装工艺；涂膜的形成机理；涂料的工业应用；绿色环保型涂料；以及涂料的生产工艺及设备。书中既有理论知识，又有配方设计和生产实例，精简又不失系统。

本书可作为高等院校精细化工及相关专业的教材，也可作为从事涂料生产和经营人员的培训教材，同时还可作为从事涂料教学、科研人员的参考用书。

图书在版编目（CIP）数据

涂料化学与工艺学/官仕龙主编．—北京：化学工业出版社，2013.3（2019.8重印）
ISBN 978-7-122-16307-3

Ⅰ．涂…　Ⅱ．官…　Ⅲ．①涂料-应用化学②涂料-工艺学　Ⅳ．TQ630.1

中国版本图书馆CIP数据核字（2013）第006909号

责任编辑：成荣霞　　文字编辑：糜家铃
责任校对：陶燕华　　装帧设计：王晓宇

出版发行：化学工业出版社（北京市东城区青年湖南街13号　邮政编码100011）
印　　装：北京七彩京通数码快印有限公司
710mm×1000mm　1/16　印张21½　字数428千字　2019年8月北京第1版第7次印刷

购书咨询：010-64518888　　售后服务：010-64518899
网　　址：http://www.cip.com.cn
凡购买本书，如有缺损质量问题，本社销售中心负责调换。

定　　价：78.00元

前　言

近年来，随着国民经济的持续发展，特别是汽车工业、船舶工业、建筑行业、桥梁产业以及家庭装饰业的发展，涂料作为保护、装饰、美化物体表面的涂装材料得到长足的发展，涂料的品种迅速增加，性能不断提高，应用范围越来越广，在推动工业、农业、国防、科学技术的发展以及人们日常生活水平的提高方面起着积极、重要的作用。涂料必将成为国民经济的支柱产业之一。

为了进一步促进涂料行业人才的培养，笔者在参考国内相关教材和书籍、查阅大量文献资料的基础上，结合多年的教学与科研实践，编写了《涂料化学与工艺学》一书。本书既介绍涂料化学知识，又介绍涂料生产工艺、生产设备、涂料涂装等涂料知识，是将涂料化学与涂料工艺学有机的统一。全书共 14 章，重点介绍了涂料的基本组成和作用；涂料的化学基础；涂料用树脂（如醇酸树脂、聚酯树脂、丙烯酸树脂、聚氨酯树脂、环氧树脂、氨基树脂、氟硅树脂）的合成原理、合成原料、合成方法和合成实例；以及涂料用颜填料、助剂、涂料配方原理；涂料的涂装工艺；漆膜的形成机理；涂料的工业应用；新型绿色环保型涂料；涂料生产工艺及设备。书中既有理论知识，又有配方设计和生产实例，力求理论与实践的结合，精简不失系统，直观不失完美，表达力求清楚明了，做到简明扼要，易学易懂。

本书可作为高等院校精细化工及相关专业的教材，也可作为从事涂料生产和经营的工作人员的培训教材，同时还可作为从事涂料教学、科研人员的参考用书。

全书由官仕龙教授统稿和定稿，第 10 章和第 11 章由胡登华编写，第 14 章由陈协编写，其余各章由官仕龙教授编写。本书的编写得到武汉工程大学绿色化工过程省部共建教育部重点实验室的支持，也得到涂料界朋友、同仁的无私帮助，在此深表感谢。由于作者水平有限，书中疏漏之处在所难免，敬请读者批评指正。

编　者

于 2013 年 1 月

目 录

第1章　绪　　论

1.1　概述

涂料，是一种涂装材料。具体地讲，涂料就是可以用不同的施工工艺涂覆在物件表面，在一定的条件下能形成黏附牢固、具有保护装饰或特殊性能（如绝缘、防腐、防霉、耐热、标志等）的固态涂膜的一类液体或固体材料的总称。涂料是以高分子材料为主体，以有机溶剂、水或空气为分散介质的多种物质的混合物。高分子材料是形成涂膜、决定涂膜性质的主要物质，称为主要成膜物。由于早期的主要成膜物为植物油或天然树脂漆，所以常称涂料为油漆。现在合成树脂已大部分或全部取代天然植物油或漆，所以现在统称为涂料。但在具体的涂料品种名称中有时还延用“漆”表示涂料，如调和漆、磁漆等。

如果高分子材料为有机物，则该涂料称为有机涂料；若为无机物，则称为无机涂料。完全以有机溶剂为分散介质的涂料称为溶剂型涂料；完全或主要以水为分散介质的涂料称为水性涂料；不含溶剂或其他分散介质的固体涂料称为粉末涂料。涂料中含有的可挥发性有机化合物称为有机挥发分（VOC），VOC 值越高，涂料施工过程中，对环境污染越严重，造成的资源浪费越多，因此 VOC 值是衡量涂料对环境友好与否的重要指标。

1.2　涂料的基本组成

涂料经过施工在被涂物表面形成涂膜，因而涂料组成中必须包含有黏结性、组成涂膜的组分，这种组分是最主要的，是每种涂料必须含有的，这种组分称为成膜物质。为便于施工，有时需将涂料进行稀释或分散，这就需要分散介质。在带颜色的涂料中，还必须加入颜料。为了便于施工，以得到理想的涂膜，涂料中还必须加入各种助剂。因此，涂料一般包含四大组分：成膜物质、分散介质、颜填料和助剂。

（1）成膜物质

成膜物质又称基料、涂料用树脂，为主要成膜物质，是使涂料牢固附着于被涂物表面、形成连续薄膜的主要物质，是构成涂料的基础，决定着涂料的基本性质。成膜物质可分为天然高分子化合物和合成高分子化合物两大类，其中合成高分子化合物在涂料成膜物质中占主导地位，主要有醇酸树脂、聚酯树脂、丙烯酸树脂、聚氨酯树脂、环氧树脂、氨基树脂、氟硅树脂、高氯化聚乙烯、氯化橡胶等。天然高分子来自自然界，常用的有以矿物为来源的沥青、以植物为来源的生漆、以动物为来源的虫胶等。沥青涂料不仅耐腐蚀性能良好，而且来源广泛，价格便宜。生漆是我国的特产，有很多优良的性能，使用已有几千年的历史。由于不同的树脂有不同的化学结构，其理化性质和力学性能各异，有的耐候性好，有的耐溶剂性好或力学性能好，因此其应用范围不同。

（2）分散介质

分散介质又称溶剂或稀释剂。除无溶剂涂料外，一般液体涂料中都加有分散介质，其在涂料组分中占比例较大，通常达到50％（体积分数）。分散介质在涂料中起着溶解或分散成膜物质的作用，并能改善颜料润湿与分散性能，调整成膜物质和涂料的黏度，改善涂料流动性，使涂料形成平整光滑的涂膜，以满足各种涂料施工工艺的要求。涂料涂覆在物件表面后形成液膜，分散介质从液膜中挥发，使液膜干燥成固态的漆膜。水性涂料的分散介质为水，溶剂型涂料的分散介质为有机溶剂。有机溶剂的选用除要考虑其对基料的相溶性外，还需要注意其挥发性、毒性、闪点及价格等。

常用的有机溶剂具有挥发性，且有毒。在涂料涂覆成液膜后，有机溶剂从液膜中挥发出来，不仅对环境造成极大污染，对资源也造成浪费，所以，现代涂料行业正在努力减少溶剂的使用量，开发出了各种不含或少含有机溶剂的环保型涂料。同时还开发出一些既能溶解或分散成膜物质，又能在涂料涂覆成液膜后与成膜物质发生化学反应而保留在漆膜中的化合物，原则上讲这类化合物也属于溶剂，称为反应性溶剂或活性稀释剂。

（3）颜填料

颜填料是一种有色的细颗粒粉状物质，一般不溶于水、油、溶剂和树脂等介质，是涂料中的次要成膜物质。就其用途而言，颜料可分为体质颜料（也称为填料）、着色颜料、防锈颜料三种。体质颜料主要用来增加涂层厚度，提高耐磨性和机械强度，如碳酸钙、滑石粉。着色颜料可赋予涂层美丽的色彩，具有良好的遮盖性，可以提高涂层的耐日晒性、耐久性和耐气候变化等性能，常见有钛白粉、铬黄等。防锈颜料可使涂层具有良好的防锈能力，延长寿命，它是防锈底漆的主要原料。从化学组成来分，颜料又可分为无机颜料和有机颜料两大类，就其来源又可分为天然颜料和合成颜料。天然颜料以矿物为来源，如：朱砂、红土、雄黄、孔雀绿以及重质碳酸钙等。

（4）助剂

助剂在涂料中用量很少，但作用很大，不可或缺。主要用来改善涂料某一方面的性能，如消泡剂、分散剂、乳化剂、润湿剂等用来改善涂料生产过程中的性能；防沉剂、稳定剂、防结皮剂等用来改善涂料的储存稳定性等；流平剂、增稠剂、防流挂剂、成膜助剂、固化剂、催干剂等用来改善涂料的施工性和成膜性等；防霉剂、增塑剂、UV吸收剂、阻燃剂、防静电剂等用来改善涂膜的某些特殊性能。

1.3 涂料的作用

对被涂物件而言，涂料的作用可概括为以下几个方面：

（1）保护作用

物件暴露在大气中，总是受到光、水分、氧气及空气中的其他气体（如二氧化碳、一氧化碳、硫化氢等）以及酸、碱、盐水溶液和有机溶剂等的侵蚀，造成金属腐蚀、木材腐朽、水泥风化等破坏现象，在物件表面涂上涂料，形成一层保护膜，可使物件免受侵蚀，使材料的寿命得以延长。

（2）装饰作用

在物件表面涂上涂料，形成具有不同颜色、不同光泽和不同质感的涂膜，可以得到五光十色、绚丽多彩的外观，起到美化环境、美化人们生活的作用，例如，大家熟悉的建筑物的内外墙涂料、汽车涂料等。

（3）特殊功能作用

涂料除了保护和装饰作用外，还可以经过适当的配方设计，得到具有特殊功能的涂膜，如用于饮料厂或食品厂等场合的防霉涂料，可以使涂饰该涂料的墙面具有防止霉菌生长的功能；输油管内壁的防结蜡涂料，除了防腐作用外，还可减少石蜡黏结在管壁上，减少输送阻力；防火涂料能够使被涂覆的物件产生防火特性。此外还有防水涂料、防结露涂料、导电涂料、绝缘涂料、静电屏蔽涂料、防辐射涂料、示温涂料、隔热涂料、阻燃涂料、耐高温涂料、防污涂料等。

1.4 涂料的分类与命名

1.4.1 涂料的分类

涂料发展至今，可以说品种繁多，性能各异，用途十分广泛。涂料的分类方法很多，但是无论哪一种分类方法都不能把涂料所有的特点都包含在内，可以说到目前为止还没有统一的分类方法。通常有以下几种分类方法：

① 按涂料的形态分为水性涂料、溶剂型涂料、粉末涂料、高固体分涂料等；

② 按施工方法分为刷涂涂料、喷涂涂料、辊涂涂料、浸涂涂料、电泳涂料等；

③ 按施工工序分为腻子、底漆、中涂漆、面漆、罩光漆等；

④ 按功能分为装饰涂料、导电涂料、防腐涂料、防火涂料、防水涂料、耐高温涂料、示温涂料、隔热涂料、道路标线涂料等；

⑤ 按干燥方式分为常温干燥涂料、烘干涂料、湿气固化涂料、光固化涂料、电子束固化涂料；

⑥ 按涂料的透明状态分为清漆和色漆；

⑦ 按被涂物材质分为金属漆、木器漆、塑料漆、水泥漆等，而金属漆又可分为汽车漆、船舶漆、集装箱漆、飞机漆、家电漆等；

⑧ 按成膜物质分为醇酸树脂漆、环氧树脂漆、丙烯酸树脂漆、不饱和聚酯漆、酚醛树脂漆、硝基漆、聚氨酯漆、氯化橡胶漆、乙烯基树脂漆等；

⑨ 按用途可分为建筑涂料、罐头涂料、汽车涂料、飞机涂料、家电涂料、木器涂料、桥梁涂料、塑料涂料、纸张涂料等。

即使对于同一类涂料品种，其性能和用途也各不相同。例如，建筑涂料可以进一步分为内墙涂料、外墙涂料、地坪涂料、屋顶涂料和顶棚涂料。内墙涂料又包括平光涂料、半光涂料、有光涂料、防结露涂料、多彩涂料、喷塑涂料、仿瓷涂料、复层涂料等；外墙涂料包括平光涂料、半光涂料、复层涂料、防水涂料等。

1.4.2 涂料的命名

工业上，除了粉末涂料外，仍将涂料简称为漆，而在统称时仍用“涂料”一词。根据国家标准《涂料产品分类、命名和型号》（GB 2705—92）对涂料命名的规定，涂料的名称由颜色或颜料的名称、成膜物质的名称、基本名称等三部分组成，命名原则如下：

① 涂料全名一般是由颜色或颜料名称加上成膜物质名称，再加上基本名称组成。对于不含颜料的清漆，其全名一般是由成膜物质名称加上基本名称组成。如，白色的醇酸树脂调和漆命名为白醇酸调和漆。

② 颜色名称通常由红、黄、蓝、白、黑、绿、紫、棕、灰等颜色，有时再加上深、中、浅（淡）等词构成。如果颜料对漆膜性能起显著作用，则可用颜料的名称代替颜色的名称，置于涂料名称的最前面。如，红丹油性防锈漆。

③ 命名中对涂料名称中成膜物质名称作适当简化，例如聚氨基甲酸酯简化成聚氨酯；环氧树脂简化成环氧；硝基纤维素简化为硝基。

漆基中含有多种成膜物质时，选取起主要作用的一种成膜物质命名。必要时可选取两种或三种成膜物质命名，主要成膜物质名称在前，次要成膜物质名称在后，例如J06-3 铝粉氰化橡胶醇酸底漆。

④ 基本名称表示涂料的基本品种、特性和专业用途，例如清漆、磁漆、底漆、锤纹漆、罐头漆、甲板漆、汽车修补漆等。

⑤ 在成膜物质名称和基本名称之间，必要时可插入适当词语来标明专业用途和特性等，例如白硝基外用磁漆、红过氯乙烯静电磁漆、灰醇酸导电磁漆。

⑥ 凡是需烘烤的漆，名称中在成膜物质名称和基本名称之间都有“烘干”字样，例如银灰氨基烘干磁漆、铁红环氧聚酯酚醛烘干绝缘漆。如名称中无“烘干”一词，则表明该漆是自然干燥，或自然干燥、烘烤干燥均可。

⑦ 分双（多）包装的涂料，在名称之后应增加“（分装）”字样，例如 Z22-1

聚酯木器漆（分装）。

对新发展起来的粘接涂料，常常采用将粘接材料和涂膜性质结合在一起，称为某粘接材料系列某涂膜类型涂料。如水泥系列薄质建筑涂料，硅酸质系列砂粒状建筑涂料，合成树脂乳液系列厚质涂料及合成树脂溶液系列复层涂料等。在具体的命名中，常用主要成膜物质的名称加组分数量，再加涂膜性质来命名，如醋酸乙烯和丙烯酸酯共聚而成的乳液配制成的厚质涂料命名为乙丙乳液厚质涂料，又如主要成膜物质为聚乙烯醇缩甲醛溶液和水泥，用于地面的厚质涂料命名为聚乙烯醇缩甲醛厚质地面涂料。

1.5 涂料的发展

1.5.1 涂料的发展历史

涂料的发展经历了天然成膜物质涂料的使用、涂料工业的形成和合成树脂涂料的生产三个发展阶段。

(1) 第一个发展阶段：天然成膜物质涂料的使用

中国是世界上最早使用天然成膜物质涂料——大漆的国家。大漆就是常说的生漆，是在一种漆树上割取的漆液，属于天然漆。中国早在商代（公元前约17～11世纪）就已经能从野生漆树取下天然漆装饰器具以及宫殿、庙宇等，到春秋时代（公元前770年～公元前476年）就掌握了熬炼桐油制造涂料的技术。战国时代（公元前475～公元前221年）就能用桐油和大漆复配涂料。此后，该项技术陆续传入朝鲜、日本及东南亚各国，并得到发展。公元前的巴比伦人使用沥青作为木船的防腐涂料，希腊人掌握了蜂蜡涂饰技术。公元初年，埃及采用阿拉伯树胶制作涂料。到了明代（1368～1644年），中国漆器技术达到高峰。明隆庆年间黄成所著的《髹饰录》系统地总结了大漆的使用经验。17世纪以后，中国的漆器技术和印度的虫胶（紫胶）涂料逐渐传入欧洲。

(2) 第二个发展阶段：涂料工业的形成

18世纪涂料工业开始形成，在这个时期亚麻油、熟油的大量生产和应用，促使清漆和色漆的品种迅速发展。涂料工业初期生产的色漆，一般是将颜料调入干性油中，施工时要经过调配并稀释到适当黏度，使用很不方便。1773年，英国韦廷公司搜集出版了很多用天然树脂和干性油炼制清漆的工艺配方。1790年，英国创立了第一家涂料厂。19世纪，涂料生产开始摆脱手工作坊的状态，很多国家相继建厂，19世纪中叶，涂料生产厂家直接配制适合施工要求的涂料，即调和漆。从此，涂料配制和生产技术才完全掌握在涂料厂中，推动了涂料生产的大规模化。

调和漆的缺点是气味大，而且干燥慢；优点是耐候性好，施工容易。调和漆的污染主要是由于要使用溶剂，而溶剂中含有苯、甲苯、二甲苯以及重金属等污染物。

(3) 第三个发展阶段：合成树脂涂料的生产

19世纪中期，随着合成树脂的出现，涂料成膜物质发生了根本变革。1855年，英国人A. 帕克斯取得了用硝酸纤维素（硝化棉）制造涂料的专利权，建立了第一个生产合成树脂涂料的工厂。1909年，美国化学家L. H. 贝克兰试制成功醇溶性酚醛树脂。随后，德国人K. 阿尔贝特研究成功松香改性的油溶性酚醛树脂涂料。1925年硝酸纤维素涂料的生产达到高潮。与此同时，酚醛树脂涂料也广泛应用于木器家具行业。1927年，美国通用电气公司的R. H. 基恩尔突破了植物油醇解技术，发明了用干性油脂肪酸制备醇酸树脂的工艺，醇酸树脂涂料迅速发展为主流的涂料品种，摆脱了以干性油和天然树脂混合炼制涂料的传统方法，开创了涂料工业的新纪元。1940年，三聚氰胺-甲醛树脂（氨基树脂）与醇酸树脂配合制漆（氨基-醇酸烘漆），进一步扩大了醇酸树脂涂料的应用范围，发展成为装饰性涂料的主要品种，广泛用于工业涂装。

第二次世界大战结束后，合成树脂涂料品种发展很快。美国、英国、荷兰（壳牌公司）、瑞士（汽巴公司）在20世纪40年代后期首先生产环氧树脂，为发展新型防腐蚀涂料和工业底漆提供了新的原料。50年代初，性能广泛的聚氨酯涂料在联邦德国拜耳公司投入工业化生产。1950年，美国杜邦公司开发了丙烯酸树脂涂料，逐渐成为汽车涂料的主要品种，并扩展到轻工、建筑等部门。20世纪50～60年代，又开发了聚醋酸乙烯酯胶乳和丙烯酸酯胶乳涂料，这些都是建筑涂料的最大品种。1952年联邦德国克纳萨克·格里赛恩公司发明了乙烯类树脂热塑粉末涂料。壳牌公司开发了环氧粉末涂料。1961年美国福特汽车公司开发了电沉积涂料，并实现工业化生产。此外，1968年联邦德国拜耳公司首先在市场出售光固化木器漆。随着电子技术和航天技术的发展，以有机硅树脂为主的元素有机树脂涂料，在50～60年代发展迅速，在耐高温涂料领域占据重要地位。这一时期开发并实现工业化生产的还有杂环树脂涂料、橡胶类涂料、乙烯基树脂涂料、聚酯涂料、无机高分子涂料等品种。目前合成树脂涂料已占涂料总产量的80％，而且，新的涂料用树脂仍在不断地开发出来。

1.5.2 涂料的发展趋势

20世纪70年代以来，由于石油危机的冲击，涂料工业向节省资源、能源，减少污染、有利于生态平衡和提高经济效益的方向发展。从20世纪90年代起，国际上就兴起“绿色革命”，促进了涂料工业向“绿色”涂料方向大步迈进。进入21世纪，“低碳、环保、资源、健康”成了人们的热门话题。随着人们对环境问题的关注，对于涂料的污染和毒性问题也越来越重视。世界各国相继出台了相关的法律法规，对涂料的环保性提出了严格的要求。传统的溶剂型涂料，其组成中含有高达50％的溶剂。据统计，目前仅汽车漆一项，每年排入大气的有机溶剂约50万吨，对环境造成极大的污染。因此，环保型涂料成为涂料行业未来的发展方向。

环保型涂料，又叫绿色涂料、绿色环保型涂料，是所有节能、低污染涂料的总称，是涂料工业发展的总趋势。可以预见，随着人们健康、环保意识的增加，以及涂料科研水平的不断增强，传统的溶剂型涂料的比重将不断下降，环保型涂料的比重将不断增加。环保型涂料主要包括水性涂料、粉末涂料、高固体分涂料和辐射固化涂料等。

全球涂料产业的主要趋势围绕环境问题、减少VOC排放、降低能源消耗，以及提高产能和性能为中心。这四个因素驱动着涂料产业向着绿色环保型涂料的方向迈进。因此，水性涂料、粉末涂料、高固体分涂料和辐射固化涂料等绿色环保型涂料显示着涂料未来的发展方向。

习 题

1. 什么是涂料？涂料一般包含哪四大组分？
2. 按用途分，颜料可分为哪三种？各有什么作用？
3. 对被涂物件而言，涂料的作用可概括为哪几个方面？
4. 涂料的发展史一般可分为哪三个发展阶段？
5. 涂料用助剂大概有哪些？各有什么作用？
6. 按涂料的形态分，涂料可分为哪几种？
7. 按干燥方式分，涂料可分为哪几种？
8. 对于涂料的命名，涂料的名称由哪三部分组成？
9. 什么是绿色环保型涂料？绿色环保型涂料主要有哪些类型？

第2章 涂料化学基础

2.1 概述

涂料的成膜物质大都分为高分子化合物，包括天然高分子化合物和合成高分子化合物，其中合成高分子化合物在涂料成膜物质中占主导地位，主要有醇酸树脂、聚酯树脂、丙烯酸树脂、聚氨酯树脂、环氧树脂、氨基树脂、氟树脂、硅树脂、高氯化聚乙烯、氯化橡胶等。这些高分子成膜物质，大都是通过单体的聚合反应得到的。

2.1.1 高分子化合物的定义

高分子化合物又称聚合物，是指相对分子质量很高的化合物。高分子化合物的相对分子质量可达 $10^4 \sim 10^6$。相对分子质量小于 10^3 的聚合物称为寡聚物或低聚物。

高分子化合物的主要特征是它的分子由许多相同的结构单元通过共价键重复键接而成的。例如聚氯乙烯是由许多氯乙烯结构单元重复键接而成的。

$$\sim\sim -\underset{\substack{|\\Cl}}{CH}-CH_2-\underset{\substack{|\\Cl}}{CH}-CH_2-\underset{\substack{|\\Cl}}{CH}-CH_2-\underset{\substack{|\\Cl}}{CH}-CH_2- \sim\sim$$

其中，“ $\sim\sim$ ”代表碳链骨架。为方便起见，上式可缩写成 $\left[CH_2-\underset{\substack{|\\Cl}}{CH} \right]_n$。

聚氯乙烯是由一种重复单元组成的，也有一些高分子化合物是由两种或两种以上重复单元组成的，如涤纶的结构 $\left[OCH_2CH_2-O-\overset{\substack{O\\\|}}{C}-C_6H_4-\overset{\substack{O\\\|}}{C} \right]_n$。

一条高分子链所包含的重复单元的个数称为聚合度，用 DP 表示；对缩聚物，聚合度通常以结构单元计数，符号为 X_n；DP、X_n 对加聚物一般相同，对缩聚物有时可能不同，如对尼龙 66：$X_n=2DP$；对尼龙 6，$X_n=DP$。因此，谈及聚合度时，一定要明确其计数对象。

2.1.2 玻璃化温度

无定形高分子聚合物与晶体或高结晶度聚合物的物理状态随温度变化的情况有很大差异。例如温度与比容的关系，对于晶体来说，升高温度，物质状态开始时不发生变化，当温度升高到某一值后，比容突然增大，晶体同时熔化，这一温度称为该晶体的熔点（T_m）。而无定形高分子聚合物则不同，温度升高，比容的变化起初也很小，但到某一温度时，比容明显增加，但高分子聚合物还未熔融，只是质地变软，呈弹性状态，这一温度称为该高分子聚合物的玻璃化温度（T_g）。如果温度高于此值时，高分子聚合物处于所谓的高弹态，低于此温度值时，则高分子聚合物处于玻璃态。无定形高分子聚合物的温度进一步升高，也会熔化，但它从固态到液态的转变是没有明显界限的，只有一个熔融范围，通常用软化温度来表示这一温度范围。

高分子聚合物的玻璃化温度不仅对了解高分子聚合物的力学性能非常重要，而且对于了解涂料中的有关黏度行为也有十分重要的意义。

2.1.3　高分子聚合物的力学三态

对于无定形高分子聚合物，当温度在玻璃化温度以下时，处于玻璃态，当其受热后，温度逐渐升高，经过高弹态，最后才转变成为黏流态。玻璃态、高弹态和黏流态是高分子聚合物在受热和受力条件下体现出的不同聚集状态，叫做高分子聚合物的力学三态。高分子聚合物在这三种状态下，各自都具有明显的特征。

高分子聚合物处于玻璃态时，体系黏度很大，表现出固体的力学特征：当它受到外力时，形变很微小，一旦去掉外力后，瞬时就会恢复原状。在力学上把这种微小的形变叫做普弹性形变。当温度上升到玻璃化温度以上时，体系黏度降低，当其受到外力作用时，分子链伸长，会产生大的形变，但是当外力解除后，高分子聚合物还可以恢复原状。这种形变叫做高弹形变，这时所处的力学状态叫做高弹态。当温度进一步升高后，体系黏度变得更低，当受到外力作用时，分子链之间将会发生相对移动，从而使高分子聚合物产生较大的形变。这种形变即使在解除外力时，也不能恢复。把这种不可逆形变叫黏流形变，把这时所处的状态叫黏流态，把高分子聚合物从高弹态到黏流态的转变温度叫黏流温度，用 T_f 表示。

高分子聚合物的力学三态与温度的关系如图 2-1 所示。

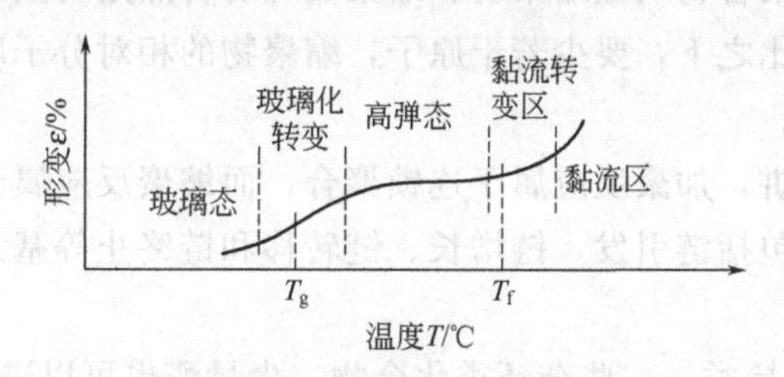

图 2-1　高分子聚合物的力学三态与温度的关系

对于高度交联的高分子聚合物，如硬橡胶，其聚集态只有玻璃态，没有高弹态和黏流态。对于交联度低的聚合物，会出现高弹态，但无黏流态出现。对于高度结晶的高分子聚合物，如果相对分子质量不是特别大，若将其温度升高到熔点以上，高分子聚合物就会直接进入黏流态，而没有高弹态出现；如高分子聚合物的相对分子质量很大，在升温的过程中，也可能会经过一段温度范围很窄的高弹区，然后再进入黏流态。

在常温条件下，塑料处于玻璃态，这是塑料能使用的状态，因此塑料的玻璃化温度（T_g）是其能正常使用的上限温度；但对于结晶度高的高分子聚合物而言，可以在熔点以下一段温度范围使用；对于橡胶，其正常使用时应该处于高弹态，所以，玻璃化温度是橡胶使用的下限温度。

2.2 聚合反应

2.2.1 聚合反应的分类

聚合反应有多种分类方法。按聚合前后组成是否变化可分为加聚反应和缩聚反应。

加聚反应是指烯类单体相互进行加成反应而生成高分子聚合物的聚合反应。如乙烯聚合成聚乙烯的反应就是加聚反应。

$$n\,CH_2 = CH_2 \longrightarrow \left[CH_2 - CH_2 \right]_n$$

加聚反应生成的产物叫做加聚物。加聚反应的特点是加聚物重复单元的组成与单体一致，加聚物的相对分子质量是单体相对分子质量的整数倍。

缩聚反应是指带有两个或两个以上能相互反应的官能团的单体，经过官能团间多次缩合而生成高分子聚合物，同时伴有水、醇、氨、氯化氢等小分子生成的聚合反应。如对苯二甲酸与乙二醇缩合生成聚对苯二甲酸乙二醇酯的反应就是缩聚反应。

$$n\,HO-\overset{O}{\overset{\|}{C}}-C_6H_4-\overset{O}{\overset{\|}{C}}-OH + n\,HOCH_2CH_2OH \xrightarrow{H_2SO_4} HO\left[\overset{O}{\overset{\|}{C}}-C_6H_4-\overset{O}{\overset{\|}{C}}-OCH_2CH_2O\right]_n H + 2(n-1)H_2O$$

把缩聚反应生成的聚合物叫做缩聚物。缩聚反应的特点是所生成的缩聚物的重复单元与单体不同，相比之下，要少若干原子，缩聚物的相对分子质量也不是单体相对分子质量的整数倍。

从聚合机理来讲，加聚反应属于连锁聚合，而缩聚反应属于逐步聚合。

连锁聚合通常包括链引发、链增长、链转移和链终止等基元反应。连锁聚合的特点是：

① 单体主要为烯类。一些杂环类化合物、少量醛也可以进行连锁聚合。

② 存在活性中心。活性中心可以是自由基，也可以是阴离子或阳离子。

③ 属链式反应，活性中心寿命短，约 10^{-1} s，从活性中心形成、链增长到聚合物生成在转瞬间完成；聚合体系由单体和聚合物构成，延长聚合时间只能提高单体的转化率，而聚合物的相对分子质量变化不大。

④ 聚合物与单体的组成一般相同。

逐步聚合是一个逐步的过程，其特点是：

① 单体带有两个或两个以上可反应的官能团。

② 伴随聚合往往有小分子化合物产生，聚合物与单体的组成一般不同。

③ 聚合物主链往往带有官能团的特征。

④ 聚合物的生成是一个逐步的过程，由可反应官能团相互反应逐步提高聚合度；延长聚合时间，聚合物的相对分子质量增大，而单体的转化率基本不变。

2.2.2 加聚反应

2.2.2.1 加聚反应的分类

加聚反应有几种不同的分类方法。按参加聚合反应的单体种类，可分为均聚反应和共聚反应两种。

均聚反应是只有一种不饱和单体参加的加聚反应。如甲基丙烯酸甲酯聚合制聚甲基丙烯酸甲酯（有机玻璃）的反应就属于均聚反应。

$$n\,CH_2{=}C(CH_3)(COOCH_3) \longrightarrow {+}CH_2{-}C(CH_3)(COOCH_3){+}_n$$

共聚反应是两种或两种以上不饱和单体参与的加聚反应，所生成的聚合物中有两种或两种以上的结构单元。例如，丙烯酸、甲基丙烯酸丁酯、苯乙烯共聚制丙烯酸树脂的反应就属于共聚反应。

$$CH_2{=}CH(COOH) + CH_2{=}C(CH_3)(COOCH_3) + CH_2{=}CH(C_6H_5) \longrightarrow \sim CH_2{-}CH(COOH){-}CH_2{-}C(CH_3)(COOCH_3){-}CH_2{-}CH(C_6H_5)\sim$$

按活性中心的种类，加聚反应可分为自由基聚合、阳离子聚合和阴离子聚合。在涂料工业中，自由基聚合应用较多，因此，这里重点讨论自由基聚合。

2.2.2.2 自由基聚合机理

自由基聚合属于连锁聚合，包含链引发、链增长、链转移和链终止四种基元反应。

(1) 链引发

链引发即生成单体自由基活性种的反应，一般采用引发剂引发。此外，也可用热、光、力的作用实现引发。引发剂分为偶氮类引发剂、过氧类引发剂及氧化还原引发体系引发剂。

偶氮类引发剂结构上含有偶氮基（—N═N—），受热时C—N键断裂，产生自由基并放出氮气。主要产品有：偶氮二异丁腈（AIBN）、偶氮二异庚腈（ABVN）。偶氮二异丁腈分解方程式为：

$$H_3C{-}C(CH_3)(CN){-}N{=}N{-}C(CH_3)(CN){-}CH_3 \xrightarrow{\triangle} 2H_3C{-}\dot{C}(CH_3)_2 + N_2$$

过氧类引发剂结构上含有过氧键（—O—O—），受热时过氧键断裂，产生自由基。过氧类引发剂分为有机类和无机类两种。有机类过氧引发剂主要有过氧化二苯甲酰（BPO）、异丙苯过氧化氢、叔丁基过氧化氢、二异丙苯过氧化氢、过氧化二异丙苯、过氧化苯甲酸叔丁酯等。无机类过氧引发剂主要有过硫酸钾（$K_2S_2O_8$）、过硫酸铵［$(NH_4)_2S_2O_8$］等。

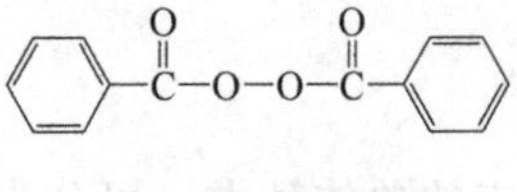

$$C_6H_5-\overset{O}{\overset{\|}{C}}-O-O-\overset{O}{\overset{\|}{C}}-C_6H_5$$

过氧化二苯甲酰

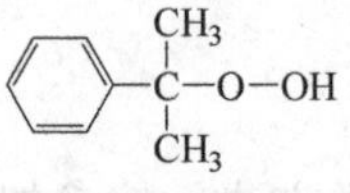

$$C_6H_5-C(CH_3)_2-O-OH$$

异丙苯过氧化氢

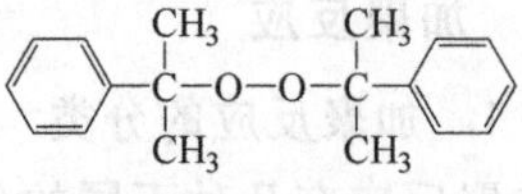

$$C_6H_5-C(CH_3)_2-O-O-C(CH_3)_2-C_6H_5$$

过氧化二异丙苯

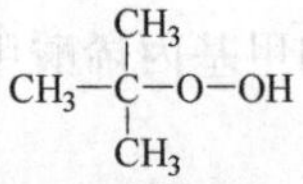

$$CH_3-C(CH_3)_2-O-OH$$

叔丁基过氧化氢

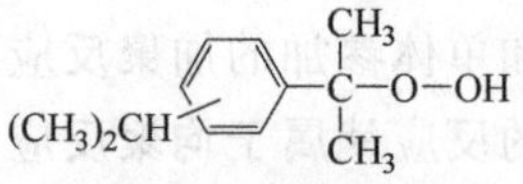

$$(CH_3)_2CH-C_6H_4-C(CH_3)_2-O-OH$$

二异丙苯过氧化氢

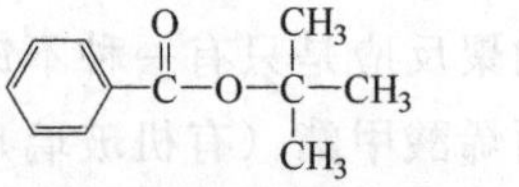

$$C_6H_5-\overset{O}{\overset{\|}{C}}-O-O-C(CH_3)_2-CH_3$$

过氧化苯甲酸叔丁酯

过氧化二苯甲酰（BPO）分解方程式为：

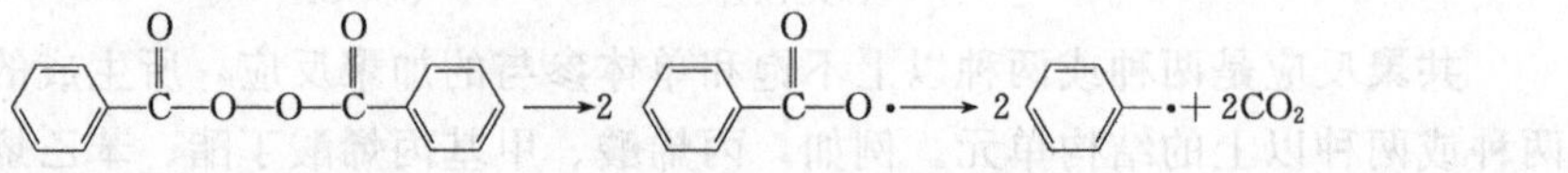

$$C_6H_5-\overset{O}{\overset{\|}{C}}-O-O-\overset{O}{\overset{\|}{C}}-C_6H_5 \longrightarrow 2\ C_6H_5-\overset{O}{\overset{\|}{C}}-O\cdot \longrightarrow 2\ C_6H_5\cdot + 2CO_2$$

过氧类引发剂中加入还原剂，即组成氧化还原引发体系，反应过程中生成的中间产物——活性自由基可引发自由基聚合。

涂料工业上应用较多的引发剂主要有过氧化二苯甲酰（BPO）、偶氮二异丁腈（AIBN）、异丙苯过氧化氢、过硫酸盐等。一般聚合温度（60～100℃）下常用BPO、AIBN或过硫酸盐作引发剂。对于$T<50$℃的聚合，一般选择氧化还原引发体系。对于$T>100$℃的聚合，一般选择低活性的异丙苯过氧化氢、过氧化二异丙苯、过氧化二叔丁基或过氧化二叔戊基。

引发剂用量常需通过大量的条件试验才能确定，其质量分数通常在10^{-3}；也可以通过聚合度、聚合速率与引发剂的动力学关系做半定量计算。

链引发分两步进行，先是引发剂I分解产生初级自由基，然后初级自由基与单体加成产生单体自由基。以氯乙烯的聚合为例：

$$I \xrightarrow{k_d} 2R\cdot \text{（初级自由基）}$$

$$R\cdot + CH_2{=}\underset{Cl}{\underset{|}{CH}} \longrightarrow R-CH_2-\underset{Cl}{\underset{|}{CH}}\cdot \text{（单体自由基）}$$

两步反应中，第一步为慢反应，决定着链引发速率，而真正进行链引发的活性种为单体自由基。

（2）链增长

单体自由基与单体进行连续加成，转变为含更多结构单元的链自由基，链自由基的链长越来越长。

$$R-CH_2-\underset{\underset{Cl}{|}}{CH}\cdot+CH_2=\underset{\underset{Cl}{|}}{CH}\xrightarrow{k_p}R-CH_2-\underset{\underset{Cl}{|}}{CH}-CH_2-\underset{\underset{Cl}{|}}{CH}\cdot$$

$$R-CH_2-\underset{\underset{Cl}{|}}{CH}-CH_2-\underset{\underset{Cl}{|}}{CH}\cdot+CH_2=\underset{\underset{Cl}{|}}{CH}\xrightarrow{k_p}R\!\left[CH_2-\underset{\underset{Cl}{|}}{CH}\right]_2CH_2-\underset{\underset{Cl}{|}}{CH}\cdot$$

$$\cdots$$

$$R-\!\left[CH_2-\underset{\underset{Cl}{|}}{CH_2}\right]_{n-2}CH_2-\underset{\underset{Cl}{|}}{CH}\cdot+CH_2=\underset{\underset{Cl}{|}}{CH}\xrightarrow{k_p}R-\!\left[CH_2-\underset{\underset{Cl}{|}}{CH}\right]_{n-1}CH_2-\underset{\underset{Cl}{|}}{CH}\cdot$$

链增长反应为强放热反应，反应活化能低，反应速率很快。

（3）链转移

链自由基活性中心向溶剂、单体、聚合物分子、分子量调节剂夺取某一原子，变成无活性的聚合物，同时产生新的活性中心。

$$R-\!\left[CH_2-\underset{\underset{Cl}{|}}{CH}\right]_{n-1}CH_2-\underset{\underset{Cl}{|}}{CH}\cdot+YS\xrightarrow{k_{tr}}R-\!\left[CH_2-\underset{\underset{Cl}{|}}{CH}\right]_{n-1}CH_2-\underset{\underset{Cl}{|}}{CH}-Y+S\cdot$$

链转移的结果是，活性中心并没有消失，对聚合速率影响也不大。但会使聚合物的平均相对分子质量降低。虽然链转移会使聚合物的平均相对分子质量降低，但也可应用这种方法，通过加入分子量调节剂来调整聚合物的相对分子质量。相对分子质量调节剂大都为硫醇类化合物。

（4）链终止

链终止通常为双基终止，即偶合终止或歧化终止。偶合终止通过两个自由基的结合，使自由基的活性消失而终止。

$$R\sim\sim CH_2-\underset{\underset{Cl}{|}}{CH}\cdot+\cdot\underset{\underset{Cl}{|}}{CH}-CH_2\sim\sim R'\xrightarrow{k_{tc}}R\sim\sim CH_2-\underset{\underset{Cl}{|}}{CH}-\underset{\underset{Cl}{|}}{CH}-CH_2\sim\sim R'$$

歧化终止，即两个自由基通过发生歧化反应，使自由基失去活性而终止。

$$R\sim\sim CH_2-\underset{\underset{Cl}{|}}{CH}\cdot+\cdot\underset{\underset{Cl}{|}}{CH}-CH_2\sim\sim R'\xrightarrow{k_{tc}}R\sim\sim CH_2-\underset{\underset{Cl}{|}}{CH_2}+\underset{\underset{Cl}{|}}{CH}=CH\sim\sim R'$$

在实际自由基聚合过程中，究竟以哪种方式终止，主要决定于单体种类和聚合反应的条件，有时两种终止方式同时发生。

2.2.2.3　自由基聚合的四个阶段

对于整个聚合过程，可按反应速率的变化情况，将聚合过程分为诱导期、聚合初期、聚合中期和聚合后期几个阶段。

诱导期，引发剂分解产生初级自由基。因为单体内有一些为防止单体储存期间自聚的阻聚剂等杂质，引发剂产生的初级自由基主要被阻聚剂等杂质终止，不能引发单体聚合，聚合速率为零。如果在体系中能除尽杂质，就可以做到无诱导期。

诱导期过后，进入聚合初期，此时杂质已经消耗完全，初级自由基开始引发单体聚合。这个阶段的聚合速率与引发剂浓度、单体浓度和温度等因素有关。聚合初期单体的转化率为10%～20%。

聚合初期过后，进入聚合中期，此时聚合速率逐渐加快，出现了自动加速现象。此时单体转化率达到50%～70%。

随着聚合反应的进行，单体的浓度逐渐减小，聚合速率逐渐减慢，进入了聚合后期。当转化率达到90%～95%时，聚合速率变得很小，需要采用升温的方法来加速聚合反应，促使未反应的单体完全转化。

2.2.2.4 影响自由基聚合的因素

除单体结构会影响自由基聚合外，还有如下影响因素。

① 反应温度。对同一聚合反应来说，升高温度，引发剂分解速率加快，聚合反应速率随之加快，但聚合物的相对平均分子质量会降低。

② 单体浓度。单体浓度增大，链引发、链增长速率加快，聚合反应速率也会随之加快，同时，聚合物平均相对分子质量会增加。

③ 引发剂浓度。引发剂浓度越大，单位时间内产生的初级自由基就越多，单体自由基也越多，从而使链引发、链增长和链终止速率都加快。其结果是聚合反应速率加快，但聚合物的相对平均分子质量降低。

④ 杂质。自由基活性非常高，即使杂质很少，自由基还是会与其发生反应，从而影响聚合反应速率和聚合产物的性能。因此，自由基聚合对单体的纯度要求很高。

⑤ 氧。氧能与链自由基结合生成性质很不活泼的过氧自由基，从而使活性链失去原有的活性，使聚合反应难以继续进行。所以，在自由基聚合反应开始之前，都必须先向反应器中通入惰性气体（主要为氮气），以驱除反应系统中的氧气。

2.2.2.5 自由基共聚

在同一体系中，当两种单体的混合物被引发剂引发后，它们并不是各自发生聚合反应生成两种均聚物，而是一起参加反应，生成一种含有两种单体单元的聚合物，这种聚合物叫做共聚物。这种由两种或多种单体共同参与，且所生成的聚合物分子中含两个或多个单体单元的聚合叫做共聚反应，简称共聚。共聚所合成的聚合物称为共聚物。把由两种单体的共聚反应叫做二元共聚反应，由两种以上单体参加的共聚反应叫做多元共聚反应。

通过共聚可以制得比相应均聚物各方面性能更为优良的共聚物。共聚反应在涂料树脂合成中应用较广。例如，丙烯酸树脂就是采用几种单体共聚的方法制备的。

但要注意的是，并非所有单体混合物的聚合都是共聚合，有些单体虽然各自都能很好地发生均聚反应，但它们的混合物却不能一起发生共聚反应，而只能生成它们均聚物的混合物。还有一些单体，如马来酸酐本身不能发生均聚反应，却可以与其他烯类单体发生共聚反应。不同单体之间能否发生共聚反应，主要决定于单体参加聚合时的相对活性大小。

自由基共聚反应的整个反应过程也可分为链引发、链增长、链转移、链终止等基元反应。其中链引发和链终止对共聚物的组成不会造成很大的影响，影响共聚物组成的主要是链增长阶段。

(1) 二元共聚组成方程

共聚物的组成与单体的相对反应活性和单体混合物配料比等有关。这里以二元共聚反应进行讨论。假设单体 M_1 和 M_2 能发生共聚反应，其共聚物的组成与两单体的相对反应活性及配料摩尔比的关系方程，即共聚物组成方程，可以进行推导。为简便起见，先做如下假设：

① 自由基活性与链长无关，此即等活性理论；

② 自由基的活性取决于末端单体单元结构，前末端单体单元不影响其活性，即：

~~~~$M_1M_1\cdot$ 的活性等于 ~~~~$M_2M_1\cdot$；~~~~$M_2M_2\cdot$ 的活性等于 ~~~~$M_1M_2\cdot$

③ 聚合反应不可逆；

④ 单体主要消耗于链增长反应；

⑤ 稳态假定，即总自由基浓度不变，且两种自由基相互转变的速率相等。

二元共聚中会出现四种链增长反应，这四种反应是在同一体系中相互竞争进行的。可表示如下：

$$M_1\cdot + M_1 \xrightarrow{k_{11}} \sim\sim\sim M_1M_1\cdot$$

$$M_1\cdot + M_2 \xrightarrow{k_{12}} \sim\sim\sim M_1M_2\cdot$$

$$M_2\cdot + M_1 \xrightarrow{k_{21}} \sim\sim\sim M_2M_1\cdot$$

$$M_2\cdot + M_2 \xrightarrow{k_{22}} \sim\sim\sim M_2M_2\cdot$$

式中，k_{11}、k_{12}、k_{21}、k_{22} 分别表示四个链增长反应的反应速率常数。这四个反应进行的情况，取决于下面两个因素。

① $M_1\cdot$ 加上 M_1 或 M_2 的难易程度；

② $M_2\cdot$ 加上 M_1 或 M_2 的难易程度。

也即取决于 k_{11} 与 k_{12}，k_{21} 与 k_{22} 的相对大小。这里引入竞聚率的概念。M_1 单体的竞聚率 $r_1=\dfrac{k_{11}}{k_{12}}$，它表示 M_1 均聚与共聚速率常数之比；M_2 单体的竞聚率 $r_1=\dfrac{k_{22}}{k_{21}}$，它表示 M_2 均聚与共聚速率常数之比。

由以上假设可推导出共聚物的组成与单体投料组成、竞聚率的关系，三者间的关系如下：

$$\frac{d[M_1]}{d[M_1]}=\frac{[M_1]}{[M_2]}\frac{r_1[M_1]+[M_2]}{[M_1]+r_2[M_2]} \tag{2-1}$$

该方程即二元共聚物组成微分方程，它以单体单元的摩尔比表示共聚物组成与
~~~~

单体组成的瞬时关系。令 $f_1=\frac{[M_1]}{[M_1]+[M_2]}$，$f_2=1-f_1=\frac{[M_2]}{[M_1]+[M_2]}$，$F_1=\frac{d[M_1]}{d[M_1]+d[M_2]}$，$F_2=1-F_1=\frac{d[M_2]}{d[M_1]+d[M_2]}$，并代入式(2-1)，整理得：

$$F_1=1-F_2=\frac{r_1f_1^2+f_1f_2}{r_1f_1^2+2f_1f_2+r_2f_2^2} \tag{2-2}$$

该方程即为用摩尔分数表示的二元共聚物组成微分方程。

根据竞聚率的大小，可以判断单体均聚或共聚的难易程度，以及共聚产物的大致结构。

当 $r_1=0$ 或 $r_2=0$ 时，即 $k_{11}=0$ 或 $k_{22}=0$，表示 M_1 单体或 M_2 单体都只能共聚不能均聚。

当 $r_1=r_2=1$ 时，即 $k_{11}=k_{12}$ 且 $k_{22}=k_{21}$，表示体系中同种单体和异种单体之间的聚合速率相等，此时 $F_1=f_1$，即共聚物组成等于单体混合物组成。这种体系称为恒比共聚体系。

当 $r_1>1$、$r_2>1$ 时，即 $k_{11}>k_{12}$、$k_{22}>k_{21}$，表示体系中同种单体的聚合速率大于异种单体之间的聚合速率。此时，产物主要是两种均聚物的混合物，而共聚物较少。若 $r_1\gg1$，$r_2\gg1$ 时，则表明只能生成两种均聚物的混合物。

当 $r_1<1$、$r_2<1$ 时，即 $k_{11}<k_{12}$、$k_{22}<k_{21}$，表示体系中异种单体的聚合速率大于同种单体之间的聚合速率。此时，产物主要为交替无规共聚物。当 $r_1\ll1$、$r_2\ll1$，产物则是完全的交替共聚物。

当 $r_1>1$、$r_2<1$ 时，即 $k_{11}>k_{12}$、$k_{22}<k_{21}$，表示单体 M_1 总是比单体 M_2 易于参加聚合。若 $r_1>1$、$r_2\ll1$，即 $k_{11}>k_{12}$、$k_{22}\ll k_{21}$，这种情况下的聚合物可能是以 M_1 单体单元为主要成分的镶嵌共聚物。

(2) 共聚物组成的控制方法

共聚物组成随单体转化率的提高而变化。然而工业生产过程中都要求转化率尽可能高，这样得到的共聚物是不同组成共聚物的混合物，有些情况下甚至混有均聚物。为了得到均一结构组成的共聚物，控制共聚物性能，通常采用三种方法来实现：

① 在恒比点处投料。若共聚物组成恒等于单体混合物组成而与转化率无关，该组成即为恒比点。当 $r_1=r_2=1$ 时，无论何处投料，$F_1=f_1$，且不随转化率而变化，此种共聚称为理想恒比共聚。

当 $r_1<1$、$r_2<1$ 时，则只存在一个恒比点：

令 $\frac{d[M_1]}{d[M_2]}=\frac{[M_1]}{[M_2]}\frac{r_1[M_1]+[M_2]}{[M_1]+r_2[M_2]}=\frac{[M_1]}{[M_2]}$，整理可得 $\frac{[M_1]}{[M_2]}=\frac{1-r_2}{1-r_1}$，所以 $F_1=f_1=\frac{1-r_2}{2-r_1-r_2}$。

因此当$r_1<1$、$r_2<1$时，只有在$\frac{[M_1]}{[M_2]}=\frac{1-r_2}{1-r_1}$该点投料，共聚物组成才始终等于单体混合物的组成。

② 控制转化率的一次投料法。对于非恒比点处的共聚，可采用控制单体转化率C的方法，使共聚物组成分布在不太宽时就终止反应，以获得较满意组成的共聚物。

通过理论模拟或实验做出F_1-C曲线，由此确定F_1满足要求的最大转化率C_{max}。不同的共聚体系，由于f_1^0、r_1、r_2不同，C_{max}必然不同。

③ 补加活泼单体法。恒比点投料及控制转化率的方法在工业上一般较少采用，后者仅限于气态单体或低沸点液态单体的共聚。最常用的方法还是补加活泼单体法或补加单体混合液法。该法应用方便，但共聚物组成分布较宽，可以连续补加或分段补加。

实际合成工作中，多元共聚物的合成选用滴加混合单体法比较方便。如果控制单体混合液的滴加速率低于共聚合速率，也就是使共聚反应处于“饥饿态”，则投料单体的组成基本等于共聚物的组成。这种工艺在溶液聚合及乳液聚合时经常使用，效果也较好。

2.2.3　缩聚反应

2.2.3.1　缩聚反应的分类

缩聚反应的分类方法很多。例如，按生成聚合物的结构分类可分为线型缩聚和体型缩聚；按参加反应的单体种类分类可分为均缩聚和共缩聚；而按反应的可逆程度，可分为平衡缩聚、不平衡缩聚、不可逆缩聚三类。

① 平衡缩聚　它是指平衡常数较小的缩聚反应，如聚酯化反应、聚酰胺化反应的平衡常数较小，都是平衡缩聚反应。

② 不平衡缩聚　它是指平衡常数很大的缩聚反应，即反应达到平衡时，转化率已很大的缩聚反应，如酚类和醛类的缩聚反应就是不平衡缩聚反应。

③ 不可逆缩聚　它是指反应向单方向进行的缩聚反应。

2.2.3.2　缩聚反应的单体及其官能度

缩聚反应的单体是含有两个或两个以上反应性官能团的小分子物质。单体分子中所含反应性官能团的数目叫做该单体的官能度，以“f”表示。如，乙二醇、己二酸、邻苯二甲酸酐分子中都含有2个可反应性官能团，它们的官能度都是2，而丙三醇（甘油）分子中含有3个可反应性官能团，其官能度为3。

2.2.3.3　平衡缩聚反应程度与聚合度的关系

对于缩聚反应，反应一开始单体转化率就很高，而聚合物的相对分子质量仍然很低，因此，用单体的转化率来描述缩聚反应进行的程度没有意义。对于缩聚反应，一般采用官能团的反应分率即反应程度来描述反应进行的程度，用P表示：

$$P=\frac{\text{参加反应的某官能团数}}{\text{起始时该官能团数}}$$

对于反应程度一定要明确是哪种官能团的反应程度，若起始投料的官能团数不相等，则不同官能团的反应程度就不同。引入 P 后，我们会发现 P 的值随着时间延续而增大，聚合度也随时间增大，而且二者存在简单的关系。

聚合物的数均聚合度是指平均每个缩聚反应所形成的大分子中所含单体单元的数目，用 $\overline{X_n}$ 来表示：

$$\overline{X_n}=\frac{\text{投料时单体的总分子数}}{\text{体系内大分子总数}}$$

反应程度和数均聚合度之间有一定的关系。以对苯二甲酸与乙二醇缩合生成聚对苯二甲酸乙二醇酯的缩聚反应为例。反应式如下：

$$n\,HO-\overset{O}{\overset{\|}{C}}-C_6H_4-\overset{O}{\overset{\|}{C}}-OH+n\,HOCH_2CH_2OH\xrightarrow{H_2SO_4}HO\left[\overset{O}{\overset{\|}{C}}-C_6H_4-\overset{O}{\overset{\|}{C}}-OCH_2CH_2O\right]_nH+2(n-1)H_2O$$

假设对苯二甲酸和乙二醇按等物质的量投料，则起始时—COOH 和—OH 两官能团的数目相等，设为 N_0；反应达到平衡时，—COOH 和—OH 两官能团的数目仍相等，设为 N，根据反应程度的定义：

$$P=\frac{\text{参加反应的某官能团数}}{\text{起始时该官能团数}}=\frac{N_0-N}{N}$$

根据数均聚合度的概念，可得：

$$\overline{X_n}=\frac{\frac{N_0}{2}+\frac{N_0}{2}}{\frac{N}{2}+\frac{N}{2}}=\frac{N_0}{N}$$

于是

$$\overline{X_n}=\frac{1}{1-P}\tag{2-3}$$

这就是两可反应性官能团等物质的量投料时，缩聚反应的反应程度与聚合物的数均聚合度的关系式。如果在缩聚反应中，要制备数均聚合度为 100 的产物，通过计算可知，反应程度必须达到 99%才能实现。

如果对苯二甲酸和乙二醇不是按等物质的量投料，则—COOH 和—OH 的数量不相等。不妨设乙二醇过量，则—OH 过量。为简单起见，以 a 表示不足的—COOH，b 表示过量的—OH，定义官能团之比 $r_a=\frac{N_a}{N_b}$，$r_a\leqslant 1$。

设 $t=0$ 时，a、b 的官能团数分别为 N_a、N_b，a、b 的反应程度分别为 P_a、P_b，则 t 时，a、b 官能团数分别为 $N_a-N_aP_a$、$N_b-N_bP_b$；体系中分子总数为 $\frac{N_a-N_aP_a+N_b-N_bP_b}{2}$，故：

$$\overline{X_n}=\frac{\frac{N_a}{2}+\frac{N_b}{2}}{\frac{N_a-N_aP_a+N_b-N_bP_b}{2}}=\frac{N_a+N_b}{N_a-N_aP_a+N_b-N_bP_b}$$

因反应中 a、b 两官能团消耗数相等，有 $N_aP_a=N_bP_b$，因此：

$$\overline{X_n}=\frac{N_a+N_b}{N_a+N_b-2N_aP_a}=\frac{\frac{N_a}{N_b}+1}{\frac{N_a}{N_b}+1-2\frac{N_a}{N_b}P_a}=\frac{1+r_a}{1+r_a-2r_aP_a} \tag{2-4}$$

这就是线型缩聚反应相对分子质量的控制方程。

当 $r_a=1$，即两可反应性官能团等物质的量投料时，则$\overline{X_n}=\frac{1}{1-P}$，这与前面的结论相同。

当 $r_a<1$ 且 $P_a=1$ 时，$\overline{X_n}=\frac{1+r_a}{1-r_a}$。这说明，当反应程度接近 1 时，聚合物的数均聚合度取决于非过量官能团与过量官能团的投料摩尔比。

对于（a—A—a+b—B—b）另加单官能度物质 C—b 的体系，a、b 的官能团数分别为 N_a、N_b、N_C 为 C 单体上 b 官能团数，令 $r_a=\frac{N_a}{N_b+2N_C}$，且 $r_a\leqslant 1$，则式（2-4）仍适用。

2.2.3.4　平衡常数与聚合度的关系

平衡缩聚反应是由一系列相继进行的平衡反应组成的。根据官能团等活性概念，可以简单地描述缩聚反应，即用官能团代替单体分子和聚合物分子来描述缩聚反应，而不管它所连的分子链的长短和单体的种类。于是，只需用一个平衡常数就可以表示整个缩聚反应的平衡特征，仍以聚酯反应为例加以说明。

$$\sim\!\sim COOH + HO\sim\!\sim \underset{k_2}{\overset{k_1}{\rightleftharpoons}} \sim\!\sim \overset{O}{\overset{\|}{C}}-O\sim\!\sim + H_2O$$

反应平衡常数表示为：

$$K=\frac{k_1}{k_2}=\frac{c\left(\sim\!\sim \overset{O}{\overset{\|}{C}}-O\sim\!\sim\right)c(H_2O)}{c(\sim\!\sim COOH)\,c(\sim\!\sim OH)}$$

如果两单体起始浓度相等，平衡时反应程度达到 P 时，反应体系中水分子的浓度设为 n_w，上式则可以改写成：

$$\frac{1}{(1-P)^2}=\frac{K}{Pn_w}$$

把$\overline{X_n}=\frac{1}{1-P}$代入，得：

$$\overline{X_n}=\frac{1}{1-P}=\sqrt{\frac{K}{Pn_w}} \tag{2-5}$$

假如反应是在密闭系统中进行的，则有 $n_w=P$，代入式（2-5）得 $P=\frac{\sqrt{K}}{\sqrt{K}+1}$，于是有：

$$\overline{X_n}=\frac{1}{1-P}=\sqrt{K}+1 \tag{2-6}$$

这就是密闭系统中平衡缩聚的数均聚合度与平衡常数的关系式。这说明，密闭系统中平衡缩聚的数均聚合度只取决于缩聚反应的平衡常数。

当缩聚反应在非密闭系统中进行，小分子不断从反应体系中脱除，且反应程度接近 1 时，式（2-5）转变为：

$$\overline{X_n}=\sqrt{\frac{K}{n_w}} \tag{2-7}$$

这就是平衡缩聚反应的数均聚合度、平衡常数、反应体系中小分子副产物浓度三者之间关系的近似表达式，也就是缩聚平衡方程。从式（2-7）可知，在平衡常数一定时，缩聚反应产物的数均聚合度与小分子副产物浓度的算术平方根成反比。因此，要提高产物的聚合度，必须降低小分子副产物的浓度，也就是必须从反应体系中不断将小分子脱除。

2.2.3.5　体型缩聚

当一个含有两个或两个以上官能团的单体与另一个具有两个以上官能团的单体进行缩聚反应时，可能会生成空间网状结构的聚合物，即体型缩聚物。体型缩聚过程中有可能出现凝胶现象。出现凝胶现象时的临界反应程度称为凝胶点（P_C）。把出现凝胶前的产物称为预聚体。

实际应用中，通常是先制得预聚体，待到加工成型时再使预聚体发生缩合反应生成具有网状结构的体型聚合物。体型缩聚一旦成型，就不能再热塑化。

在合成预聚体的过程中，一旦出现凝胶现象，整个聚合产品报废，所以必须避免出现凝胶现象。一般是先计算出缩聚反应的凝胶点，再把反应程度控制在凝胶点以下，就可保证所获得的聚合物是预聚体。因此，凝胶点的计算很重要。

（1）凝胶点的计算公式

缩聚反应的凝胶点与体系的平均官能度有关。平均官能度是指参加缩聚反应的单体所具有的官能团数与参加缩聚反应的单体分子总数之比，常用 $\bar{f}$ 表示，那么：

$$\bar{f}=\frac{N_a f_a+N_b f_b+\cdots}{N_a+N_b+\cdots}$$

式中，N_a，N_b…分别表示参加反应的单体分子数；f_a，f_b…分别表示参加反应的单体的官能度。

设 N_0 为反应开始时单体的总分子数，那么 $N_0\bar{f}$ 就是反应物的官能团总数。如果反应后体系中剩余单体分子数为 N，那么反应中消耗的官能团数目为 2（N_0-N），假定缩聚中无分子内环化等副反应，凝胶点之前每步反应都要减少一个分子，消耗两个官能团。根据反应程度的定义，可得：

$$P=\frac{\frac{2\times(N_0-N)}{2}}{\frac{N_0\times\overline{f}}{2}}=\frac{2}{\overline{f}}\left(1-\frac{N}{N_0}\right)=\frac{2}{\overline{f}}\left(1-\frac{1}{\overline{X}_n}\right) \tag{2-8}$$

当反应将要达到凝胶点时，可认为聚合物的相对分子质量迅速增大或已经增大到一定程度，这时可近似认为$\overline{X}_n\to\infty$。于是，达到凝胶点时，反应程度为：

$$P_C=\frac{2}{\overline{f}} \tag{2-9}$$

这就是计算凝胶点的 Carothers 方程。

在二官能度反应体系，$\overline{f}=2$，$P_C=1$，表示在所有官能团都参加反应时，才会出现凝胶现象。但在一个缩聚反应体系中，不可能每个官能团都全部参加反应，也就说明，二官能团反应体系的缩聚反应中，不会出现凝胶现象。

在多官能度体系，$\overline{f}>2$，$P_C<1$，说明即使官能团的反应程度没达到 100%，体系就出现凝胶现象。

例如，2mol 丙三醇与 3mol 邻苯二甲酸酐的缩聚，两种反应性官能团的物质的量（mol）相等，则有：

$$\overline{f}=\frac{2\times3+3\times2}{2+3}=2.4$$

$$P_C=\frac{2}{\overline{f}}=\frac{2}{2.4}=0.833$$

其物理意义是，当反应程度达到 83.3%时，反应即出现凝胶。实际上，在反应程度还没有达到 83.3%时，体系就已经出现凝胶，原因是在推导过程中，有一个假设$\overline{X}_n\to\infty$。事实上，数均聚合度不可能等于无穷大，因而造成 P_C 实际值比计算值要小。因此在进行缩聚反应时，一定要控制反应程度比 Carothers 方程计算的凝胶点 P_C 小一些才不致发生凝胶化。

需要指出的是，当两种反应性官能团不是等物质的量（mol）投料时，平均官能度的计算公式中，官能团的总数要以非过量官能团数为基准。

$$\overline{f}=\frac{2\times\text{非过量官能团数}}{\text{起始时单体分子总数}} \tag{2-10}$$

比如，对于 1mol 丙三醇和 3mol 苯酐的体系，羟基官能团为 3mol，羧基官能团为 3×2=6mol，羟基为非过量官能团，在平均官能度的计算式中，参加反应的官能团数要以羟基数为基准，羟基反应 3mol，则羧基也只能反应 3mol，其平均官能度$\overline{f}=\frac{2\times1\times3}{1+3}=1.5$，$P_C=\frac{2}{\overline{f}}=\frac{2}{1.5}=1.333$，这说明不可能出现凝胶现象，事实上 1mol 丙三醇和 3mol 苯酐反应不可能生成大分子，更不会出现凝胶现象，而只能生成小分子化合物。计算结果与事实一致。

（2）平均官能度控制方程

将式（2-8）重排，并将非过量官能团的反应程度 P_a 代替 P，得：

$$\overline{X}_n=\frac{1}{1-P_a(\overline{f}/2)} \tag{2-11}$$

这就是平均官能度控制方程。该控制方程比式（2-4）用途更广、适应性更强，不仅适用于线型缩聚，也适用于体型缩聚，既适用于两反应性官能团等物质的量投料的体系，也适用于非等物质的量投料的体系。

2.3 聚合反应的实施方法

工业上用小分子单体生产聚合物的方法很多，最常用的有本体聚合、溶液聚合、悬浮聚合、乳液聚合四种。每种方法都有优缺点，在实际生产中究竟采用哪种聚合方法，往往取决于单体的性质，以及对产品的性能要求和经济效益。对于自由基聚合，以上四种方法都可以采用。对于缩聚反应，一般采用本体（熔融）聚合、溶液聚合和界面聚合三种聚合方法。本节主要介绍自由基聚合的实施方法。

2.3.1 本体聚合

本体聚合是在聚合反应过程中不使用任何溶剂，使单体在引发剂的作用下进行聚合反应，生成高分子聚合物的聚合方法。本体聚合有如下优点：

① 产物纯净，色浅透明，其树脂适合于生产各种管、棒、板材等；

② 配方简单，链转移较弱，本体聚合的相对分子质量可以很高；

③ 工艺流程短，设备简单，设备利用率高，可间歇法生产，亦可连续法生产。

本体聚合也有一些缺点，主要表现在：

① 体系黏度大，比热容小，散热困难，聚合热难散发，温度难控制，易产生爆聚；

② 产品质量难以控制，聚合物相对分子质量分布较宽，产品易变色；

③ 单体反应不完全。由于体系黏度大，传质、传热困难，造成单体被聚合物包裹，难以反应完全。

为了克服这个缺点，工业上常采用分段聚合工艺，来解决散热困难和体积收缩的问题。先使单体在较低的温度进行预聚，使单体达到一定的转化率以后，再采取逐段升温工艺，使聚合能够平稳进行，提高转化率。

2.3.2 溶液聚合

溶液聚合是将单体、引发剂溶于适当的溶剂中所实施的聚合方法。溶剂不仅能降低体系黏度，方便传质、传热，而且利用其链转移还可以控制聚合度，是涂料用树脂合成的重要方法之一。

（1）溶液聚合的特点

溶液聚合有如下特点：

① 体系黏度低，传热容易，温度易控制，反应较平稳；

② 单体的浓度低，使聚合速率较低，同时存在链自由基向溶剂的链转移，使聚合物的相对分子质量较低；

③ 由于溶剂占用了容器体积，使设备利用率降低；

④ 溶剂一般是易燃、易爆的有机化合物，且有毒，使用不安全；

⑤ 若要得到固体状树脂，需进行溶剂的回收及精制工序，生产成本高，且聚合物中溶剂难除尽，较难得到纯净的聚合物。

工业上溶液聚合多用于聚合物溶液直接适用的场合，如涂料、黏合剂、合成纤维纺丝液或继续进行大分子反应等。聚丙烯腈、聚醋酸乙烯酯、醇酸树脂、丙烯酸树脂大都采用溶液聚合法合成。

（2）溶剂的选择

溶液聚合中，溶剂的选择和用量直接影响聚合速率、相对分子质量大小及其分布。溶剂选择需要从以下几方面考虑。

① 溶剂对引发剂分解速率的影响。引发剂的分解速率与采用的溶剂有关。某些溶剂对常用的偶氮、有机过氧类引发剂有诱导分解作用，因而对聚合速率有很大的加速作用。不同溶剂诱导分解引发剂的活性由小到大的顺序是：芳香烃＜醇类＜酚类＜醚类＜胺类。一般认为溶剂对偶氮类引发剂无诱导作用。

② 溶解性能。若选用的溶剂不仅能溶解单体，还能溶解合成的聚合物，通过聚合可获得聚合物的溶液，该聚合为均相聚合；若选用的溶剂只能溶解单体，而不能溶解生成的聚合物，生成的聚合物将从体系中沉淀析出，该聚合为非均相聚合。非均相聚合有时又称沉淀聚合。

③ 溶剂对于自由基聚合反应应无阻聚或缓聚等不良影响，且溶剂的链转移常数不能很大，否则不能得到高相对分子质量的聚合物。

④ 所选溶剂（或混合溶剂之一）的沸点应接近聚合反应温度，使聚合在回流条件下进行，既可以带出聚合热又可以排除氧的阻聚作用。

⑤ 溶剂的毒性和安全性以及价格等。

实际生产中，溶液聚合常采用混合溶剂。

（3）引发剂的选择

溶液聚合是在有机溶剂中进行，所用引发剂必须是油溶性引发剂。通常选用偶氮二异丁腈（AIBN）、过氧化二苯甲酰（BPO）或其他有机过氧类引发剂，如叔丁基过氧化物、过氧化苯甲酸叔丁酯等。

2.3.3　悬浮聚合

单体以小液滴状悬浮于水中实施的聚合方法叫悬浮聚合。悬浮聚合中，所用引发剂通常为不溶于水的油溶性引发剂，如AIBN、BPO等。在剧烈搅拌下，不溶或微溶于水的液态单体以极小的小液滴悬浮在水中，油溶性引发剂溶解在单体小液滴中，聚合反应在单体的小液滴中进行，悬浮聚合体系中每个单体小液滴就是一个本体聚合单元。

为了防止单体小液滴聚集以及聚合中期（单体转化率约为20%）聚合物粒子结块，水相中需添加少量分散剂（悬浮剂）。

典型的悬浮聚合配方为：油性单体、油性引发剂、分散剂、去离子水。悬浮聚合兼有本体聚合和溶液聚合的优点，聚合热易散发，聚合温度易控制。

(1) 悬浮聚合的特点

相对于本体聚合和溶液聚合，悬浮聚合具有如下特点：

① 体系黏度低且变化小，聚合热易被介质传递，温度易控制；

② 用水作介质，安全、成本低；

③ 无向溶液的链转移，聚合物相对分子质量较溶液聚合高；

④ 因加有分散剂，要生产透明、绝缘性聚合物比较困难；

⑤ 后处理过程比溶液聚合和乳液聚合简单。

(2) 分散剂及其作用

悬浮聚合借助搅拌的作用使不相溶的油性单体以小的液滴分散于水中，液滴粒径在微米级，若停止搅拌，体系仍将分层。当单体转化率达到20%～60%时，液滴中溶胀有一定量的聚合物，体系开始发黏，停止搅拌时将造成粘连、结块。因此，在聚合反应过程中，必须不断搅拌，并加入分散剂防止粘连和结块。

分散剂主要有两类：水溶性有机高分子化合物和不溶于水的高分散性无机粉状物。

水溶性有机高分子化合物又称保护胶，一般不属于表面活性剂，主要有部分水解的聚乙烯醇、聚丙烯酸和聚甲基丙烯酸的盐类、马来酸酐-苯乙烯共聚物的钠盐等合成高分子化合物；甲基纤维素、羟乙（丙）基纤维素等纤维素衍生物，以及明胶、淀粉、海藻酸钠等天然高分子。目前用量最大的是合成高分子。这类分散剂分散稳定的机理为：这些水溶性高分子化合物吸附在液滴表面，形成一层保护膜，起到保护胶体的作用。用于悬浮聚合的聚乙烯醇（PVA）的规格为：平均聚合度1700～2000，平均醇解度88%，即PVA1788。

不溶于水的高分散性无机粉状物主要有碳酸镁、碳酸钙、滑石粉等。其分散稳定机理为：这些无机粉状物吸附在液滴表面，起着机械隔离的作用。用作分散剂的无机盐粉末应是高度分散的，其用量为水量的0.1%～1%。若生产透明悬浮树脂，可用碳酸镁或碳酸钙，聚合完成后用稀盐酸将其洗涤除去。由于这些物质性能稳定，可用于高温悬浮聚合。

(3) 悬浮聚合粒子的形态和大小

悬浮聚合反应是在每个小液滴中进行的，所生成聚合物若能溶于单体中，则此反应始终为一相，属于均相悬浮聚合，最后聚合产物为透明、圆滑、坚硬的小圆珠。所以往往将均相悬浮聚合称为珠状聚合。苯乙烯的悬浮聚合就是典型的珠状聚合。

相反，若聚合物不溶于单体中，在每一个小液滴中，一生成聚合物就发生沉淀，存在液相单体和固相聚合物两相结构，属于非均相悬浮聚合。其聚合产物不透明，外形为不规则的小粒子，呈粉末状，故非均相悬浮聚合也称为“粉状聚合”。氯乙烯的悬浮聚合是典型的粉状聚合。

颗粒形态包括聚合物的粒子的外观形状和内部结构。均相悬浮聚合得到的是一种表面光滑、大小均匀的小圆珠，透明且有光泽，直径大小约 0.01～5mm。非均相悬浮聚合的产物则不同，多数为不规则形状、表面粗糙、内部具有微小空隙的微粒。树脂形态主要由悬浮剂的类型和用量决定。如氯乙烯的悬浮聚合：明胶作分散剂时产物表面光滑、内部密实，称为紧密型树脂。PVA 作分散剂时呈棉球状，属疏松型树脂。疏松型树脂吸收增塑剂量大，易塑化，因此深受塑料加工厂的欢迎。

粒径大小的影响因素主要有：①搅拌强度；②分散剂性质、浓度；③水油相比例；④温度；⑤其他助剂；⑥引发剂种类、用量。

2.3.4 乳液聚合

乳液聚合是指油性单体在水中由乳化剂分散成乳状液，由水溶性引发剂引发的聚合。乳液聚合是一种重要的自由基聚合实施方法。由于其独特的聚合机理，可以高的聚合速率合成高相对分子质量的聚合物，是橡胶用树脂（丁苯橡胶）、乳胶漆基料的重要聚合方法。

乳液聚合具有如下特点：

① 水作分散介质，黏度低且稳定，价廉安全。

② 聚合机理独特，可以同时提高聚合速率和聚合物相对分子质量。若用氧化还原引发体系，聚合可在较低的温度下进行。

③ 对直接应用胶乳（乳液）的场合更为方便，如涂料、胶黏剂、水性墨等。

④ 要获得固体聚合物时需经破乳、洗涤、脱水、干燥等工序，纯化困难，生产成本较悬浮聚合高。

乳液聚合的最简单配方为：油性（可含少量水性）单体 30%～60%；去离子水 40%～70%；水溶性引发剂 0.3%～0.7%乳化剂 1%～3%。

2.3.4.1 乳化剂

乳化剂实际上是一种表面活性剂，依其结构特征可分为阴离子型、阳离子型、两性型及非离子型。乳化剂可以极大地降低界面（表面）张力，使互不相溶的油水两相借助搅拌的作用转变为能够稳定存在、久置也难以分层的白色乳液，是乳液聚合的必不可少的组分。

乳化剂分子结构包括两部分，一部分是亲油的长链烷基，用“|”表示，另一部分为亲水基，用“○”表示。乳化剂分子在水中浓度很低时，是以单分子形式溶解于水中，当浓度超过一定值时，是以一种特殊的结构——“胶束”的形式分散在

水中。胶束可以是棒状的，也可以是球状的，如图 2-2 所示。

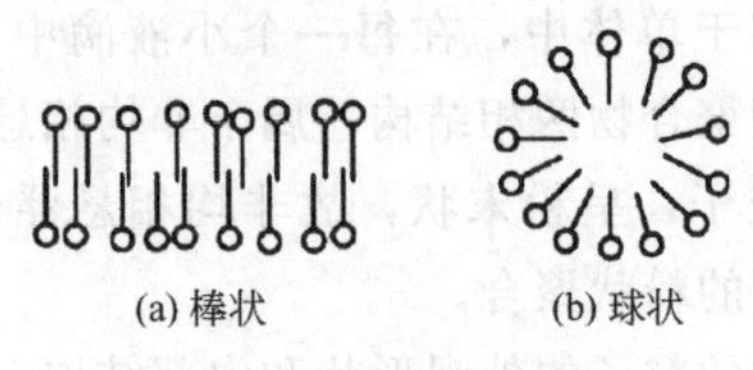

图 2-2 胶束示意图

(1) 乳化剂的作用

① 分散作用 乳化剂使油水界面张力极大降低，在搅拌作用下，使油性单体相以细小液滴（$d<1000$nm）分散于水相中，形成乳液。

② 稳定乳液 在乳液中，乳化剂分子主要定位于两相液体的界面上，亲水基团与水相接触，亲油基团与油相接触。乳液聚合中常用阴离子型表面活性剂如十二烷基硫酸钠、十二烷基苯磺酸钠等作主乳化剂，非离子型表面活性剂如壬基酚聚环氧乙烷醚作助乳化剂。阴离子型表面活性剂的亲水端带有负电荷，这样液滴上的同种电荷层相互排斥，可阻止液滴间的聚集，起到稳定乳液的作用，而非离子型表面活性剂亲水链段聚环氧乙烷嵌段定向吸附到乳胶粒的表面上，通过氢键作用吸附大量的水，这层水层的位阻效应也有利于乳液的稳定。

③ 增溶作用 乳化剂分子在超过一定浓度时，可形成胶束，这些胶束中可以增溶单体，称为增溶胶束。例如，在室温下，苯在水中的溶解度为 0.07g/100g H_2O，但如果在 10%的油酸钠水溶液中，苯的溶解度可提高到 8～9g/100gH_2O（苯的溶解度增大了 100 多倍）。增溶胶束是乳液聚合中真正发生聚合的场所。

乳液聚合用表面活性剂要求其有很好的乳化性。阴离子型主要以双电层结构分散、稳定乳液，其特点是乳化能力强；非离子型主要以屏蔽效应分散、稳定乳液，其特点是可增加乳液对 pH 值、盐和冻融的稳定性。因此乳液聚合时常将阴离子型和非离子型乳化剂复合使用，以提高乳液综合性能。阴离子型乳化剂的用量一般占单体的 1%～2%，非离子型乳化剂的用量一般占单体的 2%～4%。

(2) 乳化剂的性能指标

① 临界胶束浓度（CMC） 临界胶束浓度是指能够形成胶束的乳化剂最低浓度。浓度低于 CMC 值时，乳化剂以单个分子状态溶解于水中，形成真溶液，浓度高于 CMC 值时，乳化剂分子则聚集成“胶束”，亲水基指向水相，亲油基指向胶束内核，每个胶束由 50～100 个乳化剂分子组成。因此乳液聚合时乳化剂浓度必须大于 CMC。各种乳化剂的 CMC 值有手册可查。实验测得 CMC 通常都较低：10^{-5}～10^{-2}mol/L，或 0.02%～0.4%。

② 亲水亲油平衡值（HLB 值） 每个乳化剂分子都含有亲水、亲油基，这两种基团的大小和性质影响其乳化效果，通常用 HLB 值表示乳化剂的亲水、亲油性。HLB 值越大，亲水性越强，反之，则亲水性越弱。HLB 值一般在 1～40 之

间。乳液聚合常选用阴离子型水包油型（O/W）乳化剂，HLB 值在 8～18 之间。各种乳化剂的 HLB 值亦有手册可查，也可以通过实验或基团质量贡献法进行计算。研究发现，复合乳化剂具有协同效应，复合乳化剂的 HLB 值可以用这几种乳化剂 HLB 值的质量平均值进行计算。

③ 阴离子乳化剂的三相平衡点　阴离子乳化剂处于分子溶解状态、胶束、凝胶三相平衡时的温度称为阴离子乳化剂的三相平衡点，亦称为克拉夫特点。高于三相平衡点，凝胶消失，仅以分子、胶束状态存在，但当低于三相平衡点时以凝胶析出，失去乳化能力。聚合温度应选择高于三相平衡点。非离子型乳化剂无三相平衡点。

④ 非离子型乳化剂的浊点　非离子型乳化剂的水溶液加热至一定温度时，溶液由透明变为浑浊，出现这一现象的临界温度即为浊点。非离子型乳化剂之所以存在浊点是由于其溶解特点决定的，非离子型乳化剂的水溶液中，乳化剂分子通过氢键和水形成缔合体，从而使乳化剂能溶于水形成透明溶液，随着温度的升高，分子运动能力提高，缔合的水层变薄，乳化剂的溶解性大大降低，即从水中析出。因此，乳液聚合温度应低于非离子型乳化剂的浊点。

常用乳化剂的 HLB、CMC 值见表 2-1。

表 2-1　常用乳化剂的 HLB、CMC 值

名　　称	HLB	CMC/%
十二烷基硫酸钠(SDS)	40	0.02
十二烷基磺酸钠	13	0.1
十二烷基苯磺酸钠	11	
琥珀酸二辛酯磺酸钠	18.0	0.03
对壬基酚聚氧乙烯(n=4)醚	8.8	
对壬基酚聚氧乙烯(n=9)醚	13.0	0.005
对壬基酚聚氧乙烯(n=10)醚	13.2	0.005
对壬基酚聚氧乙烯(n=30)醚	17.2	0.02
对壬基酚聚氧乙烯(n=40)醚	17.8	0.04
对壬基酚聚氧乙烯(n=100)醚	19.0	0.1
对辛基酚聚氧乙烯(n=9)醚	13.0	0.005
对辛基酚聚氧乙烯(n=30)醚	17.4	0.03
对辛基酚聚氧乙烯(n=40)醚	18.0	0.04
聚氧化乙烯(相对分子质量 400)单月桂酸酯	13.1	

乳化剂的乳化性能可以通过实验进行初步判断：按配方量在试管中分别加入水、乳化剂、单体，上下剧烈摇动 1min，放置 3min，若不分层，说明乳化剂乳化性能优良。

常规乳化剂为低分子化合物，它们会在乳胶漆成膜时向表面迁移，对漆膜耐水性、光泽、硬度产生不利变化。目前，已有不少活性单体面世，如对苯乙烯磺酸钠、乙烯基磺酸钠、2-丙烯酰胺基-2-甲基丙基磺酸钠（AMPS）等。此外，还有出现一些具有表面活性的大分子单体，如丙烯酸单聚乙二醇酯，端丙烯酸酯基水性聚氨酯等。这些活性单体通过聚合借共价键连入高分子主链，可以克服常规乳化剂易迁移的缺点。

2.3.4.2 引发剂

乳液聚合常采用水溶性热分解型引发剂。一般使用过硫酸盐（$S_2O_8^{2-}$）：过硫酸铵、过硫酸钾、过硫酸钠。其分解反应式为：

$$S_2O_8^{2-} \longrightarrow 2SO_4^{-}\cdot$$

硫酸根阴离子自由基如果没有及时引发单体，将发生如下反应：

$$SO_4^{-}\cdot + H_2O \longrightarrow HSO_4^{-} + HO\cdot$$

$$4HO\cdot \longrightarrow 2H_2O + O_2$$

其总反应式为：

$$2S_2O_8^{2-} + 2H_2O \longrightarrow 4HSO_4^{-} + O_2$$

随着乳液聚合的进行，体系的 pH 值将不断下降，这将影响引发剂的活性，所以乳液聚合配方中通常包括 pH 缓冲剂，如碳酸氢钠、磷酸二氢钠、醋酸钠等。另外，聚合温度对引发剂的引发活性影响也较大。温度对过硫酸钾活性的影响见表 2-2。

表 2-2 过硫酸钾的分解速率常数和半衰期

温度/℃	k_d/s^{-1}	$t_{1/2}/h$
50	9.5×10^{-7}	212
60	3.16×10^{-6}	61
70	2.33×10^{-5}	8.3
80	7.7×10^{-5}	2.5
90	3.3×10^{-4}	0.58

过硫酸钾引发剂的聚合温度一般在 80℃以上，聚合终点，短时间可加热到 90℃，以使引发剂分解完全，进一步提高单体转化率。

此外，氧化还原引发体系也是经常使用的品种。其中氧化剂有：无机的过硫酸盐、过氧化氢；有机的异丙苯过氧化氢、叔丁基过氧化氢、二异丙苯过氧化氢等。还原剂有亚铁盐、亚硫酸氢钠、亚硫酸钠、连二亚硫酸钠（$Na_2S_2O_6$）、硫代硫酸钠等。过硫酸盐、亚硫酸盐构成的氧化还原引发体系，其引发机理为：

$$S_2O_8^{2-} + SO_3^{2-} \longrightarrow 2SO_4^{2-} + SO_4^{-}\cdot + SO_3^{-}\cdot$$

氧化还原引发体系反应活化能低，在室温或室温以下仍具有正常的引发速率，因此在乳液聚合后期为避免升温造成乳液凝聚，可用氧化还原引发体系在 50～70℃条件下进行单体的后消除，降低单体残留率。氧化剂与还原剂的配比并非严格的1∶1（摩尔比），一般将氧化剂稍过量，往往存在一个最佳配比，此时引发速率最大，具体用量需要通过实验才能确定。

2.3.4.3　其他组分

（1）保护胶体

乳液聚合体系时常加入水溶性保护胶体，如属于天然水溶性高分子的羟乙基纤维素（HEC）、明胶、阿拉伯胶、海藻酸钠等，其中HEC最为常用，其特点是对耐水性影响较小；属于合成型水溶性高分子的更为常用，如聚乙烯醇（PVA1788）、聚丙烯酸钠、苯乙烯-马来酸酐交替共聚物单钠盐；这些水溶性高分子的亲油大分子主链吸附到乳胶粒的表面，形成一层保护层，可阻止乳胶粒在聚合过程中的凝聚，另外保护胶体提高了体系的黏度，也有利于防止粒子的聚并、以及色漆体系储存过程中油漆、填料的沉降。但是，由于保护胶体的加入，可能使涂膜的耐水性下降，因此其品种选择、用量确定应该综合考虑，用量取下限为好。

（2）pH缓冲剂

常用的pH缓冲剂有碳酸氢钠、磷酸二氢钠、醋酸钠。如前所述，它们能够使体系的pH值维持相对稳定，使链引发正常进行。

2.3.4.4　乳液聚合机理

（1）聚合场所

聚合发生前，单体和乳化剂分别以三种状态存在。

① 微量的单体和乳化剂以分子分散状态真正溶解于水中。

② 部分乳化剂形成胶束，其直径约4～5nm，胶束数约10^{17}～10^{18}个/mL，单体增溶胶束内，增溶胶束则增大为6～10nm。

③ 大部分单体分散成液滴，液滴直径大于1000nm，液滴表面吸附有乳化剂，使乳液稳定。液滴数约10^{10}～10^{12}个/mL，比胶束少6～7个数量级。

可见，乳液聚合体系存在三相：水相、胶束、单体液滴。三相中都有可能形成聚合物-单体粒子即乳胶粒，乳胶粒的形成过程简称成核过程。因此，成核过程主要有三种途径：胶束成核、均相成核和液滴成核。

① 胶束成核　初级自由基或短链自由基通过扩散由水相进入胶束引发胶束内的单体聚合并进行链增长形成乳胶粒。油性单体在水中的浓度很小，链增长概率很小，因此，水相中溶解的单体对聚合的贡献一般很小。另外，因乳液聚合的引发剂是水溶液性的，单体液滴中无引发剂，同时由于单位体积内胶束个数比单体液滴的个数大6～7个数量级，引发剂在水相形成的自由基几乎不能扩散进入单体液滴内，而是主要进入了胶束，因此，单体液滴不是聚合的主要场所。引发剂在水相形成的自由基因为扩散进入胶束内，引发胶束内的单体聚合并进行链增长，因此，聚合主要发生在增溶胶束内。随聚合进行，水相单体进入增溶胶束，补充单体的消耗，而单体液滴中的单体又溶解于水中，间接起了单体仓库的作用。

② 均相成核　若单体水溶性较大，水相中可以形成相对较长的短链自由基，

这些短链自由基随后析出、凝聚，从水相和单体液滴上吸附乳化剂而稳定，继而又有单体扩散进来形成聚合物乳胶粒。乳胶粒形成后，更易吸附短链或低聚物自由基及单体，使得聚合不断进行。

一般认为如果单体的水溶性大，乳化剂的浓度低，则为均相成核，如醋酸乙烯酯的乳液聚合。若单体水溶性小，乳化剂浓度大，则有利于胶束成核，例如苯乙烯的乳液聚合。而甲基丙烯酸甲酯的溶解性介于二者之间，胶束成核、均相成核并存，以均相成核为主。

③ 液滴成核　乳化剂浓度高时，单体液滴粒径小，其比表面积同胶束相当，有利于液滴成核。若选用油溶性引发剂，此时引发剂溶解于液滴中，就地引发聚合，该聚合亦称为微悬浮聚合，属液滴成核。

(2) 聚合机理

乳液聚合开始前体系中的粒子主要以10nm的增溶胶束和1000nm的单体液滴存在，聚合完成后生成了50～200nm的分散于水的乳胶粒固液分散体，粒子浓度发生了很大变化。

根据乳胶粒数目的变化和单体液滴是否存在，可将乳液聚合分为三个阶段。

① 第一阶段——乳胶粒生成期（亦称成核期、加速期）　整个阶段聚合速率不断上升，水相中自由基扩散进入胶束，引发增长，当第二自由基进入时才发生终止，上述过程不断重复生成乳胶粒。

随着聚合的进行，乳胶粒内的单体不断消耗，水相中溶解的单体向乳胶粒扩散补充，同时单体液滴中的单体又不断溶入水相。单体液滴是提供单体的仓库。这一阶段单体液滴数并不减少，只是体积不断缩小，而乳胶粒体积不断长大，从水相中不断吸附乳化剂分子来保持稳定；当水中乳化剂浓度低于临界胶束浓度时，未成核的胶束上的乳化剂分子及缩小的单体液滴上的乳化剂分子将溶于水中，并被乳胶粒吸附，间接地满足长大的乳胶粒对乳化剂的需求。最后未成核胶束消失，乳胶粒数固定下来。

该阶段时间较短，结束时单体转化率为2%～15%，这与单体种类及聚合工艺有关。

因此总的来说第一阶段是成核阶段。乳胶粒数从零不断增加，单体液滴数不变，但体积变小，聚合速率上升，结束的标志是未成核胶束的全部消失，阶段终了体系有两种粒子：单体液滴和乳胶粒。

② 第二阶段——恒速阶段（即乳胶粒成长期）　该阶段从未成核胶束消失开始到单体液滴消失止。

胶束消失后乳胶粒数恒定，单体液滴仍起着仓库的作用，不断向乳胶粒提供单体。引发、增长、终止在乳胶粒内重复进行。乳胶粒体积继续增大，最终可达50～200nm。由于乳胶粒数恒定且粒内单体浓度恒定，故聚合速率恒定，直到单体液滴耗尽止。在该阶段，缩小的单体液滴上的乳化剂分子也通过水相向乳胶粒吸附，满足乳胶粒成长的需要。该阶段终了体系只有一种粒子：乳胶粒。

该阶段持续时间较长，结束时单体转化率为15%～60%。

③ 第三阶段——降速期 单体液滴消失后，乳胶粒内继续引发、增长和终止直到单体完全转化。但由于单体无补充来源，聚合速率随其中单体浓度的下降而降低，最后聚合反应趋于停止。

该阶段自始至终体系只有一种粒子：乳胶粒，且数目不变，最后可达50～200nm。这样的粒子粒径细，可利用种子聚合增大粒子粒径。

2.3.4.5 乳液聚合动力学

(1) 聚合速率

动力学研究多着重第二阶段——恒速阶段。

自由基聚合速率可表示为：

$$R_p = k_p[M][M\cdot]$$

在乳液聚合中，[M] 表示乳胶粒中单体浓度，单位 mol/L。[M·]与乳胶粒浓度有关。

$$[M\cdot] = \frac{10^3 N}{2N_A}$$

式中，N 为乳胶粒浓度，个/cm^3；N_A 为阿伏伽德罗常数。

典型的恒速阶段的聚合是：当第一个自由基扩散进来，聚合开始；当第二个自由基扩散进来，聚合终止。聚合、终止交替进行。若在某一时刻进行统计，则只有一半的乳胶粒进行聚合，另一半无聚合发生，因此，自由基浓度为乳胶粒浓度的一半。由于胶粒表面活性剂的保护作用，乳胶粒中自由基的寿命（10～10^2s）比其他聚合方法长（10^{-1}～1s），自由基有较长的时间进行聚合，聚合物的聚合度或相对分子质量可以很高，接近甚至超过本体聚合的相对分子质量。

乳液聚合恒速期的聚合速率表达式为：

$$R_p = \frac{10^3 N k_p [M]}{2N_A}$$

① 在第二阶段，未成核胶束已消失，不再有新的胶束成核，乳胶粒数恒定；单体液滴存在，单体不断通过水相向乳胶粒补充单体，使乳胶粒内单体浓度 [M] 恒定，因此，聚合速率恒定。

② 在第一阶段，自由基不断进入胶束引发聚合，成核的乳胶粒数 N 从零不断增加，因此，聚合速率不断增加。

③ 在第三阶段，单体液滴消失，乳胶粒内单体浓度 [M] 不断下降，因此，聚合速率不断下降。

乳液聚合速率取决于乳胶粒数 N，因为N高达10^{14}个/mL，[M·] 可达10^{-7} mol/L，比典型自由基聚合高一个数量级，且乳胶粒中单体浓度高达5mol/L，故乳液聚合速率很快。

（2）聚合度

若忽略链转移影响，设体系中总引发速率为 ρ，单位为 mol/（L·s）。数均聚合度为聚合物的链增长速率除以大分子生成速率，即：

$$\overline{X_n}=v=\frac{R_p}{R_{tp}}=\frac{\dfrac{10^3Nk_p[M]}{2N_A}}{\dfrac{\rho}{2}}=\frac{10^3Nk_p[M]}{N_A\rho}$$

$\frac{\rho}{2}$表示一半初级自由基进行引发，另一半自由基进行偶合终止。

虽然是偶合终止，但一条长链自由基和一个初级自由基偶合并不影响产物的聚合度，乳液聚合的平均聚合度就等于动力学链长。

① 聚合度与 N 和 ρ 有关，与 N 成正比，与 ρ 成反比；

② 乳液聚合，在恒定的引发速率 ρ 下，用增加乳胶粒浓度 N 的办法，可同时提高 R_p 和 $\overline{X_n}$，这也就是乳液聚合速率快，同时相对分子质量高的原因。一般自由基聚合，提高引发剂浓度和温度，可提高聚合速率 R_p，但 $\overline{X_n}$ 下降。

2.3.4.6　乳液聚合工艺

乳液聚合工艺主要有：间歇法乳液聚合、半连续法乳液聚合、连续法乳液聚合、预乳化聚合工艺四种。

（1）间歇法乳液聚合

间歇法乳液聚合对聚合釜间歇操作，即将乳液聚合的原料在进行聚合时一次性加入反应釜，在规定的聚合温度、压力下反应，经一定时间，单体达到一定的转化率，停止聚合，经脱除单体、降温、过滤等后处理，得到聚合物乳液产品。

该法主要用于均聚物乳液及涉及气态单体的共聚物乳液的合成，如糊法 PVC 合成等。其优点是体系中所有乳胶粒同时成长，粒径分布窄，乳液成膜性好，而且生产设备简单，操作方便，生产柔性大，非常适合小批量、多品种精细高分子乳液的合成。

（2）半连续法乳液聚合

半连续法乳液聚合先将去离子水、乳化剂及部分单体（约 5%～20%）和引发剂加入反应釜，聚合一定时间后按规定程序滴加剩余引发剂和单体，滴加可连续滴加，也可间断滴加，反应到所需转化率聚合结束。

半连续法工艺分为如下几步：打底→升温引发→滴加→保温→清净。打底即将全部或大部分水、乳化剂、缓冲剂、少部分单体（5%～20%）及部分引发剂投入反应釜；升温引发即升温使打底单体聚合，并使之基本完成，生成种子液，此时放热达到高峰，且体系产生蓝光；滴加即在一定温度下以一定的程序滴加单体和引发剂；保温即进一步提高转化率；清净即补加少量引发剂或提高反应温度，进一步降低残留单体含量。

（3）连续法乳液聚合

连续法乳液聚合通常用釜式反应器或管式反应器，前者应用较广，一般为多釜串联，如丁苯胶乳、氯丁胶乳的合成等。连续法设备投入大，黏釜、挂胶不宜处理，但是，连续法乳液聚合工艺稳定，自动化程度高，产量大，产品质量也比较稳定。因此，对大吨位产品经济效益好，小吨位高附加值的精细化工产品一般不采用该法生产。

(4) 预乳化聚合工艺

无论半连续法乳液聚合或是连续法乳液聚合，都可以采用单体的预乳化工艺。单体的预乳化在预乳化釜中进行，为使单体预乳化液保持稳定，应连续或间歇搅拌。预乳化聚合工艺避免了直接滴加单体对体系的冲击，可使乳液聚合保持稳定，粒度分布更加均匀。

2.3.4.7 乳液聚合新技术

近十年来，乳液聚合新技术不断涌现，新工艺层出不穷。比较成熟的且应用较广的主要有以下几种。

(1) 种子乳液聚合

所谓种子乳液聚合是先将少量单体按一般乳液聚合法制得种子胶乳（粒径50～150nm），然后将少量种子胶乳（1%～3%）加入正式乳液聚合的配方中，其中单体、水溶性引发剂、水可以按原定比例不变，但乳化剂要限量加入。为了得到良好的乳液，应使种子乳液的粒径尽量小而均匀，浓度尽量大。种子乳液聚合以种子乳胶粒为核心，若控制好单体、乳化剂的投加速率，避免新的乳胶粒的生成，可以合成出优秀的乳液产品。

(2) 无皂乳液聚合

一般乳液聚合使用低分子乳化剂，乳化剂对稳定胶乳起了重要的作用，但乳液成膜后乳化剂将继续残存在涂膜中，对漆膜光泽、耐水性、电学性质造成不利影响。无皂乳液聚合就是为了克服乳化剂的弊端，开发出来的新型乳液聚合工艺，其胶粒分布均一、表面洁净，具有优秀的性能。

无皂乳液聚合只是在原始配方中不加乳化剂，或只加临界胶束浓度以下的微量乳化剂而进行的聚合，但要使最终聚合物分散液稳定，关键在于将极性基团引入大分子中，使聚合物本身成为类似表面活性剂的分子。方法有两种：

① 采用过硫酸盐一类离子型水溶性引发剂，引发聚合后，引发剂的残基硫酸根就成为大分子的极性端基，整个大分子类似于聚合物乳化剂，使胶乳稳定。但硫酸根端基含量有限，稳定能力差，只能制备固含量较低的乳液，应用受到限制。

② 主单体与少量水溶性极性单体共聚，这一方法可以制得固含量较高的乳液。这类水溶性单体可以是单一离子型共聚单体，也可以是阴离子-非离子双官能团复合型共聚单体，还可以是离子型表面活性剂单体。

(3) 核-壳乳液聚合

核-壳型乳液聚合可以认为是种子乳液聚合的发展。种子乳液聚合中种子胶乳的制备和后继的正式聚合采用相同的单体，结果仅使粒子长大。若种子乳液聚合使用某种单体、后继正式聚合用另一种单体，则形成核-壳结构的乳胶粒。核-壳型乳胶粒由于其独特的结构，同常规乳胶粒相比即使组成相同也往往具有优秀的性能。根据“核-壳”的玻璃化温度不同，可以将核-壳型乳胶粒分为硬核-软壳型和软核-硬壳型两类。

（4）互穿网络乳液聚合

互穿网络聚合物属于多相聚合物中的一种类型。相对于物理共混，互穿网络聚合物改性能够使材料凝集态结构发生变化，进而改进某些性能，扩展其应用。

制备方法为：将交联聚合物 A 作为“种子”胶乳，再投入单体 B 及引发剂（不加乳化剂），单体 B 就地聚合、交联而生成互穿网络聚合物，一般有核壳结构。互穿网络聚合物是一种由两种或多种交联聚合物组成的新型聚合物合金，其网络间不同化学结构的连接可得到性能的协同效应，如力学性能的增强，胶黏性的改善，或者是较好的减震吸声性能。

（5）微乳液聚合

一般乳液聚合最终乳胶粒径约 100～200nm，而制备纳米级（10～100nm）胶乳则有赖于微乳液聚合法。

微乳液聚合配方特点是：单体用量很少，而乳化剂用量很多，并加有戊醇等助乳化剂。乳化剂和戊醇除能形成复合胶束和保护膜外，还可使水介质的表面张力降低得很低。因此可使单体分散成 10～100nm 的微液滴。微液滴有较大的比表面积，与约 10nm 增溶复合胶束相当，因此相互竞争，吸取水相中形成的自由基而液滴成核，与胶束成核共存。聚合成核后，未成核的微液滴中的单体不断通过水相扩散，供应已形成的乳胶粒继续聚合，微液滴很快消失。未成核的胶束就为乳胶粒提供保护所需的乳化剂，最终形成热力学稳定的胶乳。由于粒子很细，小于可见光波长，因些微乳胶透明。

2.4 聚合物的老化和防老化

2.4.1 聚合物的老化

聚合物在其合成、储存及其加工和最终应用的各个阶段都可能发生变质，即材料的性能变坏，例如泛黄、相对分子质量下降、制品表面龟裂、光泽丧失，更为严重的是导致冲击强度、挠曲强度、拉伸强度和伸长率等力学性能大幅度下降，从而影响高分子材料制品的正常使用。这种现象称为聚合物的化学老化，简称老化。从化学的角度上看，聚合物无论是天然的还是合成的，都具有一定的分子结构，其中某些部位具有一些弱键，这些弱键自然地成为化学反应的突破口。聚合物老化的本质无非是一种化学反应，即以弱键发生化学反应（例如氧化反应）为起点并引发一系列化学反应。它可以由许多原因引起，例如热、紫外光、机械应力、高能辐射、电场等，可以单独一种因素，也可以多种因素共同作用。其结果是聚合物的分子结构发生改变，相对分子质量降低或产生交联，从而使材料性能变坏，以至无法使用。

(1) 光氧化

聚合物在光的照射下，分子链的断裂取决于光的波长与聚合物的键能。各种键的离解能为167～586kJ/mol，紫外线的能量为250～580kJ/mol。在可见光的范围内，聚合物一般不被离解，但呈激发状态。因此在氧存在下，聚合物易于发生光氧化过程。水、微量的金属元素特别是过渡金属及其化合物都能加速光氧化过程。

延缓或防止聚合物的光氧化过程，需加入光稳定剂。常用的光稳定剂有紫外线吸收剂，如邻羟基二苯甲酮衍生物、水杨酸酯类等；光屏蔽剂，如炭黑金属减活性剂（又称淬灭剂），它是与加速光氧化的微量金属杂质起整合作用，从而使其失去催化活性；能量转移剂，它从受激发的聚合物吸收能量以消除聚合物分子的激发状态，如镍、钴的络合物就有这种作用。

(2) 热氧化

聚合物的热氧（老）化是热和氧综合作用的结果。热加速了聚合物的氧化，而氧化物的分解导致了主链断裂的自动氧化过程。氧化过程是首先形成氢过氧化物，再进一步分解而产生自由基活性中心。一旦形成自由基之后，即开始链式的氧化反应。

为获得对热氧稳定的聚合物制品，常需加入抗氧剂和热稳定剂。常用的抗氧剂有仲芳胺、阻聚酚类、苯酯类、叔胺类以及硫醇、二烷基二硫代氨基甲酸盐、亚磷酸酯等。热稳定剂有金锡皂类、有机锡等。

(3) 化学侵蚀

由于受到化学物质的作用，聚合物链产生化学变化而使性能变劣的现象称为化学侵蚀，如聚酯、聚酰胺的水解等。上述的氧化也可视为化学侵蚀。化学侵蚀所涉及的问题就是聚合物的化学性质。因此，在考虑聚合物的老化以及环境影响时，要充分估计聚合物可能发生的化学变化。

(4) 生物侵蚀

化学合成的聚合物一般具有极好的耐微生物侵蚀性。软质聚氯乙烯制品因含有大量增塑剂会遭受微生物的侵蚀。某些来源于动物、植物的天然聚合物，如酪蛋白纤维素以及含有天然油的涂料醇酸树脂等，亦会受细菌和霉菌的侵蚀。某些聚合物，由于质地柔软易受蛀虫的侵蚀。

2.4.2 聚合物的防老化

所谓防老化，也叫稳定化，就是采取一定的措施，阻止或延缓导致老化的化学反应。严格来讲，不可能完全阻止老化，只能延缓老化过程。

目前较为适用的防老化措施有以下三个方面：

① 改进共聚物的化学结构，引进含有稳定基团的结构，如采用含有抗氧剂的乙烯基单体进行共聚改性；

② 对活泼端基进行消活稳定处理，该法主要用于聚缩醛类聚合物；

③ 加入添加剂，如抗氧剂和光稳定剂。

其中，方法③是高分子防老化最通用的方法，其优点在于简单、有效、灵活。通常，添加剂的用量在0.1%～1%。

习　题

1. 按聚合前后组成是否变化，聚合反应可分为哪几种？各有什么特点？
2. 高分子聚合物的力学三态是指哪三种状态？
3. 请指出塑料、橡胶的使用温度与其玻璃化温度的关系。
4. 依据结构特征，自由基引发剂可以分为哪几类？
5. 写出引发剂偶氮二异丁腈、过氧化二苯甲酰引发剂裂解反应方程式。
6. 共聚物组成的控制方法主要有哪三种？
7. 计算2mol苯酐与1mol季戊四醇的缩聚体系的平均官能度和凝胶点。
8. 按照聚合配方和聚合工艺特点，自由基聚合实施方法可分为哪四种？
9. 简述溶液聚合的基本配方及特点。
10. 相对于本体聚合和溶液聚合，悬浮聚合具有哪些优点？
11. 根据乳胶粒数目的变化和单体液滴是否存在，可将乳液聚合分为哪三个阶段？各有何特征？
12. 乳液聚合为什么可以同时提高单体转化率和聚合物的相对分子质量？
13. 影响高分子材料老化的因素主要有哪些？如何防止或延缓高分子材料老化？
14. 计算苯乙烯乳液聚合速率和聚合度。{60℃ $k_p=176L/(mol \cdot s)$，$[M]=5.0mol/L$，$N=3.2\times10^{14}$个/mL，$\rho=3.2\times10^{14}$个/(mL·s)}
15. 等物质的量的己内胺和己二酸进行缩聚，试求反应程度P为0.50，0.80，0.90，0.98，0.99，0.995时的$\overline{X_n}$。
16. 等物质的量的二元醇和二元酸缩聚，另加醋酸1.5%，$P=0.995$时，聚酯的聚合度为多少？(醋酸浓度以二元酸计)

第3章　醇酸树脂和聚酯树脂

3.1　概述

醇酸树脂和聚酯树脂都属于聚酯类树脂，两者的分子主链都是由多元醇和多元酸通过聚酯化反应合成的。聚酯树脂是单纯由多元酸和多元醇缩聚而成的，而醇酸树脂则是由多元酸、多元醇和油类（脂肪酸）经缩聚化反应生成的。可以说，醇酸树脂是油改性了的聚酯，而聚酯树脂有时也称为无油醇酸树脂。

多元酸与多元醇的缩合反应生成树脂早已为人们所熟知，Berzelius 于 1847 年由酒石酸和甘油缩合制成第一个合成聚酯。1901 年 Watson Smith 首次由苯二甲酸酐和甘油缩合制成硬而脆、玻璃状聚合物。1912 年美国通用电气公司对邻苯二甲酸酐和甘油进行了深入研究后指出，用油酸代替部分邻苯二甲酸酐，产物比原来柔韧且具有更好的溶解性。1927 年美国 Kienle 开发了含不饱和脂肪酸的聚苯二甲酸甘油酯，他将此种不饱和脂肪酸改性的聚酯取名为醇酸树脂，从此醇酸树脂在涂料工业得到了应用。第一次世界大战后，化学工业的大发展为醇酸树脂的大发展创造了条件，特别是以催化氧化法生产邻苯二甲酸酐的出现，为醇酸树脂提供了价廉而关键性的原料，促使了醇酸树脂快速发展。

醇酸树脂和聚酯树脂都是重要的涂料用树脂，其中醇酸树脂产量更大，约占涂料工业总产量的 20%～25%。

3.2　醇酸树脂

醇酸树脂是由脂肪酸（或相应的植物油）、二元酸及多元醇通过聚酯化反应合成的主侧链结构中均含有酯基的低相对分子质量的聚酯树脂。醇酸树脂本身是一个独立的涂料品种，其干性、光泽、硬度、耐久性都是油性漆远远所不能及的。醇酸树脂还可与其他树脂配成多种不同性能的自干或烘干磁漆、底漆、面漆和清漆，广泛用于桥梁等建筑物以及机械、车辆、船舶、飞机、仪表等涂装。

3.2.1　醇酸树脂的分类

（1）按改性用脂肪酸或油的干性分

按脂肪酸或油的干性，醇酸树脂可分为干性油醇酸树脂、不干性油醇酸树脂和半干性油醇酸树脂。

干性油醇酸树脂是由高不饱和脂肪酸或油脂制备的醇酸树脂，该类醇酸树脂通过氧化交联干燥成膜，从某种意义上来说，干性油醇酸树脂也可以说是一种醇酸聚酯改性的干性油。天然的干性油漆膜的干燥需要很长时间，原因是它们的相对分子质量较低，需要多步反应才能形成交联的大分子。而干性油醇酸树脂直接涂刷成薄层，在室温与氧作用下转化成连续的固体薄膜，可制成自干型与烘干型的清漆及磁漆。

不干性油醇酸树脂改性用的脂肪酸含不饱和的碳碳双键较少，其碘值低，不能单独在空气中成膜，因此不干性油醇酸树脂不能直接用作漆料，主要用作增塑剂和多羟基聚合物，用于与其他树脂拼合使用。用作羟基组分时可与氨基树脂配制烘漆，或与多异氰酸酯固化剂配制双组分自干漆。

半干性油醇酸树脂性能在干性油、不干性油醇酸树脂性能之间。

(2) 按醇酸树脂油度分

按油度分，醇酸树脂可分为长油度醇酸树脂、中油度醇酸树脂、短油度醇酸树脂。长油度醇酸树脂主要用作建筑涂料；中油度醇酸树脂主要用作气干性工业涂料，也可以用作汽车、卡车和重型货车修补漆；短油度醇酸树脂主要和氨基树脂一道用作工业烘干面漆，如金属家具、自行车、散热器等的面漆。

长油度、中油度、短油度醇酸树脂分类的油度范围见表 3-1。

表 3-1　醇酸树脂分类的油度范围

油度	长油度	中油度	短油度
油量/%	>60	40～60	<40
苯酐量/%	<30	30～35	>35

油度表示醇酸树脂中含油量的高低，是醇酸树脂配方中油脂的用量与树脂理论产量之比，即：

$$油度=\frac{油脂用量}{树脂理论产量}\times 100\%$$

其中，树脂的理论产量等于原料中参加反应的多元醇、多元酸和油脂（或脂肪酸）的总质量减去生成的水的质量。

若以脂肪酸代替油脂作原料合成醇酸树脂，因油脂中脂肪酸基含量约为 95%，则油度的近似计算公式为：

$$油度=\frac{脂肪酸用量}{树脂理论产量\times 95\%}\times 100\%$$

【例题 3-1】 某醇酸树脂的配方如下：

原　　料	用量/g
亚麻仁油	100.00
氢氧化锂(酯交换催化剂)	0.400
甘油(98%)	43.00
苯酐(99.5%)	74.50(其升华损耗约 2%)

试计算所合成树脂的油度。

解　甘油的相对分子质量为 92，故其投料的物质的量为 439×98%/92g/mol=0.458mol，含羟基的物质的量为 3×0.458mol=1.374mol。

苯酐的相对分子质量为 148，因为损耗 2%，故其参加反应的物质的量为[74.50×99.5%×(1−2%)/148]mol=0.491mol，苯酐官能度为 2，故其可反应官能团为 2×0.491mol=0.982mol。

体系中羟基过量，苯酐（即其醇解后生成的羧基）全部反应生成水量为 0.491mol×18g/mol=8.835g，生成树脂质量为[100.0+43.00×98%+74.5×(1−2%)−8.835]g=205.945g。所以：

$$油度=100/205.945\times100\%=49\%$$

油度长短对醇酸树脂性能有较大影响。油度直接影响树脂的溶解性能，如长油度醇酸树脂溶解性好，易溶于溶剂汽油，中油度醇酸树脂溶于溶剂汽油-二甲苯混合溶剂，短油度醇酸树脂溶解性较差，需用二甲苯或二甲苯/酯类混合溶剂溶解。另外，油度反映了树脂的软硬程度，油度长时树脂硬度较低，柔韧性好，保光、保色性较差；油度短时树脂柔韧性差，硬度好，保光、保色性好。同时，油度对光泽、刷涂性、流平性等施工性能亦有影响，油度大，则光泽高，刷涂性、流平性好。

3.2.2　醇酸树脂的合成原料

生产醇酸树脂的原料主要有植物油（或脂肪酸）、多元醇、有机酸与多元酸等。

3.2.2.1　植物油（或脂肪酸）

植物油的主要成分是高级脂肪酸甘油三酯，其分子式可简单表示为：

$$\begin{array}{l} CH_2-O-\overset{\overset{\large O}{\|}}{C}-R \\ | \\ CH-O-\overset{\overset{\large O}{\|}}{C}-R' \\ | \\ CH_2-O-\overset{\overset{\large O}{\|}}{C}-R'' \end{array}$$

三个脂肪酸一般不同，可以是饱和酸，也可以是不饱和酸。天然油脂中的脂肪酸主要为饱和或不饱和的十八碳酸，也可能含有少量月桂酸（十二碳酸）、豆蔻酸（十四碳酸）和软脂酸（十六碳酸）等饱和脂肪酸。植物油通过与甘油进行酯交换转变成脂肪酸甘油单酯、脂肪酸甘油二酯，脂肪酸甘油单酯、脂肪酸甘油二酯可分别作为二元醇、一元醇用来制备醇酸树脂。

植物油中除了脂肪酸甘油三酯外，还含有一些非油脂类的杂质，如磷脂、固醇、色素等。为使油品的质量合格，适合醇酸树脂的生产，合成醇酸树脂的植物油必须经过精制才能使用。精制方法包括碱精制（碱漂）和碱精制后加白土脱色处理两种方法，前者习惯称为“单漂”，后者称为“双漂”。碱漂主要是去除油中的游离酸、磷脂、蛋白质及机械杂质，单漂主要用于制备油基树脂漆。碱漂后的油再用酸性漂土吸附掉色素及其他不良杂质，即得双漂油，双漂油主要用于制备油改性的合成树脂。

油类的组成受气候、产地而有所改变，它们的质量更受榨取方式、储存条件而波动。油脂的质量可以从以下的主要理化性能指标来判定。

① 颜色、外观、气味　植物油因含色素而着色，一般为清澈透明的浅黄色至棕红色液体，颜色过深则用途受限，浅色油的颜色应在铁-钴比色法 3 号以下，深色不超过 12 号；各种油有其独特的气味，油脂若酸败，则有酸臭味，并呈现浑浊等。酸败的油品不能使用。

② 相对密度　各种油在一定温度下都有一定的相对密度，所以测定相对密度可以作为判断油类品种和纯度的一个指标。脂肪酸的碳链越长，相对密度下降；不饱和度增加则相对密度升高。植物油的相对密度大多数都在 0.90～0.94g/cm^3 之间。

③ 折射率　每种油都有固定的折射率，可以据此检验油的纯度，检验油类精制的好坏。

④ 黏度　大多数植物油的黏度在室温下是相近的。但是桐油由于 3 个双键共轭而黏度较高，蓖麻油含羟基，氢键的作用使其黏度更高。

⑤ 酸值　酸值用来测量油脂中游离酸的含量。通常以中和 1g 油中所含的酸所需的氢氧化钾的量来计量，单位：mg/g。酸值的高低，标志油质量的好坏。新鲜或精制的油，酸值较低，酸值常因储存时酸败而升高。游离酸应在使用前除掉，合成醇酸树脂的精制油的酸值应小于 5.0mg/g。

⑥ 皂化值和酯值　皂化 1g 油中全部脂肪酸所需 KOH 的毫克数为皂化值；将皂化 1g 油中化合脂肪酸所需 KOH 的毫克数称为酯值，则：

$$皂化值=酸值+酯值$$

⑦ 不皂化物　皂化时，不能与 KOH 反应且不溶于水的物质为不皂化物，主要是一些烃类和固醇类物质。不皂化物对漆膜无用，影响涂膜的硬度和耐水性，可通过精制除去。

⑧ 热析物　含有磷脂的油料（如豆油、亚麻油）中加入少量盐酸或甘油，可使其在高温（240～280℃）下凝聚析出。

⑨ 碘值　100g 油能吸收碘的克数。它表示油类的不饱和程度，也是表示油料氧化干燥速率的重要参数，碘值越高，油的干性越好。

根据碘值高低，油类可分为干性油、不干性油和半干性油三类。油的干性直接决定其所合成的醇酸树脂的干性。油的干性分类范围见表 3-2。

表 3-2　油的干性分类范围

油的干性	干性油	半干性油	不干性油
碘值/(g/100g)	≥140	100～140	≤100
分子中双键数	≥6 个	4～6 个	<4 个

用于合成醇酸树脂常用的植物油主要有桐油、亚麻仁油、豆油、棉子油、妥尔油、红花油、脱水蓖麻油、蓖麻油、椰子油等。其中桐油、亚麻仁油为干性油；豆油、棉子油、妥尔油、脱水蓖麻油为半干性油；蓖麻油、椰子油为不干性油。

常见植物油的主要物化性能见表 3-3。

表 3-3　常见植物油的主要物化性能

油品	酸值 /(mg/g)	碘值 /(g/100g)	皂化值 /(mg/g)	密度(20℃) /(g/cm³)	色泽(铁-钴比色法)/号
桐油	6～9	160～173	190～195	0.936～0.940	9～12
亚麻油	1～4	175～197	184～195	0.97～0.938	9～12
豆油	1～4	120～143	185～195	0.921～0.928	9～12
松浆油(妥尔油)	1～4	130	190～195	0.936～0.940	16
脱水蓖麻油	1～5	125～145	188～195	0.926～0.937	6
棉子油	1～5	100～116	189～198	0.917～0.924	12
蓖麻油	2～4	81～91	173～188	0.955～0.964	9～12
椰子油	1～4	7.5～10.5	253～268	0.917～0.919	4

植物油经水解得到的脂肪酸为各种饱和脂肪酸和不饱和脂肪酸的混合物，如桐油脂肪酸中含有 80%桐油酸，也含有少量亚麻酸、亚油酸及油酸；亚麻油脂肪酸中主要含有亚麻酸、亚油酸和油酸；豆油脂肪酸中主要含有亚油酸和油酸，还有棕榈酸和硬脂酸；棉子油脂肪酸中主要含有棕榈酸、亚油酸、油酸和十八碳烯；蓖麻油脂肪酸中含有 87%蓖麻油酸和少量的油酸；椰子油脂肪酸主要含有月桂酸、棕榈酸和豆蔻酸，还有少量的油酸和亚油酸；妥尔油酸含 64%的亚油酸和其他不饱和脂肪酸。植物油水解得到的脂肪酸混合物一般可不经分离直接使用。若要分离，工业上一般是先把脂肪酸转变成脂肪酸甲酯或脂肪酸乙酯，然后通过分馏再水解的方法，可以得到纯度超过 90%的各种脂肪酸。

脂肪酸可用于脂肪酸法合成醇酸树脂。用来合成醇酸树脂的不饱和脂肪酸主要有：油酸、亚油酸、亚麻酸、桐油酸、蓖麻油酸、脱水蓖麻油酸等。

$CH_3(CH_2)_7CH{=}CH(CH_2)_7COOH$

油酸(十八碳烯-9-酸)

$CH_3(CH_2)_4CH{=}CHCH_2CH{=}CH(CH_2)_7COOH$

亚油酸(十八碳二烯-9,12-酸)

$CH_3CH_2CH{=}CHCH_2CH{=}CHCH_2CH{=}CH(CH_2)_7COOH$

亚麻酸(十八碳三烯-9,12,15-酸)

$CH_3(CH_2)_3CH{=}CHCH{=}CHCH{=}CH(CH_2)_7COOH$

桐油酸(十八碳三烯-9,11,13-酸)

$CH_3(CH_2)_5CH(OH)CH_2CH{=}CH(CH_2)_7COOH$

蓖麻油酸(12-羟基十八碳烯-9-酸)

$CH_3(CH_2)_5CH{=}CHCH{=}CH(CH_2)_7COOH$

脱水蓖麻油酸(十八碳二烯-9,11-酸)

亚麻油酸、桐油酸等干性油脂肪酸酸感性较好，但易黄变、耐候性较差，豆油酸、脱水蓖麻油酸、菜籽油酸、妥尔油酸黄变较弱，应用较广泛；椰子油酸、蓖麻油酸不黄变，可用于室外用漆和浅色漆的生产。

3.2.2.2 多元醇

生产醇酸树脂常用的多元醇按羟基官能团的数量，主要有二元醇、三元醇、四元醇和六元醇。二元醇主要有乙二醇、1，2-丙二醇、1，3-丙二醇、新戊二醇、1，3-丁二醇、二乙二醇等；三元醇主要有丙三醇（甘油）、三羟甲基丙烷等；四元醇主要有季戊四醇；六元醇主要有二季戊四醇。

$HOCH_2—CH_2—CH_2OH$

1,3-丙二醇

$HOCH_2—C(CH_3)_2—CH_2OH$

新戊二醇

$HOCH_2—CH_2—O—CH_2—CH_2OH$

二乙二醇

$CH_2(OH)—CH(OH)—CH_2(OH)$

丙三醇(甘油)

$HOCH_2—C(CH_2OH)_2—CH_2—CH_3$

三羟甲基丙烷

$HOCH_2—C(CH_2OH)_2—CH_2OH$

季戊四醇

$HOCH_2—C(CH_2OH)_2—CH_2—O—CH_2—C(CH_2OH)_2—CH_2OH$

二季戊四醇

根据醇羟基的位置，可将醇分为伯醇、仲醇和叔醇。三种醇的反应活性不同，与有机羧酸酯化时，伯醇活性最大，反应最快；仲醇比伯醇活性稍低，反应稍慢；叔醇活性最低，反应最慢，且易于在酸催化下脱水醚化。常见多元醇的物理性质见表3-4。

表3-4 常见多元醇的物理性质

多元醇名称	状态	当量值①	熔点/℃	沸点/℃	密度/(g/cm³)
乙二醇	液态	31.0	−13.3	197.2	1.12
二乙二醇	液态	56.1	−8.3	244.5	1.12
丙二醇	液态	38.0	−60	187.3	1.04
1,3-丁二醇	液态	45.0	<−50	207	1.01
新戊二醇	固态	52.1	125	204	1.06
丙三醇	液态	30.7	18	290	1.26
三羟甲基丙烷	固态	44.7	60	295	1.18
季戊四醇	固态	34.0	262	276	1.38
二季戊四醇	固态	42.4	222		1.37

① 羟基当量值是指一个羟基反应时所需要的多元醇的量。

用三羟甲基丙烷合成的醇酸树脂具有更好的抗水解性、抗氧化性、耐碱性和热稳定性，与氨基树脂有良好的相容性。此外还具有色泽鲜艳、保色力强、耐热及快干的优点。乙二醇和二乙二醇主要同季戊四醇复合使用，以调节官能度，使聚合平稳，避免凝胶化。

3.2.2.3　有机酸

用于合成醇酸树脂的有机酸可分为：一元酸、二元酸或多元酸。

一元酸主要有苯甲酸、松香酸、对叔丁基苯甲酸、2-乙基己酸、月桂酸（十二烷酸）、辛酸、癸酸等。一元酸中苯甲酸可以提高耐水性，由于增加了苯环单元，可以改善涂膜的干性和硬度，但用量不能太多，否则涂膜变脆。

二元酸或多元酸主要包括邻苯二甲酸酐、间苯二甲酸、对苯二甲酸、己二酸、癸二酸、偏苯三酸酐、均苯四甲酸酐等，其中以邻苯二甲酸酐最为常用，因为其原料充足，价格便宜，且与多元醇反应时是放热反应，反应温度较低。引入间苯二甲酸可以提高耐候性和耐化学品性，但其熔点高、活性低，用量不能太大；己二酸和癸二酸含有多亚甲基单元，可以用来平衡硬度、柔韧性及抗冲击性；三元芳香酸，如偏苯三酸酐所制的醇酸树脂比相同油度的邻苯二甲酸、间苯二甲酸制得的干燥快而硬度高，调整偏苯三酸酐在配方中的用量，可制得含剩余羧基的醇酸树脂，经用胺中和成盐可成水溶性醇酸树脂。

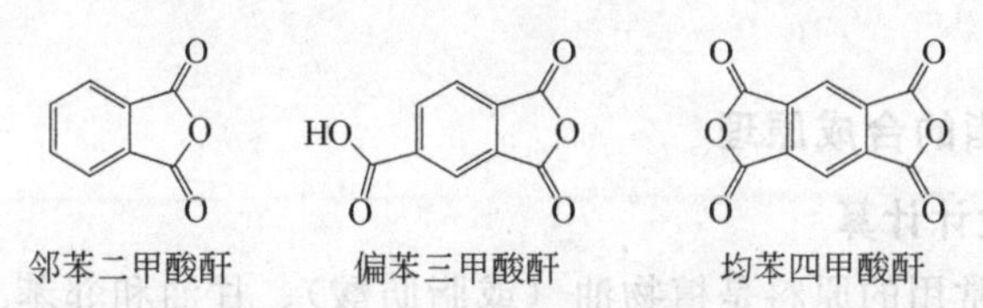

邻苯二甲酸酐　偏苯三甲酸酐　均苯四甲酸酐

一些有机酸的物理性质见表 3-5。

表 3-5　一些有机酸的物理性质

种类	有机酸	当量值	熔点/℃	沸点/℃	密度/(g/cm³)
一元酸	松香酸(酸值 165)①	340	65		1.07
	苯甲酸	122.1	122	249	1.27
	对叔丁基苯甲酸	178.1	165		1.15
	2-乙基己酸	144.2		230	0.91
	月桂酸(十二烷酸)	200.3	45	300	0.88
	辛酸	144.2		240	0.91
	癸酸	172.3	32	270	0.9
二元酸	己二酸	73.1	152		1.37
	富马酸	58	升华		1.63
	顺丁烯二酸酐	49	55	200	1.47
	邻苯二甲酸酐	74.1	131	284	1.52
	间苯二甲酸	83.1	354		1.54
	癸二酸	101.1	135		1.11
三元酸	偏苯三甲酸	70	216		1.56
	偏苯三甲酸酐	64	165		1.56
四元酸	均苯四甲酸酐	54.5	286	400	1.68

① 酸值单位 mg/mg。合成脂肪酸为混合酸，酸值是一个馏分的平均值。

3.2.2.4 催化剂

醇酸树脂的合成有两种方法：以植物油作原料合成醇酸树脂，过程中既有植物油与甘油间的醇解反应，又有后续的醇与羧酸的聚酯化反应，这一种方法叫做醇解法；以脂肪酸代替相应的植物油作原料，则只有醇和羧酸的聚酯化反应，这一种方法叫做脂肪酸法。

醇解法中，植物油与甘油的醇解反应必须使用醇解催化剂，否则即使在高温下进行，反应也很慢。醇解时常用的催化剂有氧化钙（有时也用氢氧化钙、环烷酸钙）、氧化铅（有时也用环烷酸铅）、氢氧化锂（有时也有环烷酸锂）。醇解催化剂可以使醇解速率大大加快，但催化剂的用量应控制在一个限度，过多的催化剂将在下一步酯化工序后，造成过滤困难，并降低漆膜的耐候性。钙、铅催化剂会使树脂发浑，不透明。LiOH 是效率最高的催化剂，CaO 在低温和低浓度效率较高，PbO 效率最低。因 PbO 有毒且催化效率较低目前也限制使用。醇解催化剂主要以 LiOH 为主，其用量一般占油量的 0.02%。

聚酯化反应的催化剂主要是有机锡类，如二月硅酸二丁基锡、二正丁基氧化锡等。

3.2.3 醇酸树脂的合成原理

3.2.3.1 配方设计计算

醇酸树脂最常用的原料是植物油（或脂肪酸）、甘油和邻苯二甲酸酐，反应为缩聚反应，属于逐步聚合机理。先不考虑植物油和脂肪酸的投料情况。甘油的官能度为 3，邻苯二甲酸酐的官能度为 2，假设甘油和邻苯二甲酸酐按摩尔比 2∶3 等计量投料，则该体系的平均官能度：

$$\bar{f}=\frac{2\times3+3\times2}{2+3}=2.4$$

根据 Carothers 方程，体系出现凝胶点时的反应程度：

$$P_C=\frac{2}{\bar{f}}=\frac{2}{2.4}=0.833$$

这说明，当反应程度达到 83.3%时，体现即出现凝胶现象。由此可见，只以甘油和邻苯二甲酸酐为原料，按等计量投料，体系易出现凝胶现象。

根据 Carothers 方程，在多官能度体系，$\bar{f}>2$、$P_C<1$ 时，体系就有可能出现凝胶现象。只有当平均官能度 $\bar{f}\leqslant2$、$P_C\geqslant1$，体系就不会出现凝胶现象。所以制备醇酸树脂时先用植物油或脂肪酸将甘油部分酯化，使其变成脂肪酸甘油单酯，官能度由 3 变为 2，然后再与二官能度的邻苯二甲酸酐缩聚，构建 2-2 线型缩聚体系，即可避免出现凝胶现象，制备合格的线型醇酸树脂。

合成醇酸树脂的原料种类很多，植物油的组成多种多样，二元酸、多元醇可选用的单体也很多。根据对醇酸树脂结构、性能和应用的不同要求，可以合成组成和结构不同的长油度、中油度、短油度的干性、半干性和不干性油醇酸树脂。因此醇酸树脂的配方比较复杂。对醇酸树脂的配方进行设计计算，可以先根据树脂的干性选用植物油或脂肪酸的种类，然后根据树脂的油度和固含量等计算各种原料的用量。一般的计算步骤如下。

① 先根据油度要求从经验方案（见表 3-6）中选择多元醇过量百分数，确定多元醇用量。

表 3-6　经验方案

油度/%	与苯酐酯化过量羟基数/%	
	甘　油	季戊四醇
65	0	5
62～65	0	10
60～62	0	18
55～60	5	25
50～55	10	30
40～50	18	35
30～40	25	—

多元醇用量＝酯化 1mol 苯酐多元醇的理论用量（1＋多元醇过量百分数）

使多元醇过量主要是为了避免凝胶化。油度越小，则邻苯二甲酸酐用量越大，体系平均官能度越大，反应中后期越易凝胶化，因此多元醇过量百分数应越大。

② 由油度概念计算植物油的用量：植物油的用量＝油度×树脂产量。

③ 由固含量求溶剂用量。

④ 验证配方，即计算 $\bar{f}$，P_C。

【例题 3-2】 计算一个豆油醇酸树脂的配方，它由邻苯二甲酸酐、工业季戊四醇及豆油制成，油度为 62.5%，苯二甲酸酐的当量值为 74，季戊四醇当量值为 35.4，豆油当量值为 293。

解　通过查表，多元醇季戊四醇过量 10%。以 1mol 即 2 当量邻苯二甲酸酐为基准。

$$\text{邻苯二甲酸酐用量}=2\times74=148$$

季戊四醇用量＝季戊四醇当量数×季戊四醇当量值＝2×(1＋10%)×35.4＝2.2×35.4＝77.9

1mol 邻苯二甲酸酐完全反应生成的水量为 18g，则：

$$\text{豆油用量}=\text{油度}\times\frac{\text{苯酐用量}+\text{季戊四醇用量}-\text{生成水量}}{1-\text{油度}}$$

$$=62.5\%\times\frac{148+77.9-18}{1-62.5\%}\text{g}=346.5\text{g}$$

$$豆油当量数=\frac{346.5}{293}=1.183$$

本豆油醇酸树脂的配方为（质量份）：

邻苯二甲酸酐 148　　　季戊四醇 77.9　　　豆油 346.5

按当量表示：

邻苯二甲酸酐 2　　　季戊四醇 2.2　　　豆油 1.183

配方核算主要是计算体系的平均官能度和凝胶点。此时，应将 1mol 油脂分子视为 1mol 甘油和 3mol 脂肪酸。

将计算结果归入下表：

原　料	用量（当量数）	官能度	物质的量/mol
豆油	1.183	3	0.394
豆油中甘油		3	0.394
豆油中脂肪酸		1	3×0.394
季戊四醇	2.2	4	0.550
苯酐	2	2	1.000

配方中羟基过量，故平均官能度：

$$\bar{f}=\frac{2\times(3\times0.394+2\times1.000)}{0.394+3\times0.394+0.550+1.000}=2.036$$

因此，$P_C=\frac{2}{2.036}=0.982$，不易凝胶。

3.2.3.2　醇解法合成原理

醇解法是醇酸树脂合成的重要方法。由于植物油不能溶于二元酸（如邻苯二甲酸酐）和多元醇（如甘油）的混合物，所以用植物油合成醇酸树脂时要先将植物油醇解为不完全的脂肪酸甘油酯，使之能溶于邻苯二甲酸酐和甘油的混合物。不完全的脂肪酸甘油酯是一种混合物，其中含有油脂和甘油单酯、甘油二酯，甘油单酯单酯含量是一个重要指标，影响醇酸树脂的质量。醇解法制醇酸树脂的反应主要有植物油与甘油的醇解反应、甘油二酯与邻苯二甲酸酐的聚酯化反应。

（1）植物油与甘油的醇解反应

$$\begin{array}{l} CH_2-O-C(=O)-R \\ | \\ CH-O-C(=O)-R \\ | \\ CH_2-O-C(=O)-R \end{array} + \begin{array}{l} CH_2-OH \\ | \\ CH-OH \\ | \\ CH_2-OH \end{array} \xrightarrow[220\sim240^\circ C]{LiOH} \begin{array}{l} CH_2-OH \\ | \\ CH-O-C(=O)-R \\ | \\ CH_2-OH \end{array} + \begin{array}{l} CH_2-O-C(=O)-R \\ | \\ CH-OH \\ | \\ CH_2-O-C(=O)-R \end{array}$$

醇解时，用碱性催化剂（CaO、LiOH、蓖麻酸锂等），240℃左右完成。

（2）甘油二酯与邻苯二甲酸酐的酯化反应

$$\begin{matrix} CH_2-OH \\ | \\ CH-O-\overset{O}{\overset{\|}{C}}-R \\ | \\ CH_2-OH \end{matrix} + \text{邻苯二甲酸酐} \xrightarrow{180\sim220^{\circ}C}$$

$$\sim O-CH_2-\underset{\underset{\underset{R\quad O}{\overset{|}{C}}}{|}}{\underset{O}{\overset{}{CH}}}-CH_2-O-\overset{O}{\overset{\|}{C}}-C_6H_4-\overset{O}{\overset{\|}{C}}-O\sim + H_2O$$

3.2.3.3　脂肪酸法合成原理

脂肪酸法可以直接将多元醇和多元酸、脂肪酸进行酯化反应生成醇酸树脂。因脂肪酸对多元醇、邻苯二甲酸酐起增溶作用，反应可以在均相体系完成。

$$\begin{matrix} CH_2-OH \\ | \\ CH-OH \\ | \\ CH_2-OH \end{matrix} + \text{邻苯二甲酸酐} + \underset{\text{脂肪酸}}{RCOOH} \xrightarrow{200\sim250^{\circ}C}$$

$$\sim O-CH_2-\underset{\underset{R\;\;O}{O-C}}{CH}-CH_2-O-\overset{O}{\overset{\|}{C}}-C_6H_4-\overset{O}{\overset{\|}{C}}-O-CH_2-\underset{\underset{R\;\;O}{O-C}}{CH}-CH_2-O-\overset{O}{\overset{\|}{C}}-C_6H_4-\overset{O}{\overset{\|}{C}}-O\sim + H_2O$$

3.2.4　醇酸树脂的合成工艺

3.2.4.1　醇解法合成工艺

醇解法生产醇酸树脂有醇解和酯化缩聚两个工序。酯化反应为可逆反应，在酯化缩聚过程中，需把酯化生成的水不断脱除，才能使缩聚反应顺利进行。脱水的方法主要有熔融脱水和共沸脱水两种。因此，酯化缩聚工艺有两种：熔融法和溶剂法。

熔融法即不加共沸溶剂，反应在较高的温度下进行，通过加热把酯化生成的水蒸出除去。该法操作安全，设备简单且利用率高，但树脂颜色深，分子结构不均匀，且不同批次树脂的性能差别大，工艺操作较困难，酯化阶段始终要在惰性气体保护下进行，增加生产成本。熔融法现在主要用于聚酯合成。

溶剂法即在缩聚体系中加入共沸溶剂来除去酯化反应生成的水。溶剂法的优点是所制得的醇酸树脂颜色较浅，产品质量均匀，产率较高，酯化温度较低且易控制，设备易清洗等。但设备利用率比熔融法低，且因为有低沸点的溶剂，操作没熔融法安全。目前，醇解法生产醇酸树脂的酯化工艺主要采取溶剂法。所用溶剂主要有二甲苯。体系中二甲苯用量决定反应温度，见表 3-7。

醇解法-溶剂法生产醇酸树脂的工艺流程简图见图 3-1。

表 3-7 二甲苯用量与反应温度的关系

二甲苯用量	10%	8%	7%	5%	4%	3%
反应温度/℃	188～195	200～210	204～210	220～230	246～251	251～260

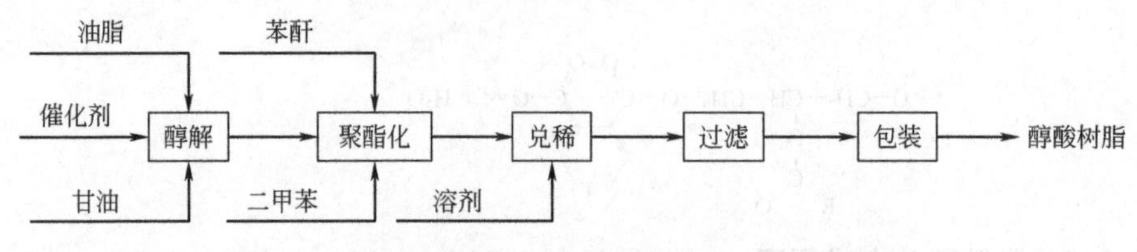

图 3-1 醇解法-溶剂法生产醇酸树脂的工艺流程简图

(1) 醇解工序

醇解工序是醇解法制备醇酸树脂中非常重要的步骤，它影响醇酸树脂的结构和相对分子质量的分布。醇解的目的是制备甘油的不完全脂肪酸酯，主要是甘油一酯。甘油一酯实质是上一个脂肪酸改性的二元醇。

先把油加入到反应釜中，再加入甘油和催化剂，三者的质量比为 1∶(0.2～0.4)∶(0.0004～0.0002)。催化剂可以是 CaO、LiOH、PbO 等。催化剂与油反应生成皂，在惰性气体保护下，加热到 200～250℃。最后将达到一个平衡点，甘油一酯、甘油二酯、甘油三酯和游离的甘油的量不再变化。醇解程度与甘油用量和反应温度有关，催化剂只是加快了醇解反应，它对平衡时甘油一酯含量没有影响。高温增加了油的混溶性，所以有利于反应进行。甘油的量增加，可使甘油一酯的量增加，油脂的量减少，同时游离甘油的量也随之增加。在实际生产中，甘油的量的增加并不是随意的，它取决于需要生产的醇酸树脂的油度，也即邻苯二甲酸酐的用量。

催化剂种类及其用量、反应温度等对醇解反应速率和甘油一酯含量都有影响。通入惰性气体（CO_2 或 N_2）保护，是为了驱赶氧化，防止油脂双键氧化交联。

醇解反应是否完全，可以用下列方法粗略判断：

① 醇（甲醇或乙醇）容忍度法 随着醇解反应的进行，油脂逐渐转变成甘油一酯、甘油二酯。甘油一酯越多，与醇的混溶度增大。具体的测试步骤是：取 1g（或 1mL）醇解物，在 25℃下以无水甲醇或 95%的乙醇滴定到浑浊不再消失为滴定终点。甲醇容忍度法常用于短油度、中油度甘油醇酸树脂产品中控制醇解物的终点，一般应达到醇解物与无水甲醇在 1∶3 以上（25℃）时为醇解终点。

乙醇容忍度法用于长油甘油醇酸树脂和季戊四醇醇酸树脂产品中控制其醇解物的终点。一般应达到季戊四醇型醇解物与 95%乙醇，在 1∶4 以上（25℃）时，为醇解终点。

② 直接拿试样与液体苯酐混合，互溶则表示已达终点。

(2) 聚酯化反应工序

醇解完成后，即可进入聚酯化反应。将温度降到 180℃，分批加入苯酐，和反应物总质量 3%～10%的回流溶剂二甲苯在 180～220℃之间缩聚。

聚酯化反应宜采取逐步升温工艺，保持正常出水速率，避免反应过于剧烈造成物料夹带，影响单体配比和树脂结构。另外，搅拌也应遵从先慢后快的原则，使聚合平稳、顺利的进行。

聚酯化反应应关注出水速率和出水量，并按规定时间取样，测定酸值和黏度，达到规定后降温、稀释，经过过滤，制得漆料。

3.2.4.2　脂肪酸法合成工艺

脂肪酸法合成醇酸树脂一般也采用溶剂法，其合成工艺又有两种：常规法和高聚物法。

(1) 常规法

将全部反应物加入反应釜内混合，在不断搅拌下升温，在 200～250℃下保温酯化。中间不断地测定酸值和黏度，达到要求时停止加热，将树脂熔化成溶液，但这种方法制得的漆膜干燥时间慢、挠折性、附着力均不太理想。

(2) 高聚物法

该法是先加入部分脂肪酸（40%～90%）与多元醇、多元酸进行酯化，先形成链状高聚物，然后再补加余下的脂肪酸，将酯化反应完成。所制备的树脂漆膜干燥快、挠折性、附着力、耐碱性都比常规法有所提高。

在醇酸树脂制备过程中，因脂肪酸不同，有时也会发生热聚合反应（二聚化）。热聚合反应速率与脂肪酸的种类有关。二聚化的发生相当于增加了二元酸。桐油聚合相当快，亚麻油中等，豆油和碘值低于豆油的油则很少聚合。所以酯化温度要随油脂的种类而变动。聚合快的油类、油度短的配方，聚合温度要低些。如 200～220℃，选用溶剂法聚合。

3.2.4.3　醇解法和脂肪酸法的优缺点

醇解法和脂肪酸法的优缺点见表 3-8。

表 3-8　醇解法和脂肪酸法的优缺点

项目	醇　解　法	脂　肪　酸　法
优点	①成本较低 ②工艺简单易控制 ③原料腐蚀性小	①配方设计灵活，质量易控制 ②聚合速率较快 ③树脂干性较好、涂膜较硬 ④树脂色泽较浅
缺点	①酸值不易下降 ②树脂干性较差、涂膜较软 ③色泽较深	①增加了工序，提高了成本 ②原料腐蚀性较大，需耐腐蚀性设备 ③脂肪酸易凝固，冬季投料困难 ④储存期间易氧化变色

3.2.5 醇酸树脂的合成实例

3.2.5.1 醇解法合成中油度亚麻油醇酸树脂

(1) 配方及核算

原料	用量/kg	相对分子质量	物质的量/kmol
亚麻油（双漂）	232.16	879	0.264
95%甘油	70.13	92.1	0.723
苯酐	148.0	148	1.000
亚麻油内甘油			0.264
亚麻油内脂肪酸			3×0.264

$$油度=\frac{232.16}{232.16+70.13\times95\%+148.0-18}=54.1\%$$

$$醇过量分数=\frac{3\times0.723-2\times1.000}{2\times1.00}=0.0845$$

$$平均官能度=\frac{2\times(2\times1+3\times0.264)}{0.723+1.000+0.264+3\times0.264}=2.009$$

所以，$P_C=\frac{2}{2.009}=0.996$，不易凝胶。

(2) 合成工艺

① 将亚麻油和甘油全部加入反应釜，开动搅拌，升温，同时通 CO_2，在45min 内升温到 120℃，停止搅拌，加入 PbO，再开动搅拌；

② 用 2h 升温至（220±2)℃，保温醇解至无水甲醇容忍度达到 5（25℃），即为醇解终点；

③ 醇解后，在 25min 内将邻苯二甲酸酐加入反应釜内，以不溢锅为准；

④ 停通 CO_2，从油水分离器加入单体总质量 4.5%的二甲苯，同时升温；

⑤ 在 2h 内升温至（200±2)℃，保温 1h；

⑥ 再在 2h 内升温至（230±2)℃，保温 1h 后开始取样测酸值、黏度；

⑦ 当黏度达到 6～6.7s，停止加热，出料到兑稀罐，冷却到 150℃加 200 号溶剂汽油 314kg、二甲苯 78kg 制成树脂溶液，冷却至 60℃以下，过滤，收于储罐内。

3.2.5.2 醇解法合成长油度季戊四醇醇酸树脂

(1) 醇解法单体配方及核算（见表 3-9）

表 3-9 醇解法单体配方及核算

原 料	用量/kg	相对分子质量	物质的量/kmol
双漂豆油	253.71	879	0.2886
漂梓油	28.19	846	0.0333
苯甲酸	67.66	122	0.5546
季戊四醇	94.16	136	0.6924

续表

原　料	用量/kg	相对分子质量	物质的量/kmol
苯酐	148.0	148	1.0000
豆油中甘油			0.2886
豆油中脂肪酸			3×0.2886
梓油中甘油			0.0333
梓油中脂肪酸			3×0.03333
回流二甲苯	45.10		

$$油度=\frac{253.71+28.19}{253.71+28.19+67.66+94.16+148.0-18-0.5546\times 18}=50\%$$

$$醇过量分数=\frac{4\times 0.6924-2\times 1.000-0.5546}{2\times 1.000+0.5546}=0.084$$

$$平均官能度=\frac{2\times(2\times 1.000+0.5546+3\times 0.2886+3\times 0.0333)}{0.2886+0.0333+0.5546+3\times 0.0333+3\times 0.2886+0.6924+1.000}=1.994$$

所以，$P_C=\frac{2}{1.994}=1.003$，不易凝胶。

(2) 合成工艺

① 将双漂豆油、漂梓油加入反应釜，开慢速搅拌，升温，同时通 CO_2，120℃时加入 0.03%的 LiOH。

② 升温至 220℃，逐步加入季戊四醇，再升温至 240℃醇解，保温醇解至醇解物：95%乙醇（25℃）=1∶(3～5) 达到透明。

③ 降温到 200～220℃，分批加入苯酐，加完后停通 CO_2。

④ 加入单体总质量 5%的回流二甲苯。

⑤ 在 200～220℃保温回流反应 3h。

⑥ 抽样测酸值达 10mg/g、黏度（加氏管）达到 10s 为反应终点。如果达不到，继续保温，每 30min 抽样复测。

⑦ 酸值、黏度达标后即停止加热，出料到兑稀罐，120℃加 200 号汽油兑稀，冷却至 50℃过滤，收于储罐供配漆用。

3.2.5.3　脂肪酸法合成中油度季戊四醇醇酸树脂

(1) 脂肪酸法单体配方及核算（见表 3-10）

表 3-10　脂肪酸法单体配方及核算

原　料	用量/kg	相对分子质量	物质的量/kmol
豆油酸	305.886	285	1.073
季戊四醇	138.114	136	1.016
苯酐	148	148	1.000

$$油度=\frac{305.886}{305.886+138.114+148-18-1.073\times 18}=55\%$$

$$醇过量分数=\frac{4\times1.016-2\times1.000-1.073}{2\times1.000+1.073}=0.322$$

$$平均官能度=\frac{2\times(2\times1+1.073)}{1.073+1.016+1.000}=1.990$$

所以，$P_C=\frac{2}{1.990}=1.005$，不会凝胶。

(2) 合成工艺

① 将豆油酸、季戊四醇、苯酐和回流二甲苯（单体总量的8%）全部加入反应釜，通入少量CO_2，开慢速搅拌，用1h升温至180℃，保温1h。

② 用1h升温至200～220℃，保温2h，抽样测酸值达10mgKOH/g、黏度（加氏管）达到10s为反应终点。如果达不到，继续保温，每30min抽样复测。

③ 达到终点后，停止加热，冷却后将树脂送入已加入二甲苯（固体分55%）的兑稀罐中。

④ 搅拌均匀（30min），80～90℃过滤，收于储罐。

3.2.6 醇酸树脂在涂料中的应用

3.2.6.1 催干剂及催干机理

干性油醇酸树脂在常温下干燥固化成膜，其实质是干性油醇酸树脂的不饱和碳碳双键在氧的作用下氧化聚合固化的过程。干性油醇酸树脂的氧化聚合固化过程由过氧化氢键开始的，属连锁反应机理。

$$\sim\sim CH{=}CH{-}CH_2{-}CH{=}CH\sim\sim(RH)\xrightarrow{O_2}$$

$$\sim\sim CH{=}CH{-}\underset{}{\overset{OOH}{\overset{|}{CH}}}{-}CH{=}CH\sim\sim(ROOH)\longrightarrow$$

$$\sim\sim CH{=}CH{-}\overset{O\cdot}{\overset{|}{CH}}{-}CH{=}CH\sim\sim(RO\cdot)+\cdot OH$$

$$[或\quad \sim\sim CH{=}CH{-}\overset{OO\cdot}{\overset{|}{CH}}{-}CH{=}CH\sim\sim(ROO\cdot)+\cdot H]$$

$$RO\cdot+R'H\longrightarrow ROH+R'\cdot$$

$$HO\cdot+RH\longrightarrow H_2O+R\cdot$$

体系中形成的自由基通过偶合方法彼此结合，形成交联体型结构。

$$R'\cdot+\cdot R\longrightarrow R'{-}R$$

$$R'O\cdot+\cdot R\longrightarrow R'O{-}R$$

$$R'O\cdot+\cdot OR\longrightarrow R'O{-}OR$$

$$R'OO\cdot+\cdot OR\longrightarrow R'OR+O_2$$

上述过程中，过氧化氢物分解的步骤为速率控制步骤。加入少量的有机酸金属皂，能促进这一过程的进行，加快涂膜的固化，缩短干燥时间。把能加速漆膜氧化、聚合、干燥的有机酸金属皂叫做催干剂。目前，催干剂已形成主催干剂和助催干剂互相配合的使用方法。

（1）主催干剂

也称为表干剂或面干剂，主要是钴、锰、钒和铈的环烷酸（或异辛酸）盐，以钴、锰盐最常用，用量以金属计为油量的 0.02%～0.2%。其催干机理是与过氧化氢构成了一个氧化还原系统，可以降低过氧化氢分解的活化能。

$$ROOH + Co^{2+} \longrightarrow Co^{3+} + RO\cdot + HO^-$$

$$ROOH + Co^{3+} \longrightarrow Co^{2+} + ROO\cdot + H^+$$

$$H^+ + HO^- \longrightarrow H_2O$$

同时钴盐也有助于体系吸氧和过氧化氢物的形成。主催干剂传递氧的作用强，能使涂料表干加快，但易于封闭表层，影响里层干燥，需要助催干剂配合。

（2）助催干剂

也称为透干剂，通常是以一种氧化态存在的金属皂，它们一般和主催干剂配合作用，作用是提高主干料的催干效应，使聚合表里同步进行，如钙、铅、锆、锌、钡和锶的环烷酸（或异辛酸）盐，助催干剂用量较高，其用量以金属计为油量的 0.5%左右。

3.2.6.2　醇酸树脂的应用

醇酸树脂是涂料用合成树脂中产量最大、用途最广的一种。它可以配制自干漆和烘漆，民用漆和工业漆，清漆和色漆。醇酸树脂的油脂种类和油度对其应用有决定性影响。

干性油醇酸树脂中加入催干剂等助剂即构成自干性涂料，其利用自动氧化干燥交联成膜。干性油的短、中、长油度醇酸树脂都具有自干性。

醇酸树脂还可作为一个组分（羟基组分）与其他组分（亦称为固化剂）涂布后交联成膜。该类醇酸树脂主要为短、中油度不干性油醇酸树脂。

（1）干性油短油度醇酸树脂

油度为 30%～40%，邻苯二甲酸酐含量＞35%，用亚麻油、豆油、脱水蓖麻油、红花油、梓油等制成，漆膜凝聚快，有良好的附着力、耐候性、光泽和保光性。烘干干燥迅速，烘干之后比长油度醇酸树脂的硬度、光泽、保色、耐磨性等方面要好，可以用于汽车、玩具、机器部件的面漆和底漆。也可与脲醛树脂合用，制备以酸催化干燥家具漆。

（2）干性油中油度醇酸树脂

油度 45%～60%，邻苯二甲酸酐含量为 30%～35%，是醇酸树脂中最主要的品种，也是用途最多的一种，漆膜干燥极快，有极好的光泽、耐候性及柔韧性。

但与短油度醇酸树脂相比，保色、保光性差一些，加入氨基树脂后的烘干时间要长些。可制自干或烘干磁漆、清漆、底漆腻子等。用作金属制品装饰漆、机械用漆、建筑用漆、家具漆、船舶漆、卡车用漆、汽车修补漆、金属底漆等。由季戊四醇代替部分或全部甘油制得的醇酸树脂漆膜干速更快，耐候性更好，但韧性略差。

（3）干性油长油度醇酸树脂

油度60％～70％，邻苯二甲酸酐含量为20％～30％，漆膜有较好的干燥性能和弹性，以及良好的光泽、保光性、耐候性，但在硬度、韧性、耐摩擦方面较中油度醇酸树脂差，用于制备钢铁结构涂料、室内外建筑用涂料。

(4) 不干性油醇酸树脂

由椰子油、蓖麻油、叔碳酸、月桂酸、壬酸以及其他饱和脂肪酸和中、低碳合成树脂酸等制成。不干性油醇酸树脂本身不能固化成膜，只能与其他树脂拼用。

中、短油度醇酸树脂与硝基纤维漆共溶（约1∶1），可以改善硝基纤维素的以下性能：增加附着力；增加光泽；增加丰满度；提高固体含量；增加漆膜厚度；防止漆膜收缩；提高耐候性。用于制造汽车和高档家具用硝基纤维素漆。

醇酸树脂分子上的游离羟基和羧基与氨基树脂分子上的羟甲基、环氧树脂中的环氧基起缩合反应。短油度醇酸氨基树脂漆漆膜坚硬，有良好的保光、保色性，并有一定的抗潮性、耐溶剂性和抗中等强度酸、碱性以及耐油、耐污染和耐洗涤剂等性能，主要用于电冰箱、自行车、汽车、机械、电器设备等。

3.2.7 醇酸树脂的改性

醇酸树脂涂料具有很好的施工性和初始装饰性，但也存在一些明显的缺点：涂膜干燥缓慢，硬度低，耐水性、耐腐蚀性差，户外耐候性不佳等，需要通过改性来满足性能要求。

醇酸树脂分子中含有羟基、羧基、苯环、酯基以及双键等活性基团，因而改性方式很多。

(1) 硝基纤维素改性

改性后的涂料广泛用作高档家具漆；而短油度醇酸树脂改性的硝基纤维素漆则广泛用作清漆、公路划线漆、外用修补汽车漆、室内玩具漆等。

(2) 氨基树脂改性

短油度或短-中油度的醇酸树脂与脲醛树脂和三聚氰胺甲醛树脂有很好的相容性，其中的羟基可与氨基树脂交联成三维网状结构，得到耐候性、耐久性、耐溶剂性以及综合力学性能更好的涂料。用作家电、铁板、金属柜、玩具的烘干涂料。

不干性短油度醇酸树脂用三聚氰胺甲醛树脂改性后具有极好的户外耐老化性，用作汽车面漆。

(3) 氯化橡胶改性

中、长油度醇酸树脂与氯化橡胶和200号溶剂油具有很好的相容性，可提高韧性、黏结性、耐溶剂性、耐酸碱性、耐磨性，并提高漆膜的干率，减少尘土的附着力，主要用作混凝土地面漆、游泳池漆和高速公路划线漆。

(4) 酚醛树脂改性

酚醛树脂与干性油醇酸树脂反应，生成苯并二氢吡喃型结构，可以大大改进漆膜的保光泽性、耐久性、耐水性、耐酸碱性和耐烃类溶剂性。改性用酚醛树脂用量一般为 5%，最多不超过 20%，在醇酸树脂酯化完全后，降温至 200℃以下，缓慢加入已粉碎的酚醛树脂，加完后，升温至 200～240℃，达到要求的黏度为止。

(5) 苯乙烯单体改性

苯乙烯上的双键活性比较大，在自由基引发剂存在下，能与醇酸树脂分子中共轭双键迅速反应。

将预制的醇酸树脂和苯乙烯单体、过氧化物催化剂（叔丁基过氧化氢、偶氮二异丁腈）一起进行回流反应，达到要求的黏度为止。可以与颜料配合，制作快干、耐潮、光亮、美观的室内用防护与装饰漆、农机用漆及作伪装漆。

(6) 聚氨酯改性

聚氨酯改性醇酸树脂干燥快，硬度高，漆膜弹性好，耐磨性高，且防水性能和耐化学药品性好，主要用作室内木器清漆。中油度醇酸树脂与异佛尔酮二异氰酸酯的三聚体共混可制得常温自干性改性醇酸树脂漆，提高了干率、机械强度、耐溶剂性、耐候性、光泽、亮丽，既有保护性又有装饰性。

(7) 环氧树脂改性

干性油（豆油、亚麻油）与多元醇进行醇解后，降温加入环氧树脂（E-44）与醇解物进行反应，然后加苯酐酯化，待黏度合适时停止反应。

环氧改性醇酸树脂可改善漆膜对金属的附着力、保光保色性，获得优良的耐水、耐碱、耐化学药品性和一定的耐热性。

(8) 有机硅改性

干性油和半干性油醇酸树脂含有羟基，可以与含有甲氧基的有机硅低聚物作用制得能自干和烘干的有机硅改性醇酸树脂。

向醇酸树脂引入有机硅链段有助于改善耐候性、耐久性、保光保色性、耐热性和抗粉化性等，可作船舶漆、户外钢结构件和器具的耐久性漆和维修漆。

(9) 丙烯酸单体或树脂共聚改性

丙烯酸酯改性醇酸树脂具有更好的耐候性、保光性以及耐刮伤性。改性后干燥迅速，保色性、耐候性大有提高。

用于改性的丙烯酸单体主要有甲基丙烯酸甲酯、甲基丙烯酸丁酯、丙烯酸乙酯、丙烯腈等。共聚改性方法是：先合成常规醇酸树脂，然后再与丙烯酸酯类单体进行共聚，生成丙烯酸改性醇酸树脂。为提高接枝率，可以在醇酸树脂单体中引入一定量的马来酸酐，植物油选择含有共轭双键的脂肪酸（如脱水蓖麻油酸、桐油酸等），引发剂可以选择过氧化二苯甲酰。

(10) 聚酰胺改性

改性树脂具有触变性。因为羟基与酰胺基（—CONH—）之间形成氢键使树脂分子呈胶冻状体型结构，但这种作用力较弱，能被外力所打破而回到线型结构而呈液体状态。

方法是将 2%～5% 的固态脂肪聚酰胺（相对分子质量 1500）与醇酸树脂在

210℃加热至在200号溶剂油中达到透明溶液时，突然另外加200号溶剂油于反应混合物中稀释并快速冷却，最后加颜料等可配成具有触变性的涂料。

3.2.8　水性醇酸树脂

醇酸树脂是一种重要的涂料用树脂，在涂料工业一直占有重要的地位。传统的醇酸树脂涂料中含有大量的溶剂，不仅浪费了资源，还会污染环境，使用也不太安全，有火灾隐患。因此开发有机溶剂用量少、安全环保的醇酸树脂涂料成为涂料科研工作研究的热点。

水性醇酸树脂以水和少量助溶剂为溶剂，有机溶剂用量大大减少，因此由其配制的涂料体系有机挥发分（VOC）很低，节省了资源，符合绿色、环保涂料的发展方向。

水性醇酸树脂的合成关键是在醇酸树脂的常用合成原料中引入水性单体，使合成的醇酸树脂分子中有亲水基团或亲水的非离子链段。引入的亲水基团主要有羧基、磺酸基等，这些亲水基团，经中和转变成盐基，使树脂具有水溶性或水分散性。目前比较常用的有：偏苯三酸酐（TMA），端羟基聚乙二醇、间苯二甲酸-5-磺酸钠、二羟甲基丙酸、马来酸酐、丙烯酸等。常用的中和剂有三乙胺、二甲基乙醇胺，前者用于自干漆，后者用于烘漆较好。

另外，在水性醇酸树脂的合成及使用过程中，为降低体系黏度和储存稳定性，常加入一些助溶剂，主要有乙二醇单丁醚、丙二醇单丁醚、丙二醇甲醚醋酸酯、异丙醇、异丁醇、仲丁醇等。其中乙二醇单丁醚具有很好的助溶性，但近年来发现其存在一定的毒性，可选用丙二醇单丁醚替代。

3.3　聚酯树脂

聚酯树脂是由多元醇和多元酸缩聚而成的高分子化合物的总称。涂料工业中使用的聚酯树脂一般为线型或支化型的、可以交联的、相对分子质量较低的无定形低聚物，是合成树脂的一大类，多用于卷材、罐头、汽车涂料、工业防腐涂料、包装涂料、家具涂料以及印刷油墨。

涂料用聚酯一般不单独成膜，主要用于配制聚酯-氨基烘漆、聚酯型聚氨酯漆、聚酯型粉末涂料与不饱和聚酯漆，都属于中、高档涂料体系，所得涂膜光泽高、丰满度好、耐候性强，而且具有很好的附着力、硬度、抗冲击性、保光性、保色性、高温抗黄变等优点。同时，由于聚酯的合成单体多、选择余地大，大分子配方设计理论成熟，可以通过丙烯酸树脂、环氧树脂、硅树脂及氟树脂进行改性，因此，聚酯树脂在涂料行业的地位不断提高，产量越来越大，应用也日益拓展。

3.3.1　聚酯树脂的分类

根据树脂合成原料中是否含有碳碳不饱和键，可将聚酯树脂分为饱和聚酯和不饱和聚酯。

(1) 饱和聚酯

饱和聚酯是指分子主链上不含不饱和碳碳双键的聚酯，一般由饱和二元醇与饱和二元酸缩聚而成。饱和聚酯有纯线型和支化型两种结构。纯线型结构的聚酯树脂制备的涂料，其漆膜有较好的柔韧性和加工性能；支化型结构的聚酯树脂制备的涂料，漆膜的硬度和耐候性较突出。通过对聚酯树脂合成配方的调整，如过量二元醇或过量二元酸，可以合成端羟基聚酯树脂或端羧基聚酯树脂。

端羟基聚酯树脂在涂料工业主要用于同氨基树脂制聚酯型氨基烘漆或与多异氰酸酯配制室温固化双组分聚氨酯漆，聚酯型的这些体系较醇酸体系有更好的耐候性和保光性，且硬度高、附着力好，属于高端的烘漆体系，但是聚酯极性较大，施工时易出现涂膜病态，因此涂料配方中助剂的选择非常重要。端羧基聚酯树脂主要用于和环氧树脂配制粉末涂料。

(2) 不饱和聚酯

不饱和聚酯是指分子主链上含有不饱和碳碳双键的聚酯，一般由饱和二元醇与饱和及不饱和二元酸（或酸酐）聚合而成，它不同于醇酸树脂，醇酸树脂的碳碳双键位于侧链的脂肪酸基上，依靠空气的氧化作用交联固化。不饱和聚酯则利用其主链上的碳碳双键与涂料配方中的交联单体（如苯乙烯）上的双键在自由基引发剂引发下进行聚合、交联固化。

不饱和聚酯的优点是常温下可以固化。与某一交联单体（苯乙烯、丙烯酸酯、醋酸乙烯酯、三聚氰酸三烯丙酯等）的混合物，在引发剂（一般是过氧类化合物）和促进剂（一般为环烷酸钴）的存在下，在常温下变成不熔不溶的聚合物。不饱和聚酯涂料具有较高的光泽、耐磨性和硬度，而且耐溶剂、耐水和耐化学品性能良好，其漆膜丰满，表面可打磨、抛光，装饰性高。其缺点是涂膜固化过程中伴有自由基型聚合，涂膜收缩率大，对附着力有不良影响，同时漆膜脆性较大。不饱和聚酯涂料为无溶剂涂料，已广泛应用于各个领域，如用作化学储罐的涂层、木器涂料和卷材涂料。

3.3.2　聚酯树脂的合成

聚酯树脂的合成原料与醇酸树脂的合成原料种类基本相同，但是合成聚酯树脂原料中不需要植物油和脂肪酸。合成聚酯树脂的原料主要有二元醇、二元酸、聚酯催化剂。

3.3.2.1　原料的选择

合成饱和聚酯树脂的原料主要有二元醇、二元酸、聚酯催化剂。采用不同的二元酸和二元醇可合成出不同类型、不同特性的饱和聚酯树脂。不同的原料对树脂性能有不同的影响。选择原料时要视对树脂的性能要求，选择相应的能对树脂所要求性能有帮助的原料，从提供官能度、硬度、柔韧性等多方面来考虑。

合成不饱和聚酯的原料包括二元醇、二元酸（或酸酐）、聚酯催化剂、交联单体、引发剂和促进剂。其中，二元酸中即有饱和二元酸，也有不饱和二元酸。

(1) 二元醇的选择

聚酯树脂可选用的二元醇种类很多。最常用的有乙二醇、1,2-丙二醇、1,3-丁二醇、新戊二醇、2-丁基-2-乙基-1,3-丙二醇、氢化双酚 A、1,4-环己烷二甲醇、二缩三乙二醇、多聚丙二醇等。用不同的二醇合成的聚酯性能不同。聚酯树脂所用二元醇链长越长，漆膜的柔韧性越大；反之，则漆膜的硬度和脆性越大。二元醇中若含有醚键，则增加树脂的亲水性。二元醇中若含烷基支链，则树脂的耐候性、耐水解性好。需要根据聚酯树脂的性能要求选用合适的二元醇。最常用的二元醇是新戊二醇，其酯化产物的耐化学品性、耐候性、耐水解性大大优于乙二醇和丙二醇。2-丁基-2-乙基-1,3-丙二醇合成的聚酯耐候性、耐水解性好；氢化双酚 A 制备的聚酯耐热和耐药品性好；1,4-环己烷二甲醇制备的聚酯涂膜硬而韧，且耐候性、耐水解性好，活性高，且抗变黄。

有时也选用一些三元醇，如三羟甲基丙烷、三羟乙基乙烷等来代替部分二元醇，使聚酯分子中引入支化结构。有时加入一元醇来平衡多元醇的官能度。

一个聚酯树脂配方中，若要使聚酯性能优异，多种多元醇要配合使用，以使其硬度、柔韧性、附着力、抗冲击性以及成本达到平衡。

(2) 二元酸的选择

聚酯用多元酸的种类很多，同样的，用不同的二元酸合成的聚酯性能也不相同。聚酯用多元酸可分为芳香族、脂肪族和脂环族三大类。

所用的芳香酸主要有邻苯二甲酸酐、间苯二甲酸、对苯二甲酸和偏苯三酸酐等，其中偏苯三酸酐可用来引入支化结构。最常用的芳香族二元酸是间苯二甲酸，由于间苯二甲酸合成的聚酯，其耐盐雾性、耐化学性和耐水性比邻苯二甲酸更优越，所以间苯二甲酸在聚酯树脂中的应用更为普遍。

所用的脂肪酸主要有丁二酸、戊二酸、己二酸、庚二酸、辛二酸、壬二酸、马来酸酐、顺丁烯二酸、反丁烯二酸、羟基丁二酸和二聚酸等。其中己二酸、壬二酸及二聚酸的引入可以提高涂膜的柔韧性和对塑料基材的附着力。脂肪酸中以己二酸应用较为普遍。

大多数树脂都含芳香族二元酸和脂肪族二元酸，芳香族二元酸与脂肪族二元酸的摩尔比是控制聚合物的硬脆性和柔韧性的关键参数。

比较新的抗水解型单体有四氢苯酐、六氢苯酐、四氢邻苯二甲酸、六氢间苯二甲酸、1,2-环己烷二甲酸、1,4-环己烷二甲酸，它们属于脂环族二元酸，应优选六氢苯酐、1,4-环己烷二甲酸。根据对聚酯所要求的性能，通过选择、调节各种多元酸的种类、用量，以获得所期望的树脂性能。

制备不饱和聚酯的不饱和二元酸主要有马来酸酐、顺丁烯二酸、反丁烯二酸、甲基反丁烯二酸、亚甲基丁二酸等。在制备不受空气阻聚的不饱和聚酯时，常用的有四氢苯二甲酸酐。

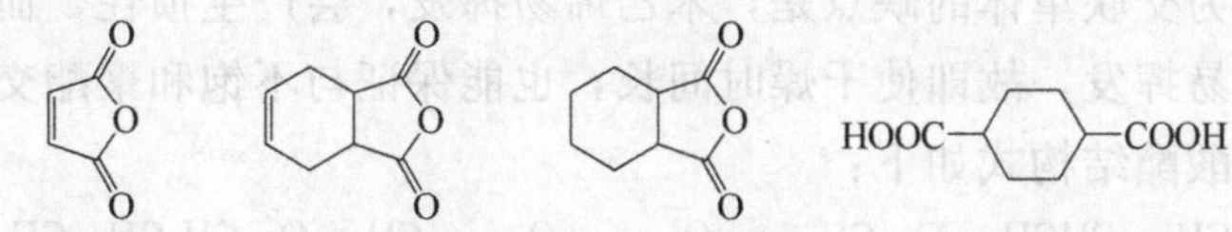

马来酸酐　四氢苯二甲酸酐　六氢苯二甲酸酐　1,4-环己烷二甲酸

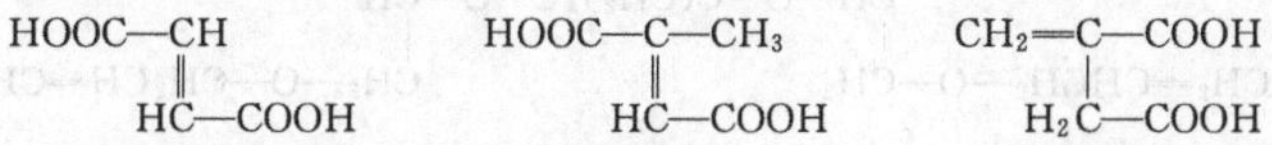

$HOOC-CH=CH-COOH$　　$HOOC-C(CH_3)=CH-COOH$　　$CH_2=C(COOH)-CH_2-COOH$

反丁烯二酸　甲基反丁烯二酸　亚甲基丁二酸

此外，还可采用顺丁烯二酸酐与环戊二烯经狄尔斯-阿尔德反应制得的 3,6-内亚甲基甲氢苯二甲酸酐。

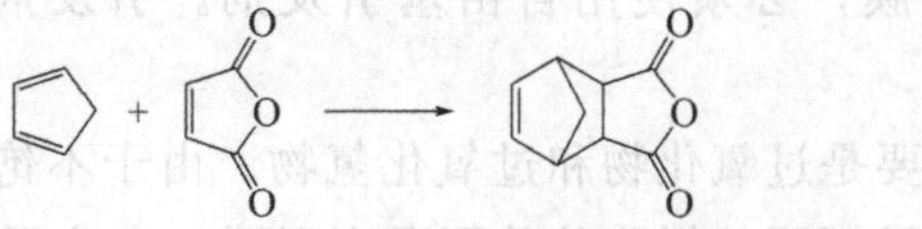

3,6-内亚甲基甲氢苯二甲酸酐

此酸酐尽管含不饱和碳碳双键，但一般情况下，不能自聚，也不能与苯乙烯共聚。因此它必须与顺丁烯二酸酐配合配制不饱和聚酯涂料。

为了提高单体与不饱和聚酯作用制得的共聚物的伸缩率，在合成不饱和聚酯原料中，除了加入不饱和的二元酸外，还要加入饱和的二元酸，可起到增塑的作用。常用的饱和二元酸有邻苯二甲酸酐、己二酸和癸二酸等。用等当量的饱和二元酸代替部分不饱和二元酸，能提高树脂的弹性。

(3) 聚酯催化剂的选择

目前，聚酯化反应的催化剂以有机锡类化合物应用最广。一般添加量为反应物总质量的 0.05%～0.25%，反应温度为 220℃左右。最重要的品种有单丁基氧化锡、二丁基氧化锡、二丁基氧化锡氯化物、二丁基二月桂酸锡、二丁基二乙酸锡、单丁基三氯化锡等。具体选择何种催化剂及其加入量应根据具体的聚合体系及其聚合工艺条件通过实验进行确定。

(4) 交联单体的选择

苯乙烯作为不饱和聚酯涂料配方中的交联单体，由于价廉和所得的漆膜质量较好而被广泛采用。除苯乙烯外，交联单体还有乙烯基甲苯、丙烯酸酯、醋酸乙烯酯、苯二甲酸二烯丙酯、三烯氰酸三丙烯酯等。交联单体用量约为不饱和聚酯双键含量的 80～100 倍。

不饱和聚酯所用的苯乙烯不能含有聚合物。久置的苯乙烯虽然含有阻聚剂，但可能还是有少量发生聚合，用它制成的不饱和聚酯涂料储存稳定性不好，且聚苯乙烯不能和固化的聚酯树脂混溶，从而产生云雾状，甚至乳白状漆膜。一般事先对苯乙烯单体进行测试，将单体与纯甲醇以体积比 2∶10 混合，如不发生浑浊，说明该苯乙烯可用来配制不饱和聚酸涂料。

苯乙烯作为交联单体的缺点是，苯乙烯易挥发，会产生损耗，而甘油二丙烯醚己二酸酯则不易挥发，故即使干燥时间长，也能保证与不饱和聚酯交联固化。甘油二丙烯醚己二酸酯结构式如下：

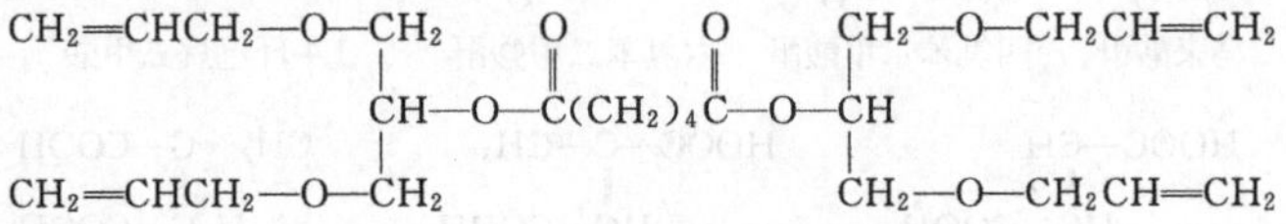

```
CH2═CHCH2—O—CH2        O              O       CH2—O—CH2CH═CH2
              |         ‖              ‖        |
              CH—O—C(CH2)4C—O—CH
              |                                 |
CH2═CHCH2—O—CH2                                 CH2—O—CH2CH═CH2
```

(5) 引发剂的选择

不饱和聚酯中含有一定量的活性很大的不饱和双键，其涂料配方中又有作为稀释剂的交联单体（如苯乙烯）。但在常温下，聚合成膜反应很难发生。为使体系的双键能够迅速反应成膜，必须使用自由基引发剂。引发剂的用量一般为固体分的2%。

常用的引发剂主要是过氧化物和过氧化氢物。由于不饱和聚酯的官能度不同，交联单体的种类及用量不同，树脂的使用温度不同，应选用分解速率适宜的过氧类作引发剂。不饱和聚酯的固化温度必须与引发剂的分解温度相适宜，以使引发剂分解产生的自由基能引发不饱和聚酯进行聚合反应。一般要通过实验来决定最适宜的引发剂。有时用两种引发剂混合物较单一的引发剂更为有效。

我国使用较普遍的是过氧化环己酮，它实际上是下列化合物的混合物。

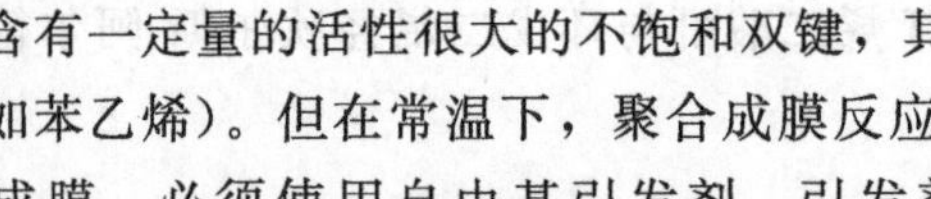

```
   OH   HOO                 OOH  HOO
 (C6H10)—O—O—(C6H10)      (C6H10)—O—O—(C6H10)
```

市售的过氧化环己酮引发剂通常为50%的邻苯二甲酸二丁酯糊状物，使用时应搅拌均匀。过氧化甲乙酮、过氧化二苯甲酰可溶于苯乙烯，使用时现配现用。

(6) 促进剂的选择

尽管在不饱和聚酯涂料中加有引发剂，能引发树脂和交联单体聚合，但一般需要加热条件下才有足够的聚合速率，才能使不饱和聚酯涂料在较短的时间内完全固化。

引发剂在常温分解的速率是很慢的，为了在室温下加速引发剂的分解，需加入促进剂（或称为活化剂）。促进剂具有还原性，与过氧化物引发剂可组成能引发聚合的氧化还原体引发体系，以增进不饱和聚酯的引发效应，使聚酯涂膜在室温下固化，或至少可以使固化反应在比只用引发剂时的聚合温度低得多的温度下进行。

对过氧化甲乙酮和过氧化环己酮这两种过氧化氢类引发剂来说，环烷酸钴是很好的促进剂，它能使不饱和聚酯在室温下很快固化。但对过氧化苯甲酰则无效；环烷酸钴与过氧化氢化物产生自由基的机理如下：

$$ROOH + Co^{2+} \longrightarrow RO\cdot + OH^{-} + Co^{3+}$$

接着 Co^{3+} 与过氧化氢化合物作用重新变成 Co^{2+}：

$$ROOH + Co^{3+} \longrightarrow ROO \cdot + H^{-} + Co^{2+}$$

此过程反复进行，直到过氧化氢物完全分解。

有些叔胺类，如 N,N-二甲基苯胺、N,N-二乙基苯胺、N,N-二甲基对苯胺对过氧化物如过氧化苯甲酰引发剂是很好的促进剂。由于 N,N-二甲基苯胺会引起涂层泛黄，所以主要在制备不饱和聚酯深色漆时采用。

引发剂与促进剂应该配合恰当才能产生较好效果。鉴于引发剂与促进剂间的反应很剧烈，必须谨慎小心，绝不能将两者直接混合使用。储存时也必须避免两者接触，应分开保管。使用时一般先把引发剂加入到不饱和聚酯中充分混合均匀后，再加入促进剂。促进剂通常配成苯乙烯的溶液使用。

（7）抗氧剂的选择

抗氧剂能有效抑制或降低高分子材料的热氧化、光氧化速率，显著提高材料的耐热、耐光性能，延缓材料的降解等老化过程，延长制品使用寿命。常用的抗氧剂按分子结构和作用机理主要有三类：受阻酚类、亚磷酸酯类和复合类抗氧剂。

受阻酚类抗氧剂是高分子材料的主抗氧剂，其主要作用是与高分子材料中因氧化产生的氧化自由基反应，中断活性链的增长。

亚磷酸酯类为辅助抗氧剂，其主要作用机理是通过自身分子中的磷原子化合价的变化，把高分子中高活性的过氧化氢化合物分解成低活性分子。

复合类抗氧剂由两种或两种以上不同类型或同类型不同品种的抗氧剂复配而成。不同类型主、辅抗氧剂或同一类型不同分子结构的抗氧剂的作用功能和应用效果存在差异、各有所长又各有所短，复合抗氧剂可取长补短、显示出协同效应。

聚酯合成中常用次磷酸、亚磷酸酯类或其与酚类组合的复合类抗氧剂，次磷酸应在聚合起始时室温下加入，其他类抗氧剂在高温聚合阶段加入，加入量0.1%～0.4%。

3.3.2.2　配方的设计

饱和聚酯与不饱和聚酯大都为线型分子，其相对分子质量可以通过羧基与羟基的摩尔比进行控制。线型缩聚反应相对分子质量的控制方程如下：

$$\overline{X}_n = \frac{1 + r_a}{1 + r_a - 2r_a P_a}$$

式中，r_a 为非过量官能团与过量官能团的摩尔比，$r_a \leqslant 1$；P_a 为非过量官能团的反应程度；$\overline{X}_n$ 为以结构单元计数的数均聚合度。对一些体系，式中 r_a 的物理意义不明确，可以用体系的平均官能度进行控制。平均官能度控制方程如下：

$$\overline{X}_n = \frac{1}{1 - P_a(\overline{f}/2)}$$

式中，$\overline{X}_n$ 为数均聚合度；P_a 为非过量官能团的反应程度；$\overline{f}$ 为平均官能度。该控制方程用途广、适应性强，不仅可用于线型缩聚，也可用于体型缩聚；且与数均聚合度、数均分子量可以直接关联；该方程用于醇酸树脂、聚酯合成的配方设计与核算，简单、方便。

涂料用聚酯树脂的相对分子质量通常在 10^3，聚合度在 10 左右；计算时根据设定的聚合度、羟值或酸值设计配方，经过实验优化，可以得到优秀的合成配方。

除此之外，合成不饱和聚酯时，引入的双键量也应根据性能要求通过大量实验给予确定。

3.3.2.3 合成工艺

酯化反应为可逆反应，在合成过程中，必须把酯化反应生成的水不断脱除，才能使聚酯化反应顺利进行。脱水的方法主要有熔融脱水和共沸脱水两种。根据脱水方法，聚酯树脂的合成工艺主要有三种：溶剂共沸法、本体熔融法和先熔融后共沸法。

(1) 溶剂共沸法

溶剂共沸法为溶液缩聚工艺，反应在常压下进行，用惰性溶剂（二甲苯）与聚酯化反应生成的水共沸而将水带出。该工艺用分水器使油水分离，溶剂循环使用。反应可在较低温度（150～220℃）下进行，条件较温和。反应结束后，要在真空下脱除溶剂。另外，由于物料夹带，会造成醇类单体损失，因此，实际配方中应使醇类单体过量一些。

(2) 本体熔融法

本体熔融法系熔融缩聚工艺，反应釜通常装备锚式搅拌器、N_2 进管、蒸馏柱、冷凝器、接收器和真空泵。工艺可分为两个阶段，第一阶段温度低于 180℃，常压操作。该阶段应控制 N_2 气流量、出水速率和回流速率，使蒸馏柱顶温度不大于 103℃，避免单体馏出造成原料损失和配比不准，出水量达到 80%以后，体系由单体转变为低聚物；第二阶段温度在 180～220℃，关闭 N_2，接真空泵，逐渐提高真空度，使低聚物进一步缩合，得到较高分子量的聚酯。反应程度可通过测定酸值、羟值及黏度监控。

(3) 先熔融后共沸法

该法是本体熔融法和溶剂共沸法的结合。聚合也分为两个阶段进行，第一阶段为本体熔融法工艺，第二阶段为溶剂共沸法工艺。

聚酯合成一般采用间歇法生产。涂料行业及聚氨酯工业使用的聚酯多元醇相对分子质量大多在 500～3000，呈双官能度的线型结构或多官能度的分支型聚合物。溶剂共沸法和先熔融后共沸法比较适用于该类聚酯树脂的合成，其聚合条件温和，操作比较方便；本体熔融法适用于高分子量的聚酯树脂合成。无论何种工艺由于单体和低聚物的馏出、成醚反应都会导致实际合成的聚酯同理论设计聚酯相对分子质量的偏差，因此应使醇类单体适当过量一些，一般的经验是二元醇过量 5%～10%（质量分数）。

不饱和聚酯的合成工艺与聚酯相同。升温最好使用梯度升温工艺，160℃下保温反应 1h，当出水减弱，出水量已达理论量的 60%～70%后，再继续升温反应，最后可升至200℃，直到酸值合格。

3.3.2.4 合成实例

（1）端羟基线型聚酯的合成

① 合成配方

原料名称	用量(质量份)	原料名称	用量(质量份)
1,2-丙二醇	170.0	己二酸	780.0
己二醇	360.0	抗氧剂	7.7
1,4-环己烷二甲醇	194.3	有机锡催化剂	1.05

② 合成工艺　通氮气置换空气，将原料投入反应釜中，加入原料总质量5%的二甲苯，采取梯级升温法。升温至140℃，保温0.5h；升温至150℃，保温1h；升温至160℃，保温2h；升温至170℃，保温0.5h；升温至180℃，保温2h；升温至190℃，保温0.5h；升温至200℃，保温0.5h；升温至210℃，保温1h；保温完毕，边抽除溶剂边降温；约抽1～1.5h；测酸值，当酸值小于1mgKOH/g树脂时停止反应。降温至90℃，过滤，出料。

（2）端羟基分支型聚酯的合成

① 合成配方

原料名称	用量(质量份)	原料名称	用量(质量份)
乙二醇	8.22	二甲苯(带水剂)	9.0
三羟甲基丙烷	16.56	抗氧剂	0.30
2-乙基-2-丁基-1,3-丙二醇	84.6	有机锡催化剂	0.24
己二酸	16.4	二甲苯/丙二醇甲醚醋酸酯	79.0
间苯二甲酸	97.8	(8：2,体积比,溶剂)	

② 合成工艺（溶剂法）　通氮气置换空气，投乙二醇、三羟甲基丙烷和2-乙基-2-丁基-1，3-丙二醇，升温至130℃，开搅拌，保温0.5h；加入间苯二甲酸和带水剂；用4h从130℃升温至175℃；用6h从175℃升温至210℃；保温至体系透明，降温至170℃，加入己二酸；用2h从170℃升温至210℃；保温至酸值小于10mgKOH/g树脂，冷却用溶剂稀释，过滤得产品。

（3）通用型不饱和聚酯的合成

① 合成配方

原料名称	质量/g	原料名称	质量/g
丙二醇	167.4	苯酐	148.11
顺丁烯二酸酐	98.16	苯乙烯(交联单体)	208.28

理论缩水量36.4g，聚酯产量377.53g。

② 工艺操作

a. 按配方投入丙二醇、顺丁烯二酸酐、苯酐，加热升温至100℃后开动搅拌器，通入N_2。

b. 液温升至150～160℃时，酯化反应开始。分馏柱柱温上升，保温反应半小时，柱温控制在103℃以下。

c. 继续升温至（195±5）℃，保温反应，直至酸值达到要求（75mg KOH/g 以下），缩水量达到理论值的 2/3～3/4 以上时，可以减压蒸馏，迫使水分蒸出。

d. 当酸值降至 50 附近时，反应基本完成，停止抽真空。

e. 树脂降温至 130℃左右时，与苯乙烯混溶，稀释釜的温度应控制在 95℃以下，但不要低于 70℃。

3.3.3 聚酯树脂的应用

饱和聚酯一般不单独成膜。端羟基饱和聚酯在涂料工业主要用于同氨基树脂配制聚酯-氨基烘漆，或与多异氰酸酯配制室温固化双组分聚氨酯漆，都属于中、高档涂料体系，所得涂膜光泽高、丰满度好、耐候性强，而且也具有很好的附着力、硬度、抗冲击性、保光性、保色性、高温抗黄变等优点。羧基型聚酯树脂主要用于和环氧树脂配制粉末涂料。

饱和聚酯多用于卷材、罐头、汽车涂料、工业防腐涂料、包装涂料、家具涂料以及印刷油墨。

不饱和聚酯在涂料行业主要用来配制不饱和聚酯漆和聚酯腻子（俗称原子灰），其包装采用双罐包装，一罐为主剂，由树脂、粉料、助剂、交联剂和促进剂（即引发剂的还原剂）组成；另一罐为引发剂（又称固化剂），使用时现场混合后施工。

主要优点是可以制成无溶剂涂料，一次涂刷可以得到较厚的漆膜，对涂装温度的要求不高，而且漆膜装饰作用良好，漆膜坚韧耐磨，易于保养。缺点是固化时漆膜收缩率较大，对基材的附着力容易出现问题，气干性不饱和聚酯一般需要抛光处理，手续较为烦琐，辐射固化不饱和聚酯对涂装设备的要求较高，不适合于小型生产。不饱和聚酯漆主要用于家具、木制地板、木器工艺品等方面。

在不饱和聚酯漆固化过程中，由于氧会起到阻聚作用，使漆膜不能干燥，为此可以使用玻璃或涤纶薄膜等覆盖涂层表面来隔绝空气，还可以在涂料中添加涂料量 0.5%～1%的石蜡。在漆膜固化过程中，石蜡析出浮在涂层表面而阻止空气中氧的阻聚作用。待涂层干燥后，再将蜡层打磨掉。而气干性不饱和树脂由于引入了烯丙基醚或烯丁基醚等气干性官能团，能够使不饱和树脂在不避氧的环境下固化成膜。此外在制漆时不是以苯乙烯稀释聚酯树脂，而是用烯丙基醚或酯类来稀释聚酯树脂，提高空气干燥性能。例如，在聚酯树脂中不引入气干性官能团，而是将甘油的二烯丙醚的乙二酸酯来代替苯乙烯稀释，也能使聚酯固化，达到气干的目的。

在不饱和聚酯中加入少量乙酸丁酸纤维素，不仅可以缩短不沾尘时间、提高抗热温度、减少垂直流挂，还能减少漆膜的缩孔。

含蜡不饱和树脂漆由于需要避氧固化，只能用于平面涂饰，而气干性不饱和树脂漆可以喷涂、刷涂立面。含蜡不饱和聚酯可用于板式家具板材涂饰。气干性不饱和聚酯可以喷涂家具，可以翻新搪瓷浴缸。不饱和聚酯漆具有良好的耐水、耐热性能；硬度高，可打磨、干性好，有良好的光亮度和丰满度，一次可涂几百微米的厚涂层。

3.3.4　水性聚酯树脂

水性聚酯树脂是涂料技术和社会可持续发展要求的产物。水性聚酯树脂的结构和溶剂型聚酯树脂的结构类似，除含有羟基，还含有较多的羧基和（或）聚氧化乙烯嵌段等水性基团或链段。含羧基聚酯的酸值一般在 35～60mgKOH/g 树脂之间，大分子链上的羧基经挥发性胺中和后成盐，提供水溶性（或水分散性）。控制不同的酸值、中和度可提供不同的水溶性，制成不同的分散体系，如水溶液型、胶体型、乳液型等。水性聚酯既可与水溶性氨基树脂配成水性烘漆应用，特别适合于卷材用涂料和汽车中涂漆，能满足冲压成形和抗石击性的要求。由于涂层的硬度、丰满光亮度及耐沾污性好，也适于作轻工产品的装饰性面漆。水性聚酯也可与水分散性多异氰酸酯配成双组分水性聚氨酯室温自干漆。聚酯大分子链上含有许多酯基，较易皂化水解，所以水性聚酯的应用受到了一定的限制，但现在市场上已有大量优秀单体，因此通过优化配方设计，已能制得耐水解性能良好的水性聚酯产品。

习　题

1. 解释下列名词。

（1）醇酸树脂　（2）不饱和聚酯　（3）干性油醇酸树脂　（4）甲醇容忍度

2. 按改性用脂肪酸或油的干性来分，醇酸树脂可分为哪几类？按醇酸树脂的油度来分，醇酸树脂可分为哪几类？

3. 合成醇酸树脂的原料主要包括哪几种？

4. 请写出下列化合物的结构简式。

（1）1,2-丙二醇　（2）新戊二醇　（3）二乙二醇　（4）三羟甲基丙烷

（5）季戊四醇　（6）二季戊四醇　（7）偏苯三甲酸酐　（8）均苯四甲酸酐

5. 请解释干性油醇酸树脂的“干燥”过程。

6. 醇酸树脂的合成工艺按所用原料的不同可分为哪几类？各有什么优缺点？

7. 某醇酸树脂的配方如下：亚麻仁油 100.00g；氢氧化锂（酯交换催化剂）0.400g；甘油（98%）43.00g；苯酐（99.5%）74.50g（其升华损耗约 2%）。计算所合成树脂的油度。

8. 短油度椰子油醇酸树脂的合成配方如下表，试计算其平均官能度，并判断是否凝胶？

原　料	用量/kg	相对分子质量
精制椰子油	127.862	662
95%甘油	79.310	92.1
苯酐	148.0	148

9. 现设计一个60%油度的季戊四醇醇酸树脂（豆油：梓油=9：1），醇过量10%，固体含量55%。200号溶剂汽油：二甲苯=9：1。已知工业季戊四醇的当量为35.5，豆油相对分子质量为879，梓油相对分子质量为846。试计算其配方组成，并判断是否凝胶。

10. 合成聚酯树脂的主要原料有哪些？

11. 涂料用聚酯树脂的合成工艺常用的有哪三种？各有何优缺点？

第 4 章　丙烯酸树脂

4.1　概述

丙烯酸树脂是指由丙烯酸酯类、甲基丙烯酸酯类及其他烯类单体共聚制成的树脂。用丙烯酸酯和甲基丙烯酸酯单体共聚合成的丙烯酸树脂对光的主吸收峰处于太阳光谱范围之外，所制得的丙烯酸树脂漆具有优异的耐光性及耐户外老化性能。

用丙烯酸树脂配制的涂料不仅色泽浅、透明度高、光亮丰满、保色保光性强、硬度高、柔韧好、附着力强，而且耐候性、耐污染性、耐化学品性等性能优良。与醇酸树脂、氨基树脂、环氧树脂等其他涂料用树脂相比，丙烯酸树脂可用作原料的单体种类较多，树脂设计的自由度较大，可以通过选择不同的单体、调整原料配比、改变合成工艺及改变拼用树脂种类，配制出一系列不同类型、不同性能和不同应用场合的丙烯酸树脂涂料，故作为能适应多种多样的市场要求的涂料用树脂已在市场上占有重要地位。丙烯酸树脂涂料已广泛用于飞机、汽车、建筑、桥梁、木器家具、家用电器、机床、仪表、高级木器及缝纫机、自行车等轻工产品的防护和装饰性涂装。

丙烯酸树脂作为涂料用材料出现于市场至今已有 60 余年的历史。20 世纪 50 年代初期，美国杜邦公司首先研制热塑性丙烯酸树脂涂料，并试用于汽车涂装。经过数年的应用及开发，于 20 世纪 50 年代中、后期，丙烯酸树脂的优越性能逐步被人们所重视。随着石油化工技术的发展，丙烯酸（或甲基丙烯酸）及其酯类单体的价格大幅度下降，进一步促进了丙烯酸树脂涂料的开发和应用。丙烯酸树脂发展到今天，已是类型最多、综合性能最全、通用性最强的一类合成涂料树脂。

从 20 世纪 70 年代以来，因受环境保护条件的限制，发展低污染、低能耗的环保型涂料成为涂料工业的首要任务，水性、粉末、高固化、光固化等新型丙烯酸树脂涂料的开发越来越受到人们的重视，尤其是水性丙烯酸乳液已经替代了传统溶剂型丙烯酸涂料，成为建筑涂料的一大品种，但传统溶剂型丙烯酸树脂涂料仍有极大的发展潜力。

4.2　丙烯酸树脂的分类

丙烯酸树脂应用范围广泛，种类繁多。对于丙烯酸树脂目前还没有一个统一的分类方法。从组成上分，丙烯酸树脂可分为纯丙树脂、苯丙树脂、硅丙树脂、醋丙树脂、氟丙树脂、叔丙（叔碳酸酯-丙烯酸酯）树脂等；从溶解性能分，可分为溶剂型丙烯酸树脂、水性丙烯酸树脂；从成膜特性分，可分为热塑性丙烯酸树脂和热固性丙烯酸树脂。

4.2.1 热塑性丙烯酸树脂

热塑性丙烯酸树脂一般是由不同的丙烯酸酯类单体，利用过氧化苯甲酰（BPO）或偶氮二异丁腈（AIBN）等引发剂通过自由基聚合在溶液中共聚而成的，其特点是它依靠溶剂挥发干燥成膜，待溶剂挥发后，形成美观而坚固的涂膜。涂膜干燥快，附着力好。热塑性丙烯酸树脂相对分子质量较高（75000～120000），其制得涂料的固体分一般都不高。

热塑性丙烯酸树脂的应用很广泛，在20世纪60年代主要用于飞机蒙皮涂装，后来逐渐转向木器制品、塑料制品、机械工程及建筑外墙的装饰保护，尤其是在建筑涂料行业很受欢迎，这是因为热塑性丙烯酸树脂的耐候性好，保光、保色性好，附着力强，耐沾污，耐擦洗，耐水抗碱，且其施工范围广，对环境条件要求不高，即使在冬季施工也很便利。但也存在一些缺点：固体分低（固体分高时黏度大，喷涂时易出现拉丝现象），涂膜丰满度差，对温度敏感，低温易脆裂、高温易发黏，溶剂释放性差，实干较慢，耐溶剂性不好等。为克服其缺点，可以通过配方设计或拼用其他树脂给予解决。

4.2.2 热固性丙烯酸树脂

热固性丙烯酸树脂又称交联型丙烯酸树脂，是相对于热塑性丙烯酸树脂而言的，它是通过溶剂挥发和官能团间的反应交联固化成膜，相对分子质量较低（20000～30000），其固含量高，为交联的体型结构而不同于热塑性丙烯酸树脂的线型结构。其漆膜不熔不溶，即受热不熔化，遇溶剂也不溶解。因此，不但赋予了热固性丙烯酸树脂优越的保光保色性、耐候性，还使其具有优良的耐水性、耐油性、耐盐雾性、耐溶剂性，并且涂膜硬度高、光度丰满，在高温烘烤时不变色、不返黄。

热固性丙烯酸树脂分子结构中带有一定的官能团，在制漆时通过自交联或与加入的氨基树脂、环氧树脂、聚氨酯等的官能团反应形成网状结构。根据其携带的可反应官能团特征分类，热固性丙烯酸树脂主要可分为羟基丙烯酸树脂、羧基丙烯酸树脂、环氧基丙烯酸树脂、酰胺基丙烯酸树脂等。

羟基丙烯酸树脂是最重要的一类，用于与多异氰酸酯固化剂配制室温干燥双组分丙烯酸-聚氨酯涂料，还用于与烷氧基氨基树脂高温固化配制丙烯酸-氨基烘漆。这两类涂料应用范围广、产量大。其中，丙烯酸-聚氨酯涂料主要用于飞机、汽车、摩托车、火车、工业机械、家电、家具、装修及其他高装饰性要求产品的涂饰，属重要的工业或民用涂料品种。丙烯酸-氨基烘漆主要用于汽车原厂漆、摩托车、金属卷材、家电、轻工产品及其他金属制品的涂饰，属重要的工业涂料。

热固性丙烯酸树脂及其交联反应物质见表4-1。

表 4-1　常用热固性丙烯酸树脂及其交联反应物质

树脂种类	官能团种类	功能单体	交联反应物质
羟基丙烯酸树脂	羟基	（甲基）丙烯酸羟基烷基酯	与烷氧基氨基树脂热交联
	羟基	（甲基）丙烯酸羟基烷基酯	与多异氰酸酯室温交联
羧基丙烯酸树脂	羧基	（甲基）丙烯酸、衣康酸或马来酸酐	与环氧树脂环氧基热交联
环氧基丙烯酸树脂	环氧基	（甲基）丙烯酸缩水甘油酯	与羧基聚酯或羧基丙烯酸树脂热交联
酰胺基丙烯酸树脂	*N*-羟甲基或 *N*-甲氧基酰胺基	*N*-羟甲基（甲基）丙烯酰胺、*N*-甲氧基甲基（甲基）丙烯酰胺	加热自交联，与环氧树脂或烷氧基氨基树脂热交联

常用热固性丙烯酸树脂的交联反应如下。

（1）羟基与烷氧基氨基树脂反应

$$3\ \sim CH_2-CH(\sim)-\overset{O}{\overset{\|}{C}}-OCH_2CH_2OH + \text{(RO}-CH_2-NH)_3C_3N_3 \xrightarrow{\triangle}$$

烷氧基氨基树脂

$$\sim CH_2-CH(\sim)-\overset{O}{\overset{\|}{C}}-OCH_2CH_2O-CH_2-NH-\text{C}_3N_3(-NH-CH_2-OCH_2CH_2O-\overset{O}{\overset{\|}{C}}-CH(\sim)-CH_2\sim)(-NH-CH_2-OCH_2CH_2O-\overset{O}{\overset{\|}{C}}-CH(\sim)-CH_2\sim) + ROH$$

（2）羟基与多异氰酸反应

$$2\sim CH_2-CH(\sim)-\overset{O}{\overset{\|}{C}}-OCH_2CH_2OH + O=C=N-R-N=C=O \longrightarrow$$

$$\sim CH_2-CH(\sim)-\overset{O}{\overset{\|}{C}}-OCH_2CH_2O-\overset{O}{\overset{\|}{C}}-NH-R-NH-\overset{O}{\overset{\|}{C}}-OCH_2CH_2O-\overset{O}{\overset{\|}{C}}-CH(\sim)-CH_2\sim$$

（3）羧基与环氧基反应

$$2\sim CH_2-CH(\sim)-\overset{O}{\overset{\|}{C}}-OH + H_2C\overset{O}{-}CH-R-CH\overset{O}{-}CH_2 \xrightarrow{\triangle}$$

$$\sim CH_2-CH(\sim)-\overset{O}{\overset{\|}{C}}-O-CH_2-\overset{OH}{\overset{|}{CH}}-R-\overset{OH}{\overset{|}{CH}}-CH_2-O-\overset{O}{\overset{\|}{C}}-CH(\sim)-CH_2\sim$$

（4）*N*-羟甲基或 *N*-甲氧基酰胺基自交联反应

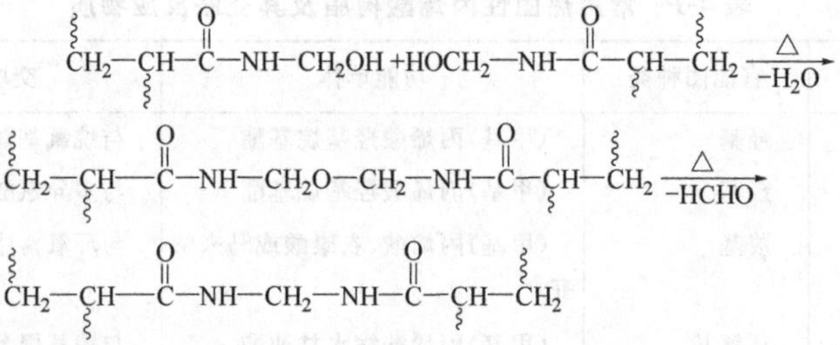

$$-CH_2-CH-C(=O)-NH-CH_2OH + HOCH_2-NH-C(=O)-CH-CH_2- \xrightarrow[-H_2O]{\triangle}$$

$$-CH_2-CH-C(=O)-NH-CH_2-O-CH_2-NH-C(=O)-CH-CH_2- \xrightarrow[-HCHO]{\triangle}$$

$$-CH_2-CH-C(=O)-NH-CH_2-NH-C(=O)-CH-CH_2-$$

4.3　丙烯酸树脂的合成单体

丙烯酸树脂的合成单体很多，目前还没有统一的分类方法。按单体的作用分，可分为硬单体、软单体和功能单体；按单体类型分，则可分为丙烯酸酯类单体和非丙烯酸酯类单体两大类。

4.3.1　丙烯酸酯类单体

丙烯酸酯类单体是合成丙烯酸树脂的重要单体，主要有丙烯酸酯类化合物及甲基丙烯酸酯类化合物。该类单体品种多，用途广，活性适中，可均聚也可与其他许多单体共聚。

丙烯酸酯类化合物主要有丙烯酸甲酯、丙烯酸乙酯、丙烯酸丙酯、丙烯酸正丁酯、丙烯酸异丁酯、丙烯酸环己酯、丙烯酸-2-乙基己酯、丙烯酸月桂酯，以及丙烯酸-2-羟基乙酯、丙烯酸-2-羟基丙酯和丙烯酸缩水甘油酯等。

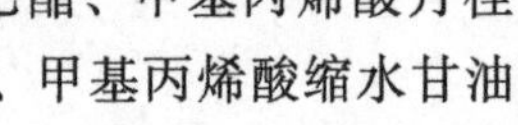

$CH_2=CH-C(=O)-OCH_2CH_2OH$　丙烯酸-2-羟基乙酯

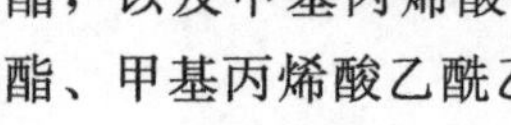

$CH_2=CH-C(=O)-OCH_2CH(OH)CH_3$　丙烯酸-2-羟基丙酯

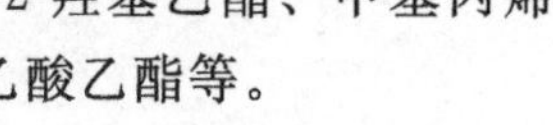

$CH_2=CH-C(=O)-OCH_2CH(-O-)CH_2$　丙烯酸缩水甘油酯

甲基丙烯酸酯类化合物主要有甲基丙烯酸甲酯、甲基丙烯酸乙酯、甲基丙烯酸丙酯、甲基丙烯酸正丁酯、甲基丙烯酸异丁酯、甲基丙烯酸环己酯、甲基丙烯酸-2-乙基己酯、甲基丙烯酸月桂酯，以及甲基丙烯酸-2-羟基乙酯、甲基丙烯酸-2-羟基丙酯、甲基丙烯酸缩水甘油酯、甲基丙烯酸乙酰乙酸乙酯等。

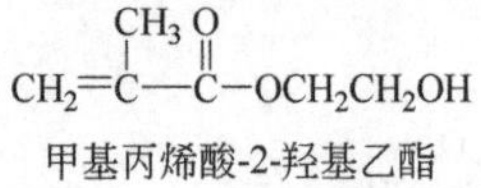

$CH_2=C(CH_3)-C(=O)-OCH_2CH_2OH$　甲基丙烯酸-2-羟基乙酯

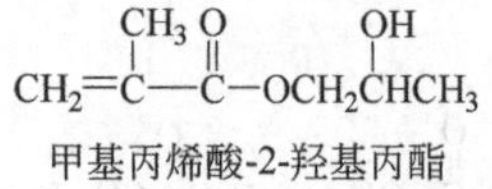

$CH_2=C(CH_3)-C(=O)-OCH_2CH(OH)CH_3$　甲基丙烯酸-2-羟基丙酯

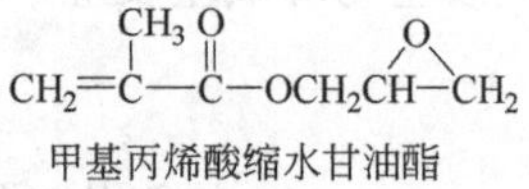

$CH_2=C(CH_3)-C(=O)-OCH_2CH(-O-)CH_2$　甲基丙烯酸缩水甘油酯

丙烯酸甲酯、甲基丙烯酸甲酯和甲基丙烯酸乙酯赋予聚合物更大的内聚强度，属于硬单体。

丙烯酸乙酯、丙烯酸正丁酯、丙烯酸月桂酯、丙烯酸-2-乙基己酯、甲基丙烯酸月桂酯、甲基丙烯酸正辛酯等能提高聚合物柔韧性，促进成膜，属于软单体。

丙烯酸-2-羟基乙酯、丙烯酸-2-羟基丙酯、甲基丙烯酸-2-羟基乙酯、甲基丙烯酸-2-羟基丙酯、丙烯酸缩水甘油酯、甲基丙烯酸缩水甘油酯、甲基丙烯酸乙酰乙酸乙酯等分子中有功能基，在树脂固化时能与其他树脂中的官能团反应交联，属于功能单体。

4.3.2 非丙烯酸酯类单体

非丙烯酸酯类单体主要有苯乙烯、丙烯腈等软单体；丙烯酰胺、*N*-羟甲基丙烯酰胺、*N*-丁氧甲基（甲基）丙烯酰胺、二丙酮丙烯酰胺等丙烯酰胺类单体；二乙烯基苯等多乙烯基苯类单体；乙烯基三甲氧基硅烷、乙烯基三乙氧基硅烷、乙烯基三异丙氧基硅烷、γ-甲基丙烯酰氧基丙基三甲氧基硅烷等有机硅烷类单体。

$$CH_2=CHSi(OR)_3 \qquad CH_2=C(CH_3)COO(CH_2)_3Si(OCH_3)_3$$

乙烯基硅氧烷　　　　γ-甲基丙烯酰氧基丙基三甲氧基硅烷

丙烯酰胺类单体、多乙烯基类苯单体、有机硅烷类单体等分子中含有功能基，属于功能单体。

乙烯基硅氧烷类单体活性较大，很容易水解和交联，因此用量要少，而且最好在聚合过程的保温阶段加入。乙烯基三异丙氧基硅烷由于异丙基的空间位阻效应，水解活性较低，可用来合成高硅单体含量（10%）的硅丙乳液，而且单体可以预先混合，这样也有利于大分子链中硅单元的均匀分布。

近年来，随着科学技术的进步，新的单体尤其是功能单体层出不穷，而且价格不断下降，推动了丙烯酸树脂的性能提高和价格降低。比较重要的有：叔碳酸乙烯酯类单体（Veova 10、Veova 9、Veova11）、氟单体（如三氟氯乙烯、偏二氟乙烯、四氟乙烯、氟丙烯酸单体等）、表面活性单体、其他自交联功能单体等。

叔碳酸乙烯酯是α-C上带有三个烷基取代基的高度支链化的饱和酸乙烯酯，其结构式如下：

$$R-\overset{\displaystyle R'}{\underset{\displaystyle R''}{\overset{|}{\underset{|}{C}}}}-COOCH=CH_2$$

式中，R、R′、R″为烷基，而且至少有一个为甲基，其余的取代基为直链或支链的烷基。在叔碳酸乙烯酯分子中，α-C上具有丰富的烷基，形成了极大的空间位阻效应和屏蔽作用，不但对自身而且对周围的基团也起到保护作用；同时由于烷基的非极性使得叔碳酸乙烯酯分子极性小，具有极强的疏水性；烷基对紫外光的相对稳定性，使得叔碳酸乙烯酯对紫外光不敏感。这些特性使得叔碳酸乙烯酯的均聚物或与其他单体的共聚物具有优良的耐候性、耐碱性、耐水性。

丙烯酸类单体及其物理性质见表4-2。

表 4-2　丙烯酸类单体及其物理性质

单体名称	相对分子质量	沸点/℃	相对密度(d^{25})	折射率(n_D^{25})	溶解度(25℃)/(g/100g 水)	玻璃化温度/℃
丙烯酸(AA)	72	141.6(凝固点:13)	1.051	1.4185	∞	106
丙烯酸甲酯(MA)	86	80.5	0.9574	1.401	5	8
丙烯酸乙酯(EA)	100	100	0.917	1.404	1.5	−22
丙烯酸正丁酯(*n*-BA)	128	147	0.894	1.416	0.15	−55
丙烯酸异丁酯(*i*-BA)	128	62(6.65kPa)	0.884	1.412	0.2	−17
丙烯酸仲丁酯	128	131	0.887	1.4110	0.21	−6
丙烯酸叔丁酯	128	120	0.879	1.4080	0.15	55
丙烯酸正丙酯(PA)	114	114	0.904	1.4100	1.5	−25
丙烯酸环己酯(CHA)	154	75(1.46kPa)	0.9766①	1.460①		16
丙烯酸月桂酯	240	129(3.8kPa)	0.881	1.4332	0.001	−17
丙烯酸-2-乙基己酯(2-EHA)	184	213	0.880	1.4332	0.01	−67
丙烯酸-2-羟基乙酯(HEA)	116	82(655Pa)	1.138	1.427①	∞	−15
丙烯酸-2-羟基丙酯(HPA)	130	77(655Pa)	1.057①	1.445①	∞	−7
甲基丙烯酸(MAA)	86	101(凝固点:15)	1.051	1.4185	∞	130
甲基丙烯酸甲酯(MMA)	100	115	0.940	1.412	1.59	105
甲基丙烯酸乙酯	114	160	0.911	1.4115	0.08	65
甲基丙烯酸正丁酯(*n*-BMA)	142	168	0.889	1.4215		27
甲基丙烯酸-2-乙基己酯(2-EHMA)	198	101(6.65kPa)	0.884	1.4398	0.14	−10
甲基丙烯酸异冰片酯(IBOMA)	222	120	0.976−0.996	1.477	0.15	155
甲基丙烯酸月桂酯(LMA)	254	160(0.938kPa)	0.872	1.455		−65
甲基丙烯酸-2-羟基乙酯(2-HEMA)	130	95(1.33kPa)	1.077	1.451	∞	55
甲基丙烯酸-2-羟基丙酯(2-HPMA)	144.1	96(1.33kPa)	1.027	1.446	13.4	26
苯乙烯	104	145.2	0.901	1.5441	0.03	100
丙烯腈	53	77.4～79	0.806	1.3888	7.35	125
醋酸乙烯酯	86	72.5	0.9342①	1.3952①	2.5	30
丙烯酰胺	71	熔点:84.5	1.122		215	165
Veova 10	190	193～230	0.883～0.888	1.439	0.5	−3
Veova 9	184	185～200	0.870～0.900			68
甲基丙烯酸三氟乙酯	168	107	1.181	1.359	0.04	82

续表

单体名称	相对分子质量	沸点/℃	相对密度(d^{25})	折射率(n_D^{25})	溶解度(25℃)/(g/100g水)	玻璃化温度/℃
N-羟甲基丙烯酰胺	101	熔点:74～75	1.10		∞	153
N-丁氧基甲基丙烯酰胺	157	125	0.96		0.001	
二乙烯基苯	130.18	199.5	0.93			
甲基丙烯酸缩水甘油酯(GMA)	142	189	1.073	1.4494	2.04	46
乙烯基三甲氧基硅烷	148	123	0.960	1.3920		
γ-甲基丙烯酰氧基丙基三甲氧基硅烷	248	255	1.045	1.4295		

① 20℃时的数据。

单体存放过久，受热、光照后会发生自聚，影响树脂质量。如果有聚合物存在，将甲醇加入丙烯酸酯类（含苯乙烯）单体中会变浑浊，此时应将单体精制（如减压蒸馏）后使用。

4.4　溶剂型丙烯酸树脂的合成

4.4.1　合成原理

涂料工业用的丙烯酸树脂不是均聚物，而是由丙烯酸酯类、甲基丙烯酸酯类及其他烯类单体等不同的单体在自由基引发剂引发下，在溶液中聚合而得到的共聚树脂。其聚合机理属于自由基聚合机理，包括链引发、链增长、链终止或链转移等过程。共聚单体的分子结构不同，其共聚活性不同。选用不同的共聚单体、不同的配比、不同的引发剂等都会影响共聚树脂的分子结构，进而影响树脂的性能。

4.4.2　配方设计

影响丙烯酸树脂分子结构和性能的因素很多，设计的自由度较大，可用作原料的单体种类较多，各种单体的聚合活性也不同，改变单体种类、调整单体的配比、改变引发剂种类及其用量、调整合成工艺，可制得不同类型、不同性能和不同应用场合的丙烯酸树脂。丙烯酸树脂涂料使用的基材不同，使用环境不同，对树脂的结构有很大的要求。所以，丙烯酸树脂配方设计非常复杂，合成的工艺非常多。基本原则是首先要针对不同基材和产品确定树脂剂型；然后根据性能要求确定单体组成、玻璃化温度（T_g）、溶剂组成、引发剂类型及用量和聚合工艺；最终通过实验进行检验、修正，以确定最佳的产品工艺和配方。

4.4.2.1　单体的选择

单体的选择是配方设计的核心内容。要正确地选择单体，必须对单体的结构和性能非常了解。表4-3列出了按性能和效用选用单体参考表，供选用时参考。

表 4-3 按性能和效用选用单体参考表

性能和效用	选用单体
户外耐候性	甲基丙烯酸酯、丙烯酸酯
硬度	甲基丙烯酸甲酯、苯乙烯、(甲基)丙烯酰胺、(甲基)丙烯酸、丙烯腈
耐磨性	甲基丙烯酰胺、丙烯腈
光泽	苯乙烯、芳族不饱和化合物
保色、保光性	甲基丙烯酸酯、丙烯酸酯
柔韧性	丙烯酸乙酯、丙烯酸丁酯、丙烯酸-2-乙基己酯
耐溶剂、汽油	(甲基)丙烯酸、(甲基)丙烯酰胺、丙烯腈
耐水性	苯乙烯、含环氧基单体、甲基丙烯酸甲酯、(甲基)丙烯酸高烷基酯
耐盐、耐洗涤剂	苯乙烯、含环氧单体、丙烯酰胺、乙烯基丙苯
耐沾污	(甲基)丙烯酸低烷基酯
交联官能团	丙烯酰胺、*N*-羟甲基丙烯酰胺、(甲基)丙烯酸羟烷基酯、(甲基)丙烯酸缩水甘油酯、(甲基)丙烯酸、衣康酸、顺丁烯二酸酐

根据涂料树脂使用要求不同，选择合适的软、硬单体和功能单体。通常，甲基丙烯酸甲酯、苯乙烯、丙烯腈是最常用的硬单体，丙烯酸乙酯、丙烯酸丁酯、丙烯酸-2-乙基己酯为最常用的软单体。

长链的丙烯酸及甲基丙烯酸酯（如月桂酯、十八烷酯）具有较好的耐醇性和耐水性。

功能性单体有含羟基的丙烯酸酯类、丙烯酰胺类、乙烯基硅氧烷类、叔碳酸乙烯酯等，它们的分子中都有功能基，在树脂固化时能与其他树脂中的官能团反应交联。功能单体的用量一般控制在1%～6%（摩尔分数），用量不能太多，否则可能会影响树脂或成漆的储存稳定性。乙烯基三异丙氧基硅烷单体由于异丙基的位阻效应，Si—O键水解较慢，在乳液聚合中其用量可以提高到10%，有利于提高乳液的耐水、耐候等性能，但是其价格较高。乳液聚合单体中，双丙酮丙烯酰胺、甲基丙烯酸乙酰乙酸乙酯分别需要同聚合终了时外加的己二酰二肼、己二胺复合使用，水分挥发后可以在大分子链间架桥形成交联膜。

含羧基的单体有丙烯酸和甲基丙烯酸，羧基的引入可以改善树脂对颜、填料的润饰性及对基材的附着力，而且与环氧基团有反应性，对氨基树脂的固化有催化活性。树脂的羧基含量常用酸值表示，酸值一般控制在10mg/g固体树脂左右，用于聚氨酯体系时酸值要稍低些，氨基树脂用时酸值可以大些。

含羟基的丙烯酸酯类单体中羟基的引入可以为溶剂型树脂提供与聚氨酯固化剂、氨基树脂交联用的官能团。合成羟基型丙烯酸树脂时羟基单体的种类和用量对树脂性能有重要影响。双组分聚氨酯体系的羟基丙烯酸组分常用伯羟基类单体，如丙烯酸羟乙酯或甲基丙烯酸羟乙酯；伯羟基类单体活性较高，由其合成的羟基丙烯酸树脂用作氨基烘漆的羟基组分时影响成漆储存，因此氨基烘漆的羟基丙烯酸组分常用仲羟基类单体，如丙烯酸-β-羟丙酯或甲基丙烯酸-β-羟丙酯。近年来也出现了一些新型的羟基单体，如丙烯酸或甲基丙烯酸羟丁酯，甲基丙烯酸羟乙酯与ε-己内酯的加成物，后者所合成的树脂黏度较低，而且硬度、柔韧性可以实现很好的平衡。另外，通过羟基型链转移剂（如巯基乙醇、巯基丙醇、巯基丙酸-2-羟乙酯）可以在大分子链端引入羟基，改善羟基分布，提高硬度，并使相对分子质量分布变窄，降低体系黏度。

为提高耐乙醇性要引入苯乙烯、丙烯腈和甲基丙烯酸的高级烷基酯，以降低酯基含量。可以考虑二者并用，以平衡耐候性和耐乙醇性。甲基丙烯酸的高级烷基酯有甲基丙烯酸月桂酯、甲基丙烯酸十八醇酯等。

选择单体时还必须考虑它们的共聚活性。单体的共聚活性可用竞聚率表示。表 4-4 列出了一些单体对的竞聚率。由于单体结构不同，其共聚活性不同，共聚活性大的单体优先共聚进入共聚物分子中，且先被消耗完全，共聚活性差的单体后被共聚进入共聚物分子中，这样造成共聚物分子链段前后不一，极大地影响共聚物性能。极端的情况是，当几种共聚单体活性相差太大时，有可能得不到共聚物，而只得到均聚物的混合物。为使共聚顺利进行，共聚用混合单体的竞聚率不要相差太大，如苯乙烯同醋酸乙烯、氯乙烯、丙烯腈难以共聚。必须用活性相差较大的单体共聚时，可以补充一种单体进行过渡，即加入一种单体，而该单体同其他单体的竞聚率比较接近、共聚性好，苯乙烯同丙烯腈难以共聚，加入丙烯酸酯类单体就可以改善它们的共聚性。

在涂料树脂生产工艺中有时常采用分批不等量比的滴加单体的方法，或采用单体混合物“饥饿态”加料法（即单体投料速率<共聚速率）也可较好地控制共聚物组成。

4.4.2.2　T_g 的设计

玻璃化温度 T_g 是无定形聚合物由脆性的玻璃态转变为高弹态的转变温度。玻璃化温度的高低直接反映聚合物的柔韧性和硬脆性。不同用途的涂料，其树脂的玻璃化温度相差很大。外墙涂料用的弹性乳液其 T_g 一般低于－10℃，北方应更低一些；而热塑性塑料漆用树脂的 T_g 一般高于 60℃；交联型丙烯酸树脂的 T_g 一般在－20～40℃。均聚物的玻璃化温度可以查到，表 4-2 列出了一些单体均聚物的玻璃化温度。共聚物的玻璃化温度可由下式计算，其计算误差为±5℃：

$$\frac{1}{T_g}=\frac{W_1}{T_{g_1}}+\frac{W_2}{T_{g_2}}+\frac{W_3}{T_{g_3}}+\cdots$$

式中，W_1，W_2，W_3 为共聚单体的质量分数；T_{g_1}，T_{g_2}，T_{g_3} 为相应共聚单体均聚物的玻璃化温度，K。

配方设计时，一般先按树脂基本性能要求选择单体种类，再通过计算调整单体的配比以使树脂的性能符合各方面的性能要求。

4.4.2.3　引发剂的选择

溶剂型丙烯酸树脂的引发剂主要有过氧类和偶氮类两种。

常用的过氧类引发剂的引发活性见表 4-5。

表 4-4　一些单体对的竞聚率

M_1	M_2	r_1	r_2
甲基丙烯酸甲酯	苯乙烯	0.460	0.520
	丙烯酸甲酯	2.150	0.400
	丙烯酸乙酯	2.000	0.280
	丙烯酸丁酯	1.880	0.430
	甲基丙烯酸	0.550	1.550
	甲基丙烯酸缩水甘油酯	0.750	0.940
	丙烯腈	1.224	0.150
	氯乙烯	10.000	0.100
	醋酸乙烯酯	20.00	0.015
	马来酸酐	6.700	0.020
丙烯酸丁酯	苯乙烯	0.180	0.840
	丙烯腈	0.820	1.080
	甲基丙烯酸	0.350	1.310
	氯乙烯	4.400	0.070
	醋酸乙烯酯	3.480	0.018
丙烯酸-2-乙基己酯	苯乙烯	0.310	0.960
	氯乙烯	4.150	0.160
	醋酸乙烯酯	7.500	0.040
苯乙烯	丙烯酸甲酯	0.750	0.200
	甲基丙烯酸缩水甘油酯	0.450	0.550
	甲基丙烯酸	0.150	0.700
	丙烯腈	0.400	0.040
	氯乙烯	17.00	0.020
	醋酸乙烯酯	55.00	0.010
	马来酸酐	0.019	0.000

表 4-5　常用的过氧类引发剂的活性

品　名	不同半衰期对应的分解温度/℃		
	0.1h	1h	10h
过氧化二苯甲酰(BPO)	113	91	71
过氧化二月桂酰	99	79	61
过氧化-2-乙基己酸叔丁酯	113	91	72
过氧化-2-乙基己酸叔戊酯	111	91	73
过氧乙酸叔丁酯	139	119	100
过氧化苯甲酸叔丁酯(TBPB)	142	122	103
过氧化-3,5,5-三甲基己酸叔丁酯	135	114	94
叔丁基过氧化氢(TBHP)	207	185	164
异丙苯过氧化氢	195	166	140
二叔丁基过氧化物(DTBP)	164	141	121
过碳酸二环己酯	76	59	44
过碳酸二(2-乙基己酯)	80	61	44

其中过氧化二苯甲酰（BPO）是一种最常用的过氧类引发剂，正常使用温度70～100℃，过氧类引发剂容易发生诱导分解反应，而且其初级自由基容易夺取大分子链上的氢、氯等原子或基团，进而会在大分子链上引入支链，使相对分子质量分布变宽。过氧化苯甲酸叔丁酯是近年来得到重要应用的引发剂，微黄色液体，沸点124℃，溶于大多数有机溶剂，室温稳定，对撞击不敏感，储运方便，它克服了过氧类引发剂的一些缺点，所合成的树脂相对分子质量分布较窄，有利于涂料固体分的提高。

偶氮类引发剂品种较少，常用的主要有偶氮二异丁腈（AIBN）、偶氮二异庚腈（ABVN）。其中AIBN是偶氮类引发剂中最常用的引发剂品种，使用温度60～80℃，该引发剂一般无诱导分解反应，所得聚合物的相对分子质量分布较窄。热塑性丙烯酸树脂常采用该类引发剂。偶氮二异丁腈和偶氮二异庚腈的活性见表4-6。

表4-6 偶氮二异丁腈和偶氮二异庚腈的活性

化合物	不同半衰期对应的分解温度/℃		
偶氮二异丁腈	73h(50℃)	16.6h(60℃)	5.1h(70℃)
偶氮二异庚腈	2.4h(60℃)	0.97h(70℃)	0.27h(80℃)

为了使聚合平稳进行，溶液聚合时常采用引发剂同单体混合滴加的工艺，单体滴加完毕，保温数小时后，还需追加一次或几次滴加后消除引发剂，以尽可能提高转化率，每次引发剂用量为前者的10%～30%。

引发剂的用量对聚合速率和树脂的相对分子质量都有较大的影响。引发剂的用量增大，聚合速率加快，但树脂的相对分子质量降低。工业上常采用调整引发剂用量的方法来调整聚合物的相对分子质量。

4.4.2.4 溶剂的选择

溶剂在溶液聚合中除了作溶剂外还起到传热介质的作用，溶剂的选择不仅是聚合反应的需要，同时要考虑溶剂最终要进入涂料配比的作用，要综合考虑杂质影响、溶解力、沸点、挥发性、毒性和树脂的使用场合等。

对于环保型涂料，不得用苯、甲苯、二甲苯作溶剂，通常以乙酸乙酯、乙酸丁酯、丙二醇甲醚乙酸酯混合溶剂为主。

对于热塑性丙烯酸树脂，溶液聚合所得的聚合物溶液一般直接用作涂料基料进行涂料配制，因此，溶剂选择不仅要考虑其溶解性能，还要考虑其沸点高低，以便在其沸点下进行聚合反应，有利于聚合温度的控制，同时要考虑溶剂挥发速率，以满足施工要求，做到安全、低毒等。热塑性丙烯酸树脂常使用甲苯、二甲苯作溶剂，对于要求低毒的场合，也可用乙酸乙酯、乙酸丁酯、丙酮、丁（甲乙）酮、甲基异丁基酮等酮类溶剂，乙醇、异丙醇（IPA）、丁醇等醇类作溶剂。

对于热固性丙烯酸树脂，聚合物溶液作为双组分涂料中的组分，溶剂的选择必须要考虑其不得与另一涂料组分树脂中的交联官能团发生反应，从而影响交联固化反应的进行。比如用作室温固化双组分聚氨酯羟基组分的丙烯酸树脂不能使用醇类、醚醇类溶剂，且溶剂中含水量应尽可能低，以防其和异氰酸酯基团反应。为防止丙烯酸树脂中含有水分，可以在聚合完成后采取共沸脱水法除去体系中微量的水分。常用的溶剂为甲苯、二甲苯，可以适当加些乙酸乙酯、乙酸丁酯。又如，氨基烘漆用羟基丙烯酸树脂可以用二甲苯、丁醇作混合溶剂，有时拼入一些丁基溶纤剂(如乙二醇丁醚)、丙二醇甲醚乙酸酯、乙二醇乙醚乙酸酯等。

实际上，树脂用途决定单体的组成及溶剂选择，为使聚合温度下体系处于回流状态，溶剂常用混合溶剂，低沸点组分起回流作用，一旦确定了回流溶剂，就可以根据回流温度选择引发剂。对溶液聚合，主引发剂在聚合温度时的半衰期一般在0.5～2h之间较好。有时可以复合使用一种较低活性引发剂，其半衰期一般在2～4h之间。

4.4.2.5 相对分子质量调节剂

相对分子质量调节剂一般为链转移剂，在聚合过程中起到调控树脂相对分子质量的作用。相对分子质量调节剂可以与长链自由基作用，其分子中的氢原子或基团被长链自由基夺取，自身变成一个具有引发、增长活性的自由基，而长链自由基转变为一个死的大分子聚合物。相对分子质量调节剂一般只降低聚合度或聚合物相对分子质量，而对聚合速率没有影响。相对分子质量调节剂的用量一般通过实验确定。常用的相对分子质量调节剂为硫醇类化合物，如正十二烷基硫醇、仲十二烷基硫醇、叔十二烷基硫醇、巯基乙醇、巯基乙酸等。巯基乙醇在转移后再引发时可在大分子链上引入羟基，减少羟基型丙烯酸树脂合成中羟基单体用量。

硫醇一般带有臭味，其残余将影响感官评价，因此其用量要很好地控制，目前，也有一些低气味链转移剂可以选择，如甲基苯乙烯的二聚体。另外根据聚合度控制原理，通过提高引发剂用量也可以对相对分子质量起到一定的调控作用。

4.4.3 合成工艺

溶剂型丙烯酸树脂主要是单体通过溶液聚合制得的。溶液聚合的工艺流程简单，但要合成质量稳定、符合要求的共聚树脂，原料的规格必须严格把关。引发剂中若含水必须除去，可采用有机溶剂溶解的方法，将下层的水分除去。引发剂的溶液可直接使用，但其用量必须严格计量。溶液共聚合多采用釜式间歇法生产，生产设备一般采用带夹套的不锈钢或搪玻璃釜，通过夹套换热，以蒸汽加热或冷水冷却。同时，反应釜装有搅拌和回流冷凝器，有单体及引发剂的进料口，还有惰性气体入口，惰性气体入口的管口必须在反应液面以下。并且安装有防爆膜，除此，还必须有滴加系统，单体滴加器要有两只，以便在竞聚率相差太远时，分批按不同比例滴加单体，以保证共聚物组成均匀。引发剂溶液必须有另外的滴加器以确保体系中浓度恒定。其基本工艺如下：

① 共聚单体的计量和混合。单体经计量后加入单体配制器，混合均匀后加入

单体滴加器中待用。单体计量要准确，最好精确到 0.2%以内，保证配方的准确实施。同时，应该现配现用。

② 引发剂溶解和计量。引发剂加入到引发剂溶解器中溶解，放置分层，分出水层（若原料中含有水），准确计算投入量，过滤后加入到引发剂滴加器中备用。

③ 充氮气置换空气。空釜时通入氮气，预先赶走釜内空气，然后按配方加入溶剂，某些工艺允许加入部分单体和引发剂。

④ 继续通入氮气，开动搅拌，打开蒸汽阀加热，并打开冷凝器的冷却水。待温度升至规定温度以下 20℃时（可视各釜停止加热后余热能使反应物升温程度），关闭蒸汽停止加热，待反应物温度自行升温到规定温度。

⑤ 滴加单体溶液和引发剂溶液。滴加速度必须均匀，在规定时间（一般 2～4h）内滴完，滴加过程尽量保持温度恒定。滴加速度不能太快，否则可能引起体系温度升高太快造成冲料，还可能引起支链化反应，造成交联度增加而产生不溶粒子。

⑥ 补充滴加引发剂溶液并保温反应。单体滴完后，采取分次补充滴加引发剂溶液的方法，以提高反应速率和单体转化率。单体滴加完后，保温反应 2h，可第一次补加引发剂溶液。再保温反应 2h 左右，可补充第二次引发剂溶液。然后继续保温反应至转化率和黏度达到要求。

⑦ 冷却、出料、包装，必要时可过滤。

4.4.3.1　热塑性丙烯酸树脂的合成

热塑性丙烯酸树脂由于成膜时不会进一步交联，为了获得较好的涂膜物化性能，树脂的相对分子质量要大。但是，为使固体分不至于太低，树脂的相对分子质量又不能过大，一般在 75000～120000 之间，这样可使涂料在施工黏度下，固体分达到 15%～25%。

热塑性丙烯酸树脂涂料具有丙烯酸类涂料的基本优点，但也存在一些缺点，如涂膜丰满度差，低温易脆裂、高温易发黏，实干较慢，耐溶剂性不好等。为克服热塑性丙烯酸树脂的弱点，可以通过配方设计或拼用其他树脂给予解决。常用解决办法如下：

① 利用共聚树脂的特性，调整树脂的配方。如适当调整丙烯酸用量的比例，以提高树脂的附着力，并提高对颜料的润湿分散性，防止涂膜覆色发花。共聚单体中引入丙烯腈，可增加共聚树脂的极性，提高其耐油性。引入甲基丙烯酸正丁酯或甲基丙烯酸异丁酯、甲基丙烯酸叔丁酯、甲基丙烯酸月桂酯、甲基丙烯酸十八醇酯、丙烯腈改善耐乙醇性。此外，还可通过调整共聚单体的种类及用量，来调整共聚树脂的玻璃化温度。

② 拼用其他成膜物质。如拼入少量的硝酸酯纤维素就能明显漆膜的流展性、溶剂释放性和热敏感性，此外，也能改善漆膜的打磨抛光性能。拼入少量过氯乙烯树脂，涂料的户外耐候性优良，对热敏性也有明显改善。

4.4.3.2 热固性丙烯酸树脂的合成

热固性丙烯酸树脂与热塑性丙烯酸树脂相比，其主要优点在于：通过固化交联使漆膜形成网络结构，形成不熔不溶的涂膜，涂膜的力学性能、耐化学品性能大大提高。热固性丙烯酸树脂的相对分子质量不高，一般为20000～30000，可以在不太高的黏度下制成高固体分涂料，从而改善涂料的丰满度，缩短施工道数，达到理想的涂膜厚度。

热固性丙烯酸树脂可以根据其携带的可反应官能团特征分类，在制漆时通过自交联或与加入的氨基树脂、环氧树脂、聚氨酯等中的官能团反应形成网状结构。热固性丙烯酸树脂主要包括羟基丙烯酸树脂、羧基丙烯酸树脂和环氧基丙烯酸树脂。合成羟基丙烯酸树脂必须要用到功能单体丙烯酸羟基烷酯，合成羧基丙烯酸树脂必须用到丙烯酸或甲基丙烯酸，而合成环氧基丙烯酸树脂必须要用到丙烯酸或甲基丙烯酸缩水甘油酯。

4.4.4 溶剂型丙烯酸树脂的合成实例

4.4.4.1 实例一 热塑性丙烯酸树脂的合成（Ⅰ）

(1) 配方

原料名称	用量(质量份)	原料名称	用量(质量份)
甲基丙烯酸甲酯	22.5	甲苯	60.0
甲基丙烯酸丁酯	54.5	过氧化苯甲酰	0.45＋0.1
甲基丙烯酸	5.0	丁醇	40.0
丙烯酸正丁酯	8.0		

(2) 合成工艺

① 按配方工艺规定的数量称取各单体及引发剂，混合均匀，打入滴加器备用；

② 空釜时，先打开氮气，赶走釜内空气，然后按配方量加入溶剂，有时可先加入部分单体和引发剂；

③ 继续通氮气，开动搅拌，加热并打开冷凝器冷却水；

④ 温度升至规定温度后，开始滴加单体和引发剂，一般在2～3h内加完，滴加速度要均匀，反应温度要稳定；

⑤ 加完单体和引发剂后，保温1.5～2h，补加第一次引发剂（预先溶于溶剂中），保温1.5～2h，再补加第二次引发剂，继续保温至转化率和黏度达规定指标。

⑥ 反应完毕后，可加热升温蒸出部分溶剂，以脱除游离单体，再补加新溶剂以调整固体含量，然后降温至50℃以下过滤包装。

本树脂具有优良的耐紫外光老化，耐水，柔韧性和附着力。配方中大量使用甲基丙烯酸丁酯为树脂提供优良的柔韧性和耐水性，加入少量的甲基丙烯酸可以大幅度提高对金属材料的附着力而仅稍微降低耐水性。

4.4.4.2 实例二 热塑性丙烯酸树脂的合成（Ⅱ）

(1) 配方

原料	用量(质量份)	原料	用量(质量份)
甲基丙烯酸甲酯	27.0	二甲苯(1)	40.0
甲基丙烯酸丁酯	6.0	重芳烃	50.0
丙烯酸	0.4	二叔丁基过氧化物(1)	0.4
苯乙烯	9.0	二叔丁基过氧化物(2)	0.4
丙烯酸正丁酯	7.1	二甲苯(2)	5.0

(2) 合成工艺

① 甲基丙烯酸甲酯、甲基丙烯酸丁酯、丙烯酸、苯乙烯、丙烯酸正丁酯、二叔丁基过氧化物 (1) 加入单体配置器中，混合均匀后，转入滴定器中待用；

② 将二甲苯 (1)、丁醇加入反应釜中；

③ 打开 N_2，赶走聚合反应釜内的空气；

④ 继续通 N_2，开动搅拌，升温到 125℃，滴加单体和引发剂混合液，在 4～4.5h 内滴完，滴加速度应均衡，温度也要维持恒定；

⑤ 保温反应 2h；

⑥ 二叔丁基过氧化物 (2)、二甲苯 (2) 混合后滴入反应釜内；

⑦ 保温反应 2～3h；

⑧ 冷却、出料。

该树脂固含量为 50%±2%，黏度 4～6Pa·s，主要性能是耐候性和耐化学药品性好。

4.4.4.3 实例三 环氧丙烯酸漆用羧基丙烯酸树脂的合成

(1) 配方

原料名称	用量(质量份)	原料名称	用量(质量份)
甲基丙烯酸甲酯	309.7	异丙苯过氧化氢溶液(浓度 80%)	2.5
丙烯酸丁酯	157.5	二甲苯	247.0
丙烯酸	57.7	丁醇	247.0
过氧化苯甲酰溶液(浓度 71%)	2.5		

(2) 合成工艺

① 甲基丙烯酸甲酯、丙烯酸丁酯、丙烯酸、过氧化苯甲酰溶液和异丙苯过氧化氢溶液加入单体配置器中，混合均匀后，转入滴定器中待用；

② 将二甲苯、丁醇加入反应釜中；

③ 打开 N_2，赶走聚合反应釜内的空气；

④ 继续通 N_2，开动搅拌，升温到 114～116℃，滴加单体和引发剂混合液，在 2h 内滴完，滴加速度应均衡，温度也要维持恒定；

⑤ 回流温度下保温 3h；

⑥ 冷却、出料。

本品为无色透明液体，黏度 15Pa·s，固含量为 51.8%，酸值 43.4。

4.4.4.4 实例四 聚氨酯漆用羟基型丙烯酸树脂的合成

(1) 配方

原料名称	用量(质量份)	原料名称	用量(质量份)
甲基丙烯酸甲酯	21.0	过氧化二苯甲酰(1)	0.800
丙烯酸正丁酯	19.0	过氧化二苯甲酰(2)	0.120
甲基丙烯酸	0.100	二甲苯(2)	6.00
丙烯酸-β-羟丙酯	7.50	过氧化二苯甲酰(3)	0.120
苯乙烯	12.0	二甲苯(3)	6.00
二甲苯(1)	28.0		

(2) 合成工艺

① 将二甲苯（1）打底用溶剂加入反应釜；用 N_2 置换 O_2，升温使体系回流，保温 0.5h；

② 将甲基丙烯酸甲酯、丙烯酸正丁酯、甲基丙烯酸、丙烯酸-β-羟丙酯、苯乙烯、过氧化二苯甲酰（1）混合均匀，用 3.5h 匀速加入反应釜；

③ 保温反应 3h；

④ 将过氧化二苯甲酰（2）用二甲苯（2）溶解，加入反应釜，保温 1.5h；

⑤ 将过氧化二苯甲酰（3）用二甲苯（3）溶解，加入反应釜，保温 2h；

⑥ 取样分析。外观、固含量、黏度合格后，过滤、包装。

该树脂可以与聚氨酯固化剂（即多异氰酸酯）配制室温干燥型双组分聚氨酯清漆或色漆。催化剂用有机锡类，如二月桂酸二正丁基锡（DBTDL）。

4.5 水性丙烯酸树脂的合成

水性丙烯酸树脂是指能在水中溶解、乳化或分散的丙烯酸树脂。水性丙烯酸树脂区别于传统溶剂型丙烯酸树脂最大的差别在于，水性丙烯酸树脂很少使用或不使用有机溶剂，因而具有减少 VOC 排放、绿色环保、使用安全、节省资源和能源等优点，因而已成为当前丙烯酸树脂涂料发展的主要方向。水性丙烯酸树脂因其具有优良的光、热和化学稳定性、耐候性、耐化学药品性等而得到快速发展。特别是在建筑涂料中，世界发达国家的水性丙烯酸涂料已有取代溶剂型丙烯酸涂料的趋势。

水性丙烯酸树脂主要有：水溶性丙烯酸树脂、丙烯酸乳液、水稀释性丙烯酸树脂三类。其中以水溶性丙烯酸树脂和丙烯酸乳液较为重要，应用较广。本节主要介绍水溶性丙烯酸树脂和丙烯酸乳液。

4.5.1 水溶性丙烯酸树脂的合成

水溶性丙烯酸树脂的合成与溶剂型的基本相同，所有引发剂也是油溶性引发剂，只是溶剂型丙烯酸树脂在制漆的溶剂中直接进行，而水溶性丙烯酸树脂的合成是在助溶剂中进行，因此，也属于溶液聚合，聚合工艺简单。但要合成水溶性丙烯酸树脂，共聚单体必须选用适量的带有羧基或氨基的乙烯类单体，待树脂合成后，再用有机胺或有机酸中和，使树脂侧链带有阴离子或阳离子，从而转变为阴离子型水溶性树脂或阳离子型水溶性树脂。

水溶性丙烯酸树脂多属于阴离子型，共聚树脂单体中选用适量的不饱和羧酸，如丙烯酸、甲基丙烯酸、顺丁烯二酸酐、亚甲基丁二酸等，使侧链带有羧基，再用有机胺或氨水中和成盐。用氨水中和时由于较高的黄变指数，容易引起漆膜泛黄，并且挥发性大，因此使用范围受限制，现已逐渐被有机胺代替。

此外，还可引入适当单体经在树脂侧链上引入羟基、酰胺基或醚键等亲水基团而增加树脂的亲水性。中和成盐的丙烯酸树脂可溶于水，但其水溶性并不强，常常形成乳浊状的液体或黏度很高的溶液。所以在水溶性树脂中必须加入一定的亲水性助剂来增加树脂的水溶性。

4.5.1.1　水溶性丙烯酸树脂的配方设计

丙烯酸树脂配方的关键是选择单体，通过单体的组合来满足漆膜的性能要求。但树脂的羧基含量和玻璃化温度也是重要的因素。

(1) 羧基含量

羧基经胺中和成盐是树脂溶于水的主要原因，所以，羧基含量的多少直接影响树脂的水溶性和黏度的变化。过高的羧基含量导致树脂过高的水溶性，从而导致漆膜耐水等性能的下降，实践证明，丙烯酸在摩尔分数为 10%～20%之间，而树脂的酸值在 50～100 之间，且含有一定的羟基酸的共聚树脂已具有足够的水溶性，同时还有足够的交联官能度及良好的物理性能。

(2) 玻璃化温度

水溶性涂料在施工烘烤中比溶剂型涂料更容易爆泡，特别是在希望得到较厚涂膜和晾干时间较短的施工线上，爆泡问题更严重。已发现，共聚树脂的玻璃化温度是影响水溶性树脂漆膜爆泡的主要因素。高玻璃化温度的树脂比低玻璃化温度的树脂更容易爆泡，所以玻璃化温度要选用适当。

(3) 助溶剂

助溶剂不仅对溶解性和黏度起调节、平衡作用，还对整个涂料体系的混溶性、润湿性和成膜过程的流变性起很大的作用。实践证明，水溶性丙烯酸树脂漆中最有效和最常有的助溶剂为醇醚类溶剂和醇类溶剂。以前使用较多的助溶剂为乙二醇醚类溶剂，但后来发现该类助溶剂除对血液和淋巴系统有影响外，还严重影响雄性动物的生殖系统，导致胎儿中毒、畸形等严重后果，因此，乙二醇醚类溶剂现已被限制使用。目前，许多厂商已改用丙二醇醚类代替乙二醇醚类溶剂。水溶性丙烯酸涂料流平性一般问题不大，而流挂现象较为麻烦。一系列实验证明，控制施工场合的相对湿度在 30%～70%，再通过调整助溶剂和水的比例就可以较好地解决水性丙烯酸涂料的流挂问题。

(4) 中和剂胺的选用

胺除了中和树脂侧链上的羧基成盐而提供水溶性外，胺的选用还能影响涂料的黏度、储存稳定性、涂膜固化和漆膜性能等。

树脂的酸含量用胺中和的百分数称为中和度。在水溶性丙烯酸树脂中，中和度为60%～100%都能获得水溶性效果，中和度一般极少到达100%。较常用的中和度为70%～85%。中和度越高，树脂的黏度越大。所以达到足够的水溶性和储存稳定性后，就没有必要进一步中和到100%，以免影响固含量的增大。已注意到，即使中和度为50%或更低时，树脂的pH值总是大于7。当使用*N*,*N*-二甲基乙醇胺、2-氨基-2-甲基丙醇为中和剂，中和度达到65%时，pH值常大于8。有时使用两种中和剂，以达到pH=8.5这一中和度的标准线。

加水稀释时，树脂黏度有一个先急剧升高，然后又快速下降的过程。当黏度高峰已过，进入黏度剧降区时，应注意慢慢加水，因为多加一点水可能使黏度快速下降，以致不能施工。万一出现这种情况，可以补加少许胺，以提高中和度使黏度回升。

水溶性丙烯酸树脂的组成见表4-7。

表4-7　水溶性丙烯酸树脂的组成

组成		常用品种	作用
单体	组成单体	甲基丙烯酸甲酯、苯乙烯、丙烯酸乙酯、丙烯酸丙酯、丙烯酸-2-乙基己酯	调整基体树脂的硬度、柔韧性及耐大气等物理性能
	功能单体	甲基丙烯酸羟乙酯、甲基丙烯酸羟丙酯、丙烯酸羟乙酯、丙烯酸羟丙酯、甲基丙烯酸、丙烯酸、顺丁烯二酸酐等	提供亲水基团和水溶性，并为树脂固化提供交联反应基团
中和剂		氨水、三乙胺、二甲基乙醇胺、三乙醇胺-*N*-乙基吗啉、2-二甲氨基-2-甲基丙醇、2-氨基-2-甲基丙醇等	中和树脂上的羧基，成盐，提供树脂水溶性
助溶剂		乙二醇乙醚、乙二醇丁醚、丙二醇乙醚、丙二醇丁醚、仲丁醇、异丙醇等	提供偶联效率和增溶作用，调整黏度和流平性等施工性能

4.5.1.2　水溶性丙烯酸树脂的合成实例

(1) 配方

原料名称	用量(质量份)	原料名称	用量(质量份)
甲基丙烯酸甲酯	40.8	Propasol P(1) （UCC公司的丙二醇醚溶剂）	50.0
丙烯酸丁酯	40.8		
丙烯酸羟乙酯	10.0	Propasol P(2)	20.0
丙烯酸	8.4	*N*,*N*-二甲基乙醇胺	8.7
偶氮二异丁腈	1.2	水	68.4

(2) 合成工艺

① 将单体和引发剂混合均匀，加入滴加管中；

② 将Propasol P（1）打底用助溶剂加入反应釜，开动搅拌，用N_2置换O_2，加热升温至（101±3)℃；

③ 氮气保护下，将单体和引发剂混合液滴加到反应釜中，用2.5h匀速加入反应釜，保温反应1h；

④ 将Propasol P（2）搅拌下加入反应釜中；

⑤ 加热，蒸出过量的助溶剂和未参加聚合反应的单体，至固体分达75%为止，

降温至室温。此时，树脂的酸值为 61.9。

⑥ 在充分搅拌下，用 *N*,*N*-二甲基乙醇胺中和，在高剪切及激烈搅拌下加入水，即制得水溶性丙烯酸树脂。

4.5.2　丙烯酸乳液的合成

丙烯酸乳液按产品的用途可分为：内墙用乳液、外墙用乳液、弹性乳液、防水乳液、封闭乳液等；按产品的组成可以分为：纯丙乳液、硅丙乳液、苯丙乳液、醋丙乳液等。

丙烯酸乳液的合成主要是由以丙烯酸酯类单体为主的共聚单体在乳化剂作用下乳化在水中，在水溶性引发剂引发下进行的，属于乳液聚合过程。乳液聚合的基本组成包括共聚单体、水溶性引发剂、乳化剂和去离子水，聚合过程中还必须添加稳定剂、pH 调节剂等各种助剂，体系相当复杂。水性丙烯酸乳液制成的漆膜有良好的耐候性，不易黄发，硬度高，光泽好。近年来，随着水性丙烯酸乳液聚合技术的不断发展，多相聚合、核壳技术、自交联技术及高分子表面活性剂的应用，进一步改进和提高了水性丙烯酸乳液的性质，使得水性丙烯酸乳液能适应不同施工和使用条件的需要，应用范围得到不断扩大。现在，水性丙烯酸乳液的应用已扩展到性能要求更高的工业用途领域。

4.5.2.1　丙烯酸乳液的合成原料

丙烯酸乳液是丙烯酸树脂的共聚单体通过乳液聚合方式合成的。其合成原料为：共聚单体 30%～60%，去离子水 40%～70%，水溶性引发剂 0.3%～0.7%，乳化剂 1%～3%，另外还需添加少量的保护胶体、pH 调节剂等各种助剂。

(1) 乳化剂

一般常将阴离子型乳化剂和非离子型乳化剂复合使用，以提高乳液综合性能。阴离子型乳化剂的用量一般占单体的 1%～2%，非离子型乳化剂的用量一般占单体的 2%～4%。

目前，已有不少活性单体面世，如对苯乙烯磺酸钠，乙烯基磺酸钠。此外，还出现一些合成的具有表面活性的大分子单体，如丙烯酸单聚乙二醇酯，端丙烯酸酯基水性聚氨酯等。这些活性单体通过聚合连入高分子主链，可以克服常规乳化剂易迁移的缺点，以提高漆膜性能。

(2) 引发剂

一般使用过硫酸铵、过硫酸钾、过硫酸钠等过硫酸盐为引发剂。一般情况下，过硫酸钾引发剂的聚合温度一般在 80℃以上，聚合终点，短时间可加热到 90℃，以使引发剂分解完全，进一步提高单体转化率。

(3) 保护胶体

乳液聚合中常加入水溶性保护胶体，如属于天然水溶性高分子的羟乙基纤维素、明胶、阿拉伯胶、海藻酸钠等，其中羟乙基纤维素最为常用。属于合成型水溶性高分子的更为常用，如聚乙烯醇、聚丙烯酸钠、苯乙烯-马来酸酐交替共聚物单钠盐等。保护胶体可阻止乳胶粒在聚合过程中的凝聚，提高了体系的黏度（增稠），也有利于防止粒子的聚并、以及色漆体系储存过程中颜、填料的沉降。但是，保护胶体也可能使涂膜的耐水性下降，因此其品种选择、用量确定应该综合考虑，用量取下限为好。

（4）pH 调节剂

pH 调节剂实际为 pH 缓冲剂。引发剂过硫酸盐在受热分解、产生自由基的过程中会产生氢离子，使乳液显酸性，因此，随着乳液聚合的进行，体系的 pH 值将不断下降，进而会影响引发剂的活性，所以乳液聚合配方中通常包括 pH 调节剂，如碳酸氢钠、磷酸二氢钠、醋酸钠等。

4.5.2.2 丙烯酸乳液的合成实例

（1）实例一 苯丙乳液的合成

苯丙乳液是由苯乙烯和丙烯酸酯单体经乳液共聚而得。乳白色液体，带蓝光。苯丙乳液附着力好，胶膜透明，耐水、耐油、耐热、耐老化性能良好，是水性涂料、地毯胶、工艺胶的主要成分，市场需求量非常大。

① 配方

原料名称	用量/kg	原料名称	用量/kg
苯乙烯	218.8	乳化剂 OS(烷基酚醚磺基琥珀酸酯钠盐)	18.85
丙烯酸丁酯	238.4	碳酸氢钠	0.5
甲基丙烯酸甲酯	19.56	过硫酸铵	2.4
甲基丙烯酸	9.64	去离子水	499
保护胶体(聚甲基丙烯酸钠)	8.36		

② 合成工艺

a. 在预乳化釜内分别加入去离子水 191kg、碳酸氢钠 0.5kg、乳化剂 OS 18.85kg 及混合单体（甲基丙烯酸 9.64kg、苯乙烯 218.8kg、丙烯酸丁酯 238.4kg、甲基丙烯酸甲酯 19.56kg），进行预乳化，得到稳定的预乳液。

b. 将过硫酸铵 2.4kg 加入去离子水 64kg，配成引发剂溶液，备用。

c. 保护胶体（聚甲基丙烯酸钠）8.36kg 加入去离子水 44kg，配成保护胶体溶液，备用。

d. 在聚合釜内分别加入去离子水 200kg，保护胶体溶液，预乳液 60kg，待 70℃左右时加入引发剂溶液 30kg，在 80℃时左右引发聚合，进行种子乳液聚合，可观察到釜底乳液泛蓝光。保温 10min 后，开始滴加剩余的预乳液和引发剂溶液。滴加时维持聚合反应温度为 84～86℃，滴完后保温反应 1h。

e. 冷却到 30℃以下，出料，用 120 目滤布过滤，包装。

本产品固含量：48.5％，pH 值 5.5～6.5，黏度（涂-4 杯）17s。

（2）实例二 内墙涂料用叔丙乳液的合成

①配方

组分	原料	用量(质量份)
A 组分(底料)	去离子水	45.00
	K-12	0.0440
	OP-10	0.0890
	$NaHCO_3$	0.0990
B 组分(预乳液)	去离子水	15.00
	K-12	0.1770
	OP-10	0.3540
	甲基丙烯酸甲酯	34.023
	丙烯酸丁酯	13.788
	VV-10	16.601
	N-羟甲基丙烯酰胺	1.328
	丙烯酸	0.664
C 组分(引发剂液)	过硫酸钾(初加)	0.100
	去离子水(初加)	2.000
	过硫酸钾(滴加)	0.232
	去离子水(滴加)	15.00
D 组分(后消除)	TBHP	0.0720
	去离子水	1.500
	SFS(雕白块)	0.0600
	去离子水	1.500

② 合成工艺　将底料加入反应瓶，升温至 78℃；取组分 B 的 10％加入反应瓶打底，升温至 84℃，加入初加过硫酸钾溶液；待蓝光出现，回流不明显时同时滴加剩余预乳液及滴加用引发剂液，约 4h 滴完；保温 1h；降温为 65℃，后消除，保温 30min；降至 40℃，用氨水调 pH 值为 7～8，过滤出料。

(3) 实例三　醋丙乳液的合成

① 配方

组分	原料	用量(质量份)
A 组分(底料)	去离子水	475.0
	K-12	3.750
	NP-10	7.000
	磷酸氢二钠	5.000
	VAc	30.00
	MMA	20.00
	BA	15.00
	AA	2.000
B 组分(预乳液)	去离子水	15.00
	K-12	3.500
	NP-10	15.00
	VAc	450.0
	MMA	150.0
	BA	25.00
	丙烯酸	15.00

续表

组分	原料	用量(质量份)
C组分(引发剂液)	过硫酸铵	4.800
	去离子水	200.0

② 合成工艺　室温下向反应瓶中加入底料用水、阴离子乳化剂、非离子型乳化剂和缓冲剂，30℃时加入釜底单体，升温至50℃，通入N_2，加入引发剂液的1/4，此时将自然升温至70～75℃，加热至82～84℃，撤去N_2，开始滴加预乳液和剩余引发剂液，4.5～5h加完，保温1h，降至室温，80目尼龙网过滤出料。

习　题

1. 什么是丙烯酸树脂？根据溶解性能分，可分为哪几种？根据成膜特性分，又可分为哪几种？
2. 丙烯酸树脂的合成原料主要有哪些？
3. 合成丙烯酸树脂单体很多，如硬单体、软单体和功能单体等，请各举三例。
4. 热塑性丙烯酸树脂有何优缺点？
5. 热固性丙烯酸树脂主要有哪几种？分别可与哪些树脂交联固化？
6. 写出叔碳酸乙烯酯的结构通式。叔碳酸乙烯酯的均聚物或与其他单体的共聚物具有哪些优点？为什么？
7. 水性丙烯酸树脂包括哪几种？
8. 丙烯酸乳液按产品的用途分类可分为哪几类？
9. 乳液聚合时，为什么要加入pH调节剂？
10. 乳液聚合时，为什么要加入保护胶体？
11. 保护胶体有哪些类型？

第5章 聚氨酯树脂

5.1 概述

聚氨酯（polyurethane，PU），即聚氨基甲酸酯，是主链上含有许多氨基甲酸酯基（$-NH-\overset{O}{\overset{\|}{C}}-O-$）的大分子化合物的统称。它是由有机二异氰酸酯或多异氰酸酯与二羟基或多羟基化合物通过加聚反应制得的，是综合性能优良的合成树脂之一。由于其合成单体可选择的品种多，反应条件温和，原料配方调整余地大，聚合物分子结构和性能可通过分子设计进行调节，故其适用范围广，可广泛用于涂料、黏合剂、泡沫塑料、合成纤维以及弹性体，已成为人们衣、食、住、行以及高新技术领域必不可少的材料之一，其本身已经构成了一个多品种、多系列的材料家族，形成了完整的聚氨酯工业体系，这是其他树脂所不具备的。

聚氨酯由于分子中含有氨基甲酸酯基、醚键、脲键、脲基甲酸酯键等多种极性键，赋予了它优良的粘接和成膜性能。聚氨酯与其他树脂共混性好，可与多种树脂拼用，制备适应不同要求的涂料品种。聚氨酯涂料的固化温度范围宽，可以在高、低温条件下固化，其形成的漆膜具有强度高，附着力强，耐磨性和耐高、低温性能好，耐油和耐化学品性能好等优点，因此广泛用于家具、汽车、飞机、钢铁设备等的装饰和保护，以及水池、水坝和建筑防渗漏材料。

德国化学家 Otto Bayer（拜尔）1937 年首先发现多异氰酸酯与多元醇化合物进行加聚反应可制得聚氨酯，并以此为基础进入工业化应用。1945～1947 年英国、美国等国从德国获得聚氨酯树脂的制造技术，并于 1950 年相继开始工业化生产。日本 1955 年从德国 Bayer 公司及美国 Du Pont（杜邦）公司引进聚氨酯工业化生产技术。自此聚氨酯树脂的研究与应用在世界范围内发展起来，聚氨酯树脂的应用日渐广泛，生产规模不断扩大。我国自 20 世纪 60 年代开始独立研制和发展聚氨酯树脂，近十几年来发展较快。

5.2 异氰酸酯的基本反应

异氰酸酯是指结构中含有高度不饱和的异氰酸酯基（$-N=C=O$，简式 $-NCO$）的化合物，其化学活性非常活泼。一般认为异氰酸酯基具有如下的电子共振结构：

$$R-\ddot{N}-\overset{+}{C}=O \longleftrightarrow R-N=C=O \longleftrightarrow R-N=\overset{+}{C}-\ddot{\overset{-}{O}}$$

异氰酸酯基中氧元素电负性最大，电子云密度最高，带较强的负电性，容易受缺电子的亲电试剂进攻；碳元素电负性最小，电子云密度最低，带较强的正电性，容易受富电子的亲核试剂进攻。异氰酸酯基—NCO中碳原子上带的正电荷越多，越容易与亲核试剂反应，反应活性越强，反之，反应活性越弱。因此，当R为吸电性基团时，异氰酸酯基反应活性越强；R为供电性基团时，反应活性减弱。因此，下列异氰酸酯的反应活性由强到弱的顺序为：

$$O_2N-C_6H_4-NCO > C_6H_5-NCO > CH_3-C_6H_4-NCO > C_6H_5-CH_2-NCO >$$

$$C_6H_{11}-NCO > CH_3CH_2-NCO$$

同一芳环上若有2个二异氰酸酯基，其反应活性增强，因为—NCO为吸电子基，吸电子的—NCO增加了彼此的亲电能力。同时发现若其中一个—NCO反应后，第二个—NCO反应活性减弱。另外，空间位阻会使反应活性降低，例如，2,4-甲苯二异氰酸酯中4位—NCO活性明显高于2位—NCO，表现在4位的—NCO优先反应。

5.2.1 与活泼氢化合物反应

5.2.1.1 与醇、胺等反应

当醇、胺等含活性氢的亲核试剂与异氰酸酯反应时，这些物质分子中带有孤电子对的羟基氧原子或氨基氮原子为亲核中心，进攻—N═C═O中的碳原子，而活性氢原子与氧原子结合形成羟基，但不饱和碳原子上的羟基不稳定，会发生分子内重排反应。异氰酸酯与醇反应生成氨基甲酸酯，与胺反应生成脲，反应方程式如下：

$$R-N=C=O+H-\ddot{O}R' \longrightarrow \left[\begin{array}{c} R-N=C-OH \\ | \\ OR' \end{array}\right] \longrightarrow R-\overset{H}{\overset{|}{N}}-\overset{O}{\overset{\|}{C}}-OR'$$

$$R-N=C=O+H-\ddot{N}HR' \longrightarrow \left[\begin{array}{c} R-N=C-OH \\ | \\ NHR' \end{array}\right] \longrightarrow R-\overset{H}{\overset{|}{N}}-\overset{O}{\overset{\|}{C}}-NHR'$$

醇的反应活性为：伯醇＞仲醇＞叔醇。胺的碱性越强，反应也越快。脂肪族伯胺比脂肪族仲胺和芳香胺反应活性都大，在0～25℃温度下，脂肪族伯胺与异氰酸酯快速反应，生成脲类化合物，但其与芳香族异氰酸酯反应太快，来不及控制，一般很少使用。在聚氨酯制备中，因伯胺活性太大，一般在室温下进行反应。另外，空间位阻对反应速率也有影响。

异氰酸酯基的定量检验：利用异氰酸酯基与过量的二正丁胺反应生成脲，再用盐酸滴定过量的二正丁胺来定量计算异氰酸酯基的含量。具体方法如下：准确称取3g左右的样品于干净锥形瓶中，加入20mL无水甲苯（或体积比1：1的甲苯、环己酮混合溶剂），使样品溶解，用移液管加入10.0mL二正丁胺-甲苯溶液，摇匀

后，室温放置20～40min，加入40～50mL异丙醇（或乙醇），以几滴溴甲酚绿为指示剂，用0.5mol/L HCl标准溶液滴定，当溶液由蓝色变黄色为终点。并做空白实验，进而计算出异氰酸酯基的含量。

5.2.1.2 与水反应

异氰酸酯基与水也可以发生反应，生成胺，并放出CO_2，产物胺又可继续与异氰酸酯基反应：

$$R-N=C=O+H_2O \longrightarrow R-\overset{H}{N}-\overset{O}{\overset{\|}{C}}-OH \longrightarrow R-NH_2+CO_2$$

$$R-N=C=O+H_2N-R \longrightarrow R-NH-\overset{O}{\overset{\|}{C}}-NH-R$$

从反应式可看出，1分子H_2O可以与两分子—NCO反应，因此异氰酸酯、端异氰酸酯预聚体储存时，必须隔绝空气密闭保存，否则，空气中的水分与异氰酸酯基反应，使异氰酸酯基含量降低，使预聚体黏度变大，甚至产生凝胶现象，且产生的CO_2还会使容器涨罐，产生危险。

利用异氰酸酯与H_2O反应放出CO_2的原理，可以制备泡沫聚氨酯塑料。湿固化聚氨酯涂料及胶黏剂也是利用H_2O与异氰酸酯基反应而缓慢扩链固化的。脂肪族异氰酸酯活性较低，低温下与水的反应较慢，加热条件下则可以较快反应。一般的聚氨酯化反应在50～100℃进行，水的相对分子质量又小，微量的水就会造成体系中—NCO基团的大量损耗，造成反应官能团的摩尔比变化，影响聚合度的提高，严重时导致凝胶，因此聚氨酯化反应原料、容器和反应器必须做好干燥处理。

水与异氰酸酯的反应活性比伯羟基差，与仲羟基相当。无催化剂存在时，水与异氰酸酯亲和性较差，反应速率较慢。在叔胺类催化剂存在下，水与异氰酸酯可较快反应。三乙胺、四甲基丁二胺、三亚乙基二胺等都是有效的催化剂，其中三亚乙基二胺催化活性最高，在泡沫聚氨酯生产中已广泛使用。

5.2.1.3 与氨基甲酸酯反应

异氰酸酯与氨基甲酸酯也可发生反应，但反应活性比异氰酸酯与脲的反应活性低。无催化剂时，常温下几乎不反应，一般需加热到120～140℃才能较快反应。反应式如下：

$$R-N=C=O+R'-NH-\overset{O}{\overset{\|}{C}}-O-R'' \longrightarrow R-\overset{H}{N}-\overset{O}{\overset{\|}{C}}-\underset{R'}{\underset{|}{N}}-\overset{O}{\overset{\|}{C}}-O-R''$$

5.2.1.4 与脲反应

异氰酸酯与脲基化合物反应生成缩二脲。

$$R-N=C=O+R'-NH-\overset{O}{\overset{\|}{C}}-NH-R'' \longrightarrow R-\overset{H}{N}-\overset{O}{\overset{\|}{C}}-\underset{R'}{\underset{|}{N}}-\overset{O}{\overset{\|}{C}}-NH-R''$$

在没有催化剂存在时，需要加热至100℃或更高的温度下该反应才能发生。

5.2.2 自聚反应

芳香族异氰酸酯反应活性较大，即使在低温下也可缓慢自聚，生成二聚体——脲二酮：

$$\mathrm{Ar{-}NCO + OCN{-}Ar \rightleftharpoons Ar{-}N\langle C(=O) \rangle_2 N{-}Ar}$$

二聚体(脲二酮)

该反应是可逆反应，加热时二聚体可以分解变成原来的异氰酸酯。二聚体在有催化剂存在的情况下，可以直接与醇和胺等活性氢化合物发生反应，所用催化剂与单体异氰酸酯相同。芳香族、脂肪族异氰酸酯在催化剂存在或加热条件下都会自聚成三聚体，但脂肪族异氰酸酯自聚能力较弱。

$$\mathrm{3\,OCN{-}R{-}NCO \longrightarrow (OCN{-}R{-}N)_3(C{=}O)_3}$$

三聚体

三聚体性质稳定，对热和大部分化学药品都很稳定，主要用于硬质泡沫塑料的制造。异氰酸酯经三聚后生成聚异氰酸酯的反应，可用于制备耐热聚氨酯胶黏剂、涂料和弹性体领域。三聚反应是不可逆的，催化剂主要有叔胺、三烷基磷、碱性羧酸盐等。二异氰酸酯合成三聚体时可以用一种单体也可以用混合单体。如德国Bayer公司的Desmoder HL就是甲苯二异氰酸酯和六亚甲基二异氰酸酯合成的混合型三聚体，用作聚氨酯涂料的交联剂。

5.2.3 异氰酸酯的封闭反应

异氰酸酯与一些弱反应性活性氢化合物反应，得到的产物常温下稳定，在一定条件下可逆向反应，这就是“封闭”和“解封”反应。

5.2.3.1 与酚反应

酚类化合物与异氰酸酯反应生成氨基甲酸芳酯，与醇和异氰酸酯反应相似，但由于芳环是吸电子基，降低了酚羟基氧原子的电子云密度，故酚羟基的反应活性较低。大部分异氰酸酯和酚类反应缓慢，通常需加热并添加叔胺或其他催化剂以加速反应，如：

$$\mathrm{RNCO + ArOH \longrightarrow RNHCOOAr}$$

上述反应为可逆反应，在一定条件下反应平衡可向左移动。苯酚或取代苯酚与异氰酸酯的反应是合成封闭型异氰酸酯的一种重要反应。生成的氨基甲酸酯在室温下稳定，但在150℃左右高温下解封闭。例如芳香族异氰酸酯与酚的反应产物在120～130℃开始解封。180℃以上可解封完全，重新生成异氰酸酯和酚。

若在氨基甲酸芳香酯中加入脂肪醇或脂肪族胺等高活性反应物，封闭物即使在较低的反应温度下也会缓慢地反应，酚类化合物会被转换出来，如：

$$RNHCOOAr + R'OH \longrightarrow RNHCOOR' + ArOH$$

5.2.3.2　与酰胺反应

异氰酸酯与酰胺反应生成酰基脲：

$$RNCO + R'CONH_2 \longrightarrow RNHCONHCOR'$$

由于酰胺中的羰基C═O与氨基氮原子上的孤电子对共轭，使得氮原子上的电子云密度降低，从而使酰胺中氨基的反应活性降低。一般反应温度需在100℃左右。

5.2.3.3　与其他封闭剂反应

其他封闭剂还有：β-羰基化合物，如乙酰乙酸乙酯、乙酰丙酮、丙二酸二乙酯；酮肟类化合物，如丙酮肟、甲乙酮肟；咪唑类化合物；亚硫酸氢盐，如亚硫酸氢钠等。

5.3　聚氨酯树脂的合成原料

用于合成聚氨酯的原料主要有多异氰酸酯、低聚物多元醇以及扩链剂、催化剂等。

5.3.1　多异氰酸酯

异氰酸酯是聚氨酯树脂的主要原料之一，制备聚氨酯树脂常用的异氰酸酯有二异氰酸酯、三异氰酸酯以及它们的改性体。异氰酸酯有毒，使用时要注意防护。按分子结构分，多异氰酸酯分为芳香族多异氰酸酯、芳脂族多异氰酸酯、脂环族多异氰酸酯和脂肪族多异氰酸酯四大类。

(1) 芳香族多异氰酸酯

以芳香族异氰酸酯为原料的聚氨酯涂料综合性能好、产量大、品种多、应用广，但有一个严重缺陷，其涂膜受太阳光照射后泛黄严重，易失光，耐候性较差，常应用于室内使用的深色漆。

芳香族多异氰酸酯主要有甲苯二异氰酸酯（TDI）、二苯基甲烷二异氰酸酯（MDI）和聚合二苯基甲烷二异氰酸酯（PAPI）等。

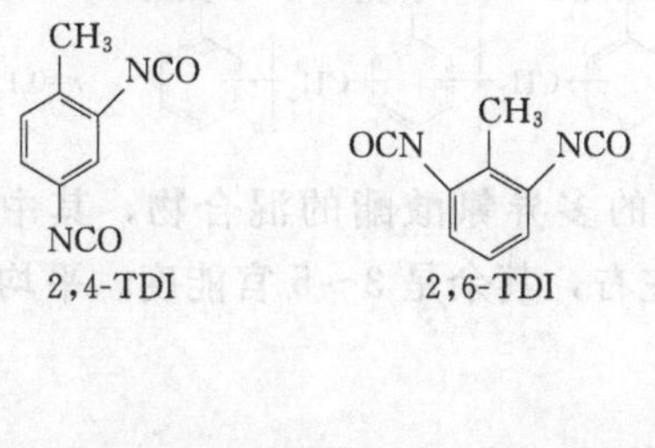

2,4-TDI　　2,6-TDI

OCN-C6H4-CH2-C6H4-NCO 4,4′-MDI；2,4′-MDI；2,2′-MDI

① 甲苯二异氰酸酯 甲苯二异氰酸酯是最常用的芳香族二异氰酸酯。通常情况下，甲苯二异氰酸酯为无色或微黄色透明液体，具有强烈的刺激性气味。它有2,4-体和2,6-体两种异构体，商品TDI有TDI-80（80%2,4-体和20%2,6-体）、TDI-65（65%2,4-体和35%2,6-体）、TDI-100（100% 2,4-体）三种。TDI价格较便宜，反应活性高，所合成的聚氨酯硬度高，耐化学性优良，耐磨性较好，但易黄变，其原因是在光老化中会形成有色的醌或偶氮。TDI的蒸气压大，易挥发，对皮肤、眼睛和呼吸道有强烈刺激作用，毒性较大。

② 二苯基甲烷二异氰酸酯 二苯基甲烷二异氰酸酯在室温下易生成不溶解的二聚体，颜色变黄，需低温储存，且是固体，使用不方便。商品化有液体二苯基甲烷二异氰酸酯供应，—NCO含量为28.0%～30.0%。MDI毒性比TDI低，由于结构对称，故制成的涂料涂膜强度、耐磨性、弹性优于TDI，但其耐黄变性比TDI更差，在光老化中更易生成有色的醌式结构。MDI的化学结构主要为4,4′-MDI，此外还包括2,4′-MDI和2,2′-MDI。其沸点、凝固点见表5-1。

表5-1 MDI异构体的沸点和凝固点

异构体	沸点/℃	凝固点/℃
4,4′-MDI	183(400Pa)	39.5
2,4′-MDI	154(173Pa)	34.5
2,2′-MDI	145(173Pa)	46.5

纯MDI室温下为白色结晶，但易自聚，生成二聚体和脲类等不溶物，使液体浑浊，产品颜色加深，影响使用和制品品质。加入稳定剂如磷酸三苯酯、甲苯磺酰异氰酸酯及碳酰异氰酸酯等可以提高其储存稳定性，稳定剂添加量为0.1%～5%。

$(C_6H_5O)_3P=O$ 磷酸三苯酯；$CH_3-C_6H_4-SO_2NCO$ 甲苯磺酰异氰酸酯；$CH_3\text{-}(CH_2)_3\text{-}OC(=O)\text{—}NCO$ 碳酰异氰酸酯

③ 多亚甲基多苯基多异氰酸酯 多亚甲基多苯基多异氰酸酯结构式如下：

$$OCN\text{-}C_6H_4\text{-}CH_2\text{-}[C_6H_3(NCO)\text{-}CH_2]_n\text{-}C_6H_4\text{-}NCO \quad n=0,1,2,3$$

PAPI是一种不同官能度的多异氰酸酯的混合物，其中$n=0$的二异氰酸酯（即MDI）占混合物的50%左右，其余是3～5官能度、平均相对分子质量为320～420

的低聚合度多异氰酸酯。MDI 和 PAPI 的质量指标见表 5-2。

表 5-2　MDI 和 PAPI 的质量指标

项　目	MDI	PAPI
相对分子质量	250.3	131.5～140(胺当量)
外观	白色至浅黄色结晶	棕色液体
相对密度	1.19(d_4^{20})	1.23～1.25(d_4^{25})
黏度(25℃)/(mPa·s)	常温下为固体	150～250
凝固点/℃	≥38	<10
纯度/%　≥	99.6	
水解氯/%　≤	0.005	0.1
酸度(以 HCl 计)/%　≤	0.2	0.1
NCO 含量/%	约 33.4	30.0～32.0
沸点/℃	194～199(667Pa)	约 260,自聚放出 CO_2
蒸气压(25℃)/Pa	约 1.33×10^{-3}	1.5×10^{-4}
色度(APHA)	30～50	
官能度	2	2.7～2.8
闪点/℃	199	>200

（2）芳脂族多异氰酸酯

芳脂族多异氰酸酯分子中异氰酸酯基与芳环不直接相连，两者往往通过亚甲基相连。主要有苯二亚甲基二异氰酸酯（XDI）和四甲基苯二亚甲基二异氰酸酯(TMXDI)。

① 苯二亚甲基二异氰酸酯　苯二亚甲基二异氰酸酯有两种异构体：

$OCN—CH_2$–(间位苯环)–$CH_2—NCO$　　$OCN—CH_2$–(对位苯环)–$CH_2—NCO$

m-XDI　　*p*-XDI

苯二亚甲基二异氰酸酯由 71% *m*-XDI 和 29% *p*-XDI 组成。但苯基与异氰酸酯基之间有亚甲基间隔，因此不会像 TDI 和 MDI 那样易变黄，其反应活性比 HDI 高，但耐黄变性和保光性比 HDI（六亚甲基二异氰酸酯）稍差。

② 四甲基苯二亚甲基二异氰酸酯　四甲基苯二亚甲基二异氰酸酯结构式如下：

(苯环间位取代：$—C(CH_3)_2—NCO$ 与 $H_3C—C(NCO)—CH_3$)

四甲基苯二亚甲基二异氰酸酯是 XDI 的两个亚甲基上的氢原子被甲基取代，甲基取代氢原子后，提高了耐紫外线老化性和水解稳定性，减弱了氢键作用，使伸长率增加，而且由于甲基的屏蔽作用，使—NCO 的反应活性减弱，便于制备水性聚氨酯胶黏剂和涂料。

（3）脂环族多异氰酸酯

脂环族多异氰酸酯主要有4,4′-二环己基甲烷二异氰酸酯（$H_{12}MDI$）、甲基环己基二异氰酸酯（HTDI）。

OCN—⬡—CH_2—⬡—NCO　　$H_{12}MDI$

2,4-HTDI　　2,6-HTDI

① 4,4′-二环己基甲烷二异氰酸酯　4,4′-二环己基甲烷二异氰酸酯亦称为氢化MDI，由于MDI的苯环被氢化，它不黄变，其活性比MDI明显降低，所合成的聚氨酯具有优良的耐黄变性。另外，$H_{12}MDI$蒸气压较高，毒性也较大。

② 甲基环己基二异氰酸酯　甲基环己基二异氰酸酯，可看成氢化TDI，是由80% 2,4-甲基环己基二异氰酸酯（2,4-HTDI）和20% 2,6-甲基环己基二异氰酸酯（2,6-HTDI）组成的混合物，由于HTDI结构中不存在不饱和键，对光的作用稳定，可用于制备不黄变的聚氨酯树脂。

（4）脂肪族多异氰酸酯

以脂肪族异氰酸酯为原料的聚氨酯涂料具有优良的耐黄变性、耐候性，常用于户外使用的高档装饰涂料。

脂肪族二异氰酸酯主要有六亚甲基二异氰酸酯（HDI）、异佛尔酮二异氰酸酯（IPDI）等。

$OCN{-}(CH_2)_6{-}NCO$　　HDI

IPDI

① 六亚甲基二异氰酸酯　六亚甲基二异氰酸酯是最常用的脂肪族二异氰酸酯，反应活性较低，所合成的聚氨酯有较高的柔韧性和较好的耐黄变性。HDI为无色或淡黄色透明液体，蒸气压高，毒性大，有强烈的催泪作用，使用时应做好安全保护。HDI储存时易自聚而变质，因此，一般经改性后使用，其改性产品主要有HDI缩二脲（HDB）和HDI三聚体（HDT）。

$$3\,OCN{-}(CH_2)_6{-}NCO + H_2O \longrightarrow OCN{-}(CH_2)_6{-}N\begin{cases} \overset{O}{\overset{\|}{C}}{-}NH{-}(CH_2)_6{-}NCO \\ \underset{O}{\underset{\|}{C}}{-}NH{-}(CH_2)_6{-}NCO \end{cases}$$

HDI缩二脲(HDB)

$$3\,OCN{-}(CH_2)_6{-}NCO \longrightarrow OCN{-}(CH_2)_6{-}N\!\!\underset{\underset{O}{\|}C{-}N{-}\overset{O}{\overset{\|}{C}}}{\overset{\overset{O}{\|}C}{\quad}}\!\!N{-}(CH_2)_6{-}NCO\ \text{(ring, third N–}(CH_2)_6\text{–NCO)}$$

HDI三聚体(HDT)

从性能上讲，HDT 比 HDB 颜色浅、游离单体含量低、黏度低、稳定性好，且其合成的聚氨酯涂料漆膜硬度高，耐候性好。使用时，HDB、HDT 可以用甲苯、二甲苯、重芳烃及酯类溶剂稀释，用作双组分聚氨酯涂料的固化剂。

② 异佛尔酮二异氰酸酯 异佛尔酮二异氰酸酯是一种性能优良的非黄变性二异氰酸酯。IPDI 分子中有两个异氰酸酯基，其中一个与环己基直接相连，另一个与亚甲基相连。由于邻位甲基及环己基的空间位阻作用，造成与环己基直接相连的异氰酸酯基的活性是另一个异氰酸酯基的 10 倍。这一活性差别可以很好地用于聚氨酯预聚体的合成，合成出色浅、游离单体含量低、黏度低、稳定性非常好的产品。IPDI 价格较贵，但由于其不黄变、耐老化、耐热，以及良好的弹性、力学性能，近年来其市场份额不断上升。目前，IPDI 主要用于高档涂料，耐候、耐低温、高弹性聚氨酯弹性体以及高档的皮革涂饰剂。

IPDI 也可以制成三聚体使用，其三聚体具有优秀的耐候保光性，不泛黄，而且溶解性好，在烃类、酯类、酮类等溶剂中都可以很好溶解，同时，在配漆时同醇酸、聚酯、丙烯酸树脂等羟基组分混溶性好。IPDI 三聚体为固体，软化点为 100～115℃，—NCO 含量 17%（质量分数），使用不便，因此一般配成 70%的溶液体系使用。

5.3.2 低聚物多元醇

常用的低聚物多元醇主要有聚醚多元醇、聚酯多元醇和其他多元醇。

(1) 聚醚多元醇

聚醚多元醇主要用来合成聚醚型聚氨酯。聚醚多元醇是以二元醇或三元醇为起始剂，由氧化烯烃（如环氧乙烷、环氧丙烷等）在氢氧化钾等碱性催化剂存在下开环聚合而成的低聚物多元醇。聚醚多元醇制得的聚氨酯耐水解性和低温柔韧性较好。常用的聚醚多元醇主要有聚乙二醇、聚丙二醇、环氧乙烷-环氧丙烷共聚物、聚四氢呋喃二醇等。

$$HO{+}CH_2CH_2O{+}_nOH$$

聚乙二醇

$$HO{+}CH_2\underset{\underset{CH_3}{|}}{CH}O{+}_nOH$$

聚丙二醇

$$HO{+}CH_2CH_2O{+}_n{+}CH_2\underset{\underset{CH_3}{|}}{CH}O{+}_mOH$$

环氧乙烷-环氧丙烷共聚物

$$HO{+}CH_2CH_2CH_2CH_2O{+}_nOH$$

聚四氢呋喃二醇

聚醚多元醇根据它们的最终用途可以分成很多种牌号，但它们的大体结构相似。软质多元醇使用低官能度的引发剂如二丙（撑）二醇（$f=2$）或甘油（$f=3$），硬质多元醇使用高官能度的引发剂如蔗糖（$f=8$）、山梨（糖）醇（$f=6$）、甲苯二胺（$f=4$）等。将环氧丙烷加入到引发剂中进行反应直到达到希望的相对分子质量。为了改变多元醇的兼容性、流变性和反应活性，环氧乙烷被作为副反应物加入，以生成任意杂合体杂聚物。由于黏度高，糖类引发的多元醇经常用甘油或二甘醇作为共引发剂，以降低黏度以便加工处理。此外还有一种特殊的聚醚多元醇，如聚四氢呋喃二醇，它是由四氢呋喃聚合而制得，主要用于高性能涂料和弹性体。

（2）聚酯多元醇

聚酯多元醇主要是由多元酸和多元醇经脱水缩聚而成，用来制备聚酯型聚氨酯。聚酯多元醇因所选用单体、相对分子质量和支链多少的不同而不同。聚酯多元醇价格较昂贵，并且因黏度较高不容易处理，但它具有聚醚多元醇没有的特性，包括优异的溶解性、耐磨性和耐割裂性能。其他的聚酯多元醇是使用的再生原料，由聚对苯二甲酸乙二醇酯与二醇类如二甘醇发生酯交换反应制得。这些低相对分子质量的芳香族的聚酯多元醇用于制造硬质泡沫，给多异氰脲酸酯板材和聚氨酯喷涂泡沫隔热材料带来低成本和卓越的阻燃特性。

由聚酯多元醇制得的聚氨酯力学性能好，耐油耐热，但其耐水解性、耐低温性、耐氧化性以及耐酸碱稳定性与聚醚多元醇相比稍逊一筹。聚酯多元醇制得的聚氨酯主要用于制备胶黏剂、弹性体和涂料等。

（3）其他多元醇

用于制备聚氨酯的低聚物多元醇除聚醚多元酸和聚酯多元醇外，还有聚丁二烯二醇及其加氢化合物、聚己内酯二醇、聚碳酸酯二醇和有机硅多元醇等。山梨醇、蓖麻油、蔗糖、环氧树脂有时也用来作合成聚氨酯的多元醇类原料。它们又可以根据最终用途进一步分为硬质多元醇和软质多元醇。考虑到实用性，软质多元醇的相对分子质量一般在2000～10000（羟基含量18～56），硬质多元醇的相对分子质量一般在250～700（羟基含量300～700）。相对分子质量从700～2000（羟基含量60～280）的多元醇用于调节基础体系的软硬度，同时增加低相对分子质量的多元醇在高相对分子质量的多元醇当中的溶解性。

5.3.3 扩链剂

扩链剂是指能使分子链延伸、扩展或形成空间网状交联的低相对分子质量醇类、胺类化合物。

在聚氨酯聚合物的生产中，主要用双官能度扩链剂或三、四官能度的交联剂。它们影响聚氨酯分子链中的软、硬链段比例，并直接影响聚氨酯产品的性能。扩链剂主要是多官能度的低相对分子质量醇类，如乙二醇、一缩二乙二醇（二甘醇）、

1,2-丙二醇、一缩二丙二醇、1,4-丁二醇（BDO）、1,6-己二醇（HD）等。加入少量的三羟甲基丙烷（TMP）或蓖麻油等三官能度以上化合物可在大分子链上产生适量的分支，有效地改善聚氨酯的力学性能，但其用量不能太多，否则在预聚阶段黏度太大，且极易凝胶，一般加 1%（质量分数）左右。

5.3.4　催化剂

多异氰酸酯中的—NCO 与低聚物多元醇中的羟基—OH 虽然反应活性高，容易进行，但为了缩短反应时间，引导反应沿着预期的方向进行，反应中需加入少量催化剂。常用的催化剂有叔胺类和有机金属化合物类。

（1）叔胺类催化剂

主要有三亚乙基二胺、二甲基环己胺和二甲基乙醇胺等。

$N(CH_2CH_2)_3N$　三亚乙基二胺

$C_6H_{11}N(CH_3)_2$　二甲基环己胺

$HOCH_2CH_2—N(CH_3)_2$　二甲基乙醇胺

叔胺的催化活性取决于其碱性强度和结构，催化活性随碱性增大而增大。叔胺对芳香族 TDI 有显著的催化作用，但对脂肪族 HDI 的催化作用极弱。

叔胺类催化剂中，三亚甲基二胺最为常用，其国外商品牌号为 Dabco。它是一个笼状化合物，两个氮原子上连接三个亚乙基，分子结构非常密集和对称，氮原子无空间位阻，因此三亚乙基二胺对异氰酸酯基和活性氢化合物有极高的催化活性。

三亚乙基二胺常温下为晶体，使用不方便，因此常将其用一缩丙二醇配制成33%的溶液，其特点是黏度低，易于操作，同时保持了三亚乙基二胺的催化能力。

（2）有机金属化合物类催化剂

有机金属化合物类催化剂主要有二丁基二月桂酸锡、辛酸亚锡，以及环烷酸锌、环烷酸铝、环烷酸铅等。有机金属化合物类催化剂对芳香族和脂肪族异氰酸酯都有很强的催化作用，对—NCO/ROH 型反应的催化能力比叔胺类强得多，但对—NCO/H_2O 型反应则不及叔胺类。环烷酸锌对脂肪族 HDI 的催化作用强，而对芳香族 TDI 的催化作用弱。实际上，常用有机金属催化剂为二丁基二月桂酸锡，其用量为总投料量的 0.01%～1%。

5.3.5　溶剂

聚氨酯在生产和应用过程中，为了使反应物分散或为了调节产品的黏度，经常要加入溶剂。聚氨酯所选择的溶剂要求较高，除了要考虑溶解度、挥发速度等溶剂的共性以外，还要考虑涂料中异氰酸酯基的特点。由于醇、醚醇类溶剂中含有羟基，可以参加异氰酸酯的反应，故不可用。烃类溶剂虽然稳定，但溶解力低，常与其他溶剂合用。酯类溶剂用得最多，如醋酸乙酯、醋酸丁酯、醋酸溶纤剂等，酮类溶剂也可用，如环己酮，但气味较大。

溶剂中或多或少含有水分，会影响涂料的性能和质量，所以应采用“氨酯级溶剂”，基本上不含水、醇等活泼氢的化合物。“氨酯级溶剂”是以异氰酸酯当量为主要指标，也即消耗1mol的—NCO基所用溶剂的克数，该值必须大于2500，低于2500以下者不合格。因此，这种溶剂含杂质极少，纯度比一般工业品高。常用溶剂的异氰酸酯当量见表5-3。

表5-3 常用溶剂的异氰酸酯当量

溶剂	异氰酸酯当量
丁酮	3800
甲基异丁酮	5700
甲苯	＞10000
二甲苯	＞10000
乙酸乙酯	5600
乙酸丁酯	3000
醋酸溶纤剂	5000

5.4 聚氨酯涂料的分类

聚氨酯涂料品种很多，按组成和成膜机理，可分为五大类：氨酯油、封闭型、潮气固化型、催化固化型、羟基固化型。除五大类聚氨酯涂料外，还有聚氨酯沥青涂料、聚氨酯弹性涂料、水性聚氨酯涂料以及粉末涂料等。按涂料组分可分为两大类：单组分聚氨酯涂料和双组分聚氨酯涂料。聚氨酯涂料的分类见表5-4。

表5-4 聚氨酯涂料的分类

项目	单组分			双组分	
	氨酯油	封闭型	潮气固化	催化固化	羟基固化
固化方式	氧化聚合	热烘烤	空气中湿气	催化剂＋预聚体	多羟基组分＋含—NCO的加成物或预聚体
游离异氰酸酯	无	无	较多	较多	较少
干燥时间/h	0.4～4.0	0.5以下(150℃以下)	0.2～8.0(与湿度大小有关)	0.1～2.0	2.0～16.0
耐化学品性	一般	优异	良好～优异	良好～优异	优异
施工期限	长	长	约1天	数小时	约1天
主要用途	地板漆、一般维护漆	电磁线漆、绝缘漆	地板漆、石油化工用涂料、金属防腐漆	各种防腐涂料、耐磨涂料	各种装饰涂料、防腐涂料，木材、金属、塑料、水泥、皮革、橡胶等用的涂料

5.4.1 单组分聚氨酯涂料

单组分聚氨酯涂料主要包括氨酯油、封闭型异氰酸酯和潮气固化聚氨酯。

(1) 氨酯油

氨酯油是指氨基甲酸酯改性油或油改性聚氨酯，是甲苯二异氰酸酯与干性油的醇介质反应而制成的树脂，其分子中不含活性异氰酸酯基，主要由干性油中的不饱和双键在钴、铅、锰等金属催干剂的作用下氧化聚合成膜，其光泽、丰满度、硬度、耐磨、耐水、耐油以及耐化学腐蚀性能均比醇酸树脂涂料好。但涂膜耐候性不佳、户外易泛黄。氨酯油的储存稳定性好、无毒，有利于制造色漆，施工方便，价格也较低。一般用于室内木器家具、地板、水泥表面的涂装及船舶等防腐涂装。

(2) 封闭型异氰酸酯

封闭型异氰酸酯与双组分聚氨酸涂料相似，是由多异氰酸酯组分和含羟基组分两部分组成，所不同的是其多异氰酸酯基被苯酚或其他含单官能团的活性氢化合物所封闭，因此，两部分可以包装于同一容器中，构成一种单组分聚氨酯涂料。使用时，将涂装后形成的涂膜经高温烘烤（80～180℃），封闭剂解封挥发，—NCO 基团重新恢复，通过与羟基组分的—OH 反应交联成膜。烘烤温度（即解封温度）同封闭剂和多异氰酸酯结构有关。另外，合成聚氨酯用的有机锡类、有机胺类催化剂对解封也有催化作用，可以降低解封温度，从节能角度考虑，降低解封温度有利于节能。

封闭型异氰酸酯的应用特点是单包装，使用方便，同时由于—NCO 基以被封闭成较为稳定的加合物，对水、醇、酸等活性氢类化合物不再敏感，对造漆用溶剂、颜料、填料无严格要求。施工时可以喷涂、浸涂，高温烘烤后交联成膜，漆膜具有优良的绝缘性能、力学性能、耐溶剂性能和耐水性能；缺点是必须高温烘烤才能固化，能耗较大，不能用于塑料、木材材质及大型金属结构产品。另外，解封剂的释放对环境有一定污染。封闭型异氰酸酯主要用于配制电绝缘漆、卷材涂料、粉末涂料和阴极电泳漆。

(3) 潮气固化聚氨酯

潮气固化聚氨酯是分子中含有异氰酸酯基的预聚体，其涂膜通过异氰酸酯基与空气中的潮气反应而交联固化成膜。潮气固化聚氨酯涂料具有聚氨酯涂料的优点，如涂层耐磨、耐腐蚀、耐水、耐油，附着力强，柔韧性好。其特点是可以在高湿环境下使用，如地下室、水泥、金属、砖石的涂装；缺点是干燥速度受空气中湿度的影响，同时也受温度影响，冬季施工困难，不能厚涂，否则容易形成气泡。另外，色漆配制工艺复杂，产品一般以清漆供应。

5.4.2　双组分聚氨酯涂料

双组分聚氨酯涂料为双罐包装，一罐为羟基组分，由羟基树脂、颜料、填料、溶剂和各种助剂组成，常称为甲组分；另一罐为多异氰酸酯的溶液，也称为固化剂组分或乙组分。施工时将甲、乙两组分按一定比例混合，由多羟基组分中的羟基和多异氰酸酯组分中的异氰酸酯基反应而交联成膜。为了促使快干，常使用少量催化剂作为第三组分或将催化剂预先加入乙组分中。双组分聚氨酯涂料可以室温固化成膜，也可以烘烤成膜。

在各种聚氨酯涂料中，双组分聚氨酯涂料是最重要的涂料产品，其品种多，产量最大，用途最广，性能最优，可以配制清漆、色漆、底漆，对金属、木材、塑料、水泥、玻璃等基材都可涂饰，可以刷涂、辊涂、喷涂。

5.5 聚氨酯涂料用树脂的合成

5.5.1 单组分聚氨酯涂料用树脂的合成

5.5.1.1 氨酯油

（1）合成原理

先由干性油与甘油之类的多元醇发生酯交换反应生成甘油二酸酯，甘油二酸酯再与二异氰酸酯反应生成氨酯油。

① 干性油与三羟甲基丙烷发生酯交换反应

$$
\begin{array}{l}
H_2C-O-\overset{\overset{O}{\|}}{C}-R \\
|\\
HC-O-\overset{\overset{O}{\|}}{C}-R \\
|\\
H_2C-O-\overset{\overset{O}{\|}}{C}-R
\end{array}
+
\begin{array}{l}
H_2C-OH \\
|\\
HC-OH \\
|\\
H_2C-OH
\end{array}
\longrightarrow
\begin{array}{l}
H_2C-OH \\
|\\
HC-O-\overset{\overset{O}{\|}}{C}-R \\
|\\
H_2C-O-\overset{\overset{O}{\|}}{C}-R
\end{array}
+
\begin{array}{l}
H_2C-O-\overset{\overset{O}{\|}}{C}-R \\
|\\
HC-OH \\
|\\
H_2C-O-\overset{\overset{O}{\|}}{C}-R
\end{array}
$$

② 甘油二酸酯与二异氰酸酯反应

$$
2\ \begin{array}{l}
H_2C-OH \\
|\\
HC-O-\overset{\overset{O}{\|}}{C}-R \\
|\\
H_2C-O-\overset{\overset{O}{\|}}{C}-R
\end{array}
+OCN-R'-NCO\longrightarrow
\begin{array}{l}
H_2C-O-\overset{\overset{O}{\|}}{C}-NH-R'-NH-\overset{\overset{O}{\|}}{C}-O-CH_2 \\
|\qquad\qquad\qquad\qquad\qquad\qquad\qquad\qquad\quad |\\
HC-O-\overset{\overset{O}{\|}}{C}-R\qquad\qquad\qquad R-\overset{\overset{O}{\|}}{C}-O-CH \\
|\qquad\qquad\qquad\qquad\qquad\qquad\qquad\qquad\quad |\\
H_2C-O-\overset{\overset{O}{\|}}{C}-R\qquad\qquad\qquad R-\overset{\overset{O}{\|}}{C}-O-CH_2
\end{array}
$$

（2）制备工艺

① 将干性油、多元醇、催化剂加入反应釜中，通入 N_2，于 230～250℃下加热搅拌 1h，等醇解反应符合要求后（检验其甲醇容忍度），分析羟基与酸值，根据分析结果计算二异氰酸酯的用量，然后加入溶剂共沸脱水，将反应液冷却到 50℃以下。

② 将二异氰酸酯加入上述冷却后的醇解产物，加完后，充分搅拌 0.5h，加热，将温度升至 80～90℃，加入催化剂，使异氰酸酯基充分反应完全，冷却至 50～55℃，添加少量甲醇作反应终止剂，以防异氰酸酯基残留，在储存时发生凝胶。另外还添加一定的溶剂，过后再加抗结皮剂和催干剂。

合成时，—NCO 基团与—OH 基团的摩尔比一般在 0.90～1.0 之间，使羟基稍微过量。比值太高则产品不稳定，太低则羟基过量太多，耐水性差。树脂的油度较高，一般为 60%～70%左右，用亚麻油、大豆油等干性油作溶剂。若配方中的不挥发成分中含 TDI 较多（超过 26%时），就要用芳烃作溶剂，若含 TDI 较低，就用石油系作溶剂。如果使用芳香族二异氰酸酯合成氨酯油，则其泛黄性比醇酸树脂更严重，使用豆油或脱水蓖麻油、较低的油度及脂肪族二异氰酸酯合成的氨酯油黄变性较小。

(3) 合成实例

实例一

① 配方

原料	规格	用量(质量份)
豆油	双漂	893
三羟甲基丙烷	工业级	268
环烷酸钙	金属含量 4%	0.2%(以油计)
二甲苯	聚氨酯级	100
异佛尔酮二异氰酸酯	工业级	559.4
二月桂酸二丁基锡	工业级	1.2‰
丁醇		5%

② 合成工艺

a. 依配方将豆油、三羟甲基丙烷、环烷酸钙加入醇解釜，通入 N_2 保护，加热使体系呈均相后开动搅拌；使温度升至 240℃；醇解约 1.5h，测醇容忍度，合格后降温至 180℃，加入 5%的二甲苯共沸带水，至无水带出，将温度降至 60℃。

b. 在 N_2 的继续保护下，将配方量二甲苯的 50%加入反应釜，将异佛尔酮二异氰酸酯滴入聚合体系，约 2h 滴完；用剩余二甲苯洗涤异佛尔酮二异氰酸酯滴加罐并加入反应釜。

c. 保温 1h，加入催化剂；将温度升至 90℃，保温反应；5h 后取样测—NCO 含量，当—NCO 含量小于 0.5%时，加入正丁醇封端 0.5h。降温，调固含量，过滤，包装。

实例二

① 配方

原料	质量/g	原料	质量/g
碱漂亚麻油	1756	二甲苯	160
季戊四醇	288	200 号溶剂油(2)	450
环烷酸钙	8	二月桂酸二丁基锡	2
TDI	626	丁醇(脱水)	60
油中所含甘油		总量	5350
200 号溶剂油(1)	2000		

② 合成工艺

a. 将亚麻油、季戊四醇、环烷酸钙在 240℃醇解 1h，使甲醇容忍度达到2∶1，冷却至 180℃，加入 200 号溶剂油（1）和二甲苯混合均匀，升温回流，脱除微量水分。

b. 将TDI与200号溶剂油（2）预先混合，半小时内逐渐加入，通入N_2不断搅拌，加入锡催化剂，升温到95℃，保温，抽样，待黏度达加氏管5s左右时，冷却至60℃，加入丁醇，使残存的—NCO基反应，完毕后过滤，冷却后加入催干剂0.3%的金属铅和0.03%的金属钴，以及0.1%的抗结皮剂（丁酮肟或丁醛或丁醛肟），即可装罐。

5.5.1.2 潮气固化聚氨酯树脂

(1) 合成原理

潮气固化聚氨酯是一种端异氰酸酯基的聚氨酯预聚体，它由聚合物（如聚酯、聚醚、醇酸树脂、环氧树脂）多元醇同过量的二异氰酸酯聚合而成。为了调节硬度及柔韧性也可以引入一些小分子二元醇，如丁二醇、己二醇、1,4-环己烷二甲醇等。合成配方中—NCO基团与—OH基团的摩尔比一般在3左右，使异氰酸酯基过量，聚氨酯预聚体上—NCO基团的质量分数在5%～15%之间。该类树脂配制的涂料施工后，由大气中的水分起扩链剂的作用，预聚体通过脲键固化成膜。

(2) 合成实例

实例一 蓖麻油基潮气固化聚氨酯的合成

① 配方

原料	规格	用量(质量份)
精炼蓖麻油	工业级	932.0
三羟甲基丙烷	工业级	134.0
环烷酸钙	金属含量4%	0.2%(以油计)
二甲苯	聚氨酯级	1321
甲苯二异氰酸酯	工业级	1388
二月桂酸二丁基锡	化学纯	1.225

② 合成工艺

a. 依配方将精炼蓖麻油、三羟甲基丙烷、环烷酸钙加入醇解釜，通入N_2保护，加热使体系呈均相后开动搅拌；加热升温至240℃；醇解约1h，测醇容忍度，合格（85%乙醇溶液，1∶4透明）后，降温至180℃，加入5%的二甲苯共沸带水，至无水带出，降温至60℃。

b. 在N_2的继续保护下，将剩余二甲苯的50%加入反应釜，将甲苯二异氰酸酯滴入聚合体系，约1.5h滴完；用剩余二甲苯洗涤甲苯二异氰酸酯滴加罐，并加入反应釜。

c. 保温2h，加入催化剂；升温至800℃，保温反应2h后取样测—NCO含量，当—NCO含量稳定后（一般比理论值小0.5%），降温、过滤、包装。

实例二 聚酯基潮气固化聚氨酯的合成

① 配方

原 料	规 格	用 量(质量份)
聚己内酯二醇	工业级,M_n=1500	3200
聚己内酯三醇	工业级,M_n=500	550.0
二月桂酸二丁基锡	化学纯	0.5‰(以固体分计)
二甲苯	聚氨酯级	2682
甲苯二异氰酸酯	工业级	1230

注:—NCO理论含量:5.5%;—NCO平均官能度:2.40。

② 合成工艺

a. 依配方将聚己内酯多元醇加入聚合釜,加入50%的二甲苯共沸带水,至无水带出,通入N_2保护,将温度降至60℃。

b. 在N_2的继续保护下,将甲苯二异氰酸酯滴入聚合体系,约2.5h滴完;用剩余二甲苯洗涤甲苯二异氰酸酯滴加罐,并加入反应釜。

c. 保温2h,加入催化剂;将温度升至80℃,保温反应2h后取样测—NCO含量,当—NCO含量稳定后(一般比理论值小0.5%),降温、过滤、包装。

5.5.1.3 封闭型异氰酸酯

(1) 合成原理

封闭型异氰酸酯是多异氰酸酯、端异氰酸酯加合物或端异氰酸酯预聚物用含有活性氢原子的化合物(如苯酚、丙二酸酯、己内酰胺)先暂时封闭起来,使异氰酸酯基暂时失去活性,成为潜在的固化剂组分。

$$R-N=C=O + HO-C_6H_5 \longrightarrow R-NH-\overset{O}{\overset{\|}{C}}-O-C_6H_5$$

$$R-N=C=O + CH_2(COOR')_2 \longrightarrow R-NH-\overset{O}{\overset{\|}{C}}-CH(COOR')_2$$

$$R-N=C=O + HN(CH_2)_5C{=}O \longrightarrow R-NH-\overset{O}{\overset{\|}{C}}-N(CH_2)_5C{=}O$$

该组分同聚酯、丙烯酸树脂等羟基组分在室温或稍高温度没有反应活性,故可以包装于同一容器中,构成一种单组分聚氨酯涂料。使用时,将涂装后形成的涂膜经高温烘烤(80~180℃),封闭剂解封闭挥发,—NCO基团重新恢复,通过与—OH反应交联成膜。常用的封闭剂及其解封温度见表5-5。

(2) 合成实例

实例一 TDI-TMP加合物-苯酚封闭物合成

① 配方

表 5-5 常用的封闭剂及其解封温度

封闭剂	解封温度/℃	封闭剂	解封温度/℃
乙醇	180～185	乙酰丙酮	140～150
苯酚	150～160	乙酰乙酸乙酯	140～150
间硝基苯酚	130	丙二酸二乙酯	130～140
邻苯二酚	160	甲乙酮肟	110～140
己内酰胺	150～160		

原料	规格	用量(质量份)
TDI-TMP 加成物(配成 65%乙酸丁酯溶液)	工业级	656.0(纯固体)
苯酚	工业级	94.70
二月桂酸二丁基锡	化学纯	0.5‰(以固体分计)
乙酸乙酯	聚氨酯级	50.00

② 合成工艺 依配方将苯酚用乙酸乙酯溶解，在 N_2 保护下，加入甲苯二异氰酸酯-三羟甲基丙烷加合物溶液（TDI-TMP 加成物），再加入二月桂酸二丁基锡，搅拌均匀，加热使温度升至 100℃；保温反应至—NCO 无检出（取样用丙酮稀释，加入苯胺无沉淀析出，即表示—NCO 基已封闭完全），停止反应。若蒸出溶剂，产品是固体，软化点 120～130℃，有效—NCO 基含量 12%～13%。

实例二 端异氰酸酯基聚酯型聚氨酯预聚物封闭物的合成

① 配方

原料	规格	用量(质量份)
聚己二酸新戊二醇酯	工业级，M_n=1000	62.77
三羟甲基丙烷	工业级	10.80
丁二醇	工业级	5.089
乙酸丁酯	聚氨酯级	42.00
异佛尔酮二异氰酸酯	工业级	89.34
二月桂酸二丁基锡	化学纯	0.2020
甲乙酮肟	化学纯	29.69

② 合成工艺

a. 依配方将聚己二酸新戊二醇酯、三羟甲基丙烷、丁二醇加入聚合釜，升温至 80℃真空脱水 1h；通入 N_2 保护，加入 50%溶剂。

b. 在 N_2 的继续保护下，将异佛尔酮二异氰酸酯滴入聚合体系，约 1.5h 滴完；用剩余溶剂洗涤甲苯二异氰酸酯滴加罐，并加入反应釜。

c. 保温 1h，加入催化剂；继续保温反应；2h 后取样测—NCO 含量，当—NCO 含量稳定后（一般比理论值小 0.5%），进行下一步。

d. 将甲乙酮肟加入聚合釜，升温至 950℃，保温约 5h；取样用丙酮稀释，加入苯胺无沉淀析出，即表示—NCO 基已封闭完全，停止反应，降温、过滤、包装。产品—NCO 含量：8.1%；f(NCO)：2.7。

5.5.2 双组分聚氨酯涂料用树脂的合成

双组分聚氨酯涂料中，一组分为带—OH 的组分，简称甲组分，另一组分为带—NCO 的异氰酸酯组分，简称乙组分。施工时将甲、乙组分按比例混合，利用—NCO 和—OH 的反应生成聚氨酯固化涂膜。若乙组分加入量太少，不能充分与羟基组分反应，则漆膜发软或发黏，耐水解、耐化学药品等性能都会降低；若加入量太多，则多余的—NCO 就吸收空气中的潮气转化成脲，增加交联密度和耐溶剂性，但漆膜较脆，不耐冲击。因此—NCO/—OH 的比例要通过实验来确定。一般—NCO/—OH 为 1.1～1.2。为了满足某些特殊要求，—NCO/—OH 为 0.9～1.5。

因此双组分聚氨酯涂料用树脂的合成包括多异氰酸酯的合成和羟基树脂的合成两部分。

5.5.2.1 多异氰酸酯的合成

多异氰酸酯组分要求具有良好的溶解性以及与其他树脂的混溶性，要求有足够的官能度和反应活性，而且与甲组分混合后，允许涂布操作时间较长，毒性要少，并要求产品中游离异氰酸酯基在 0.7%以下。因此，直接使用 TDI、HDI、XDI 等配制聚氨酯涂料达不到要求，因为 TDI、HDI、XDI 等二异氰酸酯单体蒸气压高、易挥发，危害人们健康。所以，必须把二异氰酸酯单体加工成低挥发性的产品。

加工成不挥发性的多异氰酸酯组分有三种：加合物、缩二脲和异氰酸酯三聚体。其中加合物和缩二脲对其他树脂的混溶性优良，而异氰酸酯三聚体与其他树脂的混溶性稍差，漆膜也较脆，但它干得快，泛黄性和耐热性较好。

(1) 多异氰酸酯加合物的合成

多异氰酸酯加合物是双组分聚氨酯涂料中最常用的多异氰酸酯，主要有 TDI-TMP 加合物、XDI-TMP 加合物以及 HDI-TMP 加合物。以 TDI-TMP 加合物的合成为例。

① 合成原理 TDI-TMP 加合物主要是指 3 个 TDI 分子与 1 个三羟甲基丙烷（TMP）的加成物。TDI 中第 4 位上的—NCO 的活性比第 2 位的高，因此，与 TMP 反应时，是第 4 位上的—NCO 优先反应。

$$CH_3CH_2-C(CH_2OH)_3 + 3\ CH_3C_6H_3(NCO)_2 \longrightarrow CH_3CH_2-C\left[CH_2-O-\overset{O}{\overset{\|}{C}}-NH-C_6H_3(NCO)-CH_3\right]_3$$

② 配方

原料	规格	用量(质量份)
三羟甲基丙烷	工业级	13.40
环己酮	工业级	7.620
醋酸丁酯	聚氨酯级	61.45
苯	工业级	4.50
甲苯二异氰酸酯	工业级	55.68

③ 合成工艺

a. 将三羟甲基丙烷、环己酮、苯加入反应釜，开动搅拌，升温使苯将水全部带出，降温至60℃，得三羟甲基丙烷的环己酮溶液。

b. 将甲苯二异氰酸酯、80％的醋酸丁酯加入反应釜，开动搅拌，升温至50℃，开始滴加三羟甲基丙烷的环己酮溶液，3h加完；用剩余醋酸丁酯洗涤三羟甲基丙烷的环己酮溶液配制釜。

c. 升温至75℃，保温2h后取样测—NCO含量。—NCO含量为8％～9.5％、固体分为50％±2％为合格，合格后经过滤、包装，得产品。

TMP加合物的问题在于二异氰酸酯单体的残留问题。目前，国外产品的固化剂中游离TDI含量都小于0.5％，国标要求国内产品中游离TDI含量要小于0.7％。为了降低TDI残留，可以采用化学法和物理法。化学法即三聚法，这种方法在加成反应完成后加入聚合型催化剂，使游离的TDI三聚化。物理法包括薄膜蒸发法和溶剂萃取法两种。采用三聚法效果最好，可使游离TDI含量降至0.2％～0.3％。

(2) 缩二脲多异氰酸酯的合成

以HDI缩二脲的合成为例。

① 合成原理　HDI缩二脲是由3mol HDI和1mol H_2O反应生成的三官能度多异氰酸酯。反应过程如下：

$$OCN\text{-}(CH_2)_6\text{-}NCO + H_2O \longrightarrow OCN\text{-}(CH_2)_6\text{-}NH_2 + CO_2\uparrow$$

$$OCN\text{-}(CH_2)_6\text{-}NCO + H_2N\text{-}(CH_2)_6\text{-}NCO \longrightarrow \begin{array}{l} OCN\text{-}(CH_2)_6\text{-}NH \\ \qquad\qquad\quad | \\ \qquad\qquad\quad C{=}O \\ \qquad\qquad\quad | \\ OCN\text{-}(CH_2)_6\text{-}NH \end{array}$$

$$\begin{array}{l} OCN\text{-}(CH_2)_6\text{-}NH \\ \qquad\qquad\quad | \\ \qquad\qquad\quad C{=}O \\ \qquad\qquad\quad | \\ OCN\text{-}(CH_2)_6\text{-}NH \end{array} + OCN\text{-}(CH_2)_6\text{-}NCO \longrightarrow \begin{array}{l} OCN\text{-}(CH_2)_6\text{-}NH \\ \qquad\qquad\quad | \\ \qquad\qquad\quad C{=}O \\ \qquad\qquad\quad | \\ OCN\text{-}(CH_2)_6\text{-}N \\ \qquad\qquad\quad | \\ \qquad\qquad\quad C{=}O \\ \qquad\qquad\quad | \\ OCN\text{-}(CH_2)_6\text{-}NH \end{array}$$

总反应式为：

$$
3OCN\!\left(CH_2\right)_6\!-NCO + H_2O \longrightarrow
\begin{array}{l}
OCN\!\left(CH_2\right)_6\!-NH \\
\qquad\qquad\quad | \\
\qquad\qquad\quad C{=}O \\
\qquad\qquad\quad | \\
OCN\!\left(CH_2\right)_6\!-N \\
\qquad\qquad\quad | \\
\qquad\qquad\quad C{=}O \\
\qquad\qquad\quad | \\
OCN\!\left(CH_2\right)_6\!-NH
\end{array}
$$

② 配方

原料	规格	用量(质量份)
己二异氰酸酯	工业级	1124
水	工业级	18.00
丁酮	聚氨酯级	18.00

③ 合成工艺

a. 将己二异氰酸酯加入反应釜，开动搅拌，升温至98℃，用6h滴加丁酮-水溶液。

b. 升温至135℃，保温4h后取样测—NCO含量。合格后降温至80℃，真空过滤，用真空蒸馏或薄膜蒸发回收过量的己二异氰酸酯，得透明、黏稠的缩二脲产品，加入醋酸丁酯将固体分稀释至75%。

HDI缩二脲配制的涂料，耐候性好、不变黄，广泛用于高端产品以及户外产品的涂饰。目前我国没有工业规模生产，完全依赖进口。

(3) 异氰酸酯三聚体的合成

以HDI三聚体的合成为例。

① 合成原理　HDI三聚体是由3mol HDI三聚反应生成的三官能度多异氰酸酯。

$$
3OCN\!\left(CH_2\right)_6\!NCO \xrightarrow{\text{催化剂}}
\begin{array}{c}
\qquad\qquad\quad O \\
\qquad\qquad\quad \| \\
OCN\!\left(CH_2\right)_6\!N\!-\!C\!-\!N\!\left(CH_2\right)_6\!NCO \\
\qquad\qquad | \qquad\quad | \\
\qquad O{=}C \qquad C{=}O \\
\qquad\qquad\quad N \\
\qquad\qquad\quad | \\
\qquad\qquad\quad \left(CH_2\right)_6\!NCO
\end{array}
$$

② 配方

原料	规格	用量(质量份)
己二异氰酸酯	工业级	1000
二甲苯	聚氨酯级	300.0
催化剂(辛酸四甲基铵)		0.300

③ 合成工艺

a. 将己二异氰酸酯、二甲苯加入反应釜，开动搅拌，升温至60℃，将催化剂分成四份，每隔30min加入一份，加完保温4h。

b. 取样测—NCO含量。合格后加入0.2g磷酸使反应停止。

c. 升温至90℃，保温1h。冷却至室温使催化剂结晶析出，过滤，经薄膜蒸发回收过量的己二异氰酸酯，得HDI三聚体。

HDI三聚体具有优良性能。与缩二脲相比，HDI三聚体有如下特点：ⓐ黏度较低，可以提高施工固体分；ⓑ储存稳定；ⓒ耐候、保光性优于缩二脲；ⓓ施工周期较长；ⓔ韧性、附着力与缩二脲相当，其硬度稍高。因此自HDI三聚体生产以来，其应用越来越广。目前，该产品我国亦没有工业生产，完全依赖进口。

异佛尔酮二异氰酸酯（IPDI）也可以三聚化生成三聚体。综合性能优于HDI三聚体，但价格较贵。

5.5.2.2 羟基树脂的合成

双组分聚氨酯涂料用羟基树脂主要有短油度的醇酸型、聚酯型、聚醚型、丙烯酸树脂型和有机硅树脂型等低聚物多元醇。作为羟基树脂首先要求它们与多异氰酸酯具有良好的相容性。另外，其羟基的平均官能度应该大于2，以便引入一定的交联度，提高漆膜综合性能。

醇酸型、聚醚型多元醇耐候性较差，可以用于室内物品的涂饰；而聚酯型、丙烯酸树脂型则室内、户外皆可以使用。

实例一　羟基丙烯酸树脂的合成

(1) 配方

原料	规格	用量(质量份)
丙二醇甲醚醋酸酯	聚氨酯级	111.0
二甲苯(1)	聚氨酯级	140.0
丙烯酸-β-羟丙酯	工业级	150.0
苯乙烯	工业级	300.0
甲基丙烯酸甲酯	工业级	100.0
丙烯酸正丁酯	工业级	72.00
丙烯酸	工业级	8.000
叔丁基过氧化苯甲酰(1)	工业级	18.00
叔丁基过氧化苯甲酰(2)	工业级	2.000
二甲苯(2)	聚氨酯级	100.0

(2) 合成工艺

① 先将丙二醇甲醚醋酸酯、二甲苯（1）加入聚合釜中，通氮气置换反应釜中的空气，加热升温到130℃。

② 将丙烯酸羟丙酯、苯乙烯、甲基丙烯酸甲酯、丙烯酸正丁酯、丙烯酸和叔丁基过氧化苯甲酰（1）混合均匀，用4h滴入反应釜。

③ 保温2h；将叔丁基过氧化苯甲酰（2）用50%的二甲苯（2）溶解，用0.5h滴入反应釜，继续保温2h。最后加入剩余的二甲苯（2）调整固含量，降温、过滤、包装。

该树脂固含量：65±2；黏度：4000～6000（25℃下的旋转黏度）；酸值：<10；色泽：<1。主要性能是光泽及硬度高，丰满度好，流平性佳，可以用于高档

PU 面漆与地板漆。

为降低溶剂用量，近年来，高固体分羟基丙烯酸树脂的研究日益受到重视。据报道，采用叔戊基过氧化物、叔丁基过氧化苯甲酰（TBPB）和叔丁基过氧化乙酰（TBPA）等引发剂引发，可以合成高固体分丙烯酸聚合物，该类引发剂形成的初级自由基稳定性较高，抑制了向大分子的夺氢反应，使合成聚合物链的支化度降低，得到相对分子质量为 3000～4000、相对分子质量分布窄的低聚物。同采用常规引发剂（叔丁基过氧化物、偶氮类引发剂）得到的聚合物涂料相比，其交联涂膜在老化实验中显示了更高的光泽保持率。此外，链转移剂对聚合物相对分子质量的影响也十分明显，以 3-巯基丙酸为链转移剂时获得最低的相对分子质量和最窄的相对分子质量分布，通过引入环氧基单体与体系中残留的链转移剂的巯基反应，能消除难闻的气味。

实例二　羟基聚酯树脂的合成

(1) 配方

原料	规格	用量(质量份)
新戊二醇	工业级	300.0
丁二醇	工业级	100.0
乙基丁基丙二醇	工业级	120.0
三羟甲基丙烷	工业级	200.0
邻苯二甲酸酐	工业级	300.0
间苯二甲酸	工业级	200.0
己二酸	工业级	350.0
催化剂	工业级	1.500
二甲苯	聚氨酯级	500.0
乙酸丁酯	聚氨酯级	435.0

(2) 合成工艺

① 将新戊二醇、丁二醇、乙基丁基丙二醇、三羟甲基丙烷加热至 80℃时，在搅拌下依次加入邻苯二甲酸酐、己二酸、间苯二甲酸，升温，通入氮气，当温度达到 160℃时，分馏柱出现回流，在回流温度下保温 0.5h，启用冷凝器，控制分馏柱顶温不高于 105℃，让水分馏出。以 10℃/h 的速率升温至（210±5)℃，当体系酸值＜30mg/g 时，加入催化剂，开动真空泵，真空缩聚，真空度从 0.050MPa 逐步提高到 0.095MPa，至酸值＜5mg/g 树脂，停止反应。

② 降温至 95℃，将二甲苯、乙酸丁酯加入聚合釜中，混合 0.5h。降温至 60℃，过滤，包装。

该树脂固含量：65±2；羟值：108mg/g；f(OH)：4.5。

实例三　羟基短油度醇酸树脂的合成

(1) 配方

原料	规格	用量(质量份)
新戊二醇	工业级	150.0
三羟甲基丙烷	工业级	400.0
邻苯二甲酸酐	工业级	480.0
间苯二甲酸	工业级	100.0
椰子油酸	工业级	380.0
催化剂	工业级	1.450
二甲苯(1)	工业级	75.50
二甲苯(2)	聚氨酯级	750.0

(2) 合成工艺

① 将二甲苯 (1)、新戊二醇、三羟甲基丙烷、椰子油酸加入反应釜，加热升温至80℃，在搅拌下依次加入邻苯二甲酸酐、间苯二甲酸，通入氮气，加入催化剂，升温，当温度达到160℃时，回流带水 2h；以10℃/h 的速率升温至 (210±5)℃，当体系无水带出时，取样测酸值，至酸值＜8mg/g 树脂，停止反应。

② 降温至95℃，将二甲苯 (2) 加入聚合釜中，混合 0.5h。降温至 60℃，过滤，包装。

该树脂固含量：65±2；油度：27%；羟值：92mg/g；f(OH)：4.0。

5.6 水性聚氨酯

水性聚氨酯的研究始自 20 世纪 50 年代。水性聚氨酯不同于溶剂型聚氨酯的是，它具有无毒、节能、成本低、安全、不污染环境等优点，因而在皮革、建筑涂料、电线电缆、汽车、机械、机电等行业受到广泛关注，并得到实际应用。

制备水性聚氨酯的关键在于将各种亲水性基团引入聚氨酯树脂分子中，使树脂中所含的亲水性基团和亲油性基团达到平衡并略占优势，从而使树脂获得水分散性能。目前已制得阴离子型、阳离子型、非离子型水性聚氨酯树脂，其中阴离子型产量最大、应用最广。阴离子型水性聚氨酯又可分为羧酸型和磺酸型两大类。阳离子型水性聚氨酯渗透性好，具有抗菌、防霉性能，主要用于皮革涂饰剂。近年来，非离子型水性聚氨酯在大分子表面活性剂、缔合型增稠剂方面的研究越来越多。

水性聚氨酯成膜能力很强，在成膜过程中水分被逐渐排除，聚氨酯分子链间以及其离子基团之间呈现有规律的排布，不但存在静电作用和强氢键力，而且分子之间还发生交联反应，形成一定的网络结构。这些作用力形成的漆膜牢固且富有弹性，耐水性强，附着力优。

5.6.1 水性聚氨酯的合成

5.6.1.1 合成原料

水性聚氨酯的合成原料与合成油溶性聚氨酯的原料基本相同，其异氰酸酯原料与油溶性聚氨酯相同，但多元醇原料除了油溶性常用的低聚物多元醇外，还要引入亲水单体，这些亲水单体是带有羧基、磺酸基或叔胺基等亲水基团的二元醇小分子化合物。

(1) 亲水单体

亲水单体是水性聚氨酯制备中使用的水性化功能单体，它能在水性聚氨酯大分子主链上引入亲水基团。

阴离子型水性聚氨酯所用的亲水单体中带有羧基、磺酸基等亲水基团，结合有此类基团的聚氨酯预聚体经碱中和离子化，即呈现水溶性。常用的亲水单体有：二羟甲基丙酸（DMPA）、二羟甲基丁酸（DMBA）、1,4-丁二醇-2-磺酸钠。目前阴离子型水性聚氨酯合成的水性单体主要选用DMPA，DMBA活性比DMPA大，熔点低，可用于无助溶剂水性聚氨酯的合成，使VOC降至接近0。DMPA、DMBA为白色结晶（或粉末），使用方便。

$$HOCH_2-\overset{CH_3}{\underset{COOH}{C}}-CH_2OH$$

二羟甲基丙酸

$$HOCH_2-\overset{CH_2CH_3}{\underset{COOH}{C}}-CH_2OH$$

二羟甲基丁酸

$$HOCH_2\underset{SO_3Na}{CH}CH_2CH_2OH$$

1,4-丁二醇-2-磺酸钠

合成叔胺型阳离子水性聚氨酯时，应在聚氨酯链上引入叔胺基团，再进行季铵盐化（中和）。而季铵化工序较为复杂，这是阳离子水性聚氨酯发展落后阴离子水性聚氨酯的原因之一。阳离子型扩链剂有二乙醇胺、三乙醇胺、*N*-甲基二乙醇胺（MDEA）、*N*-乙基二乙醇胺（EDEA）、*N*-丙基二乙醇胺（PDEA）、*N*-丁基二乙醇胺（BDEA）、二甲基乙醇胺、双（2-羟乙基）苯胺（BHBA）、双（2-羟丙基）苯胺（BHPA）等，国内大多数采用*N*-甲基二乙醇胺（MDEA）。

$$HOCH_2CH_2-\underset{CH_3}{N}-CH_2CH_2OH$$

N-甲基二乙醇胺

$$HOCH_2CH_2-\underset{C_6H_5}{N}-CH_2CH_2OH$$

双（2-羟乙基）苯胺

非离子型水性聚氨酯的水性单体主要选用聚乙二醇，数均分子量通常大于1000。

水性单体品种、用量对水性聚氨酯的性能具有非常重要的影响。其用量越大，水分散体粒径愈细，外观愈透明，稳定性愈好，但对漆膜耐水性不利，因此在设计合成配方时，应在满足乳液稳定性的前提下，尽可能降低水性单体的用量。

(2) 中和剂（成盐剂）

中和剂是一种能和羧基、磺酸基或叔胺基成盐的试剂，二者作用所形成的盐基才使水性聚氨酯具有水中的可分散性。

阴离子型水性聚氨酯使用的中和剂是三乙胺（TEA）、二甲基乙醇胺（DMEA）、氨水，一般室温干燥树脂使用三乙胺，烘干树脂使用二甲基乙醇胺，中和度一般在80%～95%之间，低于该区间时影响分散体的稳定性，高于此区间时外观变好，但漆膜耐水性变差。

阳离子型水性聚氨酯使用的中和剂是盐酸、醋酸、硫酸二甲酯、氯代烃等。中和剂对体系稳定性、外观以及最终漆膜性能有重要的影响，使用时其品种、用量应做好优选。

5.6.1.2 合成方法

水性聚氨酯的合成关键是在聚氨酯分子中引入亲水基团，然后中和成盐，直接将其分散于水介质中。具体方法是将多异氰酸酯与低聚物多元醇、扩链剂、亲水单体在适当溶剂中进行反应，合成分子中带有亲水基团的聚氨酯分子，然后加中和剂成盐，最后加水乳化即得聚氨酯乳液。

在中和之后加水乳化的同时，水也起到扩链剂的作用，扩链后大分子的端—NCO基团转变为—NH_2，进一步同—NCO反应，通过脲基使水性聚氨酯的相对分子质量进一步提高。

脂肪族水性聚氨酯使用脂肪族二异氰酸酯（如IPDI、TMXDI）为单体，其活性较低，因此，其在水中的扩链是通过在水中加入乙二胺、肼或二乙烯三胺（多乙烯多胺）进行；此法溶剂用量低，无需脱除溶剂，工艺更可靠，可以实现真正意义上的绿色工艺生产。

水性聚氨酯的制备方法主要有以下几种。

（1）丙酮法

该法是先将多异氰酸酯与聚醚或聚酯多元醇在丙酮溶液中制备出异氰酸酯的预聚物，再与磺酸盐取代的二胺等物质反应扩链为高聚物，经过中和，高速搅拌下加水分散，减压脱除丙酮，得到水性聚氨酯分散体。这种方法的优点是工艺简单，反应易于控制，重复性好，乳液粒径范围大，产品质量高。缺点是溶剂需要回收，回收率低，且难以重复利用。

（2）预聚体分散法

为了弥补丙酮法使用大量溶剂的缺点，该方法是先制备含亲水基团并带有—NCO端基的预聚物，通常加入少量的*N*-甲基吡咯烷酮调整黏度，高速搅拌下将其分散于溶有二（或多）元胺的水中，同时扩链得高相对分子质量的水性聚氨酯。此方法优点是工艺简单，能节省大量溶剂，减少溶剂回收和处理工序，节省能源，降低成本。缺点是分散性不如丙酮法分散得均匀，适用低黏度预聚体的合成。

（3）封端—NCO基团法

这种方法的关键是选择合适的封闭剂，首先把对水敏感的异氰酸根保护起来，制备出一种封端的聚氨酯预聚物，然后将其乳化在水中。待形成涂膜后，经过加热使—NCO基团解除封闭并发生交联反应，形成涂料。常用的封端剂有酚类、醇类、酰胺类等。

（4）酮亚胺甲酮连氮法

该方法既有丙酮工艺的特点，又兼有预聚体分散方法不用溶剂、经济性的优点。其方法是先制备带亲水基团并含有—NCO端基的预聚物，在水分散前使用潜型胺类（酮亚胺、酮连氮）。当水分散时，酮亚胺、酮连氮遇水分解生成二元胺和肼，随即二元胺和肼与—NCO 迅速反应形成脲，借助氨基实现链增长，使体系从水包油型向油包水型相转换。该方法需要强力搅拌，并需要使用助溶剂。

5.6.1.3 阴离子型水性聚氨酯的合成实例

实例一

① 配方

原料	规格	用量(质量份)
聚己二酸新戊二醇酯	工业级,M_n＝1000	230.0
二羟甲基丙酸	工业级	30.63
异佛尔酮二异氰酸酯	工业级	112.3
N-甲基吡咯烷酮	聚氨酯级	65.7
丙酮	聚氨酯级	50.00
二丁基二月桂酸锡	工业级	0.0200
三乙胺	工业级	25.12
乙二胺	工业级	5.600
水		481.7

② 合成工艺

a. 预聚体的合成。在氮气保护下，将聚己二酸新戊二醇酯、二羟甲基丙酸、*N*-甲基吡咯烷酮、二丁基二月桂酸锡加入反应釜中，升温至 60℃，开动搅拌使二羟甲基丙酸溶解，从恒压漏斗滴加异佛尔酮二异氰酸酯，1h 加完，保温 1h；然后升温至 80℃，保温 4h。

b. 中和、分散。取样测—NCO 含量，当其含量达标后降温至 60℃，加入三乙胺中和；反应 0.5h，加入丙酮调整黏度，降温至 20℃以下，在快速搅拌下加入冰水、乙二胺；继续高速分散 1h，减压脱除丙酮，得带蓝色荧光的半透明状水性聚氨酯分散体。

实例二

① 配方

原料	规格	用量(质量份)
聚己内酯二醇	工业级,M_n＝2000	94.5
聚四氢呋喃二醇	工业级,M_n＝2000	283.5
1,4-丁二醇	工业级	27.16
二羟甲基丙酸	工业级	25.4
异佛尔酮二异氰酸酯	工业级	98.9
4,4′-二环己基甲烷二异氰酸酯	工业级	122.6
N-甲基吡咯烷酮	聚氨酯级	158.3g
丙酮	聚氨酯级	50.00
二丁基二月桂酸锡	工业级	0.0200
三乙胺	工业级	17.7
乙二胺	工业级	28.5
水		990

② 合成工艺

a. 将聚己内酯二醇、聚四氢呋喃二醇、二羟甲基丙酸、1，4-丁二醇、二丁基二月桂酸锡加入反应瓶中，在 N_2 保护下，120℃脱水 0.5h。

b. 加入 *N*-甲基吡咯烷酮，降温至 70℃；搅拌下加入异佛尔酮二异氰酸酯和 4,4′-二环己基甲烷二异氰酸酯；升温至 80℃搅拌反应使—NCO 含量降至 2.5%。降温至 60℃，加入三乙胺，继续搅拌 15min，加强搅拌，将 40℃的水加入反应瓶，搅拌 5min，加入乙二胺，强力搅拌 20min，慢速搅拌 2h 得产品。

5.6.2 水性聚氨酯的应用

涂料是水性聚氨酯应用的一大领域。除用作家具漆、电泳漆、电沉积涂料、建筑涂料、纸张处理涂料、玻璃纤维涂料等外，它还有一些特殊用途。例如将盛汽水、啤酒等饮料用的玻璃瓶外部用聚氨酯乳液浸涂，形成均匀坚韧光亮的保护涂层，可以防止玻璃瓶在饮料盛装、运输过程中碎裂；水性聚氨酯用作安全玻璃的中间镀膜，可以制成不碎裂的安全玻璃，在汽车、飞机、轮船或航天仪器上都有重要应用。

习　题

1. 写出异氰酸酯与醇、胺、水、氨基甲酸酯和脲反应的方程式。
2. 合成聚氨酯的单体主要有哪些？
3. 单组分聚氨酯树脂主要包括哪些？
4. 异氰酸酯基的封闭剂主要有哪些？
5. 合成聚氨酯的多异氰酸酯有哪几类？各举两例。
6. 合成聚氨酯的低聚物多元醇有哪几类？各举两例。
7. 聚氨酯化反应通常使用的催化剂有哪几类？各举两例。
8. 合成聚氨酯的溶剂有什么特殊要求？
9. 聚氨酯涂料品种很多，按组成和成膜机理，分为哪五大类？
10. 潮气固化聚氨酯的结构有什么特点？如何固化？
11. 写出甲苯二异氰酸酯、对二苯基甲烷二异氰酸酯、4,4′-二环己基甲烷二异氰酸酯、甲基环己基二异氰酸酯、六亚甲基二异氰酸酯、异佛尔酮二异氰酸酯的结构式。
12. 合成阴离子型水性聚氨酯所用的亲水单体主要有哪些？各举 1～3 例。

第6章 环氧树脂

6.1 概述

环氧树脂是指分子结构中含有2个或2个以上环氧基，并在适当的化学试剂存在下能形成三维网状固化物的化合物的总称，是一类重要的热固性树脂，既包括含环氧基的低聚物，也包括含环氧基的低分子化合物。

环氧树脂固化物的力学性能高，附着力强，固化收缩率小，电绝缘性好，抗化学药品性优良，且树脂本身稳定性好，储存一年也不变质。作为胶黏剂、涂料和复合材料等的树脂基体，环氧树脂已广泛应用于水利、交通、机械、电子、家电、汽车及航空航天等领域。

环氧树脂也存在一些缺点，比如固化物的耐候性差，在户外日晒易失去光泽，逐渐粉化，因此不宜用作户外的面漆；低温固化性能差，一般需在10℃以上固化，对于大型物体如船舶、桥梁、港湾、油槽等寒季施工十分不便。

环氧树脂的研究始于20世纪30年代。1934年德国I. G. Farben公司的P. Schlack发现用胺类化合物可使含有多个环氧基团的化合物聚合成高分子化合物，生成低收缩率的塑料，从而获得德国专利。之后，美国的Shell公司以及Dow Chemical公司都开始了环氧树脂的工业化生产及应用开发研究。进入20世纪50年代，在普通双酚A环氧树脂生产应用的同时，一些新型的环氧树脂相继问世。1960年前后，相继出现了热塑性酚醛环氧树脂、卤代环氧树脂、聚烯烃环氧树脂。目前，环氧树脂已向功能化、水性化方向发展。

我国研制环氧树脂始于1956年。1958年上海、无锡开始了工业化生产。20世纪60年代中期开始研究一些新型的脂环族环氧树脂：酚醛环氧树脂、聚丁二烯环氧树脂、缩水甘油酯环氧树脂、缩水甘油胺环氧树脂等，到70年代末期已形成了从单体、树脂、辅助材料，从科研、生产到应用的完整的工业体系。近年来我国环氧树脂开发和应用研究发展迅速，产量不断增加，质量不断提高，新品种不断涌现。

6.2 环氧树脂的分类

环氧树脂种类较多，且新品种不断增多，因此到目前为止还没有统一的分类方法。

6.2.1　按化学结构分类

按化学结构差异，环氧树脂可分为缩水甘油类和非缩水甘油类两大类。

6.2.1.1　缩水甘油类环氧树脂

缩水甘油类环氧树脂可看成缩水甘油（$\overset{O}{\widehat{CH_2—CH}}—CH_2—OH$）的衍生化合物，主要有缩水甘油醚类、缩水甘油酯类和缩水甘油胺类三种。

（1）缩水甘油醚类

缩水甘油醚类环氧树脂是指分子中含缩水甘油醚的化合物，常见的主要有以下几种。

① 双酚A型环氧树脂（简称DGEBA树脂）　它是目前应用最广的环氧树脂，约占实际使用的环氧树脂中的85%以上。其结构式为：

$$\overset{O}{\widehat{CH_2—CH}}—CH_2\left[O—C_6H_4—C(CH_3)_2—C_6H_4—O—CH_2—\underset{OH}{CH}—CH_2\right]_nO—C_6H_4—C(CH_3)_2—C_6H_4—O—CH_2—\overset{O}{\widehat{CH—CH_2}}$$

② 双酚F型环氧树脂（简称DGEBF树脂）

$$\overset{O}{\widehat{CH_2—CH}}—CH_2\left[O—C_6H_4—CH_2—C_6H_4—O—CH_2—\underset{OH}{CH}—CH_2\right]_nO—C_6H_4—CH_2—C_6H_4—O—CH_2—\overset{O}{\widehat{CH—CH_2}}$$

③ 双酚S型环氧树脂（简称DGEBS树脂）

$$\overset{O}{\widehat{CH_2—CH}}—CH_2\left[O—C_6H_4—SO_2—C_6H_4—O—CH_2—\underset{OH}{CH}—CH_2\right]_nO—C_6H_4—SO_2—C_6H_4—O—CH_2—\overset{O}{\widehat{CH—CH_2}}$$

④ 氢化双酚A型环氧树脂

$$\overset{O}{\widehat{CH_2—CH}}—CH_2\left[O—C_6H_{10}—C(CH_3)_2—C_6H_{10}—O—CH_2—\underset{OH}{CH}—CH_2\right]_nO—C_6H_{10}—C(CH_3)_2—C_6H_{10}—O—CH_2—\overset{O}{\widehat{CH—CH_2}}$$

⑤ 四溴双酚A型环氧树脂

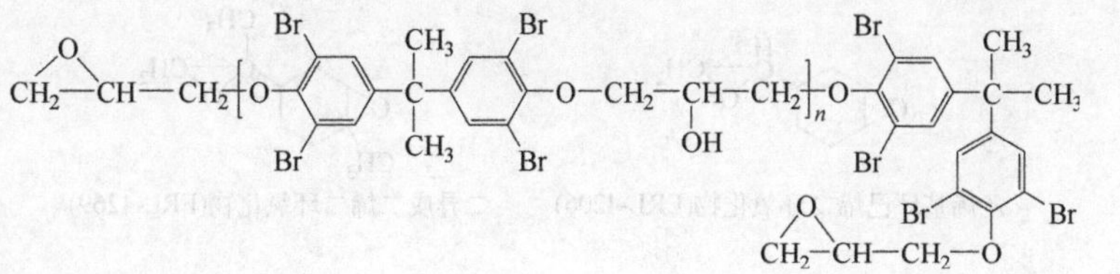

⑥ 线性酚醛型环氧树脂

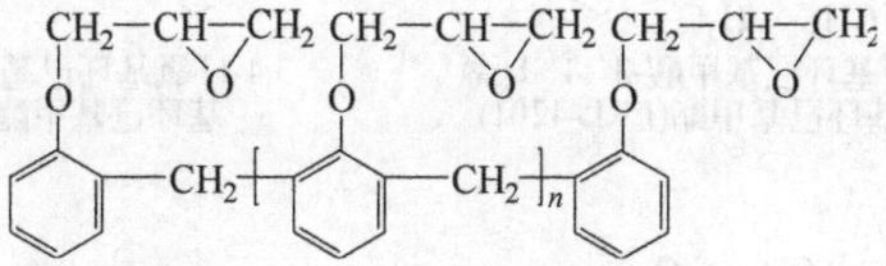

⑦ 脂肪族缩水甘油醚树脂

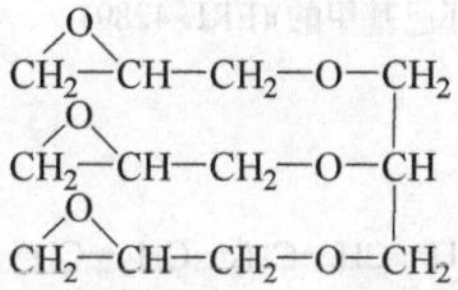

(2) 缩水甘油酯类

如邻苯二甲酸二缩水甘油酯，其化学结构式为：

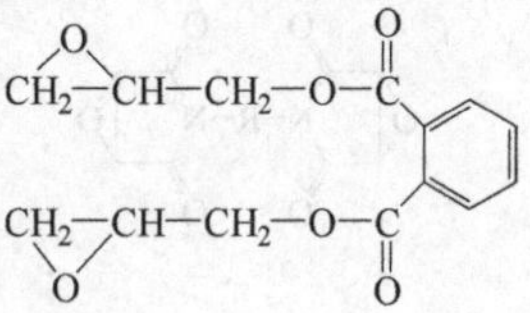

(3) 缩水甘油胺类

由多元胺与环氧氯丙烷反应制得，如：

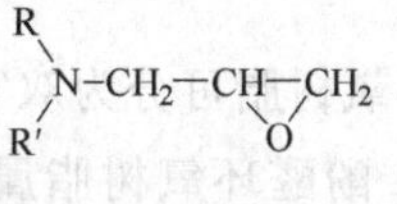

6.2.1.2　非缩水甘油类环氧树脂

非缩水甘油类环氧树脂主要是用过醋酸等氧化剂与 C═C 双键反应制得，主要包括脂肪族环氧树脂、环氧烯烃类和一些新型环氧树脂。

(1) 脂环族环氧树脂

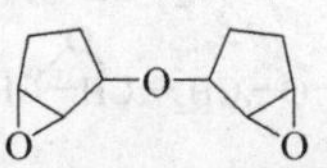

双(2,3-环氧基环戊基)醚(ERR-0300) 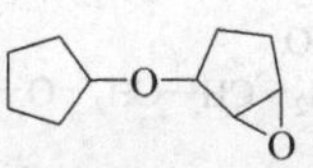　　2,3-环氧基环戊基环戊基醚(ERLA-0400)

$$\text{(环己烯氧化物环)}-\underset{O}{\overset{H}{C}-CH_2}$$　　$$\text{(1-甲基环己烯氧化物环)}-\underset{O}{\overset{CH_3}{C}-CH_2}$$

乙烯基环己烯二环氧化物(ERL-4206)　　二异戊二烯二环氧化物(ERL-4269)

$$CH_2-O-\overset{O}{\overset{\|}{C}}\quad CH_3\quad H_3C$$　　$$CH_2-O-\overset{O}{\overset{\|}{C}}$$

3,4-环氧基-6-甲基环己基甲酸-3′,4′-环氧基-6′-甲基环己基甲酯(ERL-4201)　　3,4-环氧基环己基甲酸-3′,4′-环氧基环己基甲酯(ERL-4221)

$$CH_2-O-\overset{O}{\overset{\|}{C}}(CH_2)_4\overset{O}{\overset{\|}{C}}-O-CH_2\quad CH_3\quad H_3C$$

己二酸二(3,4-环氧基-6-甲基环己基甲酸)(ERL-4289)　　二环戊二烯二环氧化物(EP-207)

(2) 环氧化烯烃类

$$\sim CH_2-\underset{O}{CH-CH}-CH_2-CH_2-\underset{O}{CH-CH}-CH_2\sim$$

(3) 新型环氧树脂

$$N-R-N$$

此外，还有混合型环氧树脂，即分子结构中同时具有两种不同类型环氧基的化合物。

6.2.2 按官能团的数量分类

按分子中官能团的数量，环氧树脂可分为双官能团环氧树脂和多官能团环氧树脂。典型的双酚 A 型环氧树脂、酚醛环氧树脂属于双官能团环氧树脂。多官能团环氧树脂是指分子中含有 2 个以上的环氧基的环氧树脂。几种有代表性的多官能团环氧树脂如下：

$$\underset{O}{CH_2-CH}-CH_2-O-C_6H_4\qquad C_6H_4-O-CH_2-\underset{O}{CH-CH_2}$$
$$CH-CH$$
$$\underset{O}{CH_2-CH}-CH_2-O-C_6H_4\qquad C_6H_4-O-CH_2-\underset{O}{CH-CH_2}$$

四缩水甘油醚基四苯基乙烷 (*tert*-PGEE)

O　　　　　　　　　　　　　　　　　O
CH_2—CH—CH_2—O—⟨苯⟩—CH⟨苯⟩—O—CH_2—CH—CH_2
　　　　　　　　　　　　　　　　⟨苯⟩—O—CH_2—CH—CH_2

三苯基缩水甘油醚基甲烷 (*tri*-PGEM)

CH_2—CH—CH_2　　　　　　　　　　CH_2—CH—CH_2
　　　　N—⟨苯⟩—CH_2—⟨苯⟩—N
CH_2—CH—CH_2　　　　　　　　　　CH_2—CH—CH_2

四缩水甘油基二甲苯二胺 (*tert*-GXDA)

CH_2—CH—CH_2
　　　　N—⟨苯⟩—O—CH_2—CH—CH_2
CH_2—CH—CH_2

三缩水甘油基-*p*-氨基苯酚 (*tri*-PAP)

CH_2—CH—CH_2　　　　　　　　　　　CH_2—CH—CH_2
　　　　N—CH_2—⟨苯⟩—CH_2—N
CH_2—CH—CH_2　　　　　　　　　　　CH_2—CH—CH_2

四缩水甘油基二氨基二亚甲基苯 (*tert*-GDDM)

CH_2—CH—CH_2
O=C—N—C=O
CH_2—CH—CH_2—N　　N—CH_2—CH—CH_2
C=O

三缩水甘油基三聚异氰酸酯 (*tri*-GIC)

6.2.3　按状态分类

按室温下的状态，环氧树脂可分为液态环氧树脂和固态环氧树脂。液态树脂指相对分子质量较低的树脂，可用作浇注料、无溶剂胶黏剂和涂料等。固态树脂指相对分子质量较大的环氧树脂，可用于粉末涂料和固态成型材料等。

6.3　环氧树脂的性质与特性指标

6.3.1　环氧树脂的性质

环氧树脂都含有环氧基，因此环氧树脂及其固化物的性能相似，但环氧树脂的种类繁多，不同种类的环氧树脂因碳架结构不同而有较大的差别，其性质也有一定差异。同一种类不同牌号的环氧树脂因相对分子质量、相对分子质量分布差异，理化性质也有一定差异。即使是同一种类同一牌号的环氧树脂，其固化物的性质也因固化剂及固化工艺的不同而有所不同。

双酚 A 型环氧树脂是目前应用最广的环氧树脂，其分子中的双酚 A 骨架提供强韧性和耐热性，亚甲基链赋予柔软性，醚键赋予耐化学药品性，羟基赋予反应性和粘接性。双酚F型环氧树脂黏度比双酚A型环氧树脂低得多，适合作无溶剂涂料。双酚S型环氧树脂黏度比双酚A型环氧树脂略高，其最大的特点是固化物具有比双酚A型环氧树脂固化物更高的热变形温度和更好的耐热性能。氢化双酚A型环氧树脂的特点是树脂的黏度非常低，但凝胶时间比双酚A型环氧树脂凝胶时间长两倍多，其固化物的最大特点是耐候性好，可用于耐候性的防腐蚀涂料。溴化双酚A型环氧树脂属于阻燃型环氧树脂，常用于印刷电路板、层压板等。

酚醛环氧树脂也是较为常用的一类环氧树脂，主要包括苯酚线性酚醛环氧树脂和邻甲酚线性酚醛环氧树脂，其特点是每分子的环氧官能度大于2，可使涂料的交联密度大，固化物耐化学药品性、耐腐蚀性以及耐热性比双酚A型环氧树脂好，但漆膜较脆，附着力稍低，且常常需要较高的固化温度，常用作集成电路和电子电路、电子元器件的封装材料。

脂环族环氧树脂因为其环氧基直接连在脂环上，因此其固化物比缩水甘油型环氧树脂固化物更稳定，表现在良好的热稳定性、耐紫外线性好，树脂本身的黏度低，缺点是固化物的韧性较差，这类树脂在涂料中应用较少，主要用作防紫外线老化涂料。

6.3.2 环氧树脂的特性指标

环氧树脂有多种型号，各具不同的性能，其性能可由特性指标确定。

(1) 环氧当量（或环氧值）

环氧当量（或环氧值）是环氧树脂最重要的特性指标，表征树脂分子中环氧基的含量。环氧当量是指含有1mol环氧基的环氧树脂的质量克数，而环氧值是指100g环氧树脂中环氧基的物质的量。

$$环氧当量=\frac{100}{环氧值}$$

(2) 羟值（羟基当量）

羟值是指100g环氧树脂中所含的羟基的物质的量，而羟基当量是指含1mol羟基的环氧树脂的质量克数。

$$羟基当量=\frac{100}{羟值}$$

(3) 酯化当量

酯化当量是指酯化1mol单羧酸（60g醋酸或280g C_{18}脂肪酸）所需环氧树脂的质量克数。环氧树脂中的羟基和环氧基都能与羧酸进行酯化反应。酯化当量可表示树脂中羟基和环氧基的总含量。

$$酯化当量=\frac{100}{环氧值\times 2+羟值}$$

(4) 软化点

环氧树脂的软化点可以表示树脂的相对分子质量大小，软化点高的相对分子质量大，软化点低的相对分子质量小。

低相对分子质量环氧树脂	软化点＜50℃	聚合度＜2
中相对分子质量环氧树脂	软化点 50～95℃	聚合度 2～5
高相对分子质量环氧树脂	软化点＞100℃	聚合度＞5

（5）氯含量

氯含量是指环氧树脂中所含氯的物质的量，包括有机氯和无机氯。无机氯主要是指树脂中的氯离子，无机氯的存在会影响固化树脂的电性能。树脂中的有机氯含量标志着分子中未起闭环反应的那部分氯醇基团的含量，它的含量应尽可能地降低，否则也会影响树脂的固化及固化物的性能。

（6）黏度

环氧树脂的黏度是环氧树脂实际使用中的重要指标之一。不同温度下，环氧树脂的黏度不同，其流动性能也就不同。黏度通常可用杯式黏度计、旋转黏度计、毛细管黏度计和落球式黏度计来测定。

6.3.3 国产环氧树脂的牌号

目前，应用最广的是双酚 A 型环氧树脂，其次是酚醛环氧树脂。国产环氧树脂的牌号及规格见表 6-1。

表 6-1　国产环氧树脂的牌号及规格

国家统一型号		旧牌号	规格				
			软化点/℃ 或黏度/Pa·s	环氧值 /(eq/100g)	有机氯 /(mol/100g)	无机氯 /(mol/100g)	挥发分 /%
双酚 A 型	E-54	616	(6～8)	0.55～0.56	≤0.02	≤0.001	≤2
	E-51	618	(＜2.5)	0.48～0.54	≤0.02	≤0.001	≤2
		619	液体	0.48	≤0.02	≤0.005	≤2.5
	E-44	6101	12～20	0.41～0.47	≤0.02	≤0.001	≤1
	E-42	634	21～27	0.38～0.45	≤0.02	≤0.001	≤1
	E-39-D		24～28	0.38～0.41	≤0.01	≤0.001	≤0.5
	E-35	637	20～35	0.30～0.40	≤0.02	≤0.005	≤1
	E-31	638	40～55	0.23～0.38	≤0.02	≤0.005	≤1
	E-20	601	64～76	0.18～0.22	≤0.02	≤0.001	≤1
	E-14	603	78～85	0.10～0.18	≤0.02	≤0.005	≤1
	E-12	604	85～95	0.09～0.14	≤0.02	≤0.001	≤1
	E-10	605	95～105	0.08～0.12	≤0.02	≤0.001	≤1
	E-06	607	110～135	0.04～0.07			≤1
	E-03	609	135～155	0.02～0.045			≤1
酚醛型	F-51		28(≤2.5)	0.48～0.54	≤0.02	≤0.001	≤2
	F-48	648	70	0.44～0.48	≤0.08	≤0.005	≤2
	F-44	644	10	约 0.44	≤0.1	≤0.005	≤2
	F_J-47		35	0.45～0.5	≤0.02	≤0.005	≤2
	F_J-43		65～75	0.40～0.45	≤0.02	≤0.005	≤2

注：F_J-47 和 F_J-43 为邻甲酚醛环氧树脂。

6.4　环氧树脂的固化反应及固化剂

6.4.1　环氧树脂的固化反应

环氧树脂本身很稳定，如双酚 A 型环氧树脂即使加热到 200℃也不发生变化。但环氧树脂分子中含有活泼的环氧基，因而反应性很强，能与固化剂发生固化反应生成网状大分子。环氧树脂的固化反应主要与分子中的环氧基和羟基有关。

6.4.1.1　环氧基与含活泼氢的化合物反应

（1）与伯胺、仲胺反应

$$\sim\underset{\diagdown O \diagup}{CH-CH_2} + H_2N-R \longrightarrow \sim\underset{OH}{\underset{|}{CH}}-CH_2-NH-R$$

$$\sim\underset{\diagdown O \diagup}{HC-CH_2} + HN\begin{matrix}R\\R'\end{matrix} \longrightarrow \sim\underset{OH}{\underset{|}{CH}}-CH_2-N\begin{matrix}R\\R'\end{matrix}$$

叔胺不与环氧基反应，但可催化环氧基开环，使环氧树脂自身聚合。故叔胺类化合物可以作为环氧树脂的固化剂。

$$n\sim\underset{\diagdown O \diagup}{CH-CH_2} \xrightarrow{R_3N} \left[\underset{\underset{|}{O}}{\underset{|}{CH}}-CH_2\right]_n$$

（2）与酚类反应

$$\sim\underset{\diagdown O \diagup}{CH-CH_2} + HO-C_6H_5 \longrightarrow \sim\underset{OH}{\underset{|}{CH}}-CH_2-O-C_6H_5$$

（3）与羧酸反应

$$\sim\underset{\diagdown O \diagup}{CH-CH_2} + RCOOH \longrightarrow \sim\underset{OH}{\underset{|}{CH}}-CH_2-O-\overset{O}{\overset{\|}{C}}-R$$

（4）与无机酸反应

$$\sim\underset{\diagdown O \diagup}{CH-CH_2} + H_3PO_4 \longrightarrow O{=}P\begin{cases}O-CH_2-\underset{OH}{\underset{|}{CH}}\sim\\ O-CH_2-\underset{OH}{\underset{|}{CH}}\sim\\ O-CH_2-\underset{OH}{\underset{|}{CH}}\sim\end{cases}$$

（5）与巯基反应

$$\sim\underset{\diagdown O \diagup}{CH-CH_2} + HS-R \longrightarrow \sim\underset{OH}{\underset{|}{CH}}-CH_2-S-R$$

（6）与醇羟基反应

反应需要在催化和高温下发生。而常温下，环氧基与醇羟基反应极微弱。

$$\sim\!\sim CH\!-\!CH_2(\text{—O—环}) + HO\!-\!R \xrightarrow{催化} \sim\!\sim CH(OH)\!-\!CH_2\!-\!O\!-\!R$$

6.4.1.2　环氧树脂中羟基的反应

（1）与酸酐反应

$$-CH(OH)- + \text{邻苯二甲酸酐} \longrightarrow C_6H_4(COOH)\!-\!C(=O)\!-\!O\!-\!CH<$$

（2）与羧酸反应

$$-CH(OH)- + RCOOH \longrightarrow -CH(O\!-\!C(=O)\!-\!R)- + H_2O$$

（3）与羟甲基或烷氧基反应

$$-CH(OH)- + HO\!-\!CH_2\!-\!C_6H_4OH \longrightarrow -CH(O\!-\!CH_2\!-\!C_6H_4OH)-$$

$$-CH(OH)- + RO\!-\!CH_2\!-\!NH\!-\!C(=O)\!-\!NH\sim\!\sim \longrightarrow -CH(O\!-\!CH_2\!-\!NH\!-\!C(=O)\!-\!NH\sim\!\sim)- + ROH$$

（4）与异氰酸酯反应

$$-CH(OH)- + OCN\!-\!R \longrightarrow -CH(O\!-\!C(=O)\!-\!NH\!-\!R)-$$

（5）与硅醇或其烷氧基缩合

$$-CH(OH)- + HO\!-\!Si(CH_3)_2\!-\!O- \longrightarrow HC\!-\!O\!-\!Si(CH_3)_2\!-\!O- + H_2O$$

$$-CH(OH)- + RO\!-\!Si(CH_3)_2\!-\!O- \longrightarrow HC\!-\!O\!-\!Si(CH_3)_2\!-\!O- + ROH$$

6.4.2　环氧树脂固化剂

环氧树脂的固化反应是通过加入固化剂，利用固化剂中的某些基团与环氧树脂中的环氧基或羟基发生反应来实现的。固化剂种类繁多，按化学组成和结构的不同，常用的固化剂可分为胺类固化剂、酸酐类固化剂、合成树脂类固化剂、聚硫橡胶类固化剂。

6.4.2.1 胺类固化剂

胺类固化剂包括多元胺类固化剂、叔胺和咪唑类固化剂、硼胺及其硼胺配合物固化剂。胺类固化剂的用量与固化剂的相对分子质量、分子中活泼氢原子数以及环氧树脂的环氧值有关。

$$\text{胺类固化剂的用量}=\frac{\text{胺的相对分子质量}}{\text{胺分子中活泼氢原子数}}\times\text{环氧值}\times 100\%$$

胺类固化剂中活性胺的含量用胺值表示。

(1) 多元胺类固化剂

单一的多元胺类固化剂有脂肪族多元胺类固化剂、聚酰胺多元胺固化剂、脂环族多元胺类固化剂、芳香族多元胺类固化剂及其他胺类固化剂。

① 脂肪族多元胺类固化剂　它能在常温下使环氧树脂固化，固化速度快，黏度低，可用来配制常温下固化的无溶剂或高固体分涂料。常用的脂肪族多元胺类固化剂有乙二胺、二亚乙基三胺、三亚乙基四胺、四亚乙基五胺、己二胺、间苯二甲胺等。

一般用直链脂肪胺固化的环氧树脂产物韧性好，粘接性能优良，且对强碱和无机酸有优良的耐腐蚀性，但漆膜的耐溶剂性较差。

脂肪族多元胺类固化剂有以下缺点：固化时放热量大，一般配漆不能太多，施工时间短；活泼氢当量很低，配漆称量必须准确，过量或不足会影响性能；有一定蒸气压，有刺激性，影响工人健康；有吸潮性，不利于在低温高湿下施工，且易吸收空气中 CO_2 变成碳酰胺；高度极性，与环氧树脂的混溶性欠佳，易引起漆膜缩孔、橘皮、泛白等。

② 聚酰胺多元胺固化剂　它是一种改性的多元胺，是用植物油脂肪酸与多元胺缩合而成，含有酰胺基和氨基：

$$RCOOH + H_2N\!\left(CH_2\right)_2NH\!\left(CH_2\right)_2NH_2 \longrightarrow R\overset{\overset{O}{\|}}{C}\!-\!NH\!\left(CH_2\right)_2NH\!\left(CH_2\right)_2NH_2$$

产物中有多个活泼氢原子，可与环氧基反应。对环境湿度不敏感，对基材有良好的润湿性。

③ 脂环族多元胺类固化剂　色泽浅，保色性好，黏度低，但反应迟缓，往往需与其他固化剂配合使用，或加促进剂，或制成加成物，或需加热固化。如：

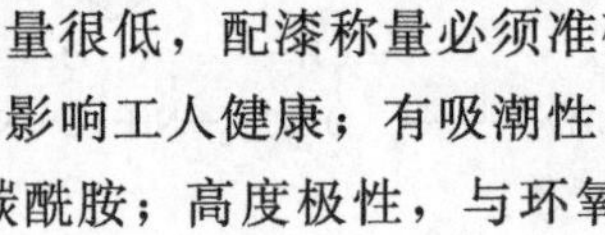

双(4-氨基-3-甲基环己基)甲烷 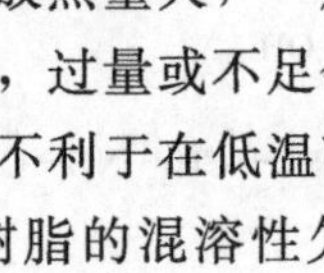　　异佛尔酮二胺

④ 芳香族多元胺类固化剂　与脂肪族多元胺相比，芳香族多元胺碱性弱，固化速度大幅度下降，往往需要加热才能进一步固化。但固化物比脂肪胺体系的固化物在耐热性、耐化学药品性方面优良。芳香族多元胺必须经过改性，制成加成物

等，或加入催化剂，如苯酚、水杨酸、苯甲醇等，才能在低温下固化，漆混合后的发热量不高，耐腐蚀性优良，耐酸及耐热水，广泛应用于工厂的地坪涂料，耐溅滴、耐磨。芳香族多元胺类固化剂主要有4,4′-二氨基二苯甲烷、4,4′-二氨基二苯基砜、间苯二胺等。固化剂NX-2045的结构式为：

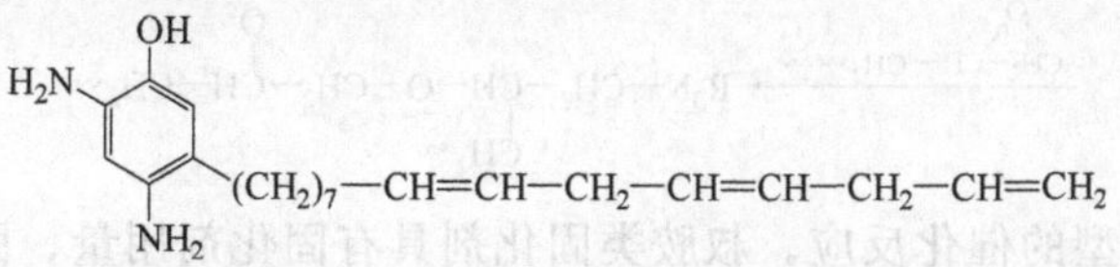

$$\text{(2-OH, 4-NH}_2\text{, 5-NH}_2\text{-phenyl)}-(CH_2)_7-CH{=}CH-CH_2-CH{=}CH-CH_2-CH{=}CH_2$$

该固化剂的分子结构上带有憎水性优异且常温反应活性高（带双键）的柔性长脂肪链，还带有抗化学腐蚀的苯环结构，使其既有一般酚醛胺的低温、潮湿快速固化特性，又有一般低分子聚酰胺固化剂的长使用期。

⑤ 其他胺类固化剂

a. 双氰胺　结构式为 $H_2N-\overset{NH}{\overset{\|}{C}}-NHCN$，很早就被用作潜伏性固化剂应用于粉末涂料、胶黏剂等领域。双氰胺在145～165℃能使环氧树脂在30min内固化，但在常温下是相对稳定的，将固态的双氰双胺充分粉碎分散在液体树脂内，其储存稳定性可达6个月。与固体树脂共同粉碎，制成粉末涂料，储存稳定性良好。

b. 乙二酸二酰肼　结构式为$H_2NHN-\overset{O}{\overset{\|}{C}}-(CH_2)_4-\overset{O}{\overset{\|}{C}}-NHNH_2$，在常温下与环氧树脂的配合物储存稳定，在加热后才缓慢固化。可加入叔胺、咪唑等促进剂加快其固化反应。

c. 酮亚胺类化合物　结构式为$\begin{matrix}R'\\R''\end{matrix}\!\!>C{=}N-R-N{=}C\!<\!\!\begin{matrix}R'\\R''\end{matrix}$，是一种潜伏性固化剂。当漆膜暴露于空气中时，酮亚胺类化合物会吸收空气中的水分产生多元胺，从而使漆膜迅速固化。

d. 曼尼斯加成多元胺　曼尼斯（Mannich）反应是指由酚、甲醛及多元胺三者的缩合反应。

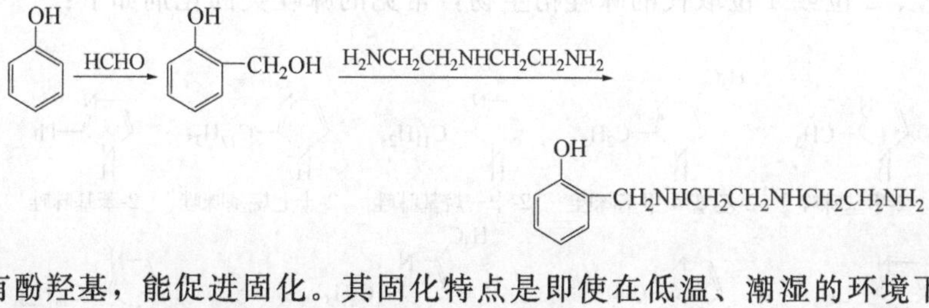

$$C_6H_5OH \xrightarrow{HCHO} \text{o-}HOC_6H_4-CH_2OH \xrightarrow{H_2NCH_2CH_2NHCH_2CH_2NH_2} \text{o-}HOC_6H_4-CH_2NHCH_2CH_2NHCH_2CH_2NH_2$$

分子中有酚羟基，能促进固化。其固化特点是即使在低温、潮湿的环境下也能固化。常用于寒冷季节时需快速固化的环氧树脂漆。

(2) 叔胺和咪唑类固化剂

① 叔胺类固化剂　叔胺属于路易斯碱，其分子中没有活泼氢原子，但氮原子

上仍有一对孤电子对，可对环氧基进行亲核进攻，催化环氧树脂自身开环固化。固化反应机理如下：

$$R_3N + \overset{\;\;O}{CH_2\!-\!CH}-CH_2\!\sim\sim \longrightarrow R_3\overset{+}{N}-CH_2-\overset{O^-}{CH}-CH_2\!\sim\sim$$

$$\xrightarrow{\overset{\;\;O}{CH_2-CH}-CH_2\sim\sim\sim} R_3\overset{+}{N}-CH_2-\underset{CH_2\sim\sim}{CH}-O-CH_2-\overset{O^-}{CH}-CH_2\sim\sim$$

它是阴离子型的催化反应。叔胺类固化剂具有固化剂用量、固化速度、固化产物性能变化较大，且固化时放热量较大的缺点，因此不适应于大型浇注。

最典型的叔胺类固化剂为DMP-30（或K-54）固化剂，其结构式如下：

$$(CH_3)_2NCH_2,\ OH,\ CH_2N(CH_3)_2,\ CH_2N(CH_3)_2$$

该化合物分子中氨基上没有活泼氢原子，不能与环氧基结合，但它能促进聚酰胺、硫醇等与环氧基交联。

其他具有代表性的叔胺类固化剂有：

$N(CH_2CH_2OH)_3$　三乙醇胺

$(CH_3)_2N-\overset{NH}{\overset{\|}{C}}-N(CH_3)_2$　四甲基胍

$CH_3-N\quad N-CH_3$　*N*,*N'*-二甲基哌嗪

N　N　三亚乙基二胺

$-CH_2N(CH_3)_2$　苄基二甲胺

OH，$CH_2N(CH_3)_2$　DMP-10

② 咪唑类固化剂　咪唑类固化剂是一种新型固化剂，可在较低的温度下使环氧树脂固化，并得到耐热性优良、力学性能优异的固化产物。咪唑类固化剂主要是一些1位、2位或4位取代的咪唑衍生物，常见的咪唑类固化剂如下：

N，$-CH_3$，N，H　2-甲基咪唑

H_3C，N，$-C_2H_5$，N，H　2-乙基-4-甲基咪唑

N，$-C_{11}H_{23}$，N，H　2-十一烷基咪唑

N，$-C_{17}H_{35}$，N，H　2-十七烷基咪唑

N，—Ph，N，H　2-苯基咪唑

N，$-CH_3$，N，CH_2—Ph　1-苄-2-甲基咪唑

N，$-CH_3$，N，CH_2CH_2CN　1-氰乙基-2-甲基咪唑

H_3C，N，$-C_2H_5$，N，CH_2CH_2CN　1-氰乙基-2-乙基-4-甲基咪唑

N，$-C_{11}H_{23}$，N，CH_2CH_2CN　1-氰乙基-2-十一烷基咪唑

咪唑类固化剂与环氧树脂的固化反应机理如下：

一般来说，咪唑类固化剂的碱性越强，固化温度就越低。咪唑环内有两个氮原子，1 位氮原子的孤电子对参与环内芳香大 π 键的形成，而 3 位氮原子的孤电子对则没有，因此 3 位氮原子的碱性比 1 位氮原子的强，起催化作用的主要是 3 位氮原子。1 位氮上的取代基对咪唑类固化剂的反应活性影响较大，当取代基较大时，1 位氮上的孤电子对不能参与环内芳香大 π 键形成，此时 1 位氮的作用相当于叔胺。

(3) 硼胺配合物及带氨基的硼酸酯类固化剂

① 三氟化硼-胺配合物固化剂　三氟化硼分子中的硼原子缺电子，易与富电子物质结合，因此三氟化硼属路易斯酸，能与环氧树脂中的环氧结合，催化环氧树脂进行阳离子聚合。三氟化硼活性很大，在室温下与缩水甘油酯型环氧树脂混合后很快固化，并放出大量的热，且三氟化硼在空气中易潮解并有刺激性，因此一般不单独用作环氧树脂的固化剂。通常是将三氟化硼与路易斯碱结合成配合物，以降低其反应活性。所用的路易斯碱主要是单乙胺，此外还有正丁胺、苄胺、二甲基苯胺等。三氟化硼-胺配合物与环氧树脂混合后在室温下是稳定的，但在高温下配合物分解产生三氟化硼和胺，很快与环氧树脂进行固化反应。

② 带氨基的硼酸酯类固化剂　该类固化剂是我国 20 世 70 年代研制成功的带氨基的环状硼酸酯类化合物。常见的带氨基的硼酸酯类固化剂见表 6-2。

这类固化剂的优点是沸点高、挥发性小、黏度低、对皮肤刺激性小，与环氧树脂相容性好，操作方便，且与环氧树脂的混合物常温下保持 4～6 个月后黏度变化不大，储存期长，固化物性能好。缺点是易吸水，在空气中易潮解，因此储存时要注意密封保存，防止吸潮。

表 6-2 常见的带氨基的硼酸酯类固化剂

型号	化学结构	外观	沸点/℃	黏度(20℃)/mPa·s
901	H_3C—(环 O,O)$B-OCH_2CH_2N(CH_3)_2$	无色透明液体		2～3
595	(环 O,O)$B-OCH_2CH_2N(CH_3)_2$	无色透明液体	240～250	3～6
594	(环 O,O)$B-OCH_2CH_2N(CH_3)_2$	橙红色 黏稠液体	＞250	30～50s

6.4.2.2 酸酐类固化剂

酸酐类固化剂的优点是对皮肤刺激性小，常温下与环氧树脂混合后使用期长，固化物的性能优良，特别是介电性能比胺类固化剂优异，因此酸酐固化剂主要用于电气绝缘领域。其缺点是固化温度高，往往加热到 80℃以上才能进行固化反应，所以比其他固化剂成型周期长，并且改性类型也有限，常常被制成共熔混合物使用。

在无促进剂存在下，酸酐类固化剂与环氧树脂中的羟基作用，固化速度与环氧树脂中的羟基浓度有关，羟基浓度越高，固化速度则越快。酸酐类固化剂用量一般为环氧基物质的量的 0.85 倍。用叔胺作促进剂时，固化反应机理则完全不同。

$$R_3N + O=C(R)(O)C=O \longrightarrow R_3\overset{+}{N}-\overset{O}{\overset{\|}{C}}-R-\overset{O}{\overset{\|}{C}}-O^- \xrightarrow{\text{环氧基}}$$

$$R_3\overset{+}{N}-\overset{O}{\overset{\|}{C}}-R-\overset{O}{\overset{\|}{C}}-O-CH_2-CH-O^- \xrightarrow{\text{酸酐}} R_3\overset{+}{N}-\overset{O}{\overset{\|}{C}}-R-\overset{O}{\overset{\|}{C}}-O-CH_2-CH-O-\overset{O}{\overset{\|}{C}}-R-\overset{O}{\overset{\|}{C}}-O^-$$

$$\xrightarrow{\text{环氧基}} R_3\overset{+}{N}-\overset{O}{\overset{\|}{C}}-R-\overset{O}{\overset{\|}{C}}-O-CH_2-CH-O-\overset{O}{\overset{\|}{C}}-R-\overset{O}{\overset{\|}{C}}-O-CH_2-CH-O^-$$

可以看出，固化反应速度取决于叔胺的浓度，叔胺浓度越大，固化反应速度则越快；每一个酸酐分子对应于一个环氧基，酸酐的用量等于环氧基的化学计量。

叔胺是酸酐固化环氧树脂的最常用的促进剂。由于活性较强，叔胺通常是以羧酸复盐的形式使用。常用的叔胺促进剂主要有三乙胺、三乙醇胺、苄基二甲胺、二甲氨基甲基苯酚、三（二甲氨基甲基）苯酚、2-乙基-4-甲基咪唑等。

酸酐类固化剂种类很多，常用的酸酐类固化剂种类、特点和用途见表6-3。

表6-3　常用的酸酐类固化剂种类、特点和用途

类别	名　称	特点		用　途
		优点	缺点	
单官能团酸酐	邻苯二甲酸酐	价格便宜，固化时放热少，耐药品性优良	易升华，与环氧树脂不易混合	适于大型浇注，涂料
	四氢邻苯二甲酸酐	不升华，固化时放热少，耐药品性优良	着色，与环氧树脂不易混合	很少单独使用，一般与其他酸酐混用
	六氢邻苯二甲酸酐	黏度低，适用期长，耐热性、耐漏电痕迹性、耐候性优良	有吸湿性	熔化后黏度低，可与环氧树脂制成低黏度配合物
	甲基四氢邻苯二甲酸酐	黏度低、工艺性优良	价格较贵	使用广泛，适于层压、浇注
	甲基六氢邻苯二甲酸酐	无色透明，适用期长，色相稳定，耐漏电痕迹性、耐候性优良	价格较贵	适于层压、浇注、浸渍
	甲基纳迪克酸酐	适用期长，工艺性优良，固化速度慢，收缩率小，耐热性、耐化学药品性优良	耐碱性差	使用广泛，适于层压、浇注、浸渍、涂料
	十二烷基琥珀酸酐	工艺性优良，韧性好	耐药品性差	适于层压、浇注、浸渍
	氯茵酸酐	耐热性、阻燃性好，电性能优良	操作工艺性差	适于层压、浇注
双官能团酸酐	均苯四甲酸酐	耐热性、耐药品性优良	操作工艺性差，固化物具脆性	常不单独使用，而与甲基四氢邻苯二甲酸酐混合使用，适于层压、浇注、涂料
	苯酮四酸二酐	耐热性、耐药品性好，耐高温性、耐老化性优良	溶解性不良	通常不单独使用，适于成型、层压、浇注、涂料
	甲基环已烯四酸二酐	耐热性高，耐漏电性优良	价格贵	适于成型、层压、浇注、涂料
	二苯醚四酸二酐	操作工艺性好，耐热性优良	价格贵	适于成型、层压、浇注
游离酸酸酐	偏苯三酸酐	固化速度快，电性能、耐热性、耐药品性优良	使用期短，操作工艺性差	适于层压、浇注、涂料
	聚壬二酸酐	固化物伸长率高，热稳定性好	易吸水降解，固化物耐热性差	适于层压、浇注、浸渍

顺丁烯二酸酐也可用作环氧树脂的固化剂，100g双酚A环氧树脂，其用量为30～40g，固化速度较快。顺丁烯二酸酐还可和各种共轭双烯加成，生成多种重要的液体酸酐。比如，与丁二烯可合成70酸酐，70酸酐为液体酸酐，毒性低，挥发性小，其用量为环氧树脂计量的80%，固化条件是150℃，4h或180℃，2h。用桐油改性顺丁烯二酸酐可制得液体桐油酸酐（又称308酸酐），每100g双酚A树脂，其用量是200g，固化条件是100～120℃，4h，固化物柔软，延伸率好。647酸酐是一种低熔点混合酸酐，由环戊二烯与顺丁烯二酸酐的加成物以及部分未反应的顺

丁烯二酸酐组成，其用量为计算值的80%～90%，固化条件为150～160℃，4h。

6.4.2.3 合成树脂类固化剂

许多涂料用合成树脂分子中含有酚羟基或醇羟基或其他活性氢，在高温（150～200℃）下可使环氧树脂固化。这类固化剂主要有酚醛树脂固化剂、聚酯树脂固化剂、氨基树脂固化剂和液体聚氨酯固化剂等。

（1）酚醛树脂固化剂

酚醛树脂中含有大量的酚羟基，在加热条件下可以使环氧树脂固化，形成高度交联的、性能优良的酚醛-环氧树脂漆膜。漆膜既保持了环氧树脂良好的附着力，又保持了酚醛树脂的耐热性，因而具有优良的耐酸碱性、耐溶剂性、耐热性。但漆膜颜色较深，不能作浅色漆。主要用于涂装罐头、包装桶、储罐、管道的内壁，以及化工设备和电磁线等。

（2）聚酯树脂固化剂

聚酯树脂分子末端含有羟基或羧基，可与环氧树脂中的环氧基反应，使环氧树脂固化。固化物柔韧性、耐湿性、电性能和粘接性都十分优良。

（3）氨基树脂固化剂

氨基树脂分子中都含有羟基、氨基或烷氧基，它们都可与环氧树脂中的环氧基或羟基反应，使环氧树脂固化，漆膜的耐化学药品性和柔韧性较好，颜色浅，光泽强，适于涂装医疗器械、仪器设备、金属或塑料表面罩光等。

（4）液体聚氨酯固化剂

聚氨酯分子中既含有氨基，又含有异氰酸酯基，它们可以和环氧树脂中的环氧基或羟基反应，使环氧树脂固化，漆膜具有优越的耐水性、耐溶剂性、耐化学药品性以及柔韧性，可用于涂装耐水设备或化工设备等。

6.4.2.4 聚硫橡胶类固化剂

聚硫橡胶类固化剂主要有液态聚硫橡胶和多硫化合物两种。

（1）液态聚硫橡胶

液态聚硫橡胶是一种黏稠液体，其相对分子质量一般为800～3000。液体聚硫橡胶本身硫化后具有很好的弹性和黏附性，且耐各种油类和化学介质，是一种通用的密封材料。液体聚硫橡胶分子末端含有巯基（—SH），可与环氧基反应，从而使环氧树脂固化。无促进剂时，反应极缓慢。加入路易斯碱作促进剂时，反应在0～20℃的低温下就可进行。常温下只有2～10min的适用期，但完全固化需要1周左右的时间。温度升高固化速度加快，反应更完全。

（2）多硫化合物

多硫化合物一般结构如下：

$$HS{+}CH_2CH_2OCH_2OCH_2CH_2{-}S{-}S{+}_n CH_2CH_2OCH_2OCH_2CH_2{-}SH$$

这种多硫化合物是一种低相对分子质量的低聚物，其分子末端有巯基。与液体聚硫橡胶不同，即使用路易斯碱作促进剂也不能使环氧树脂在低温下固化。但多硫化合物与普通叔胺或多元胺固化剂并用时，则可在室温下使环氧树脂固化。

6.5 环氧树脂的合成

环氧树脂的种类繁多，不同类型的环氧树脂的合成方法不同。环氧树脂的合成方法主要有两种：

① 多元酚、多元醇、多元酸或多元胺等含活泼氢原子的化合物与环氧氯丙烷等含环氧基的化合物经缩聚而得。

② 链状或环状双烯类化合物的双键与过氧酸经环氧化而成。

本节主要介绍双酚 A 型环氧树脂、酚醛型环氧树脂、部分脂环族环氧树脂以及缩水甘油胺类多官能团环氧树脂的合成方法。

6.5.1 双酚 A 型环氧树脂的合成

6.5.1.1 合成原理

双酚 A 型环氧树脂又称为双酚 A 缩水甘油醚型环氧树脂，因原料来源方便、成本低，所以在环氧树脂中应用最广，产量最大，约占环氧树脂总产量的 85%以上。双酚 A 型环氧树脂是由双酚 A 和环氧氯丙烷在氢氧化钠催化下反应制得的，双酚 A 和环氧氯丙烷都是二官能度化合物，所以合成所得的树脂是线型结构。反应原理如下：

$$(n+1)\ HO-C_6H_4-C(CH_3)_2-C_6H_4-OH + (n+2)\ \overset{O}{\overbrace{CH_2-CH}}-CH_2Cl \xrightarrow{NaOH}$$

$$\overset{O}{\overbrace{CH_2-CH}}-CH_2\left[O-C_6H_4-C(CH_3)_2-C_6H_4-O-CH_2-\underset{OH}{\underset{|}{CH}}-CH_2\right]_n O-C_6H_4-C(CH_3)_2-C_6H_4-O-CH_2-\overset{O}{\overbrace{CH-CH_2}}$$

可以看出，环氧氯丙烷与双酚 A 的摩尔比必须大于 1∶1 才能保证聚合物分子末端含有环氧基。环氧树脂的相对分子质量随双酚 A 和环氧氯丙烷的摩尔比的变化而变化，一般说来，环氧氯丙烷过量越多，环氧树脂的相对分子质量越小。若要制备相对分子质量高达数万的环氧树脂，必须采用等摩尔比。工业上环氧氯丙烷的用量一般为双酚 A 化学计量的 2～3 倍。

6.5.1.2 合成工艺

工业上，双酚 A 型环氧树脂的生产方法主要有一步法和二步法两种。低、中相对分子质量的树脂一般用一步法合成，而高相对分子质量的树脂既可用一步法，也可用二步法合成。

(1) 一步法

一步法是将一定摩尔比的双酚A和环氧氯丙烷在NaOH作用下进行缩聚，用于合成低、中相对分子质量的双酚A型环氧树脂。国产的E-20、E-12、E-14和E-44等环氧树脂均是采用一步法生产的。一步法又可分为水洗法、溶剂萃取法和溶剂法。

水洗法是先将双酚A溶于10% NaOH水溶液中，在一定温度下一次性加入环氧氯丙烷，使之进行反应，反应完毕后静置，除去上层碱液，然后用沸水洗涤十几次，除去树脂中残存的碱和盐类，最后脱水即得产品。

溶剂萃取法与水洗法基本相同，只是在后处理时在除去上层碱水后，不是先用沸水洗涤，而是先用溶剂将树脂萃取出来，再经水洗、过滤和脱除溶剂得产品。此法生产的树脂杂质比水洗法少，树脂透明度好。国内厂家多采用此法。

溶剂法是先将双酚A、环氧氯丙烷和有机溶剂投入反应釜中，搅拌溶解后，升温到50～75℃，滴加NaOH溶液使之进行反应。也可先加入催化剂使反应物醚化，然后再加入NaOH溶液脱HCl进行闭环反应。到达反应终点后加入大量的溶剂进行萃取，之后进行水洗、过滤，脱除溶剂后即得产品。本法反应温度易于控制，树脂透明度好，杂质少，收率高。

(2) 二步法

二步法又有本体聚合法和催化聚合法两种。本体聚合法是将低相对分子质量的环氧树脂和双酚A加热溶解后，再在200℃高温下反应2h即得产品。本体聚合法是在高温下进行，副反应多，生成物中有支链，产品不仅环氧值低，而且溶解性差，反应过程中甚至会出现凝锅现象。催化聚合法是将低相对分子质量的双酚A型环氧树脂和双酚A加热到80～120℃溶解，然后加入催化剂使其反应，因反应放热而自然升温，放热完毕后冷却至150～170℃反应1.5h，过滤即得产品。

一步法是在水介质中呈乳液状态进行的，后处理较困难，树脂相对分子质量分布较宽，有机氯含量高，不易制得环氧值高、软化点也高的树脂产品。而二步法是在有机溶剂中呈均相状态进行的，反应较平稳，树脂相对分子质量分布较窄，后处理相对较容易，有机氯含量低，环氧值和软化点可通过原料配比和反应温度来控制。二步法具有工艺简单、操作方便、投资少，以及工时短、无三废、产品质量易控制和调节等优点，因而日益受到重视。

6.5.1.3 合成实例

(1) 低相对分子质量E-44环氧树脂的合成

① 原料配比

原料	用量/kg	原料	用量/kg
双酚A	1.0	第一份NaOH(30%水溶液)	1.43
环氧氯丙烷	2.7	第二份NaOH(30%水溶液)	0.775
苯	适量		

② 合成工艺　将双酚A投入溶解釜中，加入环氧氯丙烷，开动搅拌，用蒸汽加热至70℃溶解。溶解后，将物料送至反应釜中，在搅拌下于50～55℃，4h内滴加完第一份NaOH溶液，在55～60℃下继续维持反应4h。在85℃、21.33kPa下减压回收过量的环氧氯丙烷。回收结束后，加苯溶解，搅拌加热至70℃。然后在68～73℃下，于1h内滴加第二份碱溶液，在68～73℃下维持反应3h。然后冷却静置分层，将上层树脂苯溶液移至回流脱水釜，下层的水层可加苯萃取一次后放掉。在回流脱水釜中回流至蒸出的苯清晰无水时止，冷却、静置、过滤后送至脱苯釜脱苯，先常压脱苯至液温达110℃以上，然后减压脱苯，至液温140～143℃无液体馏出时，出料包装。

(2) 中相对分子质量E-12环氧树脂的合成

① 原料配比

原料	用量/kg	原料	用量/kg
双酚A	1.0	NaOH(30%水溶液)	1.185
环氧氯丙烷	1.145		
苯	适量		

② 合成工艺　将双酚A和NaOH溶液投入溶解釜中，搅拌加热至70℃溶解，趁热过滤，滤液转入反应釜中冷却至47℃时一次加入环氧氯丙烷，然后缓缓升温80℃。在80～85℃反应1h，再在85～95℃维持至软化点合格为止。加水降温，将废液水放掉，再用热水洗涤数次，至中性和无盐，最后用去离子水洗涤。先常压脱水，液温升至115℃以上时，减压至21.33kPa，逐步升温至135～140℃。脱水完毕，出料冷却，即得固体环氧树脂。

(3) 高相对分子质量环氧树脂的合成

将低相对分子质量环氧树脂（预含叔胺催化剂）及双酚A投放反应釜，通氮气，加热至110～120℃，此时放热反应开始，控制釜温至177℃左右，注意用冷却水控制反应，使之不超过193℃以免催化剂失效。在177℃所需保温的时间，取决于制得的环氧树脂的相对分子质量：环氧当量在1500以下，保持45min；环氧当量在1500以上，保持90～120min。

6.5.2　酚醛型环氧树脂的合成

6.5.2.1　合成原理

酚醛型环氧树脂主要有苯酚线性酚醛型环氧树脂和邻甲酚线性酚醛环氧树脂两种。酚醛型环氧树脂的合成方法与双酚A型环氧树脂相似，都是利用酚羟基与环氧氯丙烷反应来合成的。酚醛型环氧树脂的合成分两步进行，第一步，由苯酚与甲醛合成线性酚醛树脂，第二步，由线性酚醛树脂与环氧氯丙烷反应合成酚醛型环氧树脂，反应原理如下：

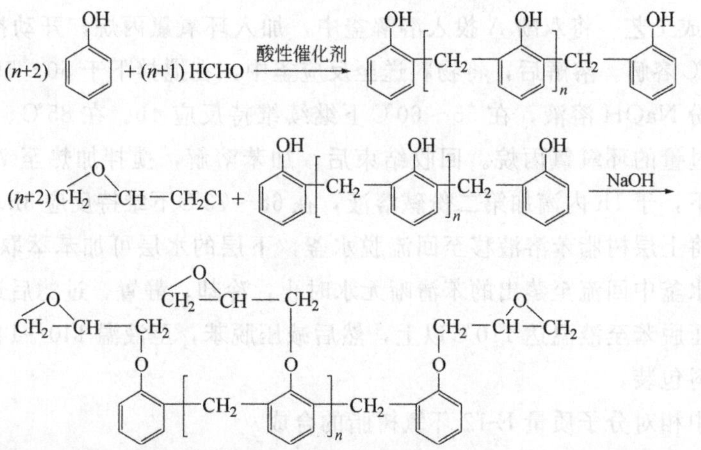

$(n+2)$ 苯酚 $+ (n+1)$ HCHO $\xrightarrow{\text{酸性催化剂}}$ 线性酚醛树脂（OH…CH_2…$[\ \ ]_n$…CH_2…OH）

$(n+2)$ CH_2—CH—CH_2Cl（环氧）+ 线性酚醛树脂 $\xrightarrow{NaOH}$ 酚醛型环氧树脂（CH_2—CH—CH_2—O…CH_2…$[\ \ ]_n$…CH_2）

合成线性酚醛树脂所用的酸性催化剂一般为草酸或盐酸。为防止生成交联型酚醛树脂，甲醛的物质的量必须小于苯酚的物质的量。

6.5.2.2 合成工艺

将工业酚、甲醛以及水依次投入反应釜中，在搅拌下加入适量的草酸，缓缓加热至反应物回流并维持一段时间后冷却至70℃左右，再补加适量10％HCl，继续加热回流一段时间后，冷却，以10％氢氧化钠溶液中和至中性。以60～70℃的温水洗涤树脂数次，以除去未反应的酚和盐类等杂质，蒸去水分，即得线性酚醛树脂。然后在温度不高于6O℃的情况下，向合成好的线性酚醛树脂中加入一定量的环氧氯丙烷，搅拌，分批加入约10％的氢氧化钠，保持温度在90℃左右反应约2h，反应完毕用热水洗涤至洗水溶液pH值在7～8之间。脱水后即得棕色透明酚醛型环氧树脂。

6.5.3 部分脂环族环氧树脂的合成

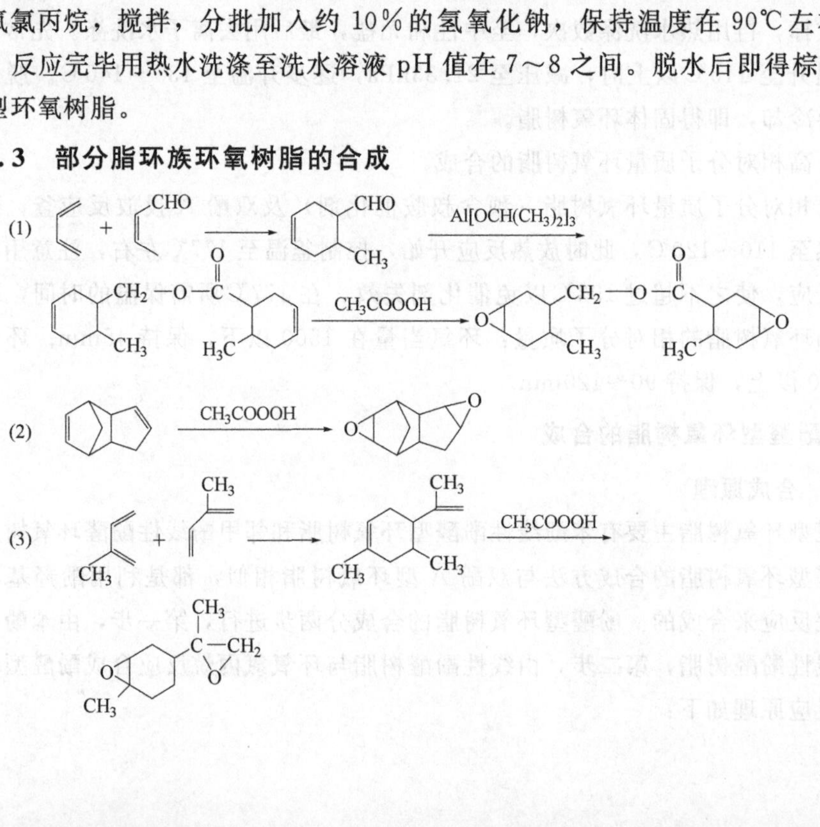

(1) 丁二烯 + 巴豆醛（CHO）⟶ 环己烯甲醛（CHO，CH_3）$\xrightarrow{Al[OCH(CH_3)_2]_3}$ 酯（CH_2—O—C(=O)—，CH_3，H_3C）$\xrightarrow{CH_3COOOH}$ 双环氧化物（O，CH_2—O—C(=O)—，CH_3，H_3C，O）

(2) 双环戊二烯 $\xrightarrow{CH_3COOOH}$ 双环氧化物（O，O）

(3) 异戊二烯（CH_3）+ 异戊二烯（CH_3）⟶ 二聚体（CH_3，CH_3，CH_3）$\xrightarrow{CH_3COOOH}$ 双环氧化物（O，CH_3，C—CH_2，O，CH_3）

(4) CHO　CH_2OH　CH_3　$HO-\overset{O}{\overset{\|}{C}}(CH_2)_4\overset{O}{\overset{\|}{C}}-OH$　CH_3COOOH

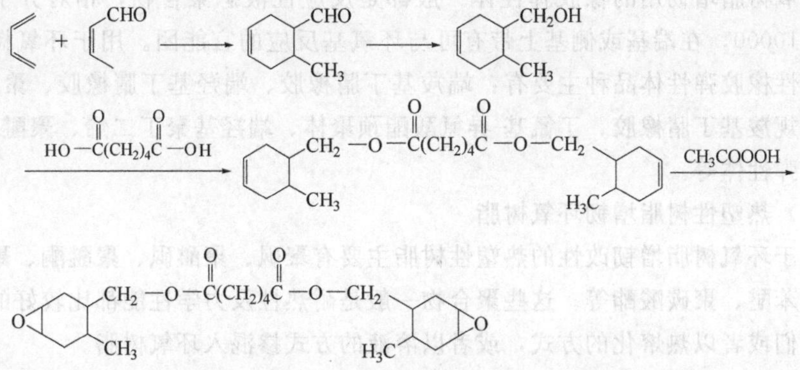

(5) NaOH

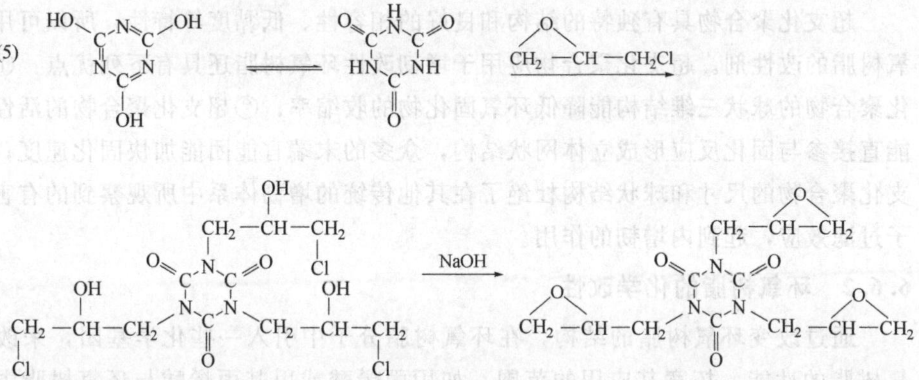

6.6　环氧树脂的改性

环氧树脂作为一种热固性树脂具有良好的电绝缘性、化学稳定性、粘接性、加工性等特点而被广泛应用于建筑、机械、电子电气、航天航空等领域。但环氧树脂含有大量的环氧基团，固化后交联密度大，内应力高，质脆，耐冲击性、耐开裂性、耐候性和耐湿热性较差，因而难以满足工程技术的要求，其应用受到一定的限制。近年来，结构粘接材料、封装材料、纤维增强材料、层压板、集成电路等方面要求环氧树脂材料具有更好的综合性能，如韧性好，内部应力低，耐热性、耐水性、耐候性优良等，所以对环氧树脂的改性已成为一个研究热点。

6.6.1　环氧树脂的增韧改性

为了增加环氧树脂的韧性，最初人们采用的方法是加入一些增塑剂、增柔剂，但这些低分子物质会大大降低材料的耐热性、硬度、模量及电性能。从20世纪60年代开始，国内外普遍开展了环氧树脂增韧改性的研究工作，以期在热性能、模量及电性能下降不太大的情况下提高环氧树脂的韧性。

(1) 橡胶弹性体增韧环氧树脂

环氧树脂增韧用的橡胶弹性体一般都是反应性液态聚合物，相对分子质量在1000～10000，在端基或侧基上带有可与环氧基反应的官能团。用于环氧树脂增韧的反应性橡胶弹性体品种主要有：端羧基丁腈橡胶、端羟基丁腈橡胶、聚硫橡胶、液体无规羧基丁腈橡胶、丁氰基-异氰酸酯预聚体、端羟基聚丁二烯、聚醚弹性体、聚氨酯弹性体等。

(2) 热塑性树脂增韧环氧树脂

用于环氧树脂增韧改性的热塑性树脂主要有聚砜、聚醚砜、聚醚酮、聚醚酰亚胺、聚苯醚、聚碳酸酯等。这些聚合物一般是耐热性及力学性能都比较好的工程塑料，它们或者以热熔化的方式，或者以溶液的方式掺混入环氧树脂。

(3) 超支化聚合物增韧环氧树脂

超支化聚合物具有独特的结构和良好的相容性、低黏度等特性，所以可用作环氧树脂的改性剂。超支化聚合物应用于增韧改性环氧树脂还具有下列优点：①超支化聚合物的球状三维结构能降低环氧固化物的收缩率；②超支化聚合物的活性端基能直接参与固化反应形成立体网状结构，众多的末端官能团能加快固化速度；③超支化聚合物的尺寸和球状结构杜绝了在其他传统的增韧体系中所观察到的有害的粒子过滤效应，起到内增韧的作用。

6.6.2 环氧树脂的化学改性

通过改变环氧树脂的结构，在环氧树脂分子中引入一些化学基团，来改进环氧树脂的性能，拓宽其应用的范围。如用丙烯酸或甲基丙烯酸与环氧树脂中的部分环氧基反应，在分子保留部分环氧基的同时引入碳碳双键，使改性后的环氧树脂既具有光敏特性，又保留环氧树脂的一些优良特性。或在分子中引入一些亲水性基团，将环氧树脂改性为水性环氧树脂，使改性后的环氧树脂具有水分散性。

6.7 水性环氧树脂

传统的环氧树脂难溶于水，必须用有机溶剂作为分散介质，将环氧树脂配成一定浓度、一定黏度的树脂涂料才能使用。用有机溶剂作分散介质来稀释环氧树脂不仅成本高，而且在使用过程中，有机挥发分（VOC）对操作工人身体危害极大，对环境也会造成污染。开发水溶性或水乳型的水性环氧树脂成为各国涂料行业的研究热点。水性环氧树脂第一代产品是直接用乳化剂进行乳化，第二代水性环氧体系是采用水溶性固化剂乳化油溶性环氧树脂，第三代水性环氧体系是由美国壳牌公司多年研究开发成功的，这一体系的环氧树脂和固化剂都接上了非离子型表面活性剂，乳液体系稳定，由其配制的涂料漆膜可达到或超过溶剂型涂料的漆膜性能指标。我国也正在积极进行水性环氧树脂体系的技术开发。

6.7.1 水性环氧树脂的制备

根据制备方法的不同，水性环氧树脂的制备方法主要有机械法、相反转法、固化剂乳化法和化学改性法。

6.7.1.1 机械法

也称直接乳化法，通常是将环氧树脂用球磨机、胶体磨、均质器等磨碎，然后加入乳化剂水溶液，再通过超声振荡、高速搅拌将粒子分散于水中，或将环氧树脂与乳化剂混合，加热到一定温度，在激烈搅拌下逐渐加入水而形成环氧树脂乳液。该法工艺简单、成本低廉、乳化剂的用量较少。但乳液中微粒的尺寸较大，约 10μm 左右，粒子形状不规则，粒径分布较宽，乳液稳定性较差，并且乳液的成膜性能也不太好，而且由于乳化剂的存在，会影响涂膜的外观和一些性能。

6.7.1.2 相反转法

即通过改变水相的体积，将聚合物从油包水（W/O）状态转变成水包油（O/W）状态，是一种制备高分子树脂乳液较为有效的方法，几乎可将所有的高分子树脂借助于外加乳化剂的作用通过物理乳化的方法制得相应的乳液。在油/水/乳化剂体系中，当连续相从油相向水相（或从水相向油相）转变时，在连续相转变区，体系的界面张力最小，因而此时的分散相的尺寸最小。通过相反转法将高分子树脂乳化为乳液，制得的乳液粒径比机械法小，稳定性也比机械法好，其分散相的平均粒径一般为 1～2μm。

6.7.1.3 固化剂乳化法

该法是不外加乳化剂，而是利用具有乳化效果的固化剂来乳化环氧树脂。这种具有乳化性质的固化剂一般是改性的环氧树脂固化剂，它既具有固化，又具有乳化低相对分子质量液体环氧树脂的功能。乳化型固化剂一般是环氧树脂-多元胺加成物。在普通多元胺固化剂中引入环氧树脂分子链段，并采用成盐的方法来改善其亲水亲油平衡值，使其成为具有与低相对分子质量液体环氧树脂相似链段的水可分散性固化剂。该法固化所得漆膜的性能比需外加乳化剂的机械法和相反转法要好。

6.7.1.4 化学改性法

又称自乳化法，是目前水性环氧树脂的主要制备方法。化学改性法是通过打开环氧树脂分子中的部分环氧键，引入极性基团，或者通过自由基引发接枝反应，将极性基团引入环氧树脂分子骨架中，这些亲水性基团或者具有表面活性作用的链段能帮助环氧树脂在水中分散。由于化学改性法是将亲水性的基团通过共价键直接引入到环氧树脂的分子中，因此制得的乳液稳定，粒子尺寸小，多为纳米级。化学改性法引入的亲水性基团可是以阴离子、阳离子或非离子的亲水链段。

(1) 引入阴离子

通过酯化、醚化、胺化或自由基接枝改性法在环氧聚合物分子链上引入羧基、磺酸基等功能性基团、中和成盐以后，环氧树脂就具备了水分散的性质。酯化、醚化和胺化都是利用环氧基与羧基、羟基或氨基反应来实现的。

酯化是利用酸中的氢离子先将环氧基极化，酸根离子再进攻环氧环，使其开环，得到改性树脂，然后用胺类水解、中和，使树脂变成水性树脂。如利用环氧树脂与丙烯酸反应生成环氧丙烯酸酯，再用丁烯二酸（酐）和环氧丙烯酸酯上的碳碳双键通过加成反应而生成富含羧基的化合物，最后用胺中和成水溶性树脂；或与磷酸反应成环氧磷酸酯，再用胺中和也可得到水性环氧树脂。

醚化是由亲核性改性剂直接进攻环氧基上的碳原子，开环后改性剂与环氧基上的仲碳原子以醚键相连得到改性树脂，然后水解、中和。比较常见的方法是环氧树脂与对羟基苯甲酸甲酯反应后水解、中和；也可将环氧树脂与巯基乙酸进行醚化反应而后水解中和的方法，都可在环氧树脂分子中引入阴离子。

胺化是利用环氧基团与一些低分子的扩链剂如氨基酸、氨基苯甲酸、氨基苯磺酸（盐）等化合物上的氨基反应，在链上引入羧基、磺酸基团，中和成盐后可分散于水中。如用对氨基苯甲酸改性环氧树脂，使其具有亲水亲油两种性质，以改性产物及其与纯环氧树脂的混合物制成水性涂料，涂膜性能优良，保持了溶剂型环氧涂料在抗冲击强度、光泽度和硬度等方面的优点，而且附着力提高，柔韧性大为改善，涂膜耐水性和耐化学药品性能优良。

自由基接枝改性方法是利用双酚 A 型环氧树脂分子上的亚甲基在过氧化物作用下易于形成自由基并与乙烯基单体共聚的性质，将（甲基）丙烯酸、马来酸（酐）等单体接枝到环氧树脂上，再用中和剂中和成盐，最后加入水分散，从而得到水性环氧树脂。

$$\sim\!\!\sim\text{C}_6\text{H}_4\!-\!\text{O}\!-\!\text{CH}_2\!-\!\underset{\text{OH}}{\text{CH}}\text{CH}_2\!\sim\!\sim \xrightarrow{\text{BPO}} \sim\!\!\sim\text{C}_6\text{H}_4\!-\!\text{O}\!-\!\dot{\text{C}}\text{H}\!-\!\underset{\text{OH}}{\text{C}}\text{CH}_2\!\sim\!\sim \xrightarrow{n\,\text{CH}_2=\text{CH(COOH)}}$$

$$\sim\!\!\sim\text{C}_6\text{H}_4\!-\!\text{O}\!-\!\underset{\text{CH}_2-\text{CH(COOH)}-(\text{CH}_2-\text{CH(COOH)})_{n-1}}{\text{CH}}\!-\!\underset{\text{OH}}{\text{CH}}\text{CH}_2\!\sim\!\sim$$

将丙烯酸单体接枝到环氧分子骨架上，制得不易水解的水性环氧树脂。反应为自由基聚合机理，接枝位置为环氧分子链上的脂肪碳原子，接枝率低于100%，最终产物为未接枝的环氧树脂、接枝的环氧树脂和聚丙烯酸的混合物，这三种聚合物分子在溶剂中舒展成线型状态，加入水后，由于未接枝共聚物和水的不混溶性，在水中形成胶束，接枝共聚物的环氧链段和与其相混溶的未接枝环氧树脂处于胶束内部，接枝共聚物的丙烯酸共聚物羧酸盐链段处于胶束表层，并吸附了与其相混溶的丙烯酸共聚物的羧酸盐包覆于胶束表面，颗粒表面带有电荷，形成了极稳定的水分散体系。

用磷酸将环氧树脂酸化得到环氧磷酸酯，再用环氧磷酸酯与丙烯酸接枝共聚，制得比丙烯酸与环氧树脂直接接枝的产物稳定性更好的水基分散体；并且发现：水性体系稳定性随制备环氧磷酸酯时磷酸的用量、丙烯酸单体用量和环氧树脂相对分子质量的增大而提高，其中丙烯酸单体用量是影响其水分散稳定性的最重要因素。

以双酚 A 型环氧树脂与丙烯酸反应合成具有羟基侧基的环氧丙烯酸酯，再用甲苯二异氰酸酯与丙烯酸羟乙酯的半加成物对上述环氧丙烯酸酯进行接枝改性，再用酸酐引入羧基，经胺中和后，可得较为稳定的自乳化光敏树脂水分散体系。

(2) 引入阳离子

含氨基的化合物与环氧基反应生成含叔胺或季铵碱的环氧，用酸中和后得到阳离子型的水性环氧树脂。

$$\sim\sim CH\overset{O}{\frown}CH_2 + HNR_2 \longrightarrow \sim\sim \underset{}{\overset{OH}{CH}}-CH_2-NR_2 \xrightarrow{HX} \sim\sim \overset{OH}{CH}-CH_2-\underset{H}{\overset{+}{N}}R_2 + X^-$$

用酚醛型多官能环氧树脂 F-51 与一定量的二乙醇胺发生加成反应（每个 F-51 分子中打开了一个环氧基）引入亲水基团，再用冰醋酸中和成盐，加水制得改性 F-51 水性环氧树脂，该方法使树脂具备了水溶性或水分散性，同时每个改性树脂分子中又保留了 2 个环氧基，使改性树脂的亲水性和反应活性达到合理的平衡。固化体系采用改性 F-51 水性环氧树脂与双氰胺配合，由于双氰胺在水性环氧树脂体系中具有良好的溶解性和潜伏性，储存 6 个月不分层，黏度无变化，可形成稳定的单组分配方。该体系比未改性环氧/双氰胺体系起始反应温度降低了 76℃，固化工艺得到改善。固化物具有良好的力学性能，层压板弯曲强度达 502.93MPa，剪切强度达 36.6MPa，固化膜硬度达 6H，附着力 100%，吸水率 47%，具有良好的应用前景。

由于环氧固化剂通常是含氨基的碱性化合物，两者混合后，体系容易失去稳定性而影响使用性能，因此这类树脂在实际中较少应用。

(3) 引入非离子的亲水链段

通过含亲水性的氧化乙烯链段的聚乙二醇或其嵌段共聚物上的羟基或含聚氧化乙烯链上的氨基与环氧基团反应可以将聚氧化乙烯链段引入到环氧分子链上，得到含非离子亲水成分的水性环氧树脂。该反应通常在催化剂存在下进行，常用的催化剂有三氟化硼络合物、三苯基膦、强无机酸。

$$\sim\sim CH\overset{O}{\frown}CH_2 + HO\left[CH_2-CH_2-O\right]_nH \xrightarrow{\text{催化剂}} \sim\sim \overset{OH}{CH}-CH_2-O\left[CH_2-CH_2-O\right]_nH$$

先用聚氧乙烯二醇、聚氧丙烯二醇和环氧氯丙烷反应，形成相对分子质量为 4000～20000 的双环氧端基乳化剂，利用此乳化剂和环氧当量为 190 的双酚 A 环氧树脂混合，以三苯基膦化氢为催化剂进行反应，可得到含有亲水性聚氧乙烯、聚氧丙烯链段的环氧树脂。这种环氧树脂不用外加乳化剂即可溶于水中，且由于亲水链段包含在环氧树脂分子中，因而增强了涂膜的耐水性。

在双酚A型环氧树脂和聚乙二醇中加入催化剂三苯基膦化氢制得的非离子表面活性剂与氨基苯甲酸改性的双酚A型环氧树脂及E-20环氧树脂制得的水性环氧涂料作为食品罐内壁涂料，性能良好。

6.7.2 水性环氧树脂固化剂的合成

水性环氧树脂固化剂是指能溶于水或能被水乳化的环氧树脂固化剂。一般的多元胺类固化剂都可溶于水，但在常温下挥发性大，毒性大，固化偏快，配比要求太严，且亲水性强，易保留水分而使得涂膜泛白，甚至吸收二氧化碳降低效果。实际使用的水性环氧固化剂对传统的胺类固化剂的改性，它克服了未改性胺类固化剂的缺点，且不影响涂膜的物理和化学性能。常用的水性环氧固化剂大多为多乙烯多胺改性产物，改性方法有以下三种：①与单脂肪酸反应制得酰胺化多胺；②与二聚酸进行缩合而成聚酰胺；③与环氧树脂加成得到多胺-环氧加成物。这三种方法均采用在多元胺分子链中引入非极性基团，使得改性后的多胺固化剂具有两亲性结构，以改善与环氧树脂的相容性。由于酰胺类固化剂固化后的涂膜的耐水性和耐化学药品性较差，现在研究的水性环氧固化剂主要是封端的环氧-多乙烯多胺加成物。

6.8 环氧树脂的应用

环氧树脂具有优良的粘接性、热稳定性以及优异的耐化学药品性，作为胶黏剂、涂料和复合材料等的树脂基体，广泛应用于水利、交通、机械、电子、家电、汽车及航空航天等领域。作为涂料用的环氧树脂约占环氧树脂总量的35%。按环氧树脂固化方式的不同，环氧树脂涂料可分为常温固化型、自然干燥型、烘干型以及阳离子电泳环氧涂料。

常温固化型环氧涂料由环氧树脂和常温固化剂两部分组成，以双组分包装形式使用，其主要应用对象是不能进行烘烤的大型钢铁构件和混凝土结构件。常温固化型环氧涂料的优点是在10℃以上的温度下即能形成3H铅笔硬度的耐化学药品性涂膜，缺点是涂膜易泛黄，易粉化。

自然干燥型环氧涂料是由不饱和脂肪酸和松香酸等与环氧树脂酯化得到的酯化产物制备的涂料。它与普通的醇酸树脂涂料一样也有规定的酸的种类和用量。按油度分类，可分成长油度（干性）、中油度（半干性）和短油度（不干性）三种，油度不同，涂料的性能也有差异。加入一定量的环烷酸钴等催干剂，可调制成单组分的涂料供应市场。这类涂料的固化机理与醇酸树脂涂料类似，在空气中氧的作用下，树脂分子内不饱和双键交联，其耐久性大幅度提高。这种涂料的用途与醇酸树脂涂料相似，且保留了环氧树脂的一些特性，所以形成的漆膜比醇酸树脂涂料的漆膜耐化学药品性更为优越，但也易泛黄且有粉化的趋势。

烘干型环氧涂料必须经烘烤才能固化。烘干型环氧涂料一般是以酚醛树脂、脲醛树脂、三聚氰胺甲醛树脂、醇酸树脂和多异氰酸酯，或以热固性丙烯酸树脂作为固化剂，烘烤温度视固化剂官能团种类不同而异。以含羟甲基的酚醛树脂、脲醛树脂、三聚氰胺甲醛树脂为固化剂时，烘烤温度非常低，而以含羧基或羟基的热固性丙烯酸树脂和醇酸树脂作固化剂时，烘烤温度则较高。烘干型环氧涂料既可用作以保护功能为主要目的的底漆，又可用作以装饰功能为主的面漆，不过大多数情况是利用其优良的耐腐蚀性来作为底漆使用的。

阳离子电泳环氧涂料是以环氧树脂作为成膜物质的阳离子电沉积涂料，它比通常的阳离子电泳涂料具有更优越的防腐性能，专门用于大量生产的钢铁制品的底涂涂料。阳离子电泳环氧涂料由作为粘料的阳离子化的聚酰胺树脂、作为交联剂的嵌段多异氰酸酯以及作为颜料分散剂的鎓盐化环氧树脂所组成。电沉积涂装的原理实质上就是电泳原理，被涂物为阴极，对应极为阳极，带正电的涂料粒子在阴极上析出，沉积在被涂物的表面，形成 60%以上的高浓度涂膜，然后用通常的烘烤方法进行烘干，使嵌段多异氰酸酯与羟基发生交联固化反应，最终形成所需要的涂膜。电沉积涂装方法效率较高，主要用于大量涂装的场合，其典型的用途是汽车底涂和铁架的涂装。

环氧树脂涂料在防腐蚀、电气绝缘、交通运输、木土建筑及食品容器等领域有着广泛的应用。本节主要介绍防腐蚀环氧涂料，电气绝缘环氧涂料，汽车、船舶等交通工具用环氧涂料以及食品容器用环氧涂料。

6.8.1　防腐蚀环氧涂料

金属的腐蚀主要是由金属与接触的介质发生化学或电化学反应而引起的，它使金属结构受到破坏，造成设备报废。金属的腐蚀在国民经济中造成了大量的资源和能源浪费。涂装防腐涂料作为最有效、最经济、应用最普遍的防腐方法，受到了国内外广泛的关注和重视。随着建筑、交通、石化、电力等行业的发展，防腐涂料的市场规模已经仅次于建筑涂料而位居第二位。据统计，2004 年我国防腐涂料总产量达到 60 万吨，预计 2020 年将突破 100 万吨大关。环氧树脂涂料是最具代表性的、用量最大的高性能防腐涂料品种，主要有以下几种。

(1) 纯环氧树脂涂料

纯环氧树脂涂料是以低相对分子质量的环氧树脂为基础的、树脂和固化剂分开包装的双组分涂料，可以制成无溶剂或高固体分涂料。这类涂料可室温干燥，主要包括改性脂肪胺固化环氧防腐蚀涂料、己二胺固化环氧防腐蚀涂料、聚酰胺固化环氧树脂防腐蚀涂料。

(2) 环氧煤焦油沥青防腐蚀涂料

煤焦油沥青有很好的耐水性，价格低廉，与环氧树脂混溶性良好。将环氧树脂和沥青配制成涂料可获得耐酸碱、耐水、耐溶剂、附着力强、机械强度大的防腐涂层，且价格比环氧漆价格低。因此已广泛应用于化工设备、水利工程构筑物、地下管道内外壁的涂层。该类涂料可配成厚浆和高固体分涂料，但不耐高浓度的酸和苯类溶剂，不能做成浅色漆，不耐日光长期照射，也不能用于饮用水设备上。

(3) 无溶剂环氧防腐蚀涂料

无溶剂环氧防腐蚀涂料是一种不含挥发性有机溶剂、固化时不产生有机挥发分的环氧树脂涂料，其主要组成有环氧树脂、固化剂、活性稀释剂、颜料和辅助材料。这种涂料本身是液态的，施工时可采用喷涂、刷涂或浸涂。相对于溶剂型环氧涂料，具有较为明显的优点，如在空间狭窄、封闭的场所进行涂料涂装时更加安全、方便。另外无溶剂涂类可以厚涂、快干，能起到堵漏、防渗、防腐蚀的作用。

(4) 环氧酚醛防腐蚀涂料

环氧酚醛防腐蚀涂料是以酚醛树脂为固化剂的一种环氧树脂涂料。酚醛树脂中含有酚羟基和羟甲基，在高温下可引起环氧树脂固化，而在常温下两者的混合物很稳定，因此可制成稳定的单组分涂料。这种涂料既具有环氧树脂良好的附着力，又具有酚醛树脂良好的耐酸性、耐热性，因此是一种较好的防腐蚀涂料。

6.8.2 电气绝缘环氧涂料

电气绝缘环氧涂料主要包括环氧漆包线绝缘漆、环氧浸渍绝缘漆、环氧覆盖绝缘漆、环氧硅钢片绝缘漆等。环氧漆包线绝缘漆是漆包线绝缘漆中的小品种，一般是采用高相对分子质量的环氧树脂 E-05、E-06，固化剂为醇溶性酚醛树脂，主要用于潜水电机、化工厂用电机、冷冻机电机、油浸式变压器的绕组和线圈。环氧漆包线绝缘漆主要是利用环氧树脂优良的耐化学品性、耐湿热性、耐冷冻性，但缠绕性、耐热冲击性有限，因此其应用领域受到限制。环氧浸渍绝缘漆是浸渍漆中的一大品种。主要包括环氧酯烘干绝缘漆、无溶剂环氧树脂绝缘漆、沉浸型无溶剂漆、滴浸型无溶剂漆等。

6.8.3 汽车、船舶等交通工具用环氧涂料

汽车车身用环氧树脂涂料主要是离子电泳涂料，它一般是以水作分散剂的水性环氧树脂涂料，多采用电沉积法进行涂装，其腐蚀性能非常优越，专门用于大型生产如汽车车身等的钢铁制品的底漆涂料。

船舶用涂料主要是指船只、舰艇，以及海上石油钻采平台、码头的钢柱及钢铁结构件免受海水腐蚀的专用涂料，主要有车间底漆、船底防锈漆、船壳漆、甲板漆以及压载水舱漆、饮水舱漆、油舱漆等。

6.8.4 食品容器用环氧树脂漆

食品容器是指储存食品的罐、桶等容器，至今金属容器仍占首位，主要有白铁、马口铁、铝箔等金属品种。为了防止食品在长期的储存期内金属容器在食品的条件下发生腐蚀，就必须在金属容器内壁涂上涂料。由于食品是一种特殊商品，必然要求涂料固化后对金属的附着力强，涂膜保色性好，耐焊药性强，耐腐蚀性好

（尤其是针对罐装液体食品），且必须符合食品卫生标准。环氧树脂通常是和其他树脂并用后才用作食品罐头内壁涂料的。主要有环氧树脂/酚醛树脂涂料，环氧树脂/甲酚甲醛树脂涂料、环氧树脂/氨基树脂涂料、环氧树脂/聚酰胺树脂涂料等。

习　题

1. 解释下列名词：

（1）环氧树脂　　（2）环氧当量　　（3）环氧值

2. 按化学结构差异，环氧树脂可分为哪几类？

3. 写出双酚 A 型环氧树脂的结构式、线性酚醛环氧树脂的结构式。

4. 环氧树脂及其固化物具有哪些优点？哪些缺点？

5. 环氧树脂固化剂种类繁多，常用的多元胺类固化剂可分为哪几类？各举两例。

6. 常用的酸酐类固化剂种类主要有哪几类？各举两例

7. 举出两例潜伏性环氧树脂固化剂。

8. 环氧树脂涂料用合成树脂类固化剂主要有哪几类？

9. 写出合成线性酚醛环氧树脂反应式。

10. 根据制备方法的不同，水性环氧树脂的制备方法主要有哪些？

11. 防腐蚀环氧涂料主要有哪些种类？

第7章 氨基树脂

7.1 概述

氨基树脂是指含有氨基的化合物与醛类（主要是甲醛）经缩聚反应制得的热固性树脂。氨基树脂在模塑料、粘接材料、层压材料以及纸张处理剂等方面有广泛的应用。

由氨基树脂单独加热固化所得的涂膜硬而脆，且附着力差，因此氨基树脂常与其他树脂如醇酸树脂、聚酯树脂、环氧树脂等配合组成氨基树脂漆。用于涂料的氨基树脂必须经醇改性后，才能溶于有机溶剂，并与主要成膜树脂有良好的混溶性和反应性。氨基树脂在氨基树脂漆中主要作为交联剂，它提高了基体树脂的硬度、光泽、耐化学性以及烘干速度，而基体树脂则克服了氨基树脂的脆性，改善了附着力。与醇酸树脂漆相比，氨基树脂漆的特点是：清漆色泽浅，光泽高，硬度高，有良好的电绝缘性；色漆外观丰满，色彩鲜艳，附着力优良，耐老化性好，具有良好的抗性；干燥时间短，施工方便，有利于涂漆的连续化操作。尤其是三聚氰胺甲醛树脂，它与不干性醇酸树脂、热固性丙烯酸树脂、聚酯树脂配合，可制得保光保色性极佳的高级白色或浅色烘漆。这类涂料目前在车辆、家用电器、轻工产品、机床等方面得到了广泛的应用。

19 世纪末德国掌握福尔马林的工业制法后，各国相继研究了尿素与甲醛间的反应。20 世纪 30 年代初，发现丁醇改性的脲醛树脂可与醇酸树脂混合制成涂料，从此氨基树脂开始进入涂料领域。20 世纪 30 年代工业化生产三聚氰胺的方法获得成功，许多国家开始研究三聚氰胺和甲醛的反应，1940 年制得了用于涂料的丁醇改性的三聚氰胺甲醛树脂。由于丁醇改性的三聚氰胺甲醛树脂许多性能优于脲醛树脂，在涂料领域发展很快，不久成为氨基树脂的主要品种。

苯代三聚氰胺是 1911 年由奥斯特罗戈维奇（Ostrogovich）首先制得的，德国巴斯夫公司（BASF）第一个将它用于氨基树脂中，以苯代三聚氰胺制备的氨基树脂进一步提高了涂膜的光泽和耐化学性，目前其在涂料工业已占有一定的地位。

我国从 20 世纪 50 年代开始研制丁醚化脲醛树脂和三聚氰胺甲醛树脂，20 世纪 70 年代初自制苯代三聚氰胺，合成了丁醚化苯代三聚氰胺甲醛树脂，不久又开发了异丁醚化的产品。目前这些树脂的生产已达到一定的规模。从 60 年代开始对甲醚化氨基树脂的研究，虽然这类树脂目前产量这不大，但随着我国高固体分涂料、水性涂料、电泳涂料、卷材涂料等新型涂料的开发，其品种将逐渐增加，产量将大幅增长。

7.2　氨基树脂的分类

涂料用氨基树脂既可按醚化剂分类，又可按醚化程度分类，还可按母体化合物分类。

按醚化剂的不同，可分为丁醚化氨基树脂、甲醚化氨基树脂以及混合醚化氨基树脂（甲醇和乙醇混合醚化、甲醇和丁醇混合醚化的氨基树脂）。

按醚化程度的不同，可分为聚合型部分烷基化氨基树脂、聚合型高亚氨基高醚化氨基树脂以及单体型高烷基化氨基树脂。树脂的醚化程度一般通过测定树脂对 200 号油漆溶剂的容忍度来控制。测定容忍度应在规定的不挥发分含量及规定的溶剂中进行，测定方法如下：称 3g 试样于 100mL 烧杯中，在 25℃时搅拌下以 200 号油漆溶剂进行滴定，至试样溶液显示乳浊并在 15s 内不消失为终点。1g 试样可容忍 200 号油漆溶剂的克数即为树脂的容忍度。容忍度也可用 100g 试样能容忍的溶剂的克数来表示。

按母体化合物的不同，可分为脲醛树脂、三聚氰胺甲醛树脂、苯代三聚氰胺甲醛树脂以及共缩聚树脂（三聚树脂尿素共缩聚树脂、三聚氰胺苯代三聚氰胺共缩聚树脂）。

7.2.1　脲醛树脂

脲醛树脂是尿素与甲醛经缩聚而成的聚合物。脲醛树脂有如下特性：价格低廉，来源充足；与基材的附着力好，可用于底漆，亦可用于中间层涂料；用酸催化时可在室温固化，故可用于双组分木器涂料。但因脲醛树脂溶液的黏度较大，故储存稳定性较差。

用甲醇醚化的脲醛树脂仍可溶于水，它具有快固性，对金属有良好的附着力，成本较低，可用作水性涂料、高固体分涂料、无溶剂涂料交联剂，也可与溶剂型醇酸树脂拼用。用乙醇醚化的脲醛树脂可溶于乙醇，它固化速度慢于甲醚化脲醛树脂。以丁醇醚化的脲醛树脂在有机溶剂中有较好的溶解度。一般来说，单元醇的分子链越长，醚化产物在有机溶剂中的溶解性越好，但固化速度越慢。

丁醚化脲醛树脂在溶解性、混溶性、固化性、涂膜性能和成本等方面都较理想，且原料易得，生产工艺简单，所以与溶剂型涂料相配合的交联剂常采用丁醚化氨基树脂。丁醚化脲醛树脂是水白色黏稠液体，主要用于和不干性油醇酸树脂配制氨基醇酸烘漆，以提高醇酸树脂的硬度、干性等。因脲醛树脂的耐候性和耐水性稍差，因此大多用于室内用漆和底漆。

7.2.2 三聚氰胺甲醛树脂

三聚氰胺甲醛树脂简称三聚氰胺树脂，是多官能度的聚合物，常和醇酸树脂、热固性丙烯酸树脂等配合，制成氨基烘漆。

与丁醚化脲醛树脂相比，丁醚化三聚氰胺树脂的交联度较大，其热固化速度、硬度、光泽、抗水性、耐化学性、耐热性和电绝缘性都较脲醛树脂优良。且过度烘烤时能保持较好的保光保色性，用它制漆不会影响基体树脂的耐候性。丁醚化三聚氰胺树脂可溶于各种有机溶剂，不溶于水，可用于各种溶剂型烘烤涂料，固化速度快。

甲醚化的三聚氰胺树脂可分为三类，第一类是聚合型部分甲醚化三聚氰胺树脂，这类树脂游离羟甲基较多，甲醚化度较低，相对分子质量较高，水溶性较好；第二类为聚合型高亚氨基高甲醚化三聚氰胺树脂，这类树脂游离羟甲基少，甲醚化度较第一类高，相对分子质量较第一类低，分子中保留了一定量的亚氨基，可溶于水和醇类溶剂；第三类是单体型高甲醚化三聚氰胺树脂，该类树脂游离羟甲基最少，甲醚化度高，相对分子质量最小，基本上是单体，需要助溶剂才能溶于水。

聚合型部分甲醚化三聚氰胺树脂可溶于醇类，也具有水溶性，可用于水性涂料。树脂中的反应基团主要是甲氧基甲基和羟甲基，与醇酸树脂、环氧树脂、聚酯树脂、热固性丙烯酸树脂配合作交联剂时，易与基体树脂的羟基进行缩聚反应，同时也进行自缩聚反应，产生性能优良的涂膜。基体树脂的酸值可有效地催化固化反应，增加配方中的氨基树脂的用量，涂膜的硬度增加，但柔韧性下降。与丁醚化三聚氰胺相比，它具有快固性，有较好的耐化学性，可代替丁醚化三聚氰胺树脂应用于通用型磁漆及卷材涂料中。

聚合型高亚氨基高甲醚化三聚氰胺树脂的相对分子质量比部分甲醚化的三聚氰胺树脂低，易溶于芳烃溶剂、醇和水，适于作高固体分涂料，以及需要高温快固的卷材涂料交联剂。与聚合型部分甲醚化三聚氰胺树脂不同之处在于树脂中保留了一定量的未反应的活性氢原子。由于醚化反应较完全，经缩聚反应后树脂中残余的羟甲基较少，但它能像部分烷基化的氨基树脂一样在固化时能进行交联反应，也能进行自缩聚反应。增加涂料配方中氨基树脂的用量可得到较硬的涂膜。这类树脂与含羟基、羧基、酰胺基的基体树脂反应时，基体树脂的酸值可有效地催化交联反应，外加弱酸催化剂如苯酐、烷基磷酸酯等可加速固化反应。由于树脂中亚氨基含量较高，使它有较快的固化性。在低温（120℃以下）固化时，其自缩聚反应速率快于交联反应而使涂膜过分硬脆，性能下降。在较高温度（150℃以上）固化时，由于进行自缩聚的同时进行了有效的交联反应，故能得到有优良性能的涂膜。以它交联的涂料固化时释放甲醛较少，厚涂层施工时不易产生缩孔。

聚合型部分丁醚化、部分甲醚化三聚氰胺树脂和聚合型高亚氨基高甲醚化三聚氰胺树脂等三种聚合型三聚氰胺树脂的对比见表 7-1。

表 7-1　三种聚合型三聚氰胺树脂的对比

项　　目	聚合型部分烷基化三聚氰胺树脂		聚合型高亚氨基高甲醚化三聚氰胺树脂
	丁醚化树脂	甲醚化树脂	
外观	无色透明液体	无色透明液体	无色透明液体
主要反应性基团	$—CH_2OH$，$—CH_2OC_4H_9$	$—CH_2OH$，$—CH_2OCH_3$	—NH—，$—CH_2OCH_3$
固化用催化剂	弱酸性催化剂	不需外加催化剂	弱酸性催化剂
固化性	中	大	大
溶解性	溶于有机溶剂，不溶于水	部分溶于醇，溶于水	溶于醇、芳烃、水
相对分子质量	较高	中	较低
应用范围	溶剂型涂料	溶剂型涂料、水性涂料、卷材涂料、纸张涂料	高固体分涂料、卷材涂料

甲醚化氨基树脂中产量最大、应用最广的是六甲氧基甲基三聚氰胺树脂(HMMM)，属于单体型高甲醚化三聚氰胺树脂。HMMM 可溶于醇类、酮类、芳烃、酯类、醇醚类溶剂，部分溶于水。工业级 HMMM 分子结构中含极少量的亚氨基和羟甲基，它作交联剂时固化温度高于通用型丁醚化三聚氰胺树脂，有时还需加入酸性催化剂促进固化，固化涂膜硬度大、柔韧性大。HMMM 可与醇酸、聚酯、热固性丙烯酸树脂、环氧树脂中羟基、羧基、酰胺基进行交联反应，也可作织物处理剂、纸张涂料，或用于油墨制造、高固体分涂料。

7.2.3　苯代三聚氰胺甲醛树脂

苯代三聚氰胺分子中引入了苯环，与三聚氰胺相比，降低了整个分子的极性。因此与三聚氰胺相比，苯代三聚氰胺在有机溶剂中的溶解性增大，与基体树脂的混溶性也大为改善。以苯代三聚氰胺交联的涂料初期有高度的光泽，其耐碱性、耐水性和耐热性也有所提高。但由于苯环的引入，降低了官能度，因而涂料的固化速度比三聚氰胺树脂慢，涂膜的硬度也不及三聚氰胺，耐候性较差。一般来说，苯代三聚氰胺适用于室内用漆。

实用的甲醚化苯代三聚氰胺树脂大多属于单体型高甲醚化氨基树脂。由于苯环的引入，使这类树脂具有亲油性，在脂肪烃、芳香烃、醇类中有良好的溶解性，涂膜具有优良的耐化学品性，它已应用于溶剂型涂料、高固体分涂料、水性涂料。在电泳涂料中，作为交联剂，与基体树脂配合，还显示优良的电泳共进性。

7.2.4　共缩聚树脂

共缩聚树脂主要有三聚氰胺尿素共缩聚树脂、三聚氰胺苯代三聚氰胺共缩聚树脂。

以尿素取代部分三聚氰胺，可提高涂膜的附着力和干性，成本降低，如取代量过大，则将影响涂膜的抗水性和耐候性。

以苯代三聚氰胺取代部分三聚氰胺，可以改进三聚氰胺树脂与醇酸树脂的混溶性，显著提高涂膜的初期光泽、抗水性和耐碱性，但对三聚氰胺树脂的耐候性有一定的影响。

7.3 氨基树脂的合成原料

用于生产氨基树脂的原料主要有氨基化合物、醛类、醇类。

7.3.1 氨基化合物

氨基化合物主要有尿素、三聚氰胺和苯代三聚氰胺。

(1) 尿素

尿素易溶于水和液氨，也能溶于醇类，微溶于乙醚及酯类。尿素在水中的溶解度随温度升高而增大。

尿素化学性质稳定。在强酸性溶液中呈弱碱性，能与酸作用生成盐类，如磷酸尿素 [$CO(NH_2)_2 \cdot H_3PO_4$]、硝酸尿素 [$CO(NH_2)_2 \cdot HNO_3$]。尿素与盐类相互作用生成络合物，如尿素硝酸钙 [$Ca(NO_3)_2 \cdot 4CO(NH_2)_2$]、尿素氯化铵 [$NH_4Cl \cdot CO(NH_2)_2$]。

尿素能与醛类如与甲醛缩合生成脲醛树脂，在酸性作用下与甲醛作用生成羟甲基脲，在中性溶液中与甲醛作用生成二羟甲基脲。

(2) 三聚氰胺

三聚氰胺（melamine）又称三聚氰酰胺、蜜胺、2,4,6-三氨基-1,3,5-三嗪。其结构式如下：

$$\text{(三嗪环，2,4,6位各连一个 }NH_2\text{)}$$

相对分子质量为126.12。三聚氰胺为白色单斜棱晶，熔点347℃，密度1.573g/cm^3，微溶于水、热乙醇、甘油及吡啶，不溶于乙醚、苯、四氯化碳。三聚氰胺在不同溶剂中的溶解度见表7-2。

表7-2 三聚氰胺在不同溶剂中的溶解度

溶剂	乙醇	丙酮	二甲基甲酰胺	乙基溶纤剂	水
溶解度(30℃)/(g/100mL)	0.06	0.03	0.01	1.12	0.5

三聚氰胺在不同温度下水中的溶解度见表7-3。

表7-3 三聚氰胺在不同温度下水中的溶解度

温度/℃	0	10	20	30	40	50	60	70	80	90	100
溶解度/(g/100g)	0.13	0.23	0.32	0.48	0.69	1.05	1.27	2.05	2.78	3.79	5.10

三聚氰胺有一对称的结构，由一个对称的三嗪环和三个氨基组成，三嗪环很稳

定，除非在很激烈的条件下，一般不易裂解，较多的化学反应是发生在氨基上。将三聚氰胺加热至 300℃以上，而氨分压又很低时，三聚氰胺会放出氨气而生成一系列的脱氨产物。三聚氰胺的氨基可和无机酸及碱发生水解反应。水解反应是逐渐进行的，最终结果是三个氨基全部水解变成羟基而得三聚氰酸。

三聚氰胺是一弱碱，和许多有机酸及无机酸都能生成盐类，如磷酸三聚氰胺盐[$C_3N_3(NH_2)_3 \cdot H_3PO_4$]、硝酸三聚氰胺[$C_3N_3(NH_2)_3 \cdot HNO_3$]、醋酸三聚氰胺[$C_3N_3(NH_2)_3 \cdot C_2H_2O_4$]、苦味酸三聚氰胺[$C_3N_3(NH_2)_3 \cdot (NO_2)_3C_6H_2OH$]，这些盐类在水中的溶解度很低，其中苦味酸三聚氰胺溶解度极低，被广泛用于定量分析中。

三聚氰胺和甲醛反应生成一系列的树脂状产物，这是三聚氰胺在工业中最重要的应用。三聚氰胺分子中 3 个氨基上的 6 个氢原子都可分别逐个被羟甲基所取代，反应可在酸性或碱性介质中进行，生成不同程度的羟甲基三聚氰胺相互聚合物，最后成三维状聚合物——三聚氰胺-甲醛树脂。

(3) 苯代三聚氰胺

三聚氰胺分子中的一个氨基或氨基上的一个氢原子被其他基团取代的化合物称为烃基三聚氰胺。取代基可以是芳香烃或脂肪烃。三聚氰胺分子中的一个氨基被苯基取代的化合物称为苯代三聚氰胺。其结构式如下：

C_6H_5
N　N
H_2N　N　NH_2

苯代三聚氰胺，俗称苯鸟粪胺，又称 2,4-二氨基-6-苯基-1,3,5-三嗪，相对分子质量为 187.17。苯代三聚氰胺是一种弱碱，熔点 227℃，20℃时水溶性小于 0.005g/100mL。苯代三聚氰胺的主要用途是涂料，约占产量的 70%，其次是塑料与三聚氰胺并用制层压板或蜜胺餐具，约占产量的 20%。另外在织物处理剂、纸张处理剂、胶黏剂、耐热润滑剂的增稠剂等方面也有少量应用。苯代三聚氰胺在各种溶剂中的溶解度见表 7-4。

表 7-4　苯代三聚氰胺在各种溶剂中的溶解度

溶剂	水	苯	乙醚	醋酸丁酯	二氯甲烷	甲醇	丙酮	四氢呋喃	二甲基甲酰胺	甲基溶纤剂
溶解度/(g/100g)	0	0.04	0.2	0.7	0.08	1.4	1.8	8.8	12.0	13.7

7.3.2 醛类

用于生产氨基树脂的醛类化合物主要有甲醛及其聚合物——多聚甲醛。

(1) 甲醛

常温下，纯甲醛是一种具有窒息性的无色气体，有特殊的刺激性气味，特别是对眼睛和黏膜有刺激作用，能溶于水。纯甲醛气体是可燃性气体，着火温度为

430℃，与空气混合能形成爆炸混合物，爆炸极限为7.0%～73.0%。

甲醛能无限溶解于水，甲醛水溶液是一种共聚物的混合物，主要是甲二醇［$CH_2(OH)_2$］、聚氧亚甲基二醇［$HO(CH_2O)_nH$］组成的复杂的平衡混合物，游离的单体甲醛很少。紫外光谱研究表明，在较高浓度的甲醛水溶液中单体甲醛的浓度小于0.04%（质量），在较低浓度的甲醛水溶液中单体甲醛的含量也不超过0.1%（质量）。

由于坎尼扎罗反应所致，甲醛水溶液呈酸性，pH值约为2.5～4.4。含甲醇的甲醛水溶液可在相对低的温度下储存，不会有聚合物沉淀出现。

甲醛可与伯胺、仲胺发生加成反应生成烷氨基甲醇，后者在加热或碱性条件下进一步缩合生成取代亚甲基胺。甲醛与叔胺不反应。

在中性或碱性条件下，甲醛与酰胺加成反应生成相对稳定的一羟甲基和二羟甲基衍生物。工业上，甲醛与尿素的加成反应生成羟甲基脲。在酸存在下羟甲基脲之间和羟甲基脲和尿素之间进一步缩聚生成脲醛树脂。甲醛还可与苯酚或甲基苯酚反应生成酚醛树脂。在碱性条件下，于50～70℃，甲醛与氨缩合生成六亚甲基四胺（乌洛托品）。

工业甲醛一般含甲醛37%～55%（质量）、甲醇1%～8%（质量），其余的为水，通常甲醛含量为40%，俗称福尔马林。工业甲醛是无色透明的液体，具有窒息性臭味。甲醛的性能指标见表7-5。

表7-5 甲醛的性能指标

指标名称	37%甲醛水溶液	50%甲醛水溶液	甲醛的丁醇溶液	甲醛的甲醇溶液
外观	无色透明液体	无色透明液体	无色透明液体	无色透明液体
甲醛含量/(g/100g)	37±0.5	50.0～50.4	39.5～40.5	55
甲醇含量/(g/100g)	≤12	≤1.5		30～35
甲酸含量/(g/100mL)	≤0.04			
铁含量/(g/100mL)	≤0.0005	≤0.005		
灼烧残渣含量/(g/100mL)	≤0.005	≤0.1		
水含量/%			6.5～7.5	10～15
闪点/℃	60	68.3	71.1	
沸点/℃	96	约100	107	
储存温度/℃	15.6～32.2	48.9～62.8	20	

甲醛有毒，低浓度甲醛对人体的主要影响是刺激眼睛和黏膜，小于0.05mg/m³的低浓度甲醛对人体无影响。甲醛浓度为1mg/m³时，一般可感受到甲醛气味，但有的人可以觉察到0.05mg/m³的甲醛含量。5mg/m³浓度的甲醛会引起咳嗽、胸闷。20mg/m³时即会引起明显流泪，超过50mg/m³时即会发生严重的肺部反应，有时甚至会造成死亡。为了减少甲醛对人体的危害，各国对居室内甲醛允许浓度都做了严格规定。部分国家居室内甲醛允许浓度见表7-6。

表 7-6　部分国家居室内甲醛允许浓度

国　别	居室内甲醛允许浓度/(mg/m³)	国　别	居室内甲醛允许浓度/(mg/m³)
丹　麦	0.12	瑞　士	0.2
芬　兰	0.12	加拿大	0.1
意大利	0.1	德　国	0.1
荷　兰	0.1	美　国	0.4
瑞　典	0.4～0.7	中　国	0.05

(2) 多聚甲醛

多聚甲醛为无色结晶固体，具有单体甲醛的气味，熔点随聚合度 n 的增大而增高，其熔点范围为 120～170℃。常温下，多聚甲醛会缓慢分解成气态甲醛，加热会加速分解过程。多聚甲醛能缓慢溶于冷水，形成低浓度的甲二醇，但在热水中会迅速溶解并能水解或解聚成甲醛水溶液，其性质与普通的甲醛水溶液相同。加入稀碱或稀酸会加速多聚甲醛的溶解速度，在 pH＝2～5 时溶解速度最小，当 pH 值高于 5 或低于 2 时，其溶解速度迅速增加。多聚甲醛同样可溶于醇类、苯酚和其他极性溶剂，并能发生解聚。

7.3.3　醇类

氨基树脂必须用醇类醚化后才能应用于涂料，所用的醇类主要有甲醇、工业无水乙醇、乙醇、异丙醇、正丁醇、异丁醇和辛醇。

7.4　氨基树脂的合成

7.4.1　脲醛树脂的合成

7.4.1.1　合成原理

脲醛树脂是尿素和甲醛在碱性或酸性条件下缩聚而成的树脂，反应可在水中进行，也可在醇溶液中进行。尿素和甲醛的摩尔比、反应介质的 pH 值、反应时间、反应温度等对产物的性能有较大影响。反应包括弱碱性或微酸性条件下的加成反应、酸性条件下的缩聚反应以及用醇进行的醚化反应。

(1) 加成反应（羟甲基化反应）

尿素和甲醛的加成反应可在碱性或酸性条件下进行，在此阶段主要产物是羟甲基脲，并依甲醛和尿素摩尔比的不同，可生成一羟甲基脲、二羟甲基脲或三羟甲基脲。

$$H_2N-\overset{\overset{\displaystyle O}{\|}}{C}-NH_2 + HCHO \xrightleftharpoons{OH^- \text{或} H^+} H_2N-\overset{\overset{\displaystyle O}{\|}}{C}-\underset{H}{N}-CH_2OH$$

$$H_2N-\overset{\overset{\displaystyle O}{\|}}{C}-NH_2 + 2HCHO \xrightleftharpoons{OH^- \text{或} H^+} HOCH_2-\underset{H}{N}-\overset{\overset{\displaystyle O}{\|}}{C}-\underset{H}{N}-CH_2OH$$

$$H_2N-\overset{O}{\overset{\|}{C}}-NH_2+3HCHO \xrightleftharpoons{OH^- 或 H^+} HOCH_2-\underset{CH_2OH}{\underset{|}{N}}-\overset{O}{\overset{\|}{C}}-\underset{H}{N}-CH_2OH$$

(2) 缩聚反应

在酸性条件下，羟甲基脲与尿素、或羟甲基脲与羟甲基脲之间发生羟基与羟基、或羟基与酰胺基间的缩合反应，生成亚甲基。

$$HOCH_2-\underset{H}{N}-\overset{O}{\overset{\|}{C}}-NH_2+HOCH_2-\underset{H}{N}-\overset{O}{\overset{\|}{C}}-\underset{H}{N}-CH_2OH \xrightleftharpoons{H^+,-H_2O} HOCH_2-\underset{H}{N}-\overset{O}{\overset{\|}{C}}-\underset{H}{N}-CH_2-\underset{H}{N}-\overset{O}{\overset{\|}{C}}-\underset{H}{N}-CH_2OH$$

$$HOCH_2-\underset{H}{N}-\overset{O}{\overset{\|}{C}}-\underset{H}{N}-CH_2OH+HOCH_2-\underset{H}{N}-\overset{O}{\overset{\|}{C}}-NH_2 \xrightleftharpoons{H^+,-H_2O} HOCH_2-\underset{H}{N}-\overset{O}{\overset{\|}{C}}-\underset{H}{N}-CH_2O-CH_2-\underset{H}{N}-\overset{O}{\overset{\|}{C}}-NH_2$$

通过控制反应介质的酸度、反应时间可以制得相对分子质量不同的羟甲基脲低聚物，低聚物间若继续缩聚就可制得体型结构聚合物。

(3) 醚化反应

羟甲基脲低聚物具有亲水性，不溶于有机溶剂，因此不能用作溶剂型涂料的交联剂。用于涂料的脲醛树脂必须用醇类醚化改性，醚化后的树脂中具有一定数量的烷氧基，使树脂的极性降低，从而使其在有机溶剂中的溶解性增大，可用作溶剂型涂料的交联剂。

用于醚化反应的醇类，其分子链越长，醚化产物在有机溶剂中的溶解性越好。用甲醇醚化的树脂仍具有水溶性，用乙醇醚化的树脂有醇溶性，而用丁醇醚化的树脂在有机溶剂中则有较好的溶解性。

醚化反应是在弱酸性条件下进行的，此时发生醚化反应的同时，也发生缩聚反应，如：

$$HOCH_2-\overset{H}{N}-\overset{O}{\overset{\|}{C}}-\underset{H}{N}-CH_2OH+C_4H_9OH \xrightleftharpoons{H^+,\ -H_2O} C_4H_9OCH_2-\overset{H}{N}-\overset{O}{\overset{\|}{C}}-N-CH_2$$

制备丁醚化树脂时一般使用过量的丁醇，这有利于醚化反应的进行。弱酸性条件下，醚化反应和缩聚反应是同时进行的。

7.4.1.2 合成工艺

(1) 丁醚化脲醛树脂的合成工艺

尿素分子中有 2 个氨基，为四官能度化合物，甲醛为二官能度化合物，故一般生产配方中，尿素、甲醛、丁醇的摩尔比为 1∶(2～3)∶(2～4)。

尿素和甲醛先在碱性条件下进行羟甲基化反应，然后加入过量的丁醇，反应物的pH值调至微酸性，进行醚化和缩聚反应，控制丁醇和酸性催化剂的用量，使两种反应平衡进行。在羟甲基化过程中也可加入丁醇。脲醛树脂的醚化速度较慢，故酸性催化剂用量略多，随着醚化反应的进行，树脂在脂肪烃中的溶解度逐渐增加。醚化反应过程中，通过测定树脂对200号油漆溶剂油的容忍度来控制醚化程度。

丁醚化脲醛树脂的原料配方示例见表7-7。

表7-7　丁醚化脲醛树脂的原料配方示例

原料	尿素	37%甲醛	丁醇(1)	丁醇(2)	二甲苯	苯酐
相对分子质量	60	30	74	74		
物质的量/mol	1	2.184	1.09	1.09		
质量份	14.5	42.5	19.4	19.4	4.0	0.3

丁醚化脲醛树脂的合成工艺如下：

① 将甲醛加入反应釜中，用10%氢氧化钠水溶液调节pH值至7.5～8.0，加入已破碎尿素；

② 微热至尿素全部溶解后，加入丁醇（1），再用10%氢氧化钠水溶液调节pH=8.0；

③ 加热升温至回流温度，保持回流1h；

④ 加入二甲苯、丁醇（2），以苯酐调整pH值至4.5～5.5；

⑤ 回流脱水至105℃以上，测容忍度达1：2.5为终点；

⑥ 蒸出过量丁醇，调整黏度至规定范围，降温，过滤。

丁醚化脲醛树脂的质量规格见表7-8。

表7-8　丁醚化脲醛树脂的质量规格

项目	外观	黏度(涂-4杯)/s	色泽(铁-钴比色计)/号	容忍度	酸值/(mg/g)	不挥发分/%
指标	透明黏稠液体	80～130	≤1	1：(2.5～3)	≤4	60±2

（2）甲醚化脲醛树脂的合成工艺

大多数实用的甲醚化脲醛树脂属于聚合型部分烷基化的氨基树脂，有两种规格，一种是低相对分子质量甲醚化脲醛树脂，另一种是高相对分子质量甲醚化脲醛树脂。以下主要介绍高相对分子质量甲醚化脲醛树脂合成过程。

高相对分子质量甲醚化脲醛树脂的原料配方示例见表7-9。

表7-9　高相对分子质量甲醚化脲醛树脂的原料配方示例

原料	尿素	93%多聚甲醛	甲醇	异丙醇
相对分子质量	60	30	32	
物质的量/mol	1	3	3	
质量份	23.7	38.3	38.0	适量

其生产过程如下：

① 将甲醇、多聚甲醛加入反应釜中，开动搅拌，用三乙胺调 pH 值至 9.0～10.0，加热升温至 50℃，保温至多聚甲醛全部溶解；

② 加入尿素，升温回流 30min，用甲酸调 pH 值至 4.5～5.5，再回流 3h；

③ 降温至 25℃，用浓硝酸调 pH 值至 2.0～3.0，在 25～30 保温 1h；

④ 用 30％氢氧化钠溶液调 pH 值至 8.0，真空蒸除挥发物，直到 100℃、93kPa 真空度时基本无液体蒸出；

⑤ 用异丙醇稀释至规定的不挥发分，过滤。

高相对分子质量甲醚化脲醛树脂的质量规格见表 7-10。

表 7-10　高相对分子质量甲醚化脲醛树脂的质量规格

项 目	色泽(铁-钴比色计)/号	不挥发分/％	黏度/Pa·s	游离甲醛/％	溶解性
指 标	≤1	88±2	1.5～3.2	≤2	溶于醇和水

7.4.2　三聚氰胺甲醛树脂的合成

7.4.2.1　合成原理

(1) 羟甲基化反应

三聚氰胺分子上有 3 个氨基，共有 6 个活性氢原子，在酸或碱作用下，每个三聚氰胺分子可和 1～6 个甲醛分子发生加成反应，生成相应的羟甲基三聚氰胺，反应速率与原料配比、反应介质 pH 值、反应温度以及反应时间有关。一般来说，当 pH＝7 时，反应较慢；pH＞7 时，反应加快；当 pH＝8～9 时，生成的羟甲基衍生物较稳定。通常可使用 10％或 20％的氢氧化钠水溶液调节溶液的 pH 值，也可用碳酸镁来调节。碳酸镁碱性较弱，微溶于甲醛，在甲醛溶液中大部分呈悬浮状态，它可抑制甲醛中的游离酸，使调整后的 pH 值较稳定。

1mol 三聚氰胺和 3.1mol 甲醛反应，以碳酸钠溶液调节 pH 值至 7.2，在 50～60℃反应 20min 左右，反应体系成为无色透明液体，迅速冷却后可得三羟甲基三聚氰胺的白色细微结晶，此反应速率很快，且不可逆。

$$C_3N_3(NH_2)_3 + 3HCHO \xrightarrow{OH^-} C_3N_3(NHCH_2OH)_3$$

在过量的甲醛存在下，可生成多于三个羟甲基的羟甲基三聚氰胺，此时反应是可逆的。甲醛过量越多，三聚氰胺结合的甲醛就越多。一般 1mol 三聚氰胺和 3～4mol 甲醛结合，得到处理纸张和织物的三聚氰胺树脂；和 4～5mol 甲醛结合，经醚化后得到用于涂料的三聚氰胺树脂。

(2) 缩聚反应

在弱酸性条件下，多羟甲基三聚氰胺分子间的羟甲基与未反应的活泼氢原子之间、或羟甲基与羟甲基之间可缩合成亚甲基：

$$\text{(HOCH}_2\text{NH)}_2\text{C}_3\text{N}_3\text{NHCH}_2\text{OH} + \text{(HOCH}_2\text{NH)}_2\text{C}_3\text{N}_3\text{NHCH}_2\text{OH} \xrightleftharpoons{H^+,\ -H_2O} \text{(HOCH}_2\text{NH)}_2\text{C}_3\text{N}_3\text{—N(CH}_2\text{OH)—CH}_2\text{HN—C}_3\text{N}_3\text{(NHCH}_2\text{OH)}_2$$

$$\text{(HOCH}_2\text{NH)}_2\text{C}_3\text{N}_3\text{NHCH}_2\text{OH} + \text{(HOCH}_2\text{NH)}_2\text{C}_3\text{N}_3\text{NHCH}_2\text{OH} \xrightleftharpoons{H^+,\ -H_2O} \text{(HOCH}_2\text{NH)}_2\text{C}_3\text{N}_3\text{NHCH}_2\text{O—CH}_2\text{HN—C}_3\text{N}_3\text{(NHCH}_2\text{OH)}_2 \xrightarrow[\triangle]{-HCHO} \text{(HOCH}_2\text{NH)}_2\text{C}_3\text{N}_3\text{NH—CH}_2\text{HN—C}_3\text{N}_3\text{(NHCH}_2\text{OH)}_2$$

多羟甲基三聚氰胺低聚物具有亲水性，应用于塑料、胶黏剂、织物处理剂和纸张增强剂等方面，经进一步缩聚，成为体型结构产物。

(3) 醚化反应

多羟甲基三聚氰胺不溶于有机溶剂，必须醇类醚经改性，才能用作溶剂型涂料交联剂。醚化反应是在微酸性条件下，在过量醇中进行的，同时也进行缩聚反应，形成多分散性的聚合物。

$$\text{(HOCH}_2\text{NH)}_2\text{C}_3\text{N}_3\text{NHCH}_2\text{OH} + \text{ROH} \xrightarrow{H^+,\ -H_2O} \text{HOH}_2\text{CN(\sim)—C}_3\text{N}_3\text{(NCH}_2\text{OR)}_2 \text{ (\sim)}$$

在微酸性条件下，醚化和缩聚是两个竞争反应，若缩聚快于醚化，则树脂黏度高，不挥发分低，与中长油度醇酸树脂的混溶性差，树脂稳定性也差；若醚化快于缩聚，则树脂黏度低，与短油度醇酸树脂的混溶性差，制成的涂膜干性慢，硬度低。所以必须控制条件，使这两个反应均衡进行，并使醚化略快于缩聚，达到既有一定的缩聚度，使树脂具有优良的抗性，又有一定的烷氧基含量，使其与基体树脂有良好的混溶性。

7.4.2.2　合成工艺

(1) 丁醇醚化三聚氰胺树脂的合成工艺

丁醇醚化三聚氰胺树脂的生产过程分为反应、脱水和后处理三个阶段。

① 反应阶段　有一步法和二步法两种。一步法在合成树脂的反应过程中，将各种原料投入后，在微酸性介质中同时进行羟甲基化反应、醚化反应和缩聚反应。二步法在反应过程中，物料先在微碱性介质中主要进行羟甲基化反应，反应到一定程度后，再转入微酸性介质中进行缩聚和醚化反应。一步法工艺简单，但必须严格控制反应介质的 pH 值，二步法反应较平稳，生产过程易于控制。

② 脱水阶段　将水分不断及时地排出，有利于醚化反应和缩聚反应正向进行。脱水有蒸馏法和脱水法两种方式。蒸馏法一般是加入少量的苯类溶剂进行苯类溶剂-丁醇-水三元恒沸蒸馏，苯类溶剂中苯毒性较大，一般是采用甲苯或二甲苯，其加入量约为丁醇量的10%，采用常压回流脱水，通过分水器分出水分，丁醇返回反应体系。脱水法是在蒸馏脱水前先将反应体系中部分水分离出去，以降低能耗，缩短工时。

③ 后处理阶段　包括水洗和过滤两个处理过程。通过水洗，除去亲水性物质，提高产品质量，增加树脂储存稳定性和抗水性。而过滤，是为了除去树脂中未反应的三聚氰胺以及未醚化的羟甲基三聚氰胺低聚物、残余的催化剂等杂质。

水洗方法是在树脂中加入20%～30%的丁醇，再加入与树脂等量的水，然后加热回流，静置分层后，减压回流脱水，待水脱尽后，再将树脂调整到规定的黏度范围，冷却过滤后即得透明而稳定的树脂。

丁醇醚化三聚氰胺树脂的生产配方示例见表 7-11。

表 7-11　丁醇醚化三聚氰胺树脂的生产配方示例

原料		三聚氰胺	37%甲醛	丁醇(1)	丁醇(2)	碳酸镁	苯酐	二甲苯
相对分子质量		126	30	74	74	—	—	—
低醚化度	物质的量/mol	1	6.3	5.4	—	—	—	—
	质量份	11.6	46.9	36.8	—	0.04	0.04	4.6
高醚化度	物质的量/mol	1	6.3	5.4	0.8	—	—	—
	质量份	10.9	44.2	34.7	5.8	0.03	0.04	4.3

其生产过程如下：

① 将甲醛、丁醇（1）、二甲苯投入反应釜中，搅拌下加入碳酸镁、三聚氰胺；

② 搅匀后升温，并回流 2.5h；

③ 加入苯酐，调整 pH 值至 4.5～5.0，再回流 1.5h；

④ 静置，分出水层；

⑤ 开动搅拌，升温回流出水，直到 102℃以上，树脂对 200 号油漆溶剂油容忍度为 1∶(3～4)；

⑥ 蒸出部分丁醇，调整黏度至规定范围，降温过滤。

要生产高醚化度三聚氰胺树脂，可在上述树脂中加入丁醇（2），继续回流脱水，直至容忍度达到 1∶(10～15)，蒸出部分丁醇，调整黏度至降温过滤。

丁醇醚化三聚氰胺树脂的质量规格见表 7-12。

表 7-12　丁醇醚化三聚氰胺树脂的质量规格

项　目		低醚化度三聚氰胺树脂	高醚化度三聚氰胺树脂
色泽(铁-钴比色计)/号		≤1	≤1
不挥发分/%		60±2	60±2
黏度(涂-4 杯)/s		60～100	50～80
混溶性	1∶4(纯苯)	透 明	透 明
	1∶1.5(50%油度蓖麻油醇酸树脂)	透 明	—
	1∶1.5(44%油度豆油醇酸树脂)	—	透 明
容忍度(200 号油漆溶剂油)		1∶(2～7)	1∶(10～20)
酸值/(mgKOH/g)		≤1	≤1
游离甲醛/%		≤2	≤2

(2) 异丁醇醚化三聚氰胺树脂的合成工艺

异丁醇醚化三聚氰胺树脂的合成工艺与丁醇醚化三聚氰胺树脂的合成工艺相似，只不过异丁醇的醚化反应速率较正丁醇慢。因此在容忍度相同时，异丁醇醚化树脂的异丁氧基含量较低，反应时间较长。

异丁醇醚化三聚氰胺树脂的生产配方示例见表 7-13。

表 7-13　异丁醇醚化三聚氰胺树脂的生产配方示例

原料	三聚氰胺	37%甲醛	异丁醇	碳酸镁	苯酐	二甲苯
相对分子质量	126	30	74			
物质的量/mol	1	6.3	6.9			
质量份	10.6	42.8	42.8	0.05	0.07	3.7

其生产过程如下：

① 将甲醛、异丁醇投入反应釜中，搅拌下加入碳酸镁、三聚氰胺；

② 搅匀后升温，并回流 3h；

③ 加入苯酐，调整 pH 值至 4.4～4.5，再回流 2h；

④ 加入二甲苯，搅匀后静置，分出水层；

⑤ 常压回流出水，直到 104℃以上，树脂对 200 号油漆溶剂油容忍度为 1∶4；

⑥ 蒸出过量异丁醇，调整黏度至规定范围，冷却过滤。

异丁醇醚化三聚氰胺树脂的质量规格见表 7-14。

(3) 甲醇醚化三聚氰胺树脂的合成工艺

甲醇醚化三聚氰胺树脂有三种：单体型高甲醚化三聚氰胺树脂、聚合型部分甲醚化三聚氰胺树脂、聚合型高亚氨基高甲醚化三聚氰胺树脂。

① 单体型高甲醚化三聚氰胺树脂　单体型高甲醚化三聚氰胺树脂中用量最大、应用最广的是六甲氧基甲基三聚氰胺（HMMM)。

表 7-14 异丁醇醚化三聚氰胺树脂的质量规格

项目		指标
色泽(铁-钴比色计)/号		≤1
不挥发分/%		60±2
黏度(涂-4杯)/s		100～120
混溶性	1∶4(纯苯)	透明
	1∶1.5(50%油度蓖麻油醇酸树脂)	透明
容忍度(200号油漆溶剂油)		1∶(4～10)
游离甲醛/%		≤2

六甲氧基甲基三聚氰胺属于单体型高烷基化三聚氰胺树脂，是一种六官能度单体化合物。其结构式如下：

$$C_3N_3[N(CH_2OCH_3)_2]_3$$

与丁醚化三聚氰胺树脂的合成工艺稍有不同，HMMM 的合成分两步进行：第一步，在碱性介质中，三聚氰胺与过量的甲醛进行羟甲基化反应，生成六羟甲基三聚氰胺晶体；第二步，除去游离甲醛和水分的六羟甲基三聚氰胺在酸性介质中和过量的甲醇进行醚化反应，得到 HMMM。

$$C_3N_3(NH_2)_3 \xrightleftharpoons[OH^-,\ -H_2O]{过量\ HCHO} C_3N_3[N(CH_2OH)_2]_3 \xrightleftharpoons[H^+,\ -H_2O]{过量\ CH_3OH} C_3N_3[N(CH_2OCH_3)_2]_3$$

第一步羟甲基化阶段，反应介质的 pH 值一般为 7.5～9.0，反应温度一般为 55～65℃，反应时间一般为 3～4h，甲醛用量一般为三聚氰胺物质的量（mol）的 8～12 倍。

第二步醚化反应是可逆反应，六羟甲基三聚氰胺晶体中含有水分，不利于醚化，而有利于缩聚。为避免缩聚和降低树脂中游离甲醛的含量，在醚化前必须除去水分和游离甲醛，使结晶体中含水量在 15%以下。醚化阶段，反应介质的 pH 值一般为 2～3.5，反应温度一般为 30～40℃，甲醇用量一般为六羟甲基三聚氰胺物质的量（mol）的14～20倍。用于醚化的酸性催化剂可以是硫酸、硝酸、盐酸，也可用强酸阳离子交换树脂。

HMMM的生产配方示例见表7-15。

表7-15 HMMM的生产配方示例

原料	三聚氰胺	37%甲醛	水	甲醇(1)	甲醇(2)	丁醇
相对分子质量	126	30		32	32	
物质的量/mol	1	10		18	18	
质量份	5.7	36.5	5.8	26.0	26.0	适量

其生产过程如下：

a. 将甲醛和水投入反应釜中，搅拌，用碳酸氢钠调节pH值至7.6，缓缓加入三聚氰胺；

b. 升温到60℃，待三聚氰胺溶解后，调节pH值至9.0，待六羟甲基三聚氰胺结晶析出后，静置保温3～4h；

c. 降温，由反应瓶底部吸滤除去过剩的甲醛水溶液；

d. 将甲醇（1）投入湿的六羟甲基三聚氰胺晶体，开动搅拌，在30℃用浓硫酸调pH值至2.0，晶体溶解后，用碳酸氢钠中和至pH＝8.5；

e. 在75℃以下减压蒸除挥发物；

f. 在75℃、90kPa（真空度）蒸出残余水分；

g. 加入甲醇（2），重复进行醚化操作；

h. 用丁醇稀释到规定的不挥发分，过滤。

HMMM的质量规格见表7-16。

表7-16 HMMM的质量规格

项 目	指 标	项 目	指 标
色泽(铁-钴比色计)/号	≤1	游离甲醛/%	≤3
不挥发分/%	70±2	溶解性	溶于醇，部分溶于水
黏度(涂-4杯)/s	30		

单体型高烷基三聚氰胺树脂中除六甲氧基甲基三聚氰胺外，还有六丁氧基甲基三聚氰胺（HBMM），其制备方法与HMMM的制备方法基本相同，在此不作介绍。

② 聚合型部分甲醚化三聚氰胺树脂的合成工艺　这类树脂的合成原理与聚合型部分丁醚化三聚氰胺树脂相似，也包括羟甲基化反应、缩聚反应和醚化反应，两者的合成工艺也相似。

聚合型部分甲醚化三聚氰胺树脂的生产配方示例见表7-17。

表 7-17 聚合型部分甲醚化三聚氰胺树脂的生产配方示例

原料	三聚氰胺	37%甲醛	93%多聚甲醛	甲醇(1)	甲醇(2)	丁醇
相对分子质量	126	30	30	32	32	
物质的量/mol	1	4	1.5	10	10	
质量份	11.2	28.5	4.2	28.05	28.05	适量

其生产过程如下：

a. 将37%甲醛、多聚甲醛和甲醇（1）投入反应釜中，搅拌，用20%氢氧化钠调节pH值至8.0～9.0，保温至体系透明；

b. 加入三聚氰胺，升温到60℃，并保温4～5h；

c. 加入甲醇（2），降温，用浓硫酸调pH值至3.0～4.0，在35～40℃保温到体系透明；

d. 用30%氢氧化钠调pH值至9.0～10.0，真空蒸除挥发物，直至在70℃、93kPa（真空度）无液体蒸出为止；

e. 用丁醇稀释到规定的不挥发分，过滤。

聚合型部分甲醚化三聚氰胺树脂的质量规格见表7-18。

表 7-18 聚合型部分甲醚化三聚氰胺树脂的质量规格

项　目	指　标	项　目	指　标
色泽(铁-钴比色计)/号	≤1	游离甲醛/%	≤3
不挥发分/%	60±2	溶解性	溶于醇,溶于水
黏度(涂-4杯)/s	30～80		

③ 聚合型高亚氨基高甲醚化三聚氰胺树脂的合成工艺　这类树脂与聚合型部分甲醚化三聚氰胺树脂不同之处在于，树脂中保留了一定量的未反应活性氢原子，醚化反应较完全。其合成工艺与聚合型部分甲醚化三聚氰胺树脂相似，只不过原料配比不同，表现在甲醛的用量相对减少，部分活性氢原子未发生羟甲基化反应，而甲醇用量增多，醚化反应较完全。其具体的合成方法在此不作介绍。

7.4.3 苯代三聚氰胺甲醛树脂的合成

7.4.3.1 合成原理

苯代三聚氰胺甲醛树脂的合成原理与三聚氰胺甲醛树脂基本相同。苯代三聚氰胺与甲醛在碱性条件下先进行羟甲基化反应，然后在弱酸性条件下，羟甲基化产物与醇类进行醚化反应的同时也进行缩聚反应。只不过由于苯环的引入，降低了官能度，分子中氨基的反应活性也有所降低。苯代三聚氰胺的反应性介于尿素与三聚氰胺之间。

7.4.3.2 合成工艺

（1）丁醚化苯代三聚氰胺甲醛树脂的合成工艺

苯代三聚氰胺的官能团比三聚氰胺少，合成树脂时，甲醛和丁醇的用量也减少。一般配方中，苯代三聚氰胺、甲醛、丁醇的摩尔比为 1∶(3～4)∶(3～5)。

制备时分两步进行，第一步在碱性介质中进行羟甲基化反应，第二步在微酸性介质中进行醚化和缩聚反应。水分可用分水法或蒸馏法除法。

丁醚化苯代三聚氰胺甲醛树脂的生产配方示例见表 7-19。

表 7-19　丁醚化苯代三聚氰胺甲醛树脂的生产配方示例

原料	苯代三聚氰胺	37%甲醛	丁醇	二甲苯	苯酐
相对分子质量	187	30	74		
物质的量/mol	1	3.2	4		
质量份	22.8	32.9	36.2	8.1	0.07

其生产过程如下：

a. 将甲醛投入反应釜中，搅拌，用 10%氢氧化钠调节 pH 值至 8.0；

b. 加入丁醇和二甲苯，缓缓加入苯代三聚氰胺；

c. 升温，常压回流至出水量约为 10 份；

d. 加入苯酐，调节 pH 值至 5.5～6.5；

e. 继续回流出水至 105℃以上，取样测纯苯混溶性达 1∶4 透明为终点；

f. 蒸出过量丁醇，调整黏度到规定的范围，冷却过滤。

丁醚化苯代三聚氰胺甲醛树脂的质量规格见表 7-20。

表 7-20　丁醚化苯代三聚氰胺甲醛树脂的质量规格

项　　目	指　　标	项　　目	指　　标
色泽(铁-钴比色计)/号	≤1	容忍度(200 号油漆溶剂油)	1∶(3～7)
不挥发分/%	60±2	游离甲醛/%	≤3
黏度(涂-4 杯)/s	20～50	酸值/(mgKOH/g)	≤2
干性(与 44%油度豆油醇酸树脂)	120℃×1h		

(2) 甲醚化苯代三聚氰胺甲醛树脂的合成工艺

实用的甲醚化苯代三聚氰胺甲醛树脂大多属于单体型高烷基化氨基树脂。甲醚化苯代三聚氰胺甲醛树脂的合成原理与甲醚化三聚氰胺甲醛树脂相似。

甲醚化苯代三聚氰胺甲醛树脂的生产配方示例见表 7-21。

表 7-21　甲醚化苯代三聚氰胺甲醛树脂的生产配方示例

原料	苯代三聚氰胺	93%多聚甲醛	甲醇(1)	甲醇(2)
相对分子质量	187	30	32	32
物质的量/mol	1	3	2.7	17.1
质量份	20.4	10.6	9.4	59.6

其生产过程如下：

a. 将甲醇（1）、多聚甲醛投入反应釜中，开动搅拌，用20%氢氧化钠调节pH值至8.6～8.8，升温至50℃，待多聚甲醛溶解后，加入苯代三聚氰胺；

b. 升温至70℃保温1h，加入甲醇（2），降温；

c. 以浓盐酸调节pH值至1.0～2.0，在40℃保温2h，以30%氢氧化钠调节pH值至9.0；

d. 真空蒸除挥发物，直至70℃、93kPa（真空度）时无液体蒸出为止，冷却过滤。

甲醚化苯代三聚氰胺甲醛树脂的质量规格见表7-22。

表7-22 甲醚化苯代三聚氰胺甲醛树脂的质量规格

项 目	指 标	项 目	指 标
色泽(铁-钴比色计)/号	≤1	游离甲醛/%	≤0.5
不挥发分/%	≥98	溶解性	溶于醇类、芳烃类
黏度(涂-4杯)/s	3.0～5.5		

7.4.4 共缩聚树脂的合成

（1）丁醚化三聚氰胺脲醛共缩聚树脂的合成

丁醚化三聚氰胺树脂是使用最广泛的交联剂，但其附着力较差，固化速度较慢。以尿素取代部分三聚氰胺合成丁醚化三聚氰胺脲醛共缩聚树脂，既可提高涂膜的附着力和干性，又可降低成本。

丁醚化三聚氰胺脲醛共缩聚树脂的生产配方示例见表7-23。

表7-23 丁醚化三聚氰胺脲醛共缩聚树脂的生产配方示例

原料	三聚氰胺	尿素	37%甲醛	丁醇	二甲苯	苯酐
相对分子质量	126	60	30	74		
物质的量/mol	0.75	0.25	5.5	5.5		
质量份	15.3	2.4	7.2	66.0	6.5	2.6

其生产过程如下：

a. 将丁醇、甲醛、二甲苯投入反应釜中，开动搅拌，用10%氢氧化钠调节pH值至8.0～8.5，加入三聚氰胺；

b. 升温至50℃，待三聚氰胺溶解后，加入尿素；

c. 升温回流出水，待出水量达30份左右，加入苯酐，调节pH值至微酸性；

d. 回流出水至105℃以上，测树脂对200号油漆溶剂油容忍度达1∶2时终止反应；

e. 蒸出部分丁醇，调整黏度至规定范围，冷却过滤。

丁醚化三聚氰胺脲醛共缩聚树脂的质量规格见表7-24。

表 7-24　丁醚化三聚氰胺脲醛共缩聚树脂的质量规格

项　　目	指　　标	项　　目	指　　标
色泽(铁-钴比色计)/号	≤1	容忍度(对 200 号油漆溶剂油)	1∶(2～8)
不挥发分/%	60±2	酸值/(mgKOH/g)	≤2
黏度(涂-4 杯)/s	50～120		

(2) 丁醚化三聚氰胺苯代三聚氰胺共缩聚树脂的合成

以苯代三聚氰胺取代部分三聚氰胺合成丁醚化三聚氰胺苯代三聚氰胺共缩聚树脂，可改进三聚氰胺树脂和醇酸树脂的混溶性，提高涂膜的初期光泽、抗水性和耐碱性，但对树脂的耐候性有些不利影响。

丁醚化三聚氰胺苯代三聚氰胺共缩聚树脂的生产配方示例见表 7-25。

表 7-25　丁醚化三聚氰胺苯代三聚氰胺共缩聚树脂的生产配方示例

原料	三聚氰胺	苯代三聚氰胺	37%甲醛	丁醇	二甲苯	碳酸镁	苯酐
相对分子质量	126	187	30	74			
物质的量/mol	0.75	0.25	5.5	5.0			
质量份	9.3	4.6	44.0	36.5	5.5	0.04	0.06

其生产过程如下：

a. 将甲醛、丁醇、二甲苯投入反应釜中，开动搅拌，加入碳酸镁、三聚氰胺、苯代三聚氰胺；

b. 回流出水，待出水量达18份左右，加入苯酐；

c. 继续回流出水至105℃以上，测树脂对200号油漆溶剂油容忍度达1∶2时终止反应；

d. 蒸出部分丁醇，调整黏度至规定范围，冷却过滤。

丁醚化三聚氰胺苯代三聚氰胺共缩聚树脂的质量规格见表 7-26。

表 7-26　丁醚化三聚氰胺苯代三聚氰胺共缩聚树脂的质量规格

项　　目	指　　标	项　　目	指　　标
色泽(铁-钴比色计)/号	≤1	容忍度(对 200 号油漆溶剂油)	1∶(2～7)
不挥发分/%	50±2	混溶性(纯苯 1∶4)	透明
黏度(涂-4 杯)/s	20～30		

7.5　氨基树脂的应用

涂料工业使用的氨基树脂在涂料固化过程中起交联剂的作用。氨基树脂与基体树脂可进行共缩聚反应，其本身也进行自缩聚反应，使涂料交联固化。氨基树脂中含有烷氧基甲基、羟甲基和亚氨基等基团。烷氧基甲基是交联反应的主要基团，羟甲基既是交联反应的基团，也是自缩聚的基团，其反应能力比烷氧基甲基大，亚氨基主要是自缩聚的基团，易与羟甲基进行自缩聚反应。

聚合型部分烷基化的氨基树脂主要含有烷氧基甲基和羟甲基，聚合型高亚氨基树脂主要含有烷氧基甲基和亚氨基，单体型高烷基化氨基树脂主要含有烷氧基甲基。

醇酸树脂、热固性丙烯酸树脂、聚酯树脂和环氧树脂中含有羟基、羧基、酰胺基等。这些树脂作为基体树脂与氨基树脂配合，在涂膜中发挥增塑作用。基体树脂的羟基、羧基、酰胺基与氨基树脂的烷氧基甲基、羟甲基和亚氨基等基团进行共缩聚反应。这是固化时的主要反应，羧基主要起催化作用，它催化交联反应，同时也催化氨基树脂的自缩聚反应。

为满足涂料的性能要求，常将几种树脂混合，通过改变混合比调节性能，达到优势互补的作用。涂膜性能较大程度上取决于基体树脂和氨基树脂交联剂间的混溶性。在交联反应体系，混溶性不仅与基体树脂和交联剂的种类性能有关，还与它们之间的混合分散状态、相互反应程度、分子立体构型、相对分子质量及其分布等也有大关系。

当两种树脂混合时往往会出现下列现象：

① 两种树脂混溶性好，烘干后涂膜透明，附着力好，光泽高；

② 两种树脂能混溶，但溶液透明度稍差，涂膜烘干后透明。对这种情况，是两种树脂本质上能混溶，只是溶剂不理想。

③ 两种树脂能混溶，但涂膜烘干后表面有一层白雾。这是两者混溶性不佳的最轻程度。

④ 两种树脂能混溶，但涂膜烘干后皱皮无光。出现这种情况是两者本质上不能混溶，只是因为能溶于同一种溶剂。

⑤ 两种树脂不能混溶，放在一起体系浑浊，严重时分层析出。

一般涂膜的必要条件是透明且附着力好。上述几种情况中只有出现①、②两种情况的树脂能配合使用。

通用的丁醚化三聚氰胺树脂为聚合型结构，相对分子质量一般不超过 2000，分子结构中主要有羟甲基和丁氧基，前者极性高于后者。不干性油醇酸树脂油度短，羟基过量较多，极性较大，它易与低丁醚化三聚氰胺树脂相混溶；半干性油（或干性油）醇酸树脂油度较长，羟基过量较少，极性较小，易与高丁醚化三聚氰胺树脂相容。高醚化氨基树脂可得到较高的应用固体分，但固化速度慢，涂膜硬度低，所以选择氨基树脂时，在达到一定混溶性的前提下，醚化度不要太高。

聚酯树脂极性高于醇酸树脂。热固性丙烯酸树脂主要是（甲基）丙烯酸（酯）单体和多种乙烯基单体的共聚物，相对分子质量一般为 10000～20000，分子链上带有羟基、羧基、酰胺基等，极性也高于醇酸树脂。聚酯树脂和热固性丙烯酸树脂易与自缩聚倾向小、共缩聚倾向大的低丁醚化三聚氰胺树脂、甲醚化三聚氰胺树脂相容。热固性丙烯酸树脂用醇酸改性后，可提高与低丁醚化三聚氰胺树脂的混溶性。

异丁醇醚化氨基树脂比容忍度相同的丁醇醚化氨基树脂的极性大，相对分子质量分布宽，与极性较大的醇酸树脂有更好的混溶性。

丁醚化苯代三聚氰胺树脂比丁醚化三聚氰胺树脂极性低，与多种醇酸树脂有优良的混溶性。

丁醚化脲醛树脂易与短、中油度醇酸树脂相容。

甲醚化氨基树脂，不论单体型还是聚合型，相对分子质量一般都比丁醚化氨基树脂低，极性比丁醚化氨基树脂高。它们共缩聚倾向大于自缩聚，与醇酸树脂、聚酯树脂、热固性丙烯酸树脂、环氧树脂都有良好相容性，可产生固化快、耐溶剂、硬度高的涂膜，但它们更倾向于与低相对分子质量的基体树脂相容。

7.5.1　丁醚化氨基树脂的应用

(1) 氨基醇酸磁漆

氨基醇酸磁漆中大都选用油度在40%左右的醇酸树脂，生产短油度醇酸树脂多元醇需过量较多。基体树脂中保留的羟基有利于与氨基树脂的交联，但羟基过多会影响涂膜的抗水性。油度短的醇酸树脂涂膜硬度较大，因此氨基树脂用量可适当减少。若氨基树脂的用量增加，则可降低烘烤温度或缩短烘烤时间。

氨基烘漆中主要使用半干性油和不干性油改性的醇酸树脂。最常用的半干性油是豆油和茶油，这类醇酸树脂常用于色漆配方中，氨基树脂和醇酸树脂的比例一般为1∶(4～5)。不干性油主要有椰子油、蓖麻油和花生油，这类醇酸树脂的保光保色性比豆油醇酸树脂好得多，特别是蓖麻油醇酸树脂，附着力优良，这类醇酸树脂常用于浅色或白色烘漆配方中，氨基树脂和醇酸树脂的比例一般为1∶(2.5～3)。

以十一烯酸、合成脂肪酸（主要是C_5～C_6低碳酸和C_{10}～C_{20}中碳酸）等碳链较短的不干性油制得的醇酸树脂与氨基树脂制得的涂膜耐水性、光泽、硬度、保光保色性都有提高，但丰度不如豆油改性醇酸树脂好。氨基树脂和醇酸树脂的比例一般为1∶(2.8～3)。

聚丙烯酸酯（主要是甲基丙烯酸酯）改性的醇酸树脂制得的氨基烘漆的干性好，保光保色性优良，可作罐头外壁涂料或用于对保光保色性要求较高的场合。

(2) 清烘漆和透明漆

清烘漆中常用的有豆油醇酸树脂、蓖麻油醇酸树脂、十一烯酸改性醇酸树脂。三者相比较，豆油醇酸树脂泛黄性较大，但施工性能好，涂膜丰满度好。蓖麻油醇酸树脂泛黄性和附着力比豆油醇酸树脂好。十一烯酸改性醇酸树脂，涂膜的耐水性、耐光保色性都较好。椰子油醇酸树脂有突出的不泛黄性，但涂膜硬度和附着力较差。

氨基树脂较醇酸树脂色泽浅、硬度大、不易泛黄，在罩光用的清烘漆中，氨基树脂用量可适当增加。交联剂都选用醚化度低的三聚氰胺树脂。

透明漆和清烘漆相似，透明漆是在清烘漆中加入少量的颜料或醇溶性染料。透明漆大都用豆油醇酸树脂，氨基树脂和醇酸树脂的比例一般为1∶3左右，110℃烘1.5h可固化。

醇溶火红B是桃紫色结晶型粉末，具有一定的耐光耐热性能，有很好的醇溶性，常用于透明烘漆中。酞菁绿、酞菁蓝也是透明漆中常用的颜料。

(3) 半光漆和无光漆

半光氨基醇酸树脂漆和无光氨基醇酸树脂漆与一般磁漆配方一样，除颜料外再加些滑石粉、碳酸钙等体质颜料，半光漆少加些、无光漆多加些。滑石粉的消光作用较显著，但用量多则影响涂膜的流平性。氨基树脂的用量在半光漆中可和磁漆相仿，但在无光漆中由于颜料含量高，涂膜的弹性和耐冲击强度较差，所以氨基树脂的比例应适当减少。120℃烘2h可固化。

(4) 快干氨基醇酸磁漆

氨基醇酸烘漆中如果加入部分干性油醇酸树脂，漆的烘烤时间可缩短至1h。但桐油、亚麻油醇酸树脂易泛黄，故只能在深色漆中使用。在醇酸树脂中引入部分苯甲酸进行改性，可缩短树脂的油度，提高涂膜的干性和硬度，且不会影响耐泛黄性。37%油度苯甲酸改性脱水蓖麻油醇酸可在110℃烘1h固化。如果用三羟甲基丙烷代替甘油，缩短油度，适当增加氨基树脂的用量，干燥时间则为130℃烘20～30min。若改用高活性的异丁醇醚化氨基树脂，烘烤温度还可进一步降低，干燥时间可进一步缩短。

(5) 氨基醇酸绝缘烘漆

它是中油度干性油改性醇酸树脂与低醚化度三聚氰胺树脂混合后溶于二甲苯中的溶液，其价格适宜，具有较高的附着力、抗潮性和绝缘性，稳定性良好，适用于中小型电机、电器、变压器线圈的浸渍绝缘，耐热温度为130℃。

(6) 酸固化氨基清漆

氨基树脂漆的固化可以用酸性催化剂加速，配方中加入相当数量的酸性催化剂，涂膜不经烘烤也能够固化成膜。这种配方可作木器清漆使用。所用的氨基树脂以脲醛树脂较多，基体树脂都用半干性油，不干性油改性中油度或短油度醇酸树脂，酸性催化剂可以用磷酸、磷酸正丁酯、硫酸、盐酸、对甲苯磺酸等。酸性催化剂是溶解在丁醇中单独包装，在使用时按规定的比例在搅拌下加入清漆中，稀释剂采用沸点较低、较易挥发的溶剂。这种涂料干性好，可与硝基漆相比，且涂膜硬度高、光泽好、坚韧耐磨。酸性催化剂的量不得过多，否则干燥虽快，但漆膜易变脆，甚至日渐产生裂纹。加入催化剂后适用期通常仅为24h左右。

(7) 氨基聚酯烘漆

聚酯树脂是由多元酸、一元酸和多元醇缩聚而成，多元醇常用具有伯羟基的新戊二醇、季戊四醇、三羟甲基丙烷；多元酸则用苯酐、己二酸、间苯二甲酸；一元酸用苯甲酸、十一烯酸等。选择合适的原料，调整它们官能度的比例后制得的聚酯和氨基树脂配合，加入专用溶剂（丙二醇丁醚、二丙酮醇等），可得到光泽、硬度、保色性极好、能耐高温（180～200℃）短时间烘烤的涂膜。氨基树脂烘漆一般 140℃烘 1h 固化。

(8) 氨基环氧醇酸烘漆

在氨基醇酸烘漆中加入环氧树脂能提高烘漆的耐湿性、耐化学品性、耐盐雾性和附着力，但增加了涂膜的泛黄性。环氧树脂一般不超过 20%。氨基环氧醇酸烘漆主要用作清漆，在金属表面起保护和装饰作用。这种清漆可在 150℃烘 45～60min，得到硬度高、光泽高、附着力强及耐磨性、耐水性优良的涂层，常用于钟表外壳、铜管乐器及各种金属零件的罩光。

(9) 氨基环氧酯烘漆

环氧酯由环氧树脂和脂肪酸酯化而成。环氧树脂一般用 E-12，脂肪酸用各种植物油脂肪酸，可以是干性、半干性和不干性油脂肪酸。环氧酯的性能随所用油的种类和油度的不同而有所不同。用豆油酸或豆油酸和亚麻油酸混合，可制成烘干型环氧酯。环氧酯可以单独用作涂料，也可以和氨基树脂配合使用，其耐潮、耐盐雾和防霉性能比氨基醇酸烘漆好，适用于在湿热带使用的电器、电机、仪表等外壳的涂装。环氧酯的耐化学性虽不如未酯化环氧树脂涂料，但装饰性要好于环氧树脂涂料，而略逊于氨基醇酸烘漆。氨基环氧酯烘漆一般 120℃烘 2h 固化，如用桐油酸、脱水蓖麻油酸环氧酯，则 120℃烘 1h 固化。

(10) 氨基环氧漆

环氧树脂和氨基树脂配合可制成色漆、底漆和清漆。氨基环氧漆有较好的耐湿性和耐盐雾性，其底漆性能比醇酸底漆、氨基醇酸底漆和氨基环氧酯底漆都好。由于环氧树脂中与氨基树脂反应的主要基团是仲羟基，因此固化温度较高。常用的固化催化剂为对甲苯磺酸。为提高涂料的储存稳定性，可用封闭型催化剂，如对甲苯磺酸吗啉盐。

7.5.2　甲醚化氨基树脂的应用

7.5.2.1　六甲氧基甲基三聚氰胺（HMMM）的应用

工业级 HMMM 黏度低、交联度高，与各种油度醇酸树脂、聚酯树脂、热固性丙烯酸树脂、环氧树脂都有良好的混溶性，可应用于溶剂型装饰涂料、卷材涂料、罐头涂料、高固体分涂料、粉末涂料、水性涂料，也可用于油墨工业、造纸工业等方面。HMMM 固化时温度较高，但涂膜的机械强度也较高。

(1) 溶剂型氨基醇酸烘漆

在氨基树脂配方中，若以 HMMM 代替丁醇醚化三聚氰胺树脂与醇酸树脂配合，HMMM 用量约为丁醚化三聚氰胺树脂用量的一半，即可达到相同的涂膜性能。

（2）卷材涂料

在加工前金属板材上涂有的涂料称为卷材涂料。由于涂装的金属板材还要经过一系列的加工过程，所以要求涂膜除了有通常的涂膜性能外，不应具有良好的物理机械性能。卷材涂料的面漆中，主要使用聚酯树脂、塑溶胶、有机硅改性聚酯、热固性丙烯酸树脂和氟树脂共五种。其中聚酯树脂由于硬度、附着力和保光保色性突出，在家用电器等装饰性要求高的场合使用较多。聚酯树脂需要用甲醚化三聚氰胺树脂作交联剂。

（3）高固体分涂料

一般高固体分涂料的固体分为60%～80%，施工时固体分较通用型涂料高15%～25%。高固体分涂料中基体树脂是相对分子质量比通用型树脂低的低聚物。目前高固体分涂料较常用的品种有氨基醇酸漆、氨基丙烯酸漆和氨基聚酯漆。

由于高固体分涂料中基体树脂相对分子质量小，固化时要求有较高的交联密度，为此交联剂应选择自缩聚倾向较小的品种。HMMM黏度低，自缩聚倾向小，是高固体分涂料中较理想的交联剂。在高固体分涂料中，常需加入强酸性催化剂帮助固化，常用的催化剂有甲基磺酸、对甲苯磺酸、十二烷基苯磺酸、二壬基萘磺酸、二壬基萘二磺酸等。

HMMM的极性比丁醚化三聚氰胺树脂大，在湿膜中有较高的表面张力。涂料的固含量越高，湿膜的表面张力越大，因此HMMM作交联剂的配方，尤其是高固体涂料配方中，常需加入适量的甲基硅油等表面活性剂，以克服涂膜的表面缺陷。

（4）水性涂料

HMMM在水性涂料中作交联剂。

7.5.2.2 甲醚化苯代三聚氰胺甲醛树脂的应用

甲醚化苯代三聚氰胺树脂可用于高固体分涂料，也可用于电泳漆中。以它为交联剂的电泳涂料，经长期电泳涂装后，电泳槽中它和基体树脂的比例可保持基本恒定，使涂膜质量稳定。

7.5.2.3 甲醚化脲醛树脂的应用

甲醚化脲醛树脂可溶于有机溶剂和水，在色漆和清漆中，其固化速度比HMMM和丁醚化脲醛树脂快。在溶剂型磁漆中用丁醚化脲醛树脂一半的量，就达到与丁醚化树脂同样的硬度，并有较高光泽和耐冲击性的涂膜。此外，它也可制备高固体分涂料及快固的水性涂料。

习　题

1. 什么是氨基树脂？

2. 涂料用氨基树脂按母体化合物的不同，可分为哪几类？

3. 涂料用氨基树脂按醚化剂的不同，可分为哪几类？

4. 涂料用氨基树脂按醚化程度的不同，可分为哪几类？

5. 氨基树脂漆有什么特点？

6. 用于生产氨基树脂的原料主要有哪些？其中氨基化合物主要有哪些？

7. 写出下列化合物的结构式：

(1) 三聚氰胺　　(2) 苯代三聚氰胺　　(3) 六甲氧基甲基三聚氰胺

8. 氨基树脂必须用醇类醚化后才能应用于涂料，所用的醇类主要有哪些？(任举三例)

9. 甲醇醚化三聚氰胺树脂有哪三种？

10. 丁醇醚化三聚氰胺树脂的生产过程分为哪三个阶段？

11. 丁醚化脲醛树脂的合成反应包括哪几个反应？

第8章 氟硅树脂

8.1 氟树脂

8.1.1 概述

氟树脂又称氟碳树脂，是指主链或侧链的碳链上含有氟原子的合成高分子化合物。氟树脂可以加工成塑料制品（通用塑料和工程塑料）、增强塑料（玻璃钢等）和涂料等产品。以氟树脂为基础制成的涂料称为氟树脂涂料，也称氟碳树脂涂料，简称氟碳涂料。

氟树脂有许多独特的优良性能，原因在于氟树脂中含有较多的C—F键。氟元素是一种性质独特的化学元素，在元素周期表中，其电负性最强、极化率最低、原子半径仅次于氢元素。氟原子取代C—H键上的H，形成的C—F键极短，键能高达486kJ/mol（C—H键能为413kJ/mol，C—C键能为347kJ/mol），因此，C—F键很难被热、光以及化学因素破坏。F的电负性大，F原子上带有较多的负电荷，相邻F原子相互排斥，含氟烃链上的氟原子沿着锯齿状的C—C链作螺线形分布，C—C主链四周被一系列带负电的F原子包围，形成高度立体屏蔽，保护了C—C键的稳定。因此，氟元素的引入，使含氟聚合物化学性质极其稳定，氟树脂涂料则表现出优异的热稳定性、耐化学品性以及超耐候性，是迄今发现的耐候性最好的户外用涂料，耐用年数在20年以上（一般的高装饰性、高耐候性的丙烯酸聚氨酯涂料、丙烯酸有机硅涂料，耐用年数一般为5～10年，有机硅聚酯涂料最高也只有10～15年）。

自从1934年德国赫司特公司发现聚三氟氯乙烯，特别是1938年美国杜邦公司的R. J. Plunkett博士发明聚四氟乙烯（PTFE）以来，氟树脂以其优异的耐热性、耐化学药品性、不粘性、耐候性、低摩擦系数和优良的电气特性，博得人们的青睐，获得长足的发展。1964年杜邦公司将聚四氟乙烯商品化，商品牌号为特氟隆(Teflon)。聚四氟乙烯由于耐腐蚀性最为突出，很快获得了“塑料王”的美称，对现代工业发展起了重要作用。

国际上，从氟塑料基础上发展起来的涂料品种主要有三种。第一种是以美国杜邦公司为代表的热熔型氟涂料特氟隆系列不粘涂料，主要用于不粘锅、不粘餐具及不粘模具等方面；第二种是以美国阿托-菲纳公司生产的聚偏氟乙烯树脂为主要成分的建筑氟涂料，具有超强耐候性，主要用于铝幕墙板；第三种是1982年日本加硝子公司推出了 Lumiflon 牌号的热固性氟碳树脂 FEVE，FEVE 由三氟氯乙烯和烷烯基醚共聚制得，其涂料可常温和中温固化。这种常温固化型氟碳涂料不需烘烤，可在建筑及野外露天大型物件上现场施工操作，从而大大拓展了氟碳漆的应用范围，主要用于建筑、桥梁、电视塔等难以经常维修的大型结构装饰性保护等，具有施工简单、防护效果好和防护寿命长等特点。1995 年以后，杜邦公司开发了氟弹性体（氟橡胶），以后又发展了液态（包括水性）氟碳弹性体，产生了溶剂型和水性氟弹性体涂料。至此，具有不同用途的热塑性、热固性及弹性体的氟碳树脂涂料，品种齐全，溶剂型、水性、粉末的氟树脂涂料都在发展，拓宽了氟树脂涂料的应用领域。

我国氟树脂涂料是在借鉴国外先进技术的基础上发展起来的，自 20 世纪 90 年代初期引进日本旭硝子涂料树脂株式会社生产的常温固化氟碳树脂涂料，开始用于上海高速公路、桥梁工程。20 世纪 90 年代后期开始在国内建厂生产。目前年生产能力估计达到 1.2 万吨左右，已大量应用于防腐、高速公路、铁路桥梁、交通车辆、船舶及海洋工程设施等领域。

8.1.2　氟树脂的合成单体

合成氟树脂的单体主要有四氟乙烯、三氟氯乙烯、氟乙烯、偏氟乙烯、六氟丙烯、全氟烷基乙烯基醚等。

(1) 四氟乙烯

四氟乙烯（TFE）是一种无色无臭的气体，沸点 −76.3℃，临界温度 33.3℃，临界压力 4.02MPa，在空气中于 0.1MPa 下的燃烧极限为 14%～43%（体积分数）。纯四氟乙烯极易自聚，即使在黑暗的金属容器中也是如此，而且这种聚合是剧烈的放热反应，这种现象称为爆聚。在室温下处理四氟乙烯很不安全，运输时更是如此。为安全起见，通常在四氟乙烯单体中加入一定量的三乙胺之类的自由基清除剂，以防止四氟乙烯储存时发生自聚。

四氟乙烯的主要生产方法是以氟石（萤石）原料，使之与硫酸作用生成氟化氢，氟化氢与三氯甲烷作用生成二氟一氯甲烷，高温下二氟一氯甲烷裂解生成四氟乙烯，再经脱酸干燥提纯即得四氟乙烯。

$$CaF_2 + H_2SO_4 \longrightarrow 2HF + CaSO_4$$

$$CHCl_3 + 2HF \longrightarrow CHClF_2 + 2HCl$$

$$2CHClF_2 \xrightarrow{\text{裂解}} CF_2 = CF_2 + 2HCl$$

(2) 三氟氯乙烯

三氟氯乙烯（CTFE）在室温下是无色、有醚类气味的气体，具中等毒性。沸点 −27.9℃，临界温度 105.8℃，临界压力 4.06MPa。氧气和液态三氟氯乙烯在较低温度下反应生成过氧化物，可以成为 CTFE 剧烈聚合的引发剂，因此在 CTFE 安全储存和运输时，若不加入阻聚剂就要除尽氧气。

三氟氯乙烯可由1,1,2-三氯-1,2,2-三氟乙烷在500～600℃下气相裂解脱氯，或催化脱氯合成。而1,1,2-三氯-1,2,2-三氟乙烷由六氯乙烷与氟化氢反应制得：

$$CCl_3-CCl_3+3HF\xrightarrow{SbCl_xF_y}CCl_2F-CClF_2+3HCl$$

$$CCl_2F-CClF_2+Zn\xrightarrow[\text{甲醇}]{50\sim100℃}CFCl=CF_2+ZnCl_2$$

在合成三氟氯乙烯的过程中会有许多副产物，要通过一系列的净化、蒸馏操作来提纯。

(3) 氟乙烯

氟乙烯（VF）在室温下是无色气体，有醚类的气味，具高度可燃性，在空气中的燃烧极限为2.6%～21.7%（体积分数）。沸点-72.0℃，临界温度54.7℃，临界压力5.24MPa。在常压下不溶于水，能微溶于二甲基甲酰胺和乙醇。

氟乙烯的合成方法主要有以下几种：

① 最早的合成方法是将二氟一溴乙烷与锌粉反应，也可用碘化钾的醇溶液代替锌粉。

$$2CHF_2-CH_2Br+2Zn\longrightarrow ZnF_2+ZnBr_2+2CHF=CH_2$$

② 1,1-二氟乙烷在催化剂作用下裂解脱HF而生成VF。

$$CHF_2-CH_3\xrightarrow{\text{裂解}}HF+CHF=CH_2$$

③ 1-氟-2-氯乙烷在1,2-二氯乙烷的存在下于500℃裂解生成氟乙烯。

$$CH_2F-CClH_2\xrightarrow{500℃}HCl+CHF=CH_2$$

④ 氟化氢与乙炔加成生成1,1-二氟乙烷，二氟乙烷再在铝酸盐作用下裂解生成氟乙烯。

$$CH\equiv CH+2HF\longrightarrow CHF_2-CH_3$$

$$CHF_2-CH_3\longrightarrow HF+CHF=CH_2$$

⑤ 氟化氢与乙烯加成。把HF与含35%（体积分数）O_2的乙烯按其量的比2∶1通入催化剂碳层，于240℃下生成氟乙烯。在碳层中含有铂和氯化亚铜作催化剂。

⑥ 氯乙烯氟化，氯被氟取代。将HF和氯乙烯按其量的比3∶1的混合物加热到370～380℃，催化剂用96%的γ-Al_2O_3和4% Cr_2O_3（质量分数）。由于氯乙烯价廉，因此该法是制氟乙烯的实用方法。

$$CHCl=CH_2+HF\longrightarrow CHF=CH_2+HCl$$

在储存过程中，为防止氟乙烯自聚，必须加入阻聚剂萜二烯，在氟乙烯单体聚合前应蒸馏除去阻聚剂。

(4) 偏氟乙烯

偏氟乙烯（VDF）室温下是可燃气体，无色无味，沸点（0.1MPa）-84℃，临界温度30.1℃，临界压力4.434MPa，在空气中爆炸极限（体积分数）5.8%～

20.3%。偏氟乙烯在大于它的临界温度和临界压力时能发生高放热的聚合反应。

偏氟乙烯的合成方法，最为常用的有三种。

① 三氟乙烷脱 HF。

$$CF_3—CH_3 \longrightarrow HF+CF_2=CH_2$$

将1,1,1-三氟乙烷气体通入镀铂的铁-镍合金管中，加热到1200℃，接触0.01s后通入装有氟化钠的装置中脱去HF，然后把它收集在液氮槽中。偏氟乙烯的沸点−84℃，通过低温蒸发把它分离出来。未反应的三氟乙烷升温至−47.5℃回收。

② 乙炔加成 HF，然后氯化，最后脱 HCl。

$$CH\equiv CH+2HF \longrightarrow CHF_2—CH_3$$

$$CHF_2—CH_3+Cl_2 \longrightarrow CClF_2—CH_3+HCl$$

$$CClF_2—CH_3 \longrightarrow CF_2=CH_2+HCl$$

③ 偏氯乙烯加成 HF，再脱 HCl。

$$CCl_2=CH_2+2HF \longrightarrow CClF_2—CH_3+HCl$$

$$CClF_2—CH_3 \longrightarrow CF_2=CH_2+HCl$$

将偏氯乙烯和HF通入真空下加热到300℃的$CrCl_3 \cdot 6H_2O$催化剂层中，使气体的颜色从暗绿色变成紫色，冷凝生成气体，在低温下分离偏氟乙烯。

(5) 六氟丙烯

六氟丙烯（HFP）在室温下是无色气体，具中等毒性。沸点−29.4℃，密度1.58g/mL(−40℃)，临界温度85℃，临界压力32.5MPa。六氟丙烯的合成方法很多。工业上常通过四氟乙烯（TFE）的热分解来制取。把TFE以500g/(L·h)的速率通过镍-铬-铁的合金管道，加热至850℃，于8kPa压力下进行热解即可得到质量分数75%以上的HFP，然后通过蒸馏得精HFP。

$$CF_2=CF_2 \xrightarrow[8kPa]{850℃} CF_3—CF=CF_2$$

$$CF_2=CF_2 \xrightarrow[水蒸气]{850℃} CF_3—CF=CF_2$$

(6) 全氟代烷基乙烯基醚

全氟代烷基乙烯基醚（PAVE）是四氟乙烯共聚物的重要共聚单体，它能有效地抑制聚四氟乙烯（PTFE）的结晶过程，降低其相对分子质量。PAVE作为改性剂优于HFP的是，它有更好的热稳定性。PAVE与TFE的共聚物具有PTFE同样优良的热稳定性。

全氟代烷基乙烯基醚的合成以六氟丙烯作原料，要经历以下三步：

① 六氟丙烯与氧化剂，如H_2O_2在碱性溶液中，在50～250℃、一定的压力下反应生成六氟环氧丙烷（HFPO）：

$$CF_3—CF=CF_2+H_2O_2 \longrightarrow CF_3—\overset{O}{CF—CF_2}+H_2O$$

② 六氟环氧丙烷与全氟代酰基氟反应生成全氟代-2-烷氧基丙酰氟，是一个电

化学反应过程：

$$CF_3-\overset{O}{\widehat{CF-CF_2}}+R_f-\overset{O}{\overset{\|}{C}}-F\longrightarrow R_fCF_2O-\underset{F_3C}{\underset{|}{CF}}-\overset{O}{\overset{\|}{C}}-F$$

R_f 为全氟烃基，下同

③ 全氟代-2-烷氧基丙酰氟与含氧的碱性盐，如 Na_2CO_3、Li_2CO_3、$Na_4B_2O_7$ 等在高温下反应合成全氟代烷基乙烯基醚，反应温度与碱性盐种类有关。

$$R_fCF_2O-\underset{F_3C}{\underset{|}{CF}}-\overset{O}{\overset{\|}{C}}-F+Na_2CO_3\longrightarrow R_fCF_2O-CF=CF_2+2CO_2+2NaF$$

全氟代烷基乙烯基醚中最常见的是全氟代丙基乙烯基醚（PPVE），其相对分子质量为266，沸点（0.1MPa）为36℃，密度（23℃）为1.53g/cm³，在空气中可燃极限体积分数为1%。

8.1.3 氟树脂的合成

氟树脂主要包括聚四氟乙烯（PTFE）、聚三氟氯乙烯（PCTFE）、聚氟乙烯（PVF）、聚偏氟乙烯（PVDF）、聚全氟乙丙烯（FEP）、乙烯-四氟乙烯共聚物（ETFE）、四氟乙烯-全氟烷基乙烯基醚共聚物（PFA）、乙烯-三氟氯乙烯共聚物（ECTFE）等，其中以四氟乙烯均聚物及共聚物最为常见。

8.1.3.1 聚四氟乙烯

聚四氟乙烯由四氟乙烯单体聚合而成，聚合机理属自由基聚合：

$$nCF_2=CF_2\xrightarrow{\text{引发剂}}\left[CF_2-CF_2\right]_n$$

聚合过程一般在水介质中进行，既可在30℃以下的低温下用氧化还原体系引发，也可在较高温度下用过硫酸盐来引发。以过硫酸钾（$K_2S_2O_8$）作引发剂时，聚合机理如下。

① 过硫酸钾加热分解成自由基：

$$^{-}O-\underset{\downarrow}{\overset{O}{\overset{\uparrow}{S}}}-O-O-\underset{\downarrow}{\overset{O}{\overset{\uparrow}{S}}}-O^{-}\xrightarrow{\text{加热}}2\,^{-}O-\underset{\downarrow}{\overset{O}{\overset{\uparrow}{S}}}-O\cdot$$

（S 下方均为 O）

② 四氟乙烯溶解在水相中，$SO_4^{-}\cdot$ 与四氟乙烯反应生成新的自由基：

$$^{-}O-\underset{\downarrow}{\overset{O}{\overset{\uparrow}{S}}}-O\cdot+CF_2=CF_2\longrightarrow\,^{-}O_3SO-CF_2-\dot{C}F_2$$

③ 链增长：

$$^{-}O_3SO-CF_2-\dot{C}F_2+nCF_2=CF_2\longrightarrow\,^{-}O_3SO\left[CF_2-CF_2\right]_nCF_2-\dot{C}F_2$$

④ 自由基水解成羟端基和羧端基自由基：

$$^{-}O_3SO\!\left[CF_2-CF_2\right]_nCF_2-\dot{C}F_2+H_2O \longrightarrow HO\!\left[CF_2-CF_2\right]_nCF_2-\dot{C}F_2+HSO_4^-$$

$$HO\!\left[CF_2-CF_2\right]_nCF_2-\dot{C}F_2+H_2O \longrightarrow HOOC\!\left[CF_2-CF_2\right]_n\dot{C}F_2+HF$$

⑤ 增长链终止，最终生成端羧基聚合物：

$$HOOC\!\left[CF_2-CF_2\right]_n\dot{C}F_2+\dot{C}F_2\!\left[CF_2-CF_2\right]_mCOOH \longrightarrow HOOC\!\left[CF_2-CF_2\right]_{n+m+1}COOH$$

可见，用过硫酸盐作引发剂，生成端羧基聚四氟乙烯。聚四氟乙烯的相对分子质量可通过控制引发剂的用量，或加入调聚物及链转移剂等加以控制。

工业上，一般采用悬浮聚合和乳液聚合来制备聚四氟乙烯。这两种方法都是以单釜间歇聚合的方式进行的。

(1) 悬浮聚合

悬浮聚合是在脱氧的去离子水中，在一定温度和压力下，在强烈的搅拌下进行的。聚合时应在恒定的压力下进行，以控制聚合物的相对分子质量及分布。聚合温度保持在 10～50℃，聚合压力由恒速地加入单体来控制。引发剂既可用离子型的无机引发剂，如过硫酸铵或过硫酸钾、过硫酸锂，也可用有机过氧化物如双（β-羧丙酰基）过氧化物作引发剂。引发剂的用量是水质量的 2×10^{-6}～5×10^{-4}，确切的量取决于聚合条件。聚合时放出大量的热，聚合温度通过夹套冷却水来控制。为了操作安全，也为了减少或避免聚合物在釜壁和搅拌器上黏结，加入缓冲剂磷酸盐和硼酸盐等，控制溶液的 pH＝6.5～9.5，在 0.06～0.4MPa 压力下聚合。利用悬浮聚合得到的聚四氟乙烯树脂悬浮液，经过滤、清洗和干燥后即可包装备用。

(2) 乳液聚合

乳液聚合在水相中进行，除单体外，还需加入分散剂（质量分数为 0.1%～3%的全氟辛酸铵、2,2,ω-三氢全氟戊醇的磷酸酯、ω-氢全氟庚酸或 ω-氢全氟壬酸钾等）、引发剂（质量分数 0.1%～0.4%的丁二酸、戊二酸的过氧化物或过二硫酸铵等）、抗胶粒凝结的助剂（液体石蜡、氟氯油或 C_{12} 以上的饱和烃，可提高胶粒在搅拌时的稳定性），以及用作改性剂的共聚单体（六氟丙烯，全氟代甲基乙烯基醚 PMVE，全氟代乙基乙烯基醚 PEVE，全氟代丙基乙烯基醚 PPVE 及全氟代丁基乙烯基醚 PBVE)。如用过硫酸盐引发，在 60℃进行聚合，若用过氧化二琥珀酸引发，则在 85～99℃进行聚合；聚合压力一般为 2.75MPa。聚合时，通过控制乳化剂的加入量和加入时间，使形成的聚合物粒子始终在适当的乳化剂的包围中，将预先聚合好的分散液加入聚合体系中作为种子，单体在聚合种子上继续聚合，随着反应的进行，粒子不断增大，粒子数目没有增加。用这种方法得到适当大且均匀的球状聚四氟乙烯。

作为改性剂的共聚单体可在聚合过程的任何时间加入，例如在 TFE 消耗掉 70%时加入，此时的 PTFE 颗粒内芯是高分子质量的 PTFE，而外壳是较低分子质量的改性 PTFE，因此，有 30%质量的外壳是共聚改性的 PTFE。改性过的 PTFE

熔融黏度可比未改性的降低50%。

乳液聚合得到的聚四氟乙烯悬浮粒子为球状、疏水、带负电的粒子，粒径为0.2～0.4μm，浓度为14%～30%。可通过加热来浓缩分散液，其原理是，利用聚氧乙烷醚类的水溶性好且加热到浊点温度以上时将析出的特性，将聚四氟乙烯粒子带到下层，达到浓缩的目的。将聚四氟乙烯分散液与非离子表面活性剂及碳酸铵按一定比例加入不锈钢浓缩釜中，加热至60～65℃直到分层，下层为浓度60%以上的聚四氟乙烯分散液，从浓缩釜底部放出，进行再处理；上层为非离子表面活性剂的水溶液；中间层为两者的混合液，把这种混合液集中后在80～90℃再进行分层回收。为了配制树脂含量为60%左右、表面活性剂含量为6%的成品，在经浓缩的聚四氟乙烯分散液中还需加入适量的非离子表面活性剂。先将待补加的非离子表面活性剂溶于水中，在不断搅拌下慢慢滴入浓缩的聚四氟乙烯分散液中，最后加入氨水调节pH=10左右。经过上述处理的聚四氟乙烯树脂主要用于喷涂和浸渍等。用于成型电绝缘性要求高的聚四氟乙烯的浓缩液，在浓缩前最好经过离子交换树脂处理，除去引发聚合时添加的化学试剂和分解物的离子杂质。

另一种聚四氟乙烯分散液的处理方法是凝聚法，它是将聚四氟乙烯分散液用去离子水稀释，放入带有推进式搅拌器的反应釜中进行机械搅拌凝聚，直到树脂脱水而全部上浮为止，然后将浮在水上面的树脂用去离子水清洗和过滤，在100～150℃干燥后备用。

8.1.3.2 聚三氟氯乙烯

三氟氯乙烯（CTFE）可通过悬浮和分散聚合法在水相或非水液体中进行均聚，也可与其他单体共聚（如乙烯和偏氟乙烯等）。聚合方法可以是本体聚合、悬浮聚合、溶液聚合和乳液聚合。聚三氟氯乙烯（PCTFE）是三氟氯乙烯的均聚物，聚合机理与聚四氟乙烯相似。

$$n\mathrm{CFCl{=}CF_2} \xrightarrow{\text{引发剂}} \left[\mathrm{CFCl{-}CF_2}\right]_n$$

三氟氯乙烯的乳液聚合在水中进行，选用碱金属过硫酸盐为引发剂，银盐作促进剂。添加促进剂的目的是为了在不降低聚合物熔融黏度的前提下提高聚合速度。用5～20个碳的全氟羧酸为乳化剂，加入二氯苯或丙烯酸甲酯，可以得到0.18μm的胶乳。反应体系的配方为：150份去离子水、1份全氟辛酸、1份过硫酸钾、0.1份7水合硫酸亚铁、0.4份硫酸钠。冷却至-195℃（用液氮冷却），并严格排除空气，通入三氟氯乙烯，然后升温至25℃，连续反应21h得到产物，产物经后处理即得纯净的聚三氟氯乙烯。后处理方法与聚四氟乙烯相似。

三氟氯乙烯的本体聚合，用0.01%～0.55%的三氟乙酰基过氧化物为引发剂，聚合温度为0～60℃。三氟氯乙烯的悬浮聚合与四氟乙烯基本相同，用过硫酸钾或亚硫酸氢钠氧化还原体系为引发剂。

8.1.3.3　聚氟乙烯

聚氟乙烯（PVF）是氟乙烯的均聚产物：

$$n\mathrm{CHF{=}CF_2} \xrightarrow{\text{引发剂}} \left[\mathrm{CHF{-}CH_2}\right]_n$$

氟乙烯的聚合活性不如氯乙烯。与其他含氟乙烯相比，氟乙烯是一种不易聚合的单体，一般在高温高压下，并且有聚合引发剂和催化剂的共同作用或在 γ 射线的作用下进行悬浮聚合。这是因为氟的负电性高，氟乙烯的沸点低而临界温度高，使它的聚合需在高压下进行。对于氟乙烯的聚合过程来说，引发剂的选择至关重要，它影响着聚氟乙烯的热稳定性、润湿性和加工性能。常用的引发剂有过氧化苯甲酰、α,α'-偶氮二异丁腈、α,α'-偶氮-α,γ-二甲基戊腈、α,α'-偶氮-α,γ-二异丁基联甲苯酰盐酸盐、α,α'-偶氮-α,γ,γ-三甲基戊腈等。以 α,α'-偶氮-α,γ-二异丁基联甲苯酰盐酸盐为引发剂时，在 70～80℃聚合时转化率最高。随着压力增加，引发剂的效率和聚氟乙烯的相对分子质量随之增大。

氟乙烯的聚合方法可采用本体聚合和溶液聚合，但更多采用悬浮聚合和乳液聚合。

(1) 悬浮聚合

在悬浮剂作用下让液相氟乙烯悬浮在水中，在低于其临界温度下，用有机过氧化物如过氧化二碳酸二异丙酯作引发剂进行聚合。悬浮反应也能用紫外线和离子辐射而激发聚合。悬浮剂是水溶性聚合物如纤维素酯、羧甲基纤维素、聚乙烯醇及碳酸镁、碳酸钡之类的无机物。

合成实例：不锈钢反应釜中空气用 N_2 置换，加入 150 质量份无乙炔的氟乙烯单体，150 质量份脱过空气的蒸馏水，0.150 质量份的 2,2′-偶氮二异丁腈，在 1h 内将反应液加热到 70℃并搅拌，在 8.2MPa 压力下保持 18h，得到 75.8 份白色聚氟乙烯树脂。

(2) 乳液聚合

氟乙烯乳液聚合时的温度和压力可比悬浮聚合时低。乳化剂为脂肪醇硫酸酯和脂肪醇磺酸酯、脂肪酸碱盐。含有 7～8 个氟原子的全氟代羧酸是氟乙烯乳液聚合时的高效乳化剂，它的特点是形成胶束的临界含量低，能确保聚氟乙烯的热性能和化学稳定性。

合成实例：在搅拌的高压釜内加入 200 质量份水、100 质量份氟乙烯单体、0.6 质量份全氟代羧酸、0.2 质量份过硫酸盐及 3 质量份水玻璃，加热混合物至 46℃，于 4.3MPa 下保持 8h 后加入电解质，让它破乳沉淀，即可得到产率高达 95%的白色聚氟乙烯粉末树脂。

聚氟乙烯的分解温度比较低，加工温度接近于分解温度，因此不能进行熔融加工。在室温下，聚氟乙烯没有溶剂，只有在 100℃以上，才能找到合适的溶剂，这两大缺点限制了聚氟乙烯的推广应用。为了克服这两大缺点，通常有两种改性方法：一是采用共混改性，通过与其他高分子化合物（潜溶剂）共混，得到低熔点和熔融黏度的复合材料；二是共聚改性，将氟乙烯单体与乙烯、丙烯、异丁烯、氯乙烯、四氟乙烯、偏氟乙烯、三氟氯乙烯和全氟丙烯等共聚得到不同性能的共聚物，共聚物的物理和力学性能取决于长链中各个结构单元的性能、相对数量和排列方式等。共聚物的含氟量大于33%或氟乙烯成分在80%以上，仍能保持聚氟乙烯优异的耐候性、耐溶剂性和耐吸水性等。

8.1.3.4　聚偏氟乙烯

聚偏氟乙烯（PVDF）又称聚偏二氟乙烯，是由偏氟乙烯聚合而成的：

$$n\mathrm{CF_2{=}CH_2} \xrightarrow{\text{引发剂}} \mathrm{\left[CF_2{-}CH_2\right]_n}$$

偏氟乙烯可按乳液、悬浮、溶液及本体聚合法制得聚合物。本体聚合主要用于偏氟乙烯与乙烯及卤代乙烯单体的共聚反应。引发剂主要为过硫酸盐和有机过氧化物。用有机过氧化物作引发剂得到的聚偏氟乙烯的热稳定性较高。温度升高或压力降低都能使聚合物的相对分子质量降低，但是对聚合物的链结构影响不明显。

（1）乳液聚合

偏氟乙烯的乳液聚合一般采用氟系表面活性剂，如5～15个碳的全氟羧酸盐、ω-氯全氟羧酸盐、全氟磺酸盐、全氟苯甲酸类和全氟邻苯二甲酸类等。另外还需加入链转移剂和引发剂，链转移剂起调节聚合物相对分子质量和聚合介质pH值的作用，引发剂可以是水溶性的，如过硫酸盐，也可以单体溶解型的，即有机过氧化物，如二叔丁基过氧化物。

合成实例一：在300mL的高压釜中加入100mL去离子水及0.4g丁二酸过氧化物，抽掉高压釜中的空气，用液氮冷却后加入35g偏氟乙烯，随后加入表面活性剂及由纯氧化铁还原而成的铁0.7mg，加料结束后密闭高压釜，并把它置于电热夹套之内，再把整个装置放在水平摇动的设备上，保温于80℃和527kPa压力，进行聚合反应。聚合结束后冷却高压釜并抽空。得到稳定的分散液后让聚合物颗粒沉淀，过滤，并用水和甲醇洗涤，最后真空干燥。

合成实例二：在3.7L的不锈钢反应器内，让它先冷却至15℃，加入740g脱气的去离子水、2.59g的过氧化二碳酸二异丙酯及13g全氟辛酸钠，再加入少量的水溶性链转移剂，如氧化乙烯，经排除空气和冷却后，往反应器内加入518.4g偏氟乙烯单体并搅拌，用循环油加热反应器中盘管至75℃，在5h的反应时间内采用逐步压入反应器的方法加入13g全氟辛酸钠水溶液，周期性地往反应器内注入水保持414kPa的压力。反应结束后抽尽水，排空反应器，随后熔化冻结的聚偏氟乙烯乳液，再经过滤、水洗，并在50℃真空烘箱内干燥。

（2）悬浮聚合

间歇式悬浮聚合偏氟乙烯的主要目的为限制在反应器壁上沉积聚偏氟乙烯。以水溶性聚合物，如纤维素衍生物和聚乙烯醇作悬浮剂，在聚合时起减缓聚合物颗粒结团的作用。有机过氧化物作引发剂，链转移剂控制聚偏氟乙烯的相对分子质量，反应生成的聚合物浆液中含有粒径为30～100μm的聚偏氟乙烯粉料，经过滤与水分离，再洗涤和干燥即得聚偏氟乙烯树脂。

合成实例：容积为3.7L的带搅拌器不锈钢反应器内装有挡板和冷凝盘管，往反应器内加入2470mL水、908g偏氟乙烯和30g的水溶性甲基羟丙基纤维素溶液，再加入5g过氧化三甲基乙酸叔丁酯，25℃下升压至5.5MPa，此时液相单体的密度为0.69g/mL。将反应器升温至55℃，升压至13.8MPa，在4h的反应时间内往反应器压入800mL水，以保持恒定的压力。反应结束后冷却反应器，离心分离出聚合物，再用水洗净，于真空烘箱内干燥，得到平均粒径50～120μm的球形颗粒。单体的转化率可达91%（质量计），聚偏氟乙烯的相对分子质量为$5\times10^4\sim3\times10^5$。

(3) 溶液聚合

偏氟乙烯能在饱和的全氟代或氟氯代烃溶剂中聚合，这类溶剂能溶解偏氟乙烯和有机过氧化物引发剂，在均相中进行聚合反应而生成的聚偏氟乙烯不溶于溶剂，容易与溶剂分离。含10个或更少碳原子的全氟代烃或氟氯代烃，不论是单组分还是它们的混合物，都有生成自由基的倾向。为了尽量降低聚合时的压力，所选溶剂的沸点必须大于室温，为此应选用碳原子数大于1的氟代或氟氯代烃，合适的溶剂有一氟三氯甲烷、三氟一氯乙烷、三氟三氯乙烷等。引发剂的质量分数为单体0.2%～2.0%。可用的有机过氧化物有二叔丁基过氧化物、叔丁基过氧化氢及过氧化苯甲酰，聚合反应温度为90～120℃，压力为0.6～3.5MPa。

合成实例：在装有磁性搅拌器的1L高压反应釜内，加入含十二烷酰过氧化物的三氟三氯乙烷500g，用N_2置换反应釜后排空，加入160g VDF单体，在室温下达到1.2MPa压力，加热到120～125℃，保持20h并搅拌。在聚合过程中最大压力为3.5MPa，最小压力为0.6MPa，单体的转化率达99.1%。生成的PVDF熔点达169℃。

偏氟乙烯可与六氟丙烯（HFP）在水溶液中进行共聚反应，根据反应混合物的组成和聚合条件的不同，在VDF/HFP共聚物中HFP的摩尔分数可在1%～13%之间变化。若HFP的摩尔分数达15%以上时，共聚物呈无定形，只有低的扭变模量，它在很宽的温度范围内呈现出没有脆性的橡胶特性。

偏氟乙烯与六氟丙烯共聚实例：在300mL的高压釜中用N_2置换，按序加入下列组分：含0.3g偏亚硫酸钠的水溶液15mL，含0.75g全氟辛酸钾的水溶液90mL（用质量分数5%的KOH调节其pH值至12），含0.75g过硫酸钾的水溶液45mL（pH=7）。往反应釜中加入12.4g的HFP（摩尔分数10%）和47.6g（摩尔分数90%）的VDF。密闭后反应釜装在有机械摇动的设备上摇动，并在50℃下绝热共聚反应24h。待反应结束后抽出未反应的单体，在液氮条件下凝集胶乳，随后用热水冲洗，湿饼在35℃下真空干燥。取得的共聚物中含6%（摩尔分数）HFP和94%（摩尔分数）VDF，共聚物呈高结晶性；有良好的耐溶剂性能，在体积比为3∶7的甲苯和异辛烷混合液中，于25℃、7天仅溶胀4%，在发烟硝酸中25℃下浸7天也仅溶胀4%。

偏氟乙烯树脂可以配成溶剂可溶型涂料、溶剂分散型涂料、水性涂料和粉末涂料。聚偏氟乙烯树脂涂料是当前应用最广泛的氟树脂涂料。美国杜邦公司在20世纪40年代首先研制成功聚偏二氟乙烯，美国Elf Atochem公司是首先向涂料（涂装）工业和熔融加工业提供聚偏氟乙烯树脂的公司之一，品牌为Kynar 500，目前的产量最大。

利用Kynar树脂配制涂料时，主要为有机溶剂分散型，其配方包括Kynar树脂、丙烯酸树脂、改性剂、颜料、有机溶剂和其他助剂等。

8.1.3.5 聚全氟乙丙烯

聚全氟乙丙烯，也称氟塑料46（F46、FEP），是四氟乙烯和六氟丙烯的共聚物。

$$nx\mathrm{CF_2{=}CF_2} + ny\mathrm{CF_2{=}CF(CF_3)} \xrightarrow{\text{引发剂}} \left[\left(\mathrm{CF_2{-}CF_2}\right)_x\left(\mathrm{CF_2{-}CF(CF_3)}\right)_y\right]_n$$

聚全氟乙丙烯最早由美国杜邦公司于1956年开始推销，商品名为Teflon FEP树脂。随后，出现了另外一些商品，如日本大金工业公司的Neoflon，前苏联的Texflon等。聚全氟乙丙烯可以采用本体聚合、溶液聚合和γ射线引发下的高压共聚合法，但工业上多采用悬浮聚合和乳液聚合。

(1) 悬浮聚合

四氟乙烯和六氟丙烯的高温悬浮聚合，可在采用桨式搅拌的不锈钢高压釜中进行，聚合介质为脱氧去离子水，引发剂为过硫酸盐，如过硫酸钾、过硫酸铵等。

合成实例：圆柱形卧式高压反应釜中加入去离子水，反应釜中装有桨式搅拌器和可通冷热水的夹套，釜内抽真空；将水加热到95℃，往水中加入质量分数为0.1%的过硫酸铵作引发剂。往反应釜充入HFP至1.7MPa，保持95℃；待HFP和TFE成1∶3的混合物时，釜内充压到4.5MPa，搅拌15min；再补充新配制的过硫酸铵，将它注射入釜。混合液在95℃下一直搅拌80min后，停止搅拌，终止反应。抽空反应釜中的气体，得固体质量分数4.6%的浆液，过滤后干燥。干燥时把树脂放在深度为50mm的铝盘中，在350℃下加热3h，产物即是TFE和HFP的共聚物FEP。该FEP的熔点为280℃，熔体黏度为7×10^{-3}Pa·s。

(2) 乳液聚合

四氟乙烯和六氟丙烯的乳液聚合，以全氟辛酸盐或ω-氢全氟壬酸钾为乳化剂。聚合液组成为：过硫酸钾引发剂3g、乳化剂2g、脱氧去离子水800mL和混合单体730～840g（六氟丙烯85%～89%，四氟乙烯11%～15%），用氢氧化钾调节pH

值为3.9～4.1，在聚合过程中补充四氟乙烯单体350～410g。聚合温度为66～67℃，聚合压力为2.5MPa，搅拌速度为80r/min，产物含六氟丙烯为15%～17%。在共聚乳液中加入固体聚合物20%～25%的聚氧乙烷仲辛烷基苯基醚（TX-10）非离子表面活性剂，混合均匀后加热至表面活性剂浊点以上时，保持一定时间，可以看到含TX-10的乳液慢慢地沉降分层，得到浓缩的聚全氟乙丙烯乳液，乳液从不锈钢釜底阀门放出，其相对密度为1.38～1.42，含量大于50%，用氨水调节pH值为10左右，再用去离子水稀释至50%备用。

采用过硫酸盐为引发剂时，会在链的末端产生羧基，这些末端羧基的稳定性很低，使聚合物在加工温度下产生带腐蚀性的气体HF等，不仅使产品内有气泡影响产品质量，而且腐蚀加工设备。为了避免和减少上述现象的产生，必须对共聚物进行后处理，以脱除低分子化合物和末端不稳定基团。具体方法如下：

① 湿热处理。这是一种较早使用的方法。聚全氟乙丙烯树脂与热水作用能脱去不稳定的端羧基—COOH，生成稳定的—CF_2H端基。若在聚全氟乙丙烯树脂的热水浴中加入碱或碱性盐，则可加速—CF_2H的生成。可选用在热水温度下仍是稳定的碱性化合物，如NH_3、碱金属及碱土金属的氢氧化物。它们的用量取FEP树脂质量的1×10^{-4}～6×10^{-4}。

② 挤出时加少量水处理。聚全氟乙丙烯树脂中的不稳定端基在双螺杆挤出机中受到熔融剪切作用时能部分消除，如在240～450℃下剪切速率达500～700s^{-1}时，聚全氟乙丙烯树脂的挥发物指数可降至10以下。若把少量的水加入挤出机的加料段，让聚全氟乙丙烯树脂分子中的—COF水解成—COOH，而—COOH因不耐氟的作用而被消除，这也是一种氟化处理的办法，具有改善聚全氟乙丙烯树脂挤出物色泽的作用。

③ 氟化稳定处理。聚全氟乙丙烯树脂的氟化稳定处理可在改进的双圆锥形混合器内进行。它装有进出气口和电热罩，以5r/min的速度旋转氟化器并加热，抽尽空气后充入体积比为1∶3的F_2、N_2的混合气中，一定时间后停止加热，终止氟化反应。之后充入大量N_2进行清洗，清除氟化器内的F_2。氟化处理后聚全氟乙丙烯树脂的不稳定基团明显降低，颗粒变白。

④ 选用链转移剂。在以过氧化物为引发剂的聚合过程中，选用合适的链转移剂，如异戊烷等，不仅可以提高共聚物的相对分子质量，而且可以使离子型末端基团与异戊烷反应生成非离子型末端基团，从而改善共聚物的热稳定性和加工性。

⑤ 熔融脱羧。将聚全氟乙丙烯清洗干净后，在150℃干燥，在350～400℃熔融0.15～30h，除去挥发物至含量低于0.2%。若在含水蒸气为2%～20%的空气中加热聚合物至360～380℃，挥发物完全脱除，端羧基变为—CF_2H。经过高温熔融处理过的树脂具有较高的热稳定性、化学稳定性和介电性，适合于进行挤压成型。

在0～280℃和0.98MPa条件下，采用ω-氢十二氟庚酰过氧化物或3,5,6-三氯全氟己酰过氧化物为引发剂，可以避免端羧基的生成，减少后处理工序。

8.1.3.6 乙烯-四氟乙烯共聚物

乙烯与四氟乙烯共聚物（ETFE）是继聚四氟乙烯和聚全氟乙丙烯后开发的第三大氟树脂品种，也是第二种含四氟乙烯的可熔融加工聚合物。

合成实例：四氟乙烯与乙烯容易以接近等量的比共聚。在高压釜中加入1960质量份叔丁醇和40质量份水，釜内充N_2，加入1质量份过硫酸铵，密闭反应釜后把质量分数分别为88.5%和11.5%的四氟乙烯和乙烯混合气体压入反应釜内，升压至1.4MPa，搅拌并加热到50℃。在整个反应过程中由补加四氟乙烯78%（质量分数）的混合气体，使釜内压力保持在2.1MPa，反应1h后停加单体，冷却反应釜并释放掉残留的气体。在反应介质中生成的产物是膏状的聚合物，蒸馏除去叔丁醇，过滤，150℃下干燥，最后可得到细分散的乙烯-四氟乙烯粉末共聚物。

乙烯-四氟乙烯共聚物的熔点随四氟乙烯比例的增大而降低，熔体流动质量速率却增加，同时四氟乙烯比例增大后共聚物的拉伸强度降低，表示共聚物的相对分子质量有所降低。

乙烯与四氟乙烯容易形成交替共聚物，共聚物的熔点接近热分解温度，在加工过程中容易氧化分解，引起聚合物变色、起泡和龟裂。为了改善乙烯与四氟乙烯共聚物的热稳定性，因此需用第三单体改性。常用的第三单体是乙烯基单体，如全氟代烷基乙烯基醚、全氟代烷基乙烯等。第三单体能构成共聚物的主链，但不含产生链转移阻止聚合的作用。乙烯-四氟乙烯共聚物的最低熔融黏度于300℃下，必须大于0.5kPa·s才有一定的拉伸强度，但为了能热熔性加工，在300℃下熔融黏度不得大于500kPa·s。含有48.8%四氟乙烯、48.8%乙烯和2.4%全氟代丙基乙烯基醚（PPVE）（摩尔分数）的乙烯-四氟乙烯共聚物的熔点为255℃，在300℃的熔融黏度为73kPa·s，弯曲疲劳寿命16300次。

六氟丙烯也能用作四氟乙烯和乙烯共聚物的调聚单体，加入5%（质量分数）六氟丙烯后能明显提高共聚物在高温下的耐应力开裂性。

8.1.3.7 四氟乙烯-全氟烷基乙烯基醚共聚物

四氟乙烯与全氟丙基乙烯基醚共聚物（PFA）被公认为是聚四氟乙烯的可熔加工的最好替代品，其许多性能除与聚全氟乙丙烯相似外，还具有熔点较高（290～310℃）、加工性好和在较高的使用温度下力学性能优良等优点。另外，还具有耐应力龟裂和屈挠寿命长等特点。

四氟乙烯与全氟丙基乙烯基醚反应很容易得到高相对分子质量的共聚物，在共聚物中全氟代烷基乙烯醚通常仅含百分之几。共聚反应分为溶液聚合、乳液聚合和悬浮液聚合三种，目前工业上多采用乳液聚合法。溶液聚合过程中，溶剂为全氟烷烃，也可以是CCl_3F、$CHClF_2$和CCl_2FCClF_2等非金属烷烃。在乳液或悬浮聚合中采用水或添加了氟烷烃的水作溶剂。引发剂可以采用能溶解于氟烷烃的有机过氧化物，也可以采用过硫酸铵之类的水溶性过氧化物。

(1) 溶液聚合

1960 年发现四氟乙烯能在卤代溶剂中与其他氟化单体共聚合。含 H、Cl、Br 及不饱和碳碳键的有机溶剂与四氟乙烯反应时，因为自由基 $\dot{C}F_2$ 提取了这些有机溶剂中的 H、Cl 和 Br 原子而产生链转移，所以只能生成低相对分子质量的蜡状脆性固体聚合物。因此只有用饱和的全氟代化合物作溶剂才行。

合成实例：以全氟代二甲基环丁烷作溶剂，以过氧化物和偶氮化合物作聚合引发剂，在装有搅拌器的高压反应釜中，把该溶剂作为反应介质充至反应釜容积的 60%，让一定量的全氟烷基乙烯基醚单体溶解在该溶剂内，升温至 60℃并搅拌，然后把四氟乙烯单体压入，再加入少量的 (10^{-4} mol)、以 N_2 稀释过的 F_2，引发聚合反应。在聚合过程中，保持 60℃和搅拌，然后冷却反应器并抽空后即可得到固体聚合物。该聚合物在 350℃下加成薄膜，薄膜呈无色透明且有韧性。

(2) 乳液聚合

四氟乙烯和全氟烷基乙烯基醚在水溶液中的乳液共聚反应需加入少量的氟碳溶剂，否则聚合物的性能很差，而且氟碳溶剂的加入能提高聚合速度，但聚合物的相对分子质量分布较宽。在聚合反应时加入气相的链转移剂，如甲烷、乙烷和氢气等，一方面使相对分子质量分布变窄，另一方面使分子链末端生成二氟甲基而不是羧基，从而提高聚合物的热稳定性。引发剂可用过硫酸铵，表面活性剂用全氟代辛酸铵。聚合反应在不锈钢高压釜中进行。

合成实例：将高压釜密闭抽真空，并用四氟乙烯置换空气后在反应釜中加入去离子水、碳酸铵和乳化剂，乳化剂为 10% 的全氟-2,5-二甲基-3,6-二氧杂壬酸铵盐的水溶液。搅拌，升温，达到温度后用四氟乙烯将全氟丙基乙烯基醚和三氟三氯乙烷压入反应釜，加压至比预定压力低 1.96MPa 为止。待温度和压力稳定后，再用四氟乙烯将引发剂压入反应釜，加压到预定压力。反应中，压力每降低 0.098MPa，即用四氟乙烯补充压力，重复 30 次以后，停止搅拌，排除未反应的单体，开釜，吸出乳液。用机械搅拌法使乳液凝聚得到白色粉末，然后用去离子水洗、烘干，在 380℃加热 2～3h，可以得到白色发泡状的烧结共聚物。

8.1.3.8　乙烯-三氟氯乙烯共聚物

乙烯 (E) 和三氟氯乙烯 (CTFE) 的共聚反应可在水或溶剂中进行。1946 年，乙烯和三氟氯乙烯以过氧化苯甲酰作引发剂，在 60～120℃、5MPa 的水溶液中共聚反应获得成功。也可以在二氯四氟乙烷溶剂中共聚，引发剂可采用过硫酸铵或过硫酸钾。聚合时的温度和压力与共聚物的相对分子质量有关。

合成实例一：在带搅拌器的不锈钢反应釜中，用 N_2 置换空气后加入 25 质量份纯水和 0.1 质量份过氧化苯甲酰，再加入 40 质量份三氟氯乙烯和 10 质量份乙烯，密闭反应器，开启搅拌，加热至 80℃，反应 9h 后冷却，排气抽出反应产物，经洗净干燥后可得到 7 质量份白色的乙烯-三氟氯乙烯共聚物粉末，其组成为

n(CTFE)∶n(E)＝1.1∶1。将所得的共聚物粉末在190～200℃下压制成韧性薄膜，该薄膜具有能延伸至原来长度3倍的韧性。

在三氟氯乙烯和乙烯两种单体中加入不会发生链转移反应的第三单体生产乙烯-三氟氯乙烯共聚物的调聚物。第三单体应是有如下结构的乙烯基单体：R—CF ═CF_2，R—O—CF ═CF_2。R为含有2～10个碳原子的环状基团。碳原子的多少决定侧链的长短，它赋予调聚物良好的高温拉伸性能。较大的侧链能阻碍乙烯-三氟氯乙烯共聚物链段的快速结晶，提高产品的透明性。最佳的第三单体是全氟代化合物。

合成实例二：在反应釜夹套中通入冷冻盐水，让它保持在0℃，反应釜内通3次N_2作净化处理。将500mL的F113（1,1,2-三氯-1,2,2-三氟乙烷）连同调聚单体全氟代丙基乙烯基醚和一定量的氯仿（链转移剂）吸入反应釜内，以1000r/min速度搅拌，充N_2保压于440kPa以排除F113中的空气。冷却反应釜温度至0℃，然后加入一定量的三氟氯乙烯和乙烯。溶解于F113的三氯乙酰过氧化物溶液（质量密度为0.02g/mL）加入反应釜发生反应，一直反应至压力降为98～137kPa，停止反应后取出反应物浆料，经过滤得到的滤饼，用500mL F113冲洗2次后打碎滤饼，并在以N_2净化过的真空烘箱中于100～125℃干燥过夜。该调聚物有最佳的屈服强度、拉伸强度和断裂伸长率。

8.1.4 氟树脂的应用

经过近30年的发展，氟树脂涂料已形成一系列以聚四氟乙烯（PTFE）、聚偏氟乙烯（PVDF）、聚全氟乙丙、氟烯烃共聚物等氟树脂为基料的多种牌号和用途的氟碳涂料。按形态的不同可分为：水分散型、溶剂分散型、溶液蒸发型、可交联固化溶液型、粉末涂料。按固化温度的不同可分为：高温固化型（180℃以上）、中温固化型、常温固化型。按组成涂料树脂的不同可分为：聚四氟乙烯（PTFE）涂料、聚三氟氯乙烯（PCTFE）涂料、聚氟乙烯（PVF）涂料、聚偏氟乙烯（PVDF）涂料、聚全氟丙烯（FEP）涂料、乙烯-四氟乙烯共聚物（ETFE）涂料、四氟乙烯-全氟烷基乙烯基醚共聚体（FEVE）涂料、乙烯-三氟氯乙烯共聚物（ECTFE）涂料、氟橡胶涂料及各种改性氟树脂涂料。

聚四氟乙烯分散液通过喷涂、浸渍、涂刷和电沉积等方式可以在金属、陶瓷、木材、橡胶和塑料等材料表面上形成涂层，使这些材料表面具有防粘、低摩擦系数和防水的优异性能，以及良好的电性能和耐热性能，大大拓宽了这些材料的应用领域，提高了材料的使用效率。另外，聚四氟乙烯分散液还可以浇在光滑平面，经干燥烧结后形成浇注薄膜。因此，聚四氟乙烯涂层的应用日益广泛，如用于生活中的蒸锅、灶具和电熨斗等，橡胶工业上的脱模器具等。聚四氟乙烯涂料本身对渗透和吸附物理过程的抵抗能力比其他涂料好，但由于聚四氟乙烯涂料不能熔融流动，其涂层致密性较差，孔隙率高，腐蚀介质将通过孔隙侵蚀基材。因此聚四氟乙烯涂料还不能用于制造防腐蚀涂层，但是作为防腐蚀涂层的底漆是有利的。

聚全氟乙丙烯涂料主要作为耐化学药品侵蚀涂料和防粘涂料，如用于化工、医疗器械、医药工业设备、管道、阀门、储槽和机械等防护涂装。乙烯-四氟乙烯共聚物涂料的应用与其涂层或薄膜的特性有关，无针孔的厚涂膜适用于防腐蚀领域，电气性能好的薄膜适用于电子计算机等绝缘，具有耐紫外线和耐候性的涂膜可用于长期保护高速公路的隔音壁等。聚四氟乙烯-全氟烷基乙烯基醚共聚物涂料具有优异的耐蚀性能、不粘性能、电性能和耐候性能等。在化工和石油化工等行业中，用于强腐蚀介质，特别是在高温（200～250℃）和强酸、强碱、强氧化剂以及强极性溶剂介质条件下，管道、阀门、储罐和其他设备的防腐处理，取得了令了满意的效果。作为防粘涂料，广泛应用于复印机热辊及食品加工模具等。

聚氟乙烯树脂可以制成粉末涂料、分散涂料，但是以分散涂料为主。聚氟乙烯树脂和颜料分散在高沸点的有机溶剂中制成发散液涂料，可以形成无孔的涂层，主要应用于化工等领域设备的防腐处理和户外建筑涂装。

聚偏氟乙烯的耐腐蚀性比聚氟乙烯好，但不如聚四氟乙烯。聚偏氟乙烯基本不溶于所有非极性溶剂，但能溶于烷基酰胺等强极性溶剂中，另外还可溶于酮类和酯类溶剂中。聚偏氟乙烯树脂既可制成粉末涂料，直接用粉末静电喷涂和流化床浸涂等方法涂覆，也可以将聚偏氟乙烯树脂配成分散液进行涂覆。聚偏氟乙烯涂料可作为一种耐候性涂料使用，涂层具有很长的使用寿命，是一种超耐候性涂料，广泛应用于建筑铝板和再成型（二次成型）钢板（也称金属卷材）。

聚三氟氯乙烯涂料可以制成分散液涂料和粉末涂料，主要用于反应釜、热交换器、管道、阀门、泵、储槽等化工设备的防腐蚀处理以及纺织、造纸等工业用各类辊筒的防粘处理。乙烯-三氟乙烯共聚物涂料可以制成粉末涂料和悬浮液涂料，粉末涂料适合于静电喷涂和流化床浸涂，涂膜对无机药品具有良好的耐蚀性，但是对有机溶剂比全氟树脂差，耐热性也比聚四氟乙烯低，主要用于反应器、泵、管道、阀门、气体捕集器、液膜蒸馏器以及食品和药物的处理装置等方面。

8.2　硅树脂

8.2.1　概述

硅树脂又称有机硅树脂，是指具有高度交联网状结构的聚有机硅氧烷，是以 Si—O 键为分子主链，并具有高支链度的有机硅聚合物。

有机硅树脂以 Si—O 键为主链，其耐热性好。这是由于：①在有机硅树脂中 Si—O 键的键能比普通有机高聚物中的 C—C 键键能大，热稳定性好；②Si—O 键中硅原子和氧原子的相对电负性差大，因此 Si—O 键极性大，有 51%离子化倾向。对 Si 原子上连接的烃基有偶极感应影响，提高了所连接烃基对氧化作用的稳定性，也就是说 Si—O—Si 键对这些烃基基团的氧化，能起到屏蔽作用；③有机硅树脂中硅原子和氧原子形成 d-pπ 键，增加了高聚物的稳定性、键能，也增加了热稳定性；④普通有机高聚物的 C—C 键受热氧化易断裂为低分子物，而有机硅树脂中硅原子上所连烃基受热氧化后，生成的是高度交联的更加稳定的 Si—O—Si 键，能防止其主链的断裂降解；⑤在受热氧化时，有机硅树脂表面生成了富于 Si—O—Si 键的稳定保护层，减轻了对高聚物内部的影响。例如聚二甲基硅氧烷在 250℃时仅轻微裂解，Si—O—Si 主链要到 350℃才开始断裂，而一般有机高聚物早已全部裂解，失掉使用性能。因此有机硅高聚物具有特殊的热稳定性。

有机硅产品含有 Si—O 键，在这一点上基本与形成硅酸和硅酸盐的无机物结构单元相同；同时又含有 Si—C（烃基），而具有部分有机物的性质，是介于有机和无机聚合物之间的聚合物。由于这种双重性，使有机硅聚合物除具有一般无机物的耐热性、耐燃性及坚硬性等特性外，又有绝缘性、热塑性和可溶性等有机聚合物的特性，因此被人们称为半无机聚合物。

18 世纪下叶，当化学家们正竞相研究有机化合物时，C. Friedel、J. M. Crafts、F. S. Kipping 等做了大量工作，对硅和硅碳化合物进行了广泛、深入的研究。特别是 F. S. Kipping 的工作奠定了有机硅化学的基础。鉴于当时航天工业对新型耐热合成材料的需要，美国道康宁公司（Dow-Corning CO.）的 G. F. Hyde、通用电气公司（G. E. CO.）的 W. J. Patnode、E. G. Rochow 和前苏联的 Б. Н. Долгов、K. A. Андрианов 等化学家联想到天然硅酸盐中硅氧键结构的优异耐热性，并考虑到引入有机基团的优越性，于是在 F. S. Kipping 研究的基础上，继续进行研究，1943 年开发出耐热新型有机硅聚合物材料，并得到了广泛应用。

现在有机硅聚合物的发展已超出耐热高聚物的范围。有机硅产品不仅能耐高温、低温，而且具有优良的电绝缘性、耐候性、耐臭氧性、表面活性，又有无毒、无味及生理惰性等特殊性能，按照不同要求，制成各种制品：从液体油到弹性橡胶；从柔性树脂涂层到刚性塑料；从水溶液到乳液型的各种处理剂，以满足现代工业的各种需要。从人们的衣、食、住、行到国民经济生产各部门都能找到有机硅产品。有机硅产品正朝着高性能、多样化的方向发展。

有机硅树脂涂料是以有机硅树脂及有机硅改性树脂（如醇酸树脂、聚酯树脂、环氧树脂、丙烯酸酯树脂、聚氨酯树脂等）为主要成膜物质的涂料，与其他有机树脂相比，具有优异的耐热性、耐寒性、耐候性、电绝缘性、疏水性及防粘脱模性等，因此，被广泛用作耐高低温涂料、电绝缘涂料、耐热涂料、耐候涂料、耐烧蚀涂料等。

8.2.2 硅树脂的合成单体

按官能团的种类不同，硅树脂的合成单体可分为：有机氯硅烷单体、有机烷氧基硅烷单体、有机酰氧基硅烷单体、有机硅醇、含有机官能团的有机硅单体等。

(1) 有机氯硅烷单体

有机氯硅烷单体通式为 R_nSiCl_{4-n} ($n=1\sim3$)，主要有一甲基三氯硅烷 (CH_3SiCl_3)、二甲基二氯硅烷 [$(CH_3)_2SiCl_2$]、一甲基二氯硅烷 (CH_3SiHCl_2)、二甲基氯硅烷 [$(CH_3)_2SiHCl$]、四氯硅烷 ($SiCl_4$)、三甲基一氯硅烷 [$(CH_3)_3SiCl$]、一苯基三氯硅烷($C_6H_5SiCl_3$)、二苯基二氯硅烷 [$(C_6H_5)_2SiCl_2$]、甲基苯基二氯硅烷 [$(CH_3)C_6H_5SiCl_2$] 等，大多数有机氯硅烷单体为无色刺激性液体，单体和空气中的水分接触，极易发生水解，放出氯化氢。单体接触人体皮肤，有腐蚀作用。大多数氯硅烷单体的相对密度都大于 1。所有氯硅烷单体均易溶于芳香烃类、卤代烃类、醚类、酯类等溶剂中。

有机氯硅烷分子中含有极性较强的 Si—Cl 键，活性较强，能发生以下化学反应。

① 水解反应　有机氯硅烷与水能发生水解反应，生成硅醇，并放出氯化氢气体。硅醇不稳定，在酸或碱的催化作用下，易脱水缩聚，生成 Si—O—Si 为主链的线型有机硅聚合物或环体聚有机硅烷。生成的环体中，以 $x=3$、4、5 的环体的量最多，也较稳定。

$$nR_2SiCl_2+2nH_2O \longrightarrow \underset{\text{硅醇}}{nR_2Si(OH)_2}+2nHCl\uparrow$$

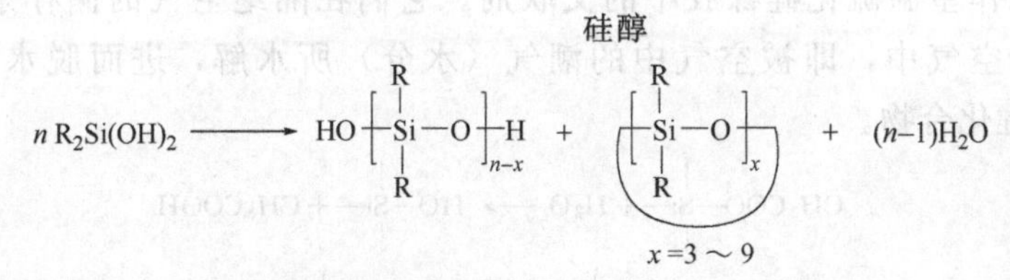

② 与醇类反应　生成烷基烷氧基单体。

$$R_2SiCl_2+2R'OH \longrightarrow R_2Si(OR')_2+2HCl\uparrow$$

③ 酰氧基化反应

$$R_2SiCl_2+2(CH_3CO)_2O \longrightarrow (CH_3COO)_2SiR_2+2CH_3COCl$$

④ 与氨（或胺类）反应　生成有机硅胺类单体。

$$2(CH_3)_3SiCl+2NH_3 \longrightarrow (CH_3)_3Si—NH—Si(CH_3)_3+2NH_4Cl$$

(2) 有机烷氧基硅烷单体

有机烷氧基硅烷单体通式为 $R_nSi(OR')_{4-n}$ ($n=1\sim3$)，可由有机氯硅烷单体与醇类反应生成，是合成有机硅树脂中除有机氯硅烷外的重要单体，常用的单体有甲氧基或乙氧基硅烷。有机烷氧基硅烷进行水解、缩聚反应生成 Si—O—Si 键聚合物时，不产生 HCl 的腐蚀性副产物。有机烷氧基硅烷能发生以下化学反应。

① 当与其他连在硅原子上的官能团反应时，生成 Si—O—Si 键。

$$—\overset{|}{\underset{|}{Si}}—OR+HO—\overset{|}{\underset{|}{Si}}— \longrightarrow —\overset{|}{\underset{|}{Si}}—O—\overset{|}{\underset{|}{Si}}—+ROH$$

$$—\overset{|}{\underset{|}{Si}}—OR+CH_3COO—\overset{|}{\underset{|}{Si}}— \longrightarrow —\overset{|}{\underset{|}{Si}}—O—\overset{|}{\underset{|}{Si}}—+CH_3COOR$$

$$-\overset{|}{\underset{|}{Si}}-OR+Cl-\overset{|}{\underset{|}{Si}}- \longrightarrow -\overset{|}{\underset{|}{Si}}-O-\overset{|}{\underset{|}{Si}}-+RCl$$

② 与有机化合物（或树脂）中的—OH结合，这是利用含有—OR基团的有机硅来改性普通树脂的途径。

$$-\overset{|}{\underset{|}{Si}}-OR+HO-R' \longrightarrow -\overset{|}{\underset{|}{Si}}-O-R'+ROH$$

③ 在酸或碱的存在下，进行水解及脱水缩聚。

$$-\overset{|}{\underset{|}{Si}}-OR+H_2O \longrightarrow -\overset{|}{\underset{|}{Si}}-OH+ROH$$

$$-\overset{|}{\underset{|}{Si}}-OH+HO-\overset{|}{\underset{|}{Si}}- \longrightarrow -\overset{|}{\underset{|}{Si}}-O-\overset{|}{\underset{|}{Si}}-+H_2O$$

（3）有机酰氧基硅烷单体

有机酰氧基硅烷单体通式为 $R_nSi(OOCR')_{4-n}$（$n=1\sim3$），主要为乙酰氧基单体，包括二甲基二乙酰氧基硅烷［$(CH_3COO)_2Si(CH_3)_2$］、甲基三乙酰氧基硅烷［$(CH_3COO)_3SiCH_3$］、二苯基二乙酰氧基硅烷［$(CH_3COO)_2Si(C_6H_5)_2$］等。有机酰氧基硅烷单体易水解，放出醋酸，比氯硅烷单体水解放出的氯化氢腐蚀性小。一般用作室温硫化硅橡胶中的交联剂。它们在隔绝空气的储存条件下稳定。一旦暴露于空气中，即被空气中的潮气（水分）所水解，进而脱水缩聚，生成Si—O—Si键化合物。

$$CH_3COO-\overset{|}{\underset{|}{Si}}-+H_2O \longrightarrow HO-\overset{|}{\underset{|}{Si}}-+CH_3COOH$$

$$-\overset{|}{\underset{|}{Si}}-OH+HO-\overset{|}{\underset{|}{Si}}- \longrightarrow -\overset{|}{\underset{|}{Si}}-O-\overset{|}{\underset{|}{Si}}-+H_2O$$

作为制备有机硅高聚物的原料，它也可和有机烷氧基硅烷单体反应，生成Si—O—Si键聚合物。

$$-\overset{|}{\underset{|}{Si}}-OR+CH_3COO-\overset{|}{\underset{|}{Si}}- \longrightarrow -\overset{|}{\underset{|}{Si}}-O-\overset{|}{\underset{|}{Si}}-+CH_3COOR$$

（4）有机硅醇

硅烷水解时形成有机硅醇，硅醇自发缩聚或强制缩聚而或快或慢地转化成硅氧烷。自发缩聚的倾向取决于它们的分子结构及水解条件。随着硅原子上—OH数目的减少，以及有机基团数量及体积增大，对—OH的空间屏蔽作用的增大，硅醇的缩合倾向降低；在中性水解条件下易于制备有机硅醇。有机硅醇具有以下化学性质。

① 与有机氯硅烷、有机烷氧基硅烷、有机酰氧基硅烷等作用，形成Si—O—Si键。

$$-\overset{|}{\underset{|}{Si}}-OH+Cl-\overset{|}{\underset{|}{Si}}- \longrightarrow -\overset{|}{\underset{|}{Si}}-O-\overset{|}{\underset{|}{Si}}-+HCl\uparrow$$

$$-\overset{|}{\underset{|}{Si}}-OH+RO-\overset{|}{\underset{|}{Si}}- \longrightarrow -\overset{|}{\underset{|}{Si}}-O-\overset{|}{\underset{|}{Si}}-+ROH$$

$$-\overset{|}{\underset{|}{Si}}-OH+NH_2-\overset{|}{\underset{|}{Si}}- \longrightarrow -\overset{|}{\underset{|}{Si}}-O-\overset{|}{\underset{|}{Si}}-+NH_3\uparrow$$

$$-\overset{|}{\underset{|}{Si}}-OH+H-\overset{|}{\underset{|}{Si}}- \longrightarrow -\overset{|}{\underset{|}{Si}}-O-\overset{|}{\underset{|}{Si}}-+H_2\uparrow$$

$$-\overset{|}{\underset{|}{Si}}-OH+CH_3COO-\overset{|}{\underset{|}{Si}}- \longrightarrow -\overset{|}{\underset{|}{Si}}-O-\overset{|}{\underset{|}{Si}}-+CH_3COOH$$

② 在浓碱溶液的作用下，生成硅醇的碱金属盐。硅醇的碱金属盐在水溶液中稳定，但遇酸重新生成硅醇，并进行缩聚。

$$-\overset{|}{\underset{|}{Si}}-OH+NaOH \longrightarrow -\overset{|}{\underset{|}{Si}}-O-Na+H_2O$$

$$-\overset{|}{\underset{|}{Si}}-ONa+HCl \longrightarrow -\overset{|}{\underset{|}{Si}}-OH+NaCl$$

$$-\overset{|}{\underset{|}{Si}}-OH+HO-\overset{|}{\underset{|}{Si}} \longrightarrow -\overset{|}{\underset{|}{Si}}-O-\overset{|}{\underset{|}{Si}}-+H_2O$$

(5) 含有机官能团的有机硅单体

此类单体既含有与硅原子直接相连的官能团，又含有与硅原子直接相连的烃基上的官能团，如乙烯基三氯硅烷（$CH_2=CHSiCl_3$）、甲基乙烯基二氯硅烷[$CH_3(CH_2=CH)SiCl_2$]、乙烯基三乙氧基硅烷[$CH_2=CHSi(OC_2H_5)_3$]、甲基乙烯基二乙氧基硅烷[$CH_3(CH_2=CH)Si(OC_2H_5)_2$]、三氟丙基甲基二氯硅烷[$CF_3CH_2CH_2(CH_3)SiCl_2$]、氰丙基三氯硅烷（$NCCH_2CH_2CH_2SiCl_3$）等，因此既具有常规有机硅单体官能团特有的反应性能，又具有一般有机官能团的反应性能，是一种特殊有机硅单体，其类型、品种正在不断发展。

(6) 有机硅单体的反应特性

按分子中官能团的数量不同，硅树脂的合成单体可分为单官能度单体、二官能度单体、三官能度单体和四官能度单体。

单官能度单体主要有三烃基氯硅烷、三烃基烷氧基硅烷、三烃基酰氧基硅烷等，二官能度单体主要有二烃基氯硅烷、二烃基烷氧基硅烷、二烃基酰氧基硅烷等，官能度单体主要有一烃基氯硅烷、一烃基烷氧基硅烷、一烃基酰氧基硅烷等，四官能度单体主要有四氯硅烷、四烷氧基硅烷等。不同官能度的单体互相结合能形成不同结构的高聚物。单官能度单体互相结合，只能生成低分子化合物；二官能度单体互相结合，可以生成线型高聚物或低分子 $(D)_n$ 环体（$n=3\sim9$，以 $n=3$，4，5 较多）；三官能度单体互相结合，可以生成低分子 $(D)_n$ 环体（$n=4\sim8$），或不溶、不熔的三维空间交联的高分子聚合物；四官能度单体互相结合，可生成不溶、不熔的无机物质，如 $(SiO_2)_n$ 结构的高聚物；单官能度单体和二官能度单体互相结合，依据两者摩尔比的不同，可以生成不同链长的低分子至高分子的线型聚合物；单官能度单体与三官能度或四官能度单体互相结合，可生成低聚物至不溶、不熔的高度交联的高聚物；二官能度单体与三官能度或四官能度单体互相结合，可以生成具有分支结构的高聚物或不溶、不熔的三维空间高度交联结构的高聚物。

一般说来，在有机硅树脂中，三、四官能度单体提供交联点，二官能度单体增进柔韧性，单官能度单体在高聚物形成中有止键作用或调节作用。配方中二甲基单体的摩尔分数不宜太高，过高将显著增加固化后的柔韧性，而且没有交联的低分子环体也增多。在漆膜热老化时由于环体的挥发，能导致漆膜脆性增加。二苯基单体的引入，可以增加漆膜在高温时的坚韧性和硬度，但由于二苯基二羟基硅烷反应活性差，不易全部进入树脂结构中，低分子物也易挥发，因此二苯基单体用量也不宜过多。甲基苯基单体现在已广泛用于有机硅树脂生产中，给予树脂以柔韧性，而不会像二甲基单体那样使树脂硬度降低。

以甲基单体和苯基单体制备的有机硅树脂，甲基含量高的树脂性能为：柔韧性好、耐电弧性好、憎水性好、保光性好、高温时失重小、耐热冲击性能好、耐化学药品性好、固化速度快、对紫外线的稳定性好；苯基含量高的树脂性能为：热稳定性好、柔韧性好、热塑性大、耐空气中氧的氧化作用的稳定性好，在热老化时能长期保持柔韧性，在室温下溶剂挥发后，能表面干燥，对有机溶剂的抵抗力弱，与普通有机树脂相溶性好，储存稳定性好，但若引进的苯基太多，相应地增加了漆膜受热时的热塑性。

8.2.3 硅树脂的合成原理

有机硅树脂的合成途径很多，但目前工业生产中普遍采用有机氯硅烷水解法来合成，原因是该方法简单可行，且有机氯硅烷价格较便宜，合成容易。因此涂料工业中使用的有机硅树脂一般是以有机氯硅烷单体为原料，经水解、浓缩、缩聚及聚合等步骤来合成。

8.2.3.1 单体水解

有机氯硅烷单体与水作用，发生水解转变为硅醇。

$$-\overset{|}{\underset{|}{Si}}-Cl + H_2O \longrightarrow -\overset{|}{\underset{|}{Si}}-OH + HCl$$

单体的水解速度随硅原子上氯原子的数目增加而增加，但也受硅原子上有机基团的类型和数目的影响。有机基团越多或基团的体积越大，水解速度越慢；有机基团的电负性大，相应地也会增强 Si—Cl 键，降低它和水的反应活性，水解速度越慢；苯基氯硅烷由于苯基的电负性大和体积大的联合效应，因此其比相应的甲基氯硅烷难以水解。

水解过程中还副产盐酸。由于 Si—C 键具有弱极性，在酸性较强的条件下，Si—C 键有可能发生断裂、水解。饱和烃类与硅所构成的键通常不会发生变化，但电负性大的苯基及带有电负性大取代基的有机基团，其 Si—C 键在强酸性条件下易于断落。因此在水解过程中，水层中 HCl 的浓度不宜超过 20%。氯硅烷单体水解后，生成的硅醇，除继续缩聚成线型或分支结构的低聚物外，有些也可自缩聚成环体，尤其是在酸性介质中水解时。环体的生成消耗了水解组分中总的官能度，减少了组分各分子间交联的机会，不利于共缩聚体的生成，因此应尽量避免。采用过量的水使介质中 pH 值变化不大的情况下水解较好。有时在中性介质中，在 $CaCO_3$、$MgCO_3$ 等存在下进行氯硅烷的水解，以中和水解过程中产生的 HCl，可以得到主要以羟基为端基的缩合物。或在过量的 NaOH 等存在下，主要生成带有羟基及 NaO— 端基的高聚物，可以封闭一些分子的官能团，减少自缩聚倾向，便于共缩聚体的生成。

含有 Si—OR 键的单体水解时，可加少量酸、碱，以促进其水解。含有 Si—H 键单体在水解时，要尽可能减少与酸水接触的时间，降低水解的温度，以防止 Si—H 键的断裂。

制备有机硅树脂，一般多用两种或两种以上的单体进行水解，如 CH_3SiCl_3、$(CH_3)_2SiCl_2$、$C_6H_5SiCl_3$、$(C_6H_5)_2SiCl_2$、$C_6H_5(CH_3)SiCl_2$ 等共同水解。最理想的情况是：选择适当的水解条件，使各种单体组分均能同时水解，能共缩聚成均匀结构的共缩聚体，以获得较好而又稳定的性能。但实际上各个单体组分的水解速度并不一样，有些单体水解后生成的硅醇分子本身又有自行缩聚成环状低分子倾向，易导致水解中间产物中各分子结构杂乱无章，并使相对分子质量分布过宽。因此水解过程是有机硅树脂生产中的一个特别重要的环节。

一般水解方法是将有机氯硅烷与甲苯、二甲苯等惰性而又不溶或微溶于水的溶剂混合均匀，控制一定温度，在搅拌下缓慢加入过量的水中进行水解。由于水解产物被溶剂萃取出来，减少了受酸水继续作用的影响，可抑制三官能度及四官能度单体水解缩聚的胶凝现象。水解完毕后，静置至硅醇液和酸水分层，然后放出酸水，再用水将硅醇液洗至中性。然后在减压下进行脱水，并蒸出一部分溶剂，进行浓缩，至固体含量为 50%～60%为止。为减少硅醇进一步缩合，真空度愈大愈好。浓缩温度应不超过 90℃。

8.2.3.2　缩聚和聚合

浓缩后的硅醇液大多是低分子的共缩聚体及环体，进行缩聚和聚合时一般都加入催化剂。催化剂既能使硅醇间羟基脱水缩聚，又能使低分子环体开环，在分子中重排聚合，以提高相对分子质量，并使相对分子质量及结构均匀化。即将各分子的 Si—O—Si 键打断，再形成高分子聚合物，如低分子的环体的聚合反应为：

$$x\left[\begin{array}{c}R\\|\\-Si-O-\\|\\R\end{array}\right]_n + x\left[\begin{array}{c}R'\\|\\-Si-O-\\|\\R'\end{array}\right]_n \longrightarrow \left[\begin{array}{c}R\quad\quad R'\\|\quad\quad\ |\\-Si-O-Si-O-\\|\quad\quad\ |\\R\quad\quad R'\end{array}\right]_{nx}$$

端基为羟基的低分子物的缩聚反应为：

$$-\mathrm{Si}-\mathrm{OH}+\mathrm{HO}-\mathrm{Si}- \longrightarrow -\mathrm{Si}-\mathrm{O}-\mathrm{Si}-+\mathrm{H_2O}$$

在制备涂料用有机硅树脂时，一般采用碱金属的氢氧化物或金属羧酸盐作催化剂。

(1) 碱催化法

即以 KOH、NaOH 或四甲基氢氧化铵等溶液加入浓缩的硅醇液中（加入量为硅醇固体的 0.01%～2%），在搅拌及室温下进行缩聚及聚合，达到一定反应程度时，加入稍过量的酸，以中和体系中的碱，过量的酸再以 $CaCO_3$ 等中和除去。此法生产的成品微带乳光，工艺较复杂。若中和不好，遗留微量的酸或碱，都会对成品的储存稳定性、热老化性和电绝缘性能带来不良影响。

碱催化的机理为：

$$-\mathrm{Si}-\mathrm{O}-\mathrm{Si}- \xrightarrow{\mathrm{HO^-}} -\mathrm{Si}-\mathrm{O}-\underset{\mathrm{OH}}{\mathrm{Si}}\!\!< \longrightarrow -\mathrm{Si}-\mathrm{O^-}+\mathrm{HO}-\mathrm{Si}-$$

$$-\mathrm{Si}-\mathrm{O^-} \xrightarrow{\mathrm{K^+}} -\mathrm{Si}-\mathrm{OK}$$

$$-\mathrm{Si}-\mathrm{OK}+\mathrm{HO}-\mathrm{Si}- \longrightarrow -\mathrm{Si}-\mathrm{O}-\mathrm{Si}-+\mathrm{KOH}$$

各种碱金属氢氧化物的催化活性按下列次序递减：CsOH＞KOH＞NaOH＞LiOH，氢氧化锂几乎无催化活性。

(2) 金属羧酸盐法

此法特别适用于涂料工业。以一定量的金属羧酸盐加入浓缩的硅醇内，进行环体开环聚合、羟基间缩聚及有机基团间的氧化交联，以形成高分子聚合物。反应活性强的为 Pb、Sn、Zr、Al、Ca 和碱金属的羧酸盐。反应活性弱的为 V、Cr、Mn、Fe、Co、Ni、Cu、Zn、Cd、Hg、Ti、Th、Ce、Mg 的羧酸盐。一般常用的羧酸盐为环烷酸盐或 2-乙基己酸盐。

此类催化剂的作用随反应温度高低而变化，反应温度越高，作用越快。一般均先保持一定温度，使反应迅速进行，至接近规定的反应程度后，适当降低反应温度以便易于控制反应，然后加溶剂进行稀释。此工艺过程较简便，催化剂也不需除去，产品性能好。

8.2.4 硅树脂的合成

8.2.4.1 配方的拟订

涂料用常规有机硅树脂的制备，大多数使用如 CH_3SiCl_3、$(CH_3)_2SiCl_2$、$C_6H_5SiCl_3$、$(C_6H_5)_2SiCl_2$、$C_6H_5(CH_3)SiCl_2$ 等单体为原料，而且大多是两种或多种单体并用。按照产品性能和要求进行配方设计时，一般先考虑加入单体的摩尔分数及树脂中烃基平均取代程度，然后制备树脂，检验其性能。再根据测试结果，逐步调整配方，直至达到所需性能及要求。

烃基平均取代程度（DS）是指在有机硅高聚物中每一硅原子上所连烃基（脂烃及芳烃）的平均数目。其计算公式如下：

$$DS=\sum\frac{某组分单体的摩尔分数\times 该单体分子中烃基数}{100}$$

由烃基平均取代程度可以估计这种树脂的固化速度、线型结构程度、耐化学药品性及柔韧性等。DS≤1 时，表明这种树脂交联程度很高，系网状结构，甚至是体型结构，室温下为硬脆固体，加热不易软化，在有机溶剂中不易溶化，大多应用于层压塑料方面。所用单体多数是三官能度的，甚至有四官能度的。DS＝2 或稍大于 2，则是线型油状体或弹性体，即硅油或硅橡胶产品。DS＝2 表示树脂系用二官能度单体合成；DS 稍大于 2，除二官能度单体外，还使用了少量单官能度单体作封头剂。

8.2.4.2 合成实例

（1）原料配方

200℃固化常规有机硅耐热绝缘漆，漆膜柔韧性好、耐热性优良，其原料参考配方见表 8-1。该配方烃基平均取代程度 DS＝1.529，二甲苯溶剂用量为单体总质量的 2 倍，其中稀释单体用 1.5 倍，余下 0.5 倍量的溶剂加入水解水中。水解用的水量为单体总质量的 4 倍。

表 8-1　常规有机硅耐热绝缘涂料原料参考配方

物料名称	单体用量（摩尔分数）/%	100%纯度单体用量（质量份）	实际使用单体		实际投料量（质量份）
			氯含量/%	纯度/%	
CH_3SiCl_3	17.1	26.5	69	86.7	30.4
$(CH_3)_2SiCl_2$	35.2	45.4	55	99.64	41.5
$C_6H_5SiCl_3$	29.4	62.2	49	97.4	64.0
$(C_6H_5)_2SiCl_2$	17.7	44.8	27	96.3	46.5
二甲苯（稀释用）					273.6
二甲苯（水解用）					91.2
水					729.6

（2）合成工艺

① 水解及水洗

a. 将配方中用作稀释剂的二甲苯加入混合釜内，然后再加入各类单体，搅拌混合均匀待用。

b. 在水解釜内加入水解用的二甲苯及水，在搅拌下从混合釜内将混合单体滴加入水解釜，温度在 30℃以下约 4～5h 加完。加完后静置分层，除去酸水，得硅醇。

c. 以硅醇体积一半的水进行水洗 5～6 次，直至水层呈中性，然后静置分出水层。

d. 硅醇以高速离心机过滤，除去杂质。称量硅醇液，测固含量。

② 硅醇浓缩　过滤后硅醇放入浓缩釜内，在搅拌下缓慢加热，开动真空泵，并调节真空度，使溶剂逐渐蒸出。最高温度不得超出 90℃，真空度在 0.0053MPa 以下，越低越好。浓缩后硅醇固含量控制在 55%～65%范围内。

③ 缩聚及聚合

a. 将测定固含量后的浓缩硅醇加入缩聚釜内，开动搅拌，加入计量的 2-乙基己酸锌催化剂，充分搅匀。其中：

$$2\text{-乙基己酸锌用量}=\frac{\text{浓缩后硅醇量}\times\text{浓缩后硅醇固含量}(\%)}{2\text{-乙基己酸锌中锌含量}(\%)}\times 0.003$$

b. 开动真空泵，升温蒸溶剂。溶剂蒸完后取样在 200℃胶化板上测定胶化时间。

c. 升温至 160～170℃，保温进行缩聚。当试样胶化时间达到 1～2min/200℃时作为控制终点的标准。在此以前可预先降低反应温度 5～7℃，以控制反应速率。

d. 终点到达后，立即加入二甲苯稀释，边搅拌边迅速冷却。二甲苯加入量按成品固含量为 50%±1%进行控制。当温度降到 50℃以下，用高速离心机过滤，并测定固含量。调整固含量后，检验合格，即为成品。

该清漆可用于电机线圈、柔性玻璃布、柔性云母板、玻璃丝套管的浸渍和耐热绝缘涂层。清漆或加有颜料的磁漆也可作为耐热涂料使用。

8.2.5　硅树脂的应用

有机硅树脂在涂料中的应用品种有有机硅树脂和有机硅改性树脂。有机硅涂料主要包括有机硅耐热涂料、有机硅绝缘涂料、有机硅耐候涂料以及其他一些涂料品种。

8.2.5.1　有机硅耐热涂料

有机硅耐热涂料是耐热涂料的一个主要品种。它通常是以有机硅树脂为基料，配以各种耐热颜填料制得，主要包括有机硅锌粉漆、有机硅铝粉漆以及有机硅改性环氧树脂耐热防腐蚀漆、有机硅陶瓷漆等。

有机硅锌粉漆由有机硅树脂液、金属锌粉、氧化锌、石墨粉和滑石粉等组成，能长期耐 400℃高温，用作底漆对钢铁具有防腐蚀作用。为防止产生氢气，颜料部分和漆料部分应分罐包装，临用时调匀使用。漆膜在 200℃需 2h 固化。

有机硅铝粉漆由有机硅改性树脂液（固体分中有机硅含量为 55%）、铝粉浆（浮型，65%）组成，漆料与铝粉浆应分罐包装，临用时调匀。漆膜在 150℃固化 2h，能长期耐 400℃温度，在 500℃时 100h 漆膜完整，且仍具有保护作用。

有机硅改性环氧树脂耐热防腐蚀漆属常温固化型，兼有耐热及防腐蚀性能。可长期在 150℃使用，短期可达 180～200℃。耐潮湿、耐水、耐油及盐雾侵蚀。此漆为双组分包装，甲组分为有机硅改性环氧树脂及分散后的颜料，乙组分为低分子聚酰胺树脂液。在临用时按比例混合均匀，熟化半小时后使用。

有机硅陶瓷漆以有机硅改性环氧树脂为基料、以氨基树脂为交联剂、由耐热颜料及低熔点陶瓷粉组成，其耐热温度高达 900℃。

8.2.5.2　有机硅绝缘涂料

在电机和电器设备的制造中有机硅绝缘材料占有极重要地位。高性能有机硅绝缘材料和漆的研制和生产，可以满足电气工业对耐高温、高绝缘等特殊性能的需求。

有机硅绝缘涂料的耐热等级是 180℃，属于 H 级绝缘材料。它可和云母、玻璃丝、玻璃布等耐热绝缘材料配合使用；具有优良的电绝缘性能，介电常数、介质损耗、电击穿强度、绝缘电阻在很宽的温度范围内变动不大（－50～250℃），在高、低频率范围内均能使用，而且有耐潮湿、耐酸碱、耐辐射、耐臭氧、耐电晕、耐燃、无毒等特性。

按其在绝缘材料中的用途，有机硅绝缘漆可分为：

（1）有机硅黏合绝缘涂料

主要用来黏合各种耐热绝缘材料，如云母片、云母粉、玻璃丝、玻璃布、石棉纤维等层压制品。这类漆要求固化快、粘接力强、机械强度高，不易剥离及耐油、耐潮湿。

（2）有机硅绝缘浸渍涂料

适用于浸渍电机、电器、变压器内的线圈、绕组及玻璃丝包线、玻璃布及套管等。要求黏度低、渗透力强，固体含量高、粘接力强，厚层干燥不易起泡，有适当的弹性和机械强度。

（3）有机硅绝缘覆盖磁漆

用于各类电机、电器的线圈、绕组外表面及密封的外壳作为保护层，以提高抗潮湿性、绝缘性、耐化学品腐蚀性、耐电弧性及三防（防霉、防潮、防盐雾）性能等。有机硅绝缘涂料分为清漆及磁漆，有烘干型及常温干型两种。烘干型的性能比较优越，常温干型一般作为电气设备绝缘涂层修补漆。

（4）有机硅硅钢片用绝缘涂料

涂覆于硅钢片表面，具有耐热、耐油、绝缘、能防止硅钢片叠合体间隙中产生涡流等优点。

（5）有机硅电器元件用涂料

① 电阻、电容器用涂料　用于电阻、电容器等表面，具有耐潮湿、耐热、耐绝缘、耐温度交变、漆膜机械强度高、附着力好、耐摩擦、绝缘电阻稳定等优点。色漆可作标志漆。

有机硅绝缘漆的耐热性及电绝缘性能优良，但耐溶剂性、机械强度及粘接性能较差，一般可以加入少量环氧树脂或耐热聚酯加以改善。若配方工艺条件适当，不会影响其耐热性能。

有机硅改性聚酯或环氧树脂漆可作为F级绝缘漆使用，长期耐热155℃，具有高的抗电晕性、耐潮性、对底层附着力好、耐化学药品性好、机械强度也好。耐热性能比未改性的聚酯或环氧树脂有所提高。

② 半导体元件用有机硅高温绝缘保护涂料　本漆具有高的介电性能、纯度高，有害金属含量有一定限制，附着力强、热稳定性好、耐潮湿、保护半导体，适用于高温、高压场所。

③ 印刷线路板、集成电路、太阳能电池用有机硅绝缘保护涂料　漆膜坚韧、介电性能好、耐候、耐紫外线、防灰尘污染、耐潮、能常温干、光线透过力强，适用于印刷线路板、集成电路及太阳能电池绝缘保护。

④ 有机硅防潮绝缘涂料　常温干型有机硅清漆具有优良的耐热性、电绝缘性、憎水性、耐潮性、漆膜的力学性能好、耐磨、耐刮伤，常被用作有机或无机电气绝缘元件或整机表面的防潮绝缘漆，以提高这些制品在潮湿环境下工作的防潮绝缘能力。

8.2.5.3 有机硅耐候涂料

有机硅涂料在室外长期暴晒，无失光、粉化、变色等现象，漆膜完整，其耐候性非常优良。涂料工业中利用有机硅树脂的这种特性，来改良其他有机树脂，制造长效耐候性和装饰性能优越的涂料，很有成效。近年来改性工作进展很大，是现在研制涂料用有机硅树脂的主要方向之一。这类有机硅改性树脂漆比有机硅树脂漆价格便宜，能够常温干燥，施工简便，在耐候性、装饰性以及耐热、绝缘、耐水等性能方面较原来未改性的有机树脂漆有很大的提高。被改性的一般有机树脂品种有：醇酸树脂、聚酯树脂、丙烯酸酯树脂、聚氨酯树脂等。

改性树脂的耐候性与配方中有机硅含量成正比，一般常温干燥型的改性树脂中有机硅的含量为20%～30%；烘干型改性树脂中有机硅含量可达40%。改性树脂的耐候性还与用作改性剂的有机硅低聚物组成有关。有机硅低聚物中Si—O—Si键数量越多，耐候性越好。Si—O—Si键的数量是树脂耐候性的决定因素。因此在配方设计时，具有相同含量的有机硅耐候树脂中以选取比值（甲基基团数目/苯基基团数目）大的有机硅低聚物为好。

有机硅改性常温干型醇酸树脂漆的耐候性比一般未改性醇酸树脂漆性能要提高50%以上，保光性、保色性增加两倍。由于耐候性能的提高，可以减少设备维修费用的75%，所以比使用未改性的醇酸树脂漆经济。常温干型有机硅改性醇酸树脂漆多用作重防腐蚀漆，适用于永久性钢铁构筑物及设备，如高压输电线路铁塔、铁路桥梁、货车、石油钻探设备、动力站、农业机械等涂饰保护，并适用于严酷气候条件下，如航海船舶水上建筑的涂装。使用10年后其漆膜仍然完整，外观良好。

有机硅改性聚酯树脂漆是一种烘干型漆，主要用于金属板材、建筑预涂装金属板及铝质屋面板等的装饰保护。它具有优越的耐候性、保光性、保色性、不易褪色、粉化、涂膜坚韧、耐磨损、耐候性优良。经户外使用7年，漆膜完好。

有机硅改性丙烯酸树脂具有优良的耐候性、保光保色性，不易粉化，光泽好。大量用于金属板材及机器设备等的涂装。有机硅改性丙烯酸树脂涂料分为常温干型（自干型）及烘干型两种，就耐候性能来讲，烘干型优于自干型。

有机硅树脂的特殊结构决定了其具有良好的保光性、耐候性、耐污性、耐化学介质和柔韧性等，将其引入丙烯酸主链或侧链上，制得兼具两者优点的有机硅丙烯酸乳液，进而得到理想的有机硅丙烯酸外墙涂料，可常温固化且快干，光泽好、施工方便。

以纯有机硅树脂为主要成膜物的外墙涂料可有效防止潮湿破坏，它们在建筑材料表面形成稳定、高耐久、三维空间的网络结构，抗拒来自于外界液态水的吸收，但允许水蒸气自由通过。这即意味着外界的水可以被阻挡在墙体外面，而墙体里的潮气可以很容易地逸出。

8.2.5.4　其他涂料品种

（1）有机硅脱模漆

固化后的有机硅树脂涂膜是一种半永久性脱模剂，可以连续使用数百次以上，因此受到人们重视。

（2）有机硅防粘涂料

经加有固化剂的有机硅溶液热处理的纸张具有不粘性，可作为压敏胶带或自粘性商标的中间隔离层，或包装粘性物品用纸；家庭烹调用不锈钢烤盘上可涂上有机硅树脂涂层，防止食品黏附。

（3）塑料保护用有机硅涂料

有机硅涂料具有优良的耐候性、耐水性、电绝缘性，抗潮湿、抗高低温变化性能好，涂装于塑料表面可以改善外观，增加装饰性、耐久性，延长其使用寿命。

通过在有机硅聚合物分子主链端基和侧链上引入环氧基、烃基等基团，制成环氧改性有机硅，提高了树脂的力学性能，具有优良的防腐蚀性、耐高温性和电绝缘性，特别是对底材的附着力、耐介质性能有很大提高。

有机硅改性聚合物的优良性能主要是有机硅分子表面能低，硅氧烷水解生成的硅醇与底材羟基缩合反应，提高了涂膜的湿附着力，发生硅醇的自交联反应，生成Si—O—Si分子链，并迁移到涂膜表面。采用有机硅氧烷与羟基丙烯酸酯类、丙烯酸酯类等共聚，制备水溶性有机硅改性聚丙烯酸多元醇树脂，并与聚叔异氰酸酯树脂复配制备性能优异的双组分水性木器涂料。

习　题

1. 解释下列概念：

（1）氟树脂　　（2）硅树脂

2. 为什么氟碳树脂有许多独特的优良性能？

3. 合成氟碳树脂的单体主要有哪些?

4. 写出下列化合物的结构简式:

(1) 全氟丙烯 (2) 三氟氯乙烯 (3) 偏氟乙烯 (4) 全氟代丙基乙烯基醚

5. 聚四氟乙烯由四氟乙烯单体(TFE)聚合而成,属于什么聚合机理?一般采用哪些引发剂引发聚合?

6. 写出合成聚全氟乙丙烯的反应式。

7. 氟乙烯的聚合方法一般可采用哪几种聚合方法?

8. 聚全氟乙丙烯涂料主要用于哪些设备的涂装?

9. 有机硅树脂为什么耐热性好?

10. 按官能团的种类不同,硅树脂的合成单体可分为哪几类?

11. 涂料工业中使用的有机硅树脂一般是以有机氯硅烷单体为原料,一般需经哪些步骤合成?

12. 有机硅涂料主要包括哪些涂料品种?

13. 按其在绝缘材料中的用途,有机硅绝缘漆可分为哪几种?

第9章　涂料颜填料、助剂和溶剂

9.1　概述

涂料配方中除了主要成膜物质——树脂外，还需加入颜填料、助剂和溶剂。

颜填料是分散在涂料中从而赋予涂料某些性质的粉体材料，颜料赋予涂层颜色、遮盖力、耐久性、力学强度、对金属底材的防腐性，以及特殊功能如导电、导热性能等。填料亦称体质颜料，大多是白色或稍有颜色的粉体，不具备着色力和遮盖力，但具有增加漆膜的厚度、调节流变性能、改善机械强度、提高漆膜的耐久性和降低成本等作用。

助剂用量虽少，但对涂料的生产、储存、施工、成膜过程及最终涂层的性能有很大影响，有时甚至可起关键作用，随着涂料工业的发展，助剂的种类日趋繁多，应用愈来愈广，地位也日益重要。

溶剂是涂料配方中的一个重要组成部分，虽然不直接参与固化成膜，但它对涂膜的形成和最终性能起到非常关键的作用。

9.2　颜填料的分类和作用

9.2.1　颜料的分类和作用

颜料的分类方法很多，按照其在涂料中的功能和作用一般可分为着色颜料、防腐颜料和功能颜料。

9.2.1.1　着色颜料

着色颜料主要是提供颜色和遮盖力，可分为无机颜料和有机颜料两类，在涂料配方中，主要使用无机颜料，有机颜料主要作着色助剂，多用于装饰性涂料。

（1）白色颜料

涂料中使用的白色颜料主要包括钛白粉、立德粉、氧化锌、铅白、锑白等，其中钛白粉应用最为广泛。

钛白粉即二氧化钛，有三种不同的结晶形态：金红石型、锐钛型和板钛型。板钛型为不稳定晶型，无工业应用。涂料工业中应用的金红石型和锐钛型钛白粉具有无毒、白度高、遮盖力强的特点，前者有较高的光折射度、耐光性、耐热性、耐候性、耐久性和耐化学品性，以其制备的涂料保光、保色性强，不易发黄和粉化降解，因此多用于制备户外涂料，后者在光照下易粉化，多用于制备室内涂料，纳米级的二氧化钛还可用于光催化自洁涂料。

立德粉又称锌钡白（$BaSO_4 \cdot ZnS$），由硫化锌和硫酸钡共沉淀物煅烧而得，耐碱性好，遇酸分解放出硫化氢，其遮盖力强，但遇光易变暗，耐候性差，多用于制备室内涂料。锑白即氧化锑，有较强的遮盖力，在防火涂料中应用较多。铅白为碱式碳酸铅，由于毒性较大，其使用受到限制。

（2）红色颜料

主要有氧化铁红、钼铬红、镉红等。氧化铁红（Fe_2O_3）是最重要的氧化铁系颜料，也是最常用的红色颜料，有天然氧化铁红与合成氧化铁红两种，合成氧化铁红根据晶体结构分为α-铁红和γ-铁红。在涂料中作为颜料应用的是α-铁红，它具有较高的着色力，耐碱和有机酸，且能吸收紫外辐射，具有较强的耐光性，其价格低廉，应用广泛。随着纳米技术的发展，透明氧化铁红也已经投入工业化生产并用于制备高透明的装饰涂料，如金属闪光涂料、云母钛珠光颜料等。

（3）黄色颜料

主要有氧化铁黄、铬酸铅、镉黄等。氧化铁黄具有优异的颜料性能，着色力和遮盖力高，耐光、耐候性好且无毒价廉，多用于室外涂料。铬酸铅也称铅铬黄，其着色力高，色坚牢度好且不透明，但有毒，多用作装饰性涂料和工业涂料的二道漆和面漆。铬酸锌是一种色坚牢度好，对碱和二氧化硫稳定的颜料，但遮盖力低。镉黄耐高温、耐碱，色坚牢度好，常作烘烤型面漆。

（4）绿色颜料

主要有铅铬绿、铬绿、钴绿等。铅铬绿有良好的遮盖力，耐酸但不耐碱。铬绿即氧化铬，对酸碱有较好的稳定性，但遮盖力低，宜作耐化学药品涂料的颜料。钴绿化学稳定性好，耐光，耐高温，耐候，着色力强，但色饱和度差。

（5）蓝色颜料

主要有铁蓝、群青。铁蓝又称华蓝、普鲁士蓝，有较高的着色力，色坚牢度好，并有良好的耐酸性，但遮盖力差。群青为含有多硫化钠和特殊结构的硼酸铝的半透明蓝色颜料，为天然产品，无毒，环保，其色坚牢度好，耐光、耐碱、耐高温，在大气中对日晒及风雨侵蚀极其稳定，但不耐酸，遇酸分解变色，着色力和遮盖力低。

（6）黑色颜料

用量最大的黑色颜料是炭黑，其吸油量大，色纯，且遮盖力强，耐光，耐酸碱，但较难分散，此外还有氧化铁黑（Fe_3O_4），它们主要用作底漆和二道漆的着色剂。

（7）有机颜料

有机颜料的色泽鲜艳，着色力较强，但遮盖力低，耐高温性、耐候性较差，常用的有机颜料有耐晒黄、联苯胺黄、颜料绿 B、酞菁蓝、甲苯胺红、芳酰胺红等。

9.2.1.2　防腐颜料

防腐颜料用于保护金属底材免受腐蚀，按照防腐蚀机理可分为物理防腐颜料、化学防腐颜料和电化学防腐颜料三类。

物理防腐颜料具有化学惰性，通过屏蔽作用发挥防腐功能，如铁系和片状防腐颜料。化学防腐颜料多为无机盐，具有缓蚀性，含有用水可浸出的阴离子，能钝化金属表面或影响腐蚀过程，它们主要是含铅和铬的盐类，因其毒性和污染问题，目前有被其他颜料替代的趋势。电化学防腐颜料通常是金属颜料，具有比金属还低的电位，起到阴极保护作用，如锌粉。通常是不同防腐机理的防腐颜料共同使用，发挥协同效应，提高防腐蚀效果。

(1) 铅系颜料

红丹属于化学和电化学防腐颜料，能对钢材表面提供有效的保护，但因具有毒性，故限制了它在现代涂料工业中的应用。

碱式硅铬酸铅是一种使用广泛的铅系颜料，它利用形成的缓蚀性铅盐和浸出的铬酸盐离子使金属底材得到防腐保护，其毒性要比传统的红丹颜料低，此外还有碱式硫酸铅，常用于防腐涂料，有毒；铅酸钙常用于作镀锌铁的底漆。

(2) 锌系颜料

锌系颜料主要有铬酸钾锌、磷酸锌和四盐基铬酸锌。铬酸钾锌耐碱，但不耐酸；磷酸锌是一种无毒的中性颜料，对漆料的选择范围较广；四盐基铬酸锌常用作轻金属或钢制品的磷化底漆。

(3) 其他颜料

主要有氧化铁红、云母氧化铁、玻璃鳞片、石墨粉及金属颜料。

金属颜料主要包括铝、不锈钢、铅和锌等。铝粉因表面存在氧化铝膜而具有保护作用，特别是经过表面改性的漂浮型铝粉，能在漆膜表面发生定向排列，起到隔离大气的作用，同时还具有先蚀性阳极的作用。不锈钢颜料不但具有防腐功能，而且还具有装饰作用。铅常与亚麻仁油配合，在涂料中能形成铅皂，具有先蚀性阳极的作用。锌粉常用作富锌保护底漆，可发挥先蚀性阳极的作用。

近年来研制的低毒性防腐颜料包括铬酸钙、钼酸钙、磷酸镁、磷酸钙、钼酸锌、偏硼酸钡、铬酸钡等，可以单独使用或与传统的缓蚀颜料搭配使用，此外，某些体质颜料如滑石粉和云母，也具有防腐性能。

9.2.1.3　功能颜料

具有防污、防霉、防火、示温、发光、防锈等特定功效的颜料统称为功能颜料。主要品种有：多功能的偏硼酸钡、船底防污漆用防污颜料、随温度而变色的示温颜料、夜间发光的发光颜料、具有珍珠光泽的珠光颜料等。

(1) 偏硼酸钡

偏硼酸钡为一种白色无机颜料、微溶于水。它是一种典型的功能性颜料，掺入各类涂料，可增强涂料的防霉、防锈、防火、抗粉化等性能。偏硼酸钡通常经过二氧化硅表面处理，表面上形成 Si—O—Si 键，使颗粒不易结块，改善制漆性能。

(2) 防污颜料

常用的有氧化亚铜和氧化汞两种。氧化亚铜为带红色或紫红色的粉末，用它配制成的防污颜料，涂装于船底，能有效地阻止海洋生物在船底上附着滋生。氧化汞为红色或带橘黄色泽的粉末，作为防污颜料常同氧化亚铜配合使用，防污效果显著。由于汞能引起公害，目前已尽量少用或不用。

(3) 示温颜料

可分为两大类，一类为可逆性变色颜料，当温度升高时颜色发生改变，冷却后又恢复原来的颜色；另一类为不可逆变色颜料，它们在加热时发生不可逆的化学变化，冷却后不能恢复原来的颜色。使用示温颜料做成色漆，刷涂在不易测量温度变化的地方，可以从漆膜颜色的变化观察到温度的变化。

(4) 发光颜料

主要有荧光颜料和磷光颜料。

① 荧光颜料　为一类在紫外光线照射下能发出荧光的有机颜料。可分为两大类：一类是水溶性荧光染料溶于树脂中制成的颜料。这类染料主要是碱性染料，如碱性嫩黄、碱性玫瑰精、碱性桃红等三芳基甲烷类化合物（也有个别的酸性染料）。先将染料溶解在三聚氰胺-对甲苯磺酰胺-甲醛树脂的单体中，经聚合成树脂，再进行粉碎及颜料后处理即得成品颜料。但这类荧光颜料的耐晒牢度较差。另一类是带有荧光的水不溶性有机化合物，如分散染料中的分散荧光黄 FFL 和分散荧光黄 H5GL 等原染料，经颜料化处理即得成品荧光颜料。这类颜料的色谱齐全，有黄、橙、红、紫、绿、蓝等，色彩鲜艳，用于塑料、油墨、涂料、文教用品中，可提高装饰效果。荧光颜料色感非常强，耐光性较差，可罩涂含有紫外光吸收剂的罩光清漆，延缓涂膜褪色。

② 磷光颜料　又称夜光颜料、夜光粉或磷光体，是一类经光源激发后，于黑暗处能发出可见光的颜料，主要成分是高纯的硫化锌，又分为短时夜光粉和永久性夜光粉两种。制法是将氧化锌溶于稀酸，通入硫化氢气体生成硫化锌沉淀，经洗净和干燥后，加入氯化钠、氯化镁作助熔剂，极微量的 Cu、Ag 或 Mn 作为活化剂，经焙烧后即成。根据 Cu 活化剂含量的不同，颜色呈现绿色至深红色。用 Ag 作活化剂时，颜色由深蓝色至深红色。用 Mn 作活化剂时，颜色呈现黄色。永久性夜光粉里加有钍等放射性物质作为添加剂，在射线的激发下，能长时期发光；而短时夜光粉里则没有放射性添加剂，必须借助于外界光源的激发才发光，切断光照后即不再发光。磷光颜料主要用于仪表、钟表、示波器、雷达等方面。

(5) 珠光颜料

珠光颜料为一类具有珍珠光泽的功能性颜料。珠光颜料为透明的薄片状结晶，粒子直径为 5～100μm，厚度小于零点零几微米。这种珠光片状晶体在涂膜中以层状平行排列，对入射光部分反射，部分透过，光线在多层薄片上反射透射后产生一种深度的珍珠光泽。大多数珠光颜料为白色，把彩色颜料加入到珠光颜料中就形成彩色的珠光或金属光泽，称为彩虹现象，主要品种有云母钛、氯氧化铋、碱式碳酸铅、天然鱼鳞粉等。

① 云母钛　为二氧化钛包膜的云母粉。将片状的云母细粉悬浮在水中，然后加入偏钛酸，偏钛酸经水解后，生成的二氧化钛就沉积在云母细粉表面，成为珠光颜料。这是最重要的无毒珠光颜料，光泽好，物化性能稳定。

② 氯氧化铋　其遮盖力强，无毒，但在阳光下易变暗。

③ 碱式碳酸铅　为正六角形片状结晶，耐化学药品性差，有毒，用于塑料和纽扣的着色。

④ 天然鱼鳞粉　具有无毒、耐腐蚀、耐光等性能，光泽也好，多用于生产化妆品。

除了上述品种外，还有用各种彩色无机颜料包膜的彩色珠光颜料，用于化妆品、塑料、油墨和涂料的生产。

9.2.2　填料的分类和作用

常用的填料主要有碳酸钙、滑石粉、重晶石、二氧化硅、云母和瓷土等。

碳酸钙是涂料用的主要填料，包括重质碳酸钙（天然石灰石经研磨而成）和轻质碳酸钙（人工合成）两类，广泛用于各类涂料。

滑石粉是一种天然存在的层状或纤维状无机矿物，它能提高漆膜的柔韧性，降低其透水性，还可以消除涂料固化时的内应力。

重晶石（天然硫酸钡）和沉淀硫酸钡稳定性好，耐酸、碱，但密度高，主要用于调和漆、底漆和腻子。

二氧化硅分为天然产品和合成产品两类。天然二氧化硅又称石英粉，可以提高涂膜的力学性能。合成二氧化硅按照生产工艺分为沉淀二氧化硅和气相二氧化硅，气相二氧化硅在涂料中起到增稠、触变、防流挂等作用。

瓷土（$Al_2O_3 \cdot 2SiO_2 \cdot 2H_2O$），也称高岭土，是天然存在的水合硅酸铝。它具有消光作用，能作二道漆或面漆的消光剂，也适用于乳胶漆。

云母是天然存在的硅铝酸盐，呈薄片状，能降低漆膜的透气、透水性，减少漆膜的开裂和粉化，多用于户外涂料。

9.2.3　颜料体积浓度

早期涂料工业普遍采用颜基比来描述涂料配方中的颜料含量。颜基比是指涂料配方中颜料（包括填料）与基料的质量比。在很多情况下，可根据颜基比制定涂料配方，表征涂料的性能。一般来说，面漆的颜基比约为（0.25～0.9）：1.0，而底漆的颜基比大多为（2.0～4.0）：1.0，室外乳胶漆颜基比为（2.0～4.0）：1.0，室内乳胶漆颜基比为（4.0～7.0）：1.0。要求具有高光泽、高耐久性的涂料，不宜采用高颜基比的配方，特种涂料或功能涂料则需要根据实际情况采用合适的颜基比。

涂料在生产过程中，是以质量为单位计算的，但涂膜在干燥后一般是以体积来表示性能的，因为干的漆膜是由一个多元结构组成，各个成分之间的体积关系对涂膜的性能有重要的影响。由于涂料中所使用的各种颜填料和基料的密度相差甚远，颜料体积浓度更能科学反映涂料的性能。在干膜中，颜填料体积占干漆膜总体积的分数叫做颜料体积浓度（PVC）。

$$\mathrm{PVC}=\frac{V_{颜料}}{V_{颜料}+V_{基料}}$$

式中，$V_{颜料}$ 为干漆膜中颜填料的体积；$V_{基料}$ 为干漆膜中树脂等的体积。当树脂刚好填满无规紧密堆积的颜填料颗粒间的空隙时，此时的颜料体积浓度称为临界颜料体积浓度（CPVC）。当涂料配方中 PVC 值高于 CPVC 值时，树脂不足以填充颜料堆积形成的空隙，颜料粒子得不到充分的润湿，在颜料与基料的混合体系中存在空隙，不能形成紧密的涂膜，涂膜的物理及化学性能将出现一个转折点。当 PVC 值小于 CPVC 值时，颜料以分离形式存在于基料中。颜料体积浓度在 CPVC 值附近变化时，漆膜的性质将发生突变，因此，CPVC 值是涂料性能的一项重要表征，也是进行涂料配方设计的重要依据。

9.3 助剂的种类和作用

涂料助剂品种繁多，应用广泛，在涂料生产和应用的各个阶段：树脂合成、颜填料分散研磨、涂料储存、施工都需要使用助剂。它可以控制树脂的结构，调整树脂的相对分子质量大小和分布，提高颜料分散效率，改善涂料施工性能，赋予涂膜特殊功能。涂料助剂按照其使用和功能可分为以下几类：

① 涂料生产用助剂，如润湿剂，分散剂，消泡剂；

② 涂料储存用助剂，如防沉剂，防结皮剂，防霉剂，防腐剂，冻融稳定剂；

③ 涂料施工用助剂，如触变剂，防流挂剂，电阻调节剂；

④ 涂料成膜用助剂，如催干剂，流平剂，光引发剂，固化促进剂，成膜助剂；

⑤ 改善涂膜性能用助剂，如附着力促进剂，增光剂，防滑剂，抗划伤助剂，光稳定剂；

⑥ 功能性助剂，如抗菌剂，阻燃剂，防污剂，抗静电剂，导电剂。

9.3.1 润湿分散剂

涂料制备过程的中心环节是颜料分散，亦即颜料在外力的作用下，成为细小的颗粒，均匀地分布到连续相中，以期得到一个稳定的悬浮体。这不仅需要树脂、颜料、溶剂的相互配合，还需使用润湿分散剂才能提高分散效率并改善储存稳定性，防止颜料在储存期间沉降、结块，从而影响涂料施工。此外颜料的良好分散还能够改善涂料的光泽、遮盖力、流变性等。

干粉颜料呈现三种形态：①原始粒子，由单个颜料晶体或一组晶体组成，粒径相当小；②凝聚体，由以面相接的原始粒子团组成，其表面积比其单个粒子表面积之和小，再分散困难；③附聚体，由以点、角相接的原始粒子团组成，其总表面积比凝聚体大，但小于单个粒子表面积之和，再分散较凝聚体容易。

颜料分散一般经过润湿、粉碎、稳定三个阶段。润湿是固体和液体接触时，固/液界面取代固/气界面。粉碎是借助机械作用把颜料凝聚体和附聚体解聚成接近原始粒子的细小粒子，并均匀分散在连续相中，成为悬浮分散体。稳定是指制备的悬浮体在无外力作用下，仍能处于稳定的分散悬浮状态。

9.3.1.1　颜料分散和稳定机理

液体和固体接触时，会形成界面夹角，称为接触角（见图 9-1），它是衡量液体对固体润湿程度的一个标志。

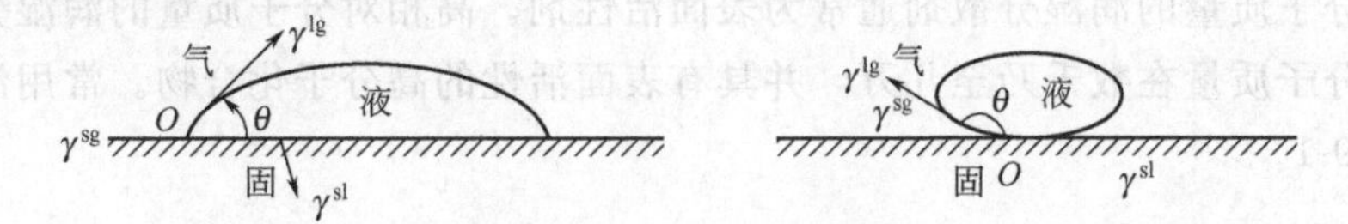

图 9-1　接触角示意图

各种界面张力的作用关系可以用杨氏方程表示：

$$\gamma^{lg}\cos\theta=\gamma^{sg}-\gamma^{sl} \tag{9-1}$$

式中，γ^{lg}为液体、气体之间的界面张力；γ^{sg}为固体、气体之间的界面张力；γ^{sl}为固体、液体之间的界面张力；θ为固体、液体之间的接触角。

Dr. A. Capelle 等指出润湿效率 $BS=\gamma^{sg}-\gamma^{sl}$，即：

$$BS=\gamma^{lg}\cos\theta$$

可知：接触角越小，润湿效率越高。Washborre 用下式表示了润湿初始阶段的润湿效率 J：

$$J=K\frac{r^3}{\eta l}\gamma_{Fl}\cos\theta \tag{9-2}$$

式中，K 为常数；γ_{Fl}为基料的表面张力；θ为接触角（基料/颜料界面）；r为颜料粒子的间隙半径；l为颜料粒子的间隙长度；η为基料的黏度。

式(9-1)和式(9-2) 表明，配方固定后，降低基料黏度和使用润湿剂来降低颜料和基料之间的界面张力以缩小接触角及提高润湿效率，但基料黏度的降低有一定限度，所以使用润湿剂是常用的手段。

颜料充分分散后，由于受到重力和热力学因素的影响往往会发生沉降、团聚，故需要使用分散剂使分散体系保持稳定。

关于颜料分散体系稳定机理基本上有三个，即 DLVO 扩散双电层机理、空间位阻稳定机理、静电空间稳定机理。

① DLVO 扩散双电层机理　又称静电稳定机理，分散体系中颜料粒子表面带有电荷或者吸附有离子，产生扩散双电层，颜料粒子接近时，双电层发生重叠产生

静电斥力实现颗粒的稳定分散，调节 pH 值或加入电解质可以使颗粒表面产生一定量的表面电荷，增大双电层厚度和颗粒表面的 Zeta 电位值，使颗粒间产生较大的排斥力。

②空间位阻稳定机理　该机理是指不带电的高分子化合物吸附在颜料粒子表面形成较厚的空间位阻层，使颗粒间产生空间排斥力，从而达到分散稳定的目的。

③静电空间稳定机理　该机理是指在颜料粒子的分散体系中加入一定的高分子聚电解质，使其吸附在粒子表面，聚电解质既可通过所带电荷排斥周围粒子，又可通过空间位阻效应阻止颜料粒子的团聚，从而使颜料粒子稳定分散。

9.3.1.2 常用润湿分散剂

润湿分散剂按相对分子质量划分，有低相对分子质量和高相对分子质量之分。低相对分子质量的润湿分散剂通常为表面活性剂。高相对分子质量的润湿分散剂是指相对分子质量在数千乃至几万，并具有表面活性的高分子化合物。常用润湿分散剂见表 9-1。

表 9-1　常用润湿分散剂

商品名称	制造商	组　成	主要用途
EFKA4010	荷兰 EFKA 公司	新一代聚氨酯聚合物	有机、无机颜料分散,防浮色发花
EFKA4050			炭黑、有机、无机颜料分散,防浮色发花
EFKA4300		改性聚丙烯酸酯	有机、无机颜料和炭黑的分散
Disper BYK101	德国 BYK 公司	长链多元胺聚酰胺盐和极性带酸性基团的共聚物	润湿、分散、防浮色、防发花
Disper BYK130		不饱和多元酸的多元胺聚酰胺溶液	无机、有机颜料和炭黑用分散剂
Disper BYK160		含亲颜料基团的高分子	无机颜料、有机颜料、炭黑的分散
Tego Dispers 610	德国 Degussa 公司	高相对分子质量聚羧酸铵溶液	无机颜料分散
Tego Dispers 610S		含改性聚硅氧烷的高相对分子质量聚羧酸铵溶液	无机、有机颜料分散
Tego Dispers 630		高相对分子质量聚羧酸铵的衍生物溶液	无机颜料分散,解絮凝
Tego Dispers 700		碱性表面活性剂与脂肪酸的衍生物	有机膨润土浆分散
928	台湾德谦公司	阴离子型高分子表面活性剂	炭黑专用润湿分散剂
923、923S		聚羧酸铵盐	无机、有机颜料润湿分散剂
DP-981、DP-982		高分子聚合物	无机、有机颜料润湿分散剂

9.3.1.3 润湿分散剂在涂料中的应用

润湿分散剂主要是在界面处发挥作用，以吸附层形式覆盖在固体粒子的表面，可以改变颜料的表面性质。在生产过程中节省时间及能源，提高效率，由于颜料分散稳定，提高了涂料储存的稳定性，且颜料的着色力和遮盖力得以提高，还利于增加涂膜的光泽、降低色浆的黏度，从而改善了涂料的流平性，取得防止浮色、流挂、沉降效果，提高涂膜的物化性能。

润湿分散剂的稳定链必须溶在树脂溶液中才能自由伸展，构成一定厚度的吸附层，如果与树脂溶液不相容，在这种贫溶剂中分散剂虽然能吸附在颜料的表面上，但其稳定链是蜷缩的，不能自由伸展，形成的吸附层会很薄，这样就不能充分发挥高分子分散剂的作用，实验证实，相容性不好，会影响颜料的分散效率及涂料性能。

每种颜料在一个特定的分散体系中都存在一个最佳的浓度值，这个最佳值与颜料的比表面积、吸油量、最终要求的细度、研磨时间和色浆中所用树脂聚合物的特性有关。最佳的浓度值要根据这些条件经过实验确定。

另外还需要考虑与其他助剂的配伍性，对体系稳定性的影响，反应活性等。

9.3.1.4　润湿分散剂的性能评价

润湿分散剂的性能可以通过颜料的分散质量进行评价，通常采用以下方法测定颜料分散程度。

刮板细度计是测量颜料分散情况的一种简单的方法，但它只表示大的颜料凝聚体，反映不出颜料分散质量的真实情况以及粒径的分布和粒子的状态。本法因简便而被广泛采用。

电子显微镜可以直观地看到粒径的分布、粒子的状态以及润湿分散剂在粒子表面上的吸附形态、覆盖程度等，但是效率低、成本高，现在主要应用于理论研究。

光谱分析可以分析出颜料粒子表面发生的变化、分散剂在颜料表面吸附的情况，但和电子显微镜一样主要应用于理论研究。

颜料分散得越好，则涂膜表面的粗糙度越低，表面越平整，光的漫反射越低，光泽越高。否则光的漫反射程度越高、光泽越低。所以测量涂膜的光泽高低可以用来判断颜料分散得好坏。此外还可以利用着色力和色相以及涂料的储存稳定性来测定颜料的分散情况。

9.3.2　流平剂

涂料施工后，有一个流动及干燥成膜过程，然后逐步形成一个平整、光滑、均匀的涂膜。涂膜能否达到平整光滑的特性，称为流平性。缩孔是涂料在流平与成膜过程中产生的特性缺陷之一。在实际施工过程中，由于流平性不好，刷涂时出现刷痕，辊涂时产生滚痕，喷涂时出现橘皮。在干燥过程中相伴出现缩孔、针孔、流挂等现象，都称之为流平性不良。缩孔、针孔、流挂等现象的产生降低了涂料的装饰和保护功能。

影响涂料流平性的因素很多，主要有溶剂的挥发梯度和溶解性能、涂料的表面张力、湿膜厚度和表面张力梯度、涂料的流变性、施工工艺和环境等，其中最重要的因素是涂料的表面张力、成膜过程中湿膜产生的表面张力梯度和湿膜表层的表面张力均匀化能力。改善涂料的流平性需要考虑调整配方和加入合适的助剂，使涂料具有合适的表面张力和降低表面张力梯度的能力。

9.3.2.1 流平机理

涂料干燥成膜常见的缺陷有缩孔、橘皮、刷痕、滚痕、流挂等。

缩孔是指涂膜上形成的不规则的、有如碗状的小凹陷，使涂膜失去平整性，常以一滴或一小块杂质为中心，周围形成一个环形的棱。从流平性的角度而言，它是一种特殊的“点式”的流不平，产生于涂膜表面。导致缩孔的原因是多方面的，既有涂料配方的内在因素，如涂料组分中不溶性胶粒的产生，又有施工环境等外界因素，如施工过程中空气的污染。

涂料储存过程中，少量树脂从溶剂中沉淀形成颗粒，固化过程中，随着溶剂的挥发，部分溶解性差的树脂变成不溶于溶剂的颗粒等均会导致缩孔，主要是点式缩孔。涂料组分中表面活性物质与涂料不相容，或者干燥过程中浓度升高超过其溶解度，生成少量不相容的液滴，也易导致缩孔，表现为露底。

施工过程中空气的污染，如空气表面有活性粒子、漆雾、尘埃、水汽等，或施工过程带来的油污、尘埃、水汽等，均可导致缩孔。油污、水分主要造成火山口式缩孔。底材处理不净，有油污、水分、尘埃等污染物，由于不能被涂料所润湿，导致露底式缩孔。湿涂膜中气泡破裂，随后未经涂膜流平就固化成膜，易导致气泡式缩孔。

缩孔形成的关键是涂膜表面产生表面张力梯度，一方面由于涂料干燥过程中溶剂的蒸发产生表面张力梯度；另一方面是涂膜中颗粒、液滴等低表面张力物质的存在导致表面张力梯度。如果涂膜周围及内部有粒子或液滴等污染物存在，当它们流动到涂膜表层时，污染物的表面张力低，就会造成表面张力梯度，涂料中各组成物质分散不均匀也会造成表面张力梯度。由于表面张力梯度的形成，粒子或液滴的表面张力比湿涂膜低，所以涂料在表面上径向地向外流动。由于湿涂膜黏度高，被污染物首先要克服黏度的阻滞作用，拖动表层以下的涂料。若湿膜较厚，里层的涂料会移动到表面补充而消除缩孔，若湿膜较薄，里层的涂料量不足以补充，就形成了缩孔。缩孔的形成还取决于涂料本身的流动性，当涂膜上形成表面张力梯度时，流体由一点到另一点流动，若流动量大，就会形成露底缩孔。

涂料在干燥过程中，随着溶剂的蒸发，在涂膜表面形成较高的表面张力，并且黏度增大，同时，溶剂的蒸发吸收热量导致温度下降，造成内外表面之间的温差及表面张力、黏度不同。当表面张力不同时，将产生一种推动力，使涂料从底层向上运动。当上层溶剂含量降低时，较多溶剂的底层就往表面散开。随着溶剂蒸发、黏度增大，流动速度缓慢。流动的涂料在重力作用下向下沉。同时，又由于里、表层之间表面张力的不同，再一次使涂料向上运动。当表面再一次散开时，涂料将再一次受到重力的影响并下沉。这种下沉、向上、散开的流动运动反复进行，直到其黏度增长到足以阻止其流动时为止，此时里、表层的表面张力差也趋于消失。这种流动的反复进行，造成局部涡流。按照亥姆霍兹（Helmholtz）流动分配理论，这种流动，形成边与边相接触的不规则六角形的网络，称之贝纳德旋涡（Benard cells），旋涡状小格中心稍稍隆起，如果涂料的流动性差，干燥后就留下不均匀的网纹或条纹，称为橘皮现象。

涂膜流平过程中常出现的弊病还有刷痕与滚痕，这是由于施工过程中涂料的黏度发生了变化，表面涂料不能及时流平所致。

涂料施工后，不可避免地产生条痕，如果流平得很快，条痕就能够消失，如在涂膜干燥前不能充分流平，则条痕不能完全消失，就得不到光滑的表面。流平过程的推动力是涂料的表面张力，它使涂层表面有收缩成最低表面积的形状，从而使涂层从凹槽、刷痕或皱纹变成平滑表面。

涂料在垂直面上施工时，由于重力作用导致流挂。涂料黏度低，涂层厚，表面张力高则流平性能佳，但容易导致流挂。如果涂料具有触变性，就可以适当缓和二者的矛盾，在涂刷时受剪切力作用涂料黏度降低，呈现较好的流动性及流平性，便于施工，涂刷停止后，剪切力逐渐降低，涂料黏度随之增高，可防止流挂及颜料沉降。因此，常在涂料中添加触变助剂，使涂料具有适当的触变性。

根据上述分析，为改善涂料的流平性，应考虑：①降低涂料与基材之间的表面张力，使涂料与基材具有良好的润湿性，并且不致与引起缩孔的物质之间形成表面张力梯度；②调整溶剂蒸发速度，降低黏度，改善涂料的流动性，延长流平时间；③在涂膜表面形成极薄的单分子层，以提供均匀的表面张力，使表面张力趋于平衡，避免因表面张力梯度造成表面缺陷。

借助流平剂的加入，就能全部或部分满足以上三个条件，从而得到更佳的流平效果，使涂膜表面平整光滑。

9.3.2.2　常用流平剂

常用流平剂主要有三类：溶剂型、相容性受限制的长链树脂、相容性受限制的长链有机硅树脂等。

溶剂型流平剂主要是高沸点溶剂的混合物，如高沸点芳烃、酮、酯、醇、四氢化萘、十氢化萘等。溶剂型涂料借助增加溶剂量来降低黏度以改善流平性，但流动性增大，容易产生流挂，因此应调节流挂和流平性，寻找一个最佳范围。使用这种流平剂会使涂料固含量减少，这与当今发展少污染的高固体分涂料的趋势相违背。还可以在保持溶剂总含量不变的前提下，用高沸点溶剂取代部分低沸点溶剂，其结果是干燥速度降低，流平性增强，但流挂减少。第三种方法是以上两种方法的结合，溶剂混合后，挥发指数、蒸馏曲线、溶解能力显示了递增特性。常温固化涂料由于溶剂挥发太快，涂料黏度提高过快妨碍流动而造成刷痕，溶剂挥发导致基料的溶解性变差而产生的缩孔，或在烘烤型涂料中产生沸痕、起泡等弊病，此时采用这类流平剂是很有效的。另外采用高沸点流平剂调整挥发速度，还可克服泛白弊病。

相容性受限制的长链树脂常用的有聚丙烯酸酯类、醋丁纤维素等。它们的表面张力较低，可以降低涂料与基材之间的表面张力而提高涂料对基材的润湿性，排除被涂固体表面所吸附的气体分子，防止被吸附的气体分子排除过迟而在固化涂膜表面形成凹穴、缩孔、橘皮等缺陷；此外它们与树脂不完全相混溶，可以迅速迁移到表面形成单分子层，以保证在表面的表面张力均匀化，增加抗缩孔效应，从而改善涂膜表面的光滑平整性。聚丙烯酸酯类流平剂又可分为纯聚丙烯酸酯、改性聚丙烯酸酯（或与硅氧烷拼合）、丙烯酸碱容树脂等。纯聚丙烯酸酯流平剂与普通环氧树脂、聚酯树脂或聚氨酯等涂料用树脂相容性很差，应用时会形成有雾状的涂膜。为了提高其相容性，通常用有较好混溶性的共聚物。

相容性受限制的长链有机硅树脂常用的有聚二甲基硅氧烷、聚甲基苯基硅氧烷、有机基改性聚硅氧烷等。这类物质可以提高对基材的润湿性而且控制表面流动，起到改善流平效果的作用。当溶剂挥发后，硅树脂在涂膜表面形成单分子层，改善涂膜的光泽。改性聚硅氧烷又可分为聚醚改性有机硅、聚酯改性有机硅、反应性有机硅，引入有机基团有助于改善聚硅氧烷和涂料树脂的相容性，即使浓度提高也不会产生不相容和副作用，改性聚硅氧烷能够降低涂料与基材的界面张力，提高对基材的润湿性，改善附着力，防止发花、橘皮，减少缩孔、针眼等涂膜表面病态。

流平剂是改进涂装效果的一类重要助剂，品种较多，应用广泛，尤其用于高性能涂料。使用时需要注意其应用范围、用量以及和其他助剂的配伍性，使用前，应对不同的品种、用量进行筛选试验，以求得最佳品种及最宜用量。另外，对添加方式，也应该通过试验选择最佳工艺。

9.3.3 消泡剂

涂料配方中大量采用各种助剂，这些助剂大多属于表面活性剂，都能改变涂料的表面张力，致使涂料本身就存在着易起泡或使泡沫稳定的因素，同时在涂料制造过程中需要使用的各种高速混合分散机械以及涂料涂装时所用的各种施工方法都会程度不同地增加涂料体系的自由能，从而产生泡沫。泡沫的产生，不仅降低生产效率，影响涂膜外观，而且降低涂膜的装饰和保护功能。

9.3.3.1 泡沫的产生及稳定

泡沫是不溶性气体在外力作用下进入液体之中，形成的大量气泡被液体相互隔离的非均相分散体系。泡沫产生的难易程度与液体体系的表面张力直接有关，表面张力越小，体系形成泡沫所需的自由能越小，越容易生成泡沫。

纯净的液体由于表面和内部的均匀性，不可能形成弹性体，它们的泡沫总是不稳定，涂料中存在分散剂、增稠剂等多种表面活性物质，降低了体系的表面张力，这不仅增加了乳液的起泡性，也有助于泡沫的稳定。

① 当泡沫刚形成时，泡沫膜的液体由于重力的作用向下回流，从而带动表面活性剂分子也向下流动，造成底部表面张力低于上部表面张力，使底部低表面张力

的液体流向上部高表面张力的液体，增加了泡膜的厚度，使气泡稳定。

② 表面活性剂分子中的亲水基和憎水基被气泡壁吸附，有规则地排列在气液界面上，形成了弹性膜，当弹性膜某一部位被拉抻时，在表面张力作用下泡沫膜开始回缩，达到平衡的稳定状态，同时带动液体移动，阻止了泡沫的破裂。

③ 表面黏度是由液体表面中相邻表面活性剂分子间相互作用引起的，一方面提高了液膜的强度，另一方面防止或减缓泡沫壁液膜的排水速率，使泡沫稳定。

④ 离子型乳化剂的使用，能使气泡膜壁带有电荷，由于静电斥力，液膜的两个表面互相排斥，防止液膜黏合且又利于泡沫的稳定。

9.3.3.2　消泡机理

泡沫是热力学不稳定体系，有表面积自行缩小的趋势，气泡壁液膜由于表面张力差异和重力的原因会自行排水，液膜变薄，达到临界厚度时自行破裂。它的破除要经过三个过程，即气泡的再分布、膜厚的减薄和膜的破裂。对于稳定的泡沫体系，要经过这三个过程而达到自然消泡需要很长时间，因此需要使用消泡剂实现快速消泡满足工业生产。

消泡包括抑泡和破泡两个方面，当体系加入消泡剂后，消泡剂在泡沫体系中造成表面张力不平衡，破坏泡沫体系表面黏度和表面弹性。其分子抑制形成弹性膜，阻止泡沫的生产，称为抑泡。对于已经存在的泡沫，消泡剂分子迅速散布于泡沫表面，快速铺展，进一步扩散、渗透，取代原泡膜薄壁。由于其表面张力低，便流向产生泡沫的高表面张力的液体，气泡膜壁迅速变薄，导致破泡。

消泡是一种界面现象或扩散现象。消泡剂要发挥作用，必须渗入到泡沫之间的液膜上并且很快扩散到起泡介质中，按照 Ross 提出的公式：

渗入系数　$E=\gamma_F+\gamma_{DF}-\gamma_D>0$

扩散系数　$S=\gamma_F-\gamma_{DF}-\gamma_D>0$

式中　γ_F——泡沫介质的表面张力；

γ_{DF}——泡沫介质与消泡剂之间的界面张力；

γ_D——消泡剂的表面张力。

为了产生渗入，E 必须大于 0，为了产生扩散，S 必须大于 0，只有 E 和 S 都为正值的物质才具有消泡作用。要使 E 足够大，消泡剂的表面张力要低；要使 S 足够大，不仅消泡剂的表面张力要低，而且泡沫介质与消泡剂之间的界面张力也要低，这就要消泡剂本身应具有一定的亲水性，使其既不溶于发泡介质中，又具有很好的扩散能力。

有效的消泡剂应满足下述条件：

① 表面张力低于泡沫介质的表面张力；

② 不溶解于泡沫介质之中或溶解度极小，但又具有能与泡沫表面接触的亲和力；

③ 易于在泡沫体系中扩散，并能够进入泡沫和取代泡沫膜壁；

④ 具有一定的化学稳定性；

⑤ 具有在泡沫介质中分散的适宜颗粒度作为消泡核心。

9.3.3.3 常用消泡剂

涂料工业用的消泡剂一般都是非离子型表面活性剂，一般为复配物，主要分为三类：矿物油类、有机硅类、不含硅聚合物类。

(1) 矿物油类消泡剂

矿物油类消泡剂通常由载体、活性剂、展开剂等组成。载体是低表面张力的物质，其作用是承载和稀释，常用载体为水、烃油、脂肪醇等；活性剂的作用是抑制和消除泡沫，活性剂的选择取决于介质的性质，常用的有蜡、硅油、脂肪族酰胺、脂肪酸酯、高相对分子质量聚乙二醇、天然油脂、金属皂、疏水性二氧化硅等。

(2) 有机硅类消泡剂

有机硅类消泡剂一般包括两类：聚二甲基硅氧烷和改性聚二甲基硅氧烷。

聚二甲基硅氧烷为高沸点液体，溶解性很差，具有很低的表面张力，热稳定性好，是一类广泛应用的消泡剂。随着其结构和聚合度的不同，聚二甲基硅氧烷体现不同的性能，可以作为稳泡剂、消泡剂、流平剂、锤纹剂，只有具有适宜的溶解度和相容性的聚二甲基硅氧烷才具有消泡功能，有些情况下，甲基也可以为乙基、苯基等取代。聚二甲基硅氧烷消泡剂一般有本体、溶液、乳化型和复合型几种形式，复合型是涂料中应用最广的形式。

向聚二甲基硅氧烷主链引入聚醚和有机基团进行改性，可以满足不同树脂体系和配方的要求，调节亲水和亲油性的平衡，提高消泡能力又能同时改善涂膜外观，引入氟原子可以大幅度降低表面张力和提高消泡能力。

(3) 不含硅聚合物类消泡剂

这是一类特殊的聚合物，它是通过选定的不混溶性来发挥作用的。为了获得“混溶”与“不混溶”间的平衡，要有意识地改变聚合物的极性和相对分子质量(包括相对分子质量分布)。如以甘油为起始剂，由环氧丙烷或环氧乙烷与环氧丙烷的混合物进行加成聚合而制成的聚醚型聚合物；一般相对分子质量越大，越不混溶。但对聚合物类消泡剂来说，即使其混溶性很好，造成消泡效果太弱，甚至完全没有消泡作用，但不会稳定泡沫，这是它与有机硅消泡剂的最大不同。

常用非硅类消泡剂见表 9-2。

9.3.3.4 消泡剂的应用

消泡剂的用量不大，但它专用性强。选择消泡剂，一方面要达到消泡的目的，并保持消泡能力的持久性，另一方面要注意避免颜料凝聚、缩孔、针孔、失光等副作用。应用时需注意以下几点：

① 抑泡和消泡性能要保持平衡以保持消泡能力的持久性，注意和其他助剂的配伍性；

表 9-2　常用非硅类消泡剂

牌　号	生产商	组　成	适用体系	推荐用量（质量分数）
BYK-051/052/053	BYK Chemie	聚合物溶液	溶剂型涂料	0.05%～0.5%
BYK-055		聚合物溶液	高光聚酯、家具漆等	0.1%～1.5%
BYK-057		聚合物溶液	溶剂型/无溶剂型涂料	0.1%～1.0%
BYK-032		石蜡基矿物油与疏水组分之乳液	外墙乳胶漆	0.1%～0.5%
BYK-033		疏水组分与石蜡基矿物油之混合物	抹墙灰浆、工业乳胶漆	0.1%～0.5%
Foamaster 306	Cognis	矿物油类	高光乳胶漆	0.1%～0.5%
Foamaster 3063		矿物油类	聚氨酯和醇酸乳液	0.1%～1.0%
PERENOL EI		聚合物	溶剂型涂料	0.05%～0.5%
OX-77	KusumoTo Chem	特殊丙烯酸类聚合物	溶剂型涂料	0.2%～1.0%
P-420		特殊乙烯酸类聚合物	厚膜型涂料	0.2%～1.0%
M50		特殊乙烯酸类聚合物	溶剂型涂料	0.1%～1.0%
3200	Dechem	高分子聚合物	无溶剂厚浆型涂料	1%～0.5%
8700		高分子聚合物	无溶剂厚浆型涂料	0.2%～1.0%

② 一般用量为体系的 0.1%～0.5%，最终用量要通过实验确定，用量过多易引起缩孔、缩边、再涂性差等弊病，用量少，则无法消除泡沫；

③ 使用前充分搅拌并在搅拌情况下加入到涂料中；

④ 分批加入消泡剂，即颜料分散研磨工序和调漆工序分别加入部分消泡剂。在研磨分散工序需要抑泡效果强的消泡剂，在调漆工序需要破泡效果强的消泡剂。

选择消泡剂时，一般采用量筒法、高速搅拌法、鼓泡法、振动法、循环法对其进行性能测试，高速搅拌法应用面较广，结果比较准确。此外还需要进行涂装实验和储存稳定性实验，并对涂膜性能进行测试。

9.3.4　光泽助剂

针对被涂物件的使用目的和环境的不同，涂料除了装饰和防护作用外，对涂层的表面光泽性能也有不同的要求。光泽是涂膜把投射光线向同一方向反射的能力，光泽越高，反射的光量越多。涂膜的光泽用光泽仪测量，以光泽度表示，从规定入射角照射涂膜表面的光束，其正反射光量与在相同条件下从标准板面上正反射光量之比，称为光泽度。

高光泽度可以体现被涂物体的豪华和高贵气质，如轿车和飞机；柔和的光泽符合人体的生理需要，如家具和地板；电子厂房、医院多采用亚光涂料以提供安静、舒适和优雅的环境；军事装备和设施为隐蔽、保密和安全的目的，需要使用消光涂料；某些仪器部件对光学性能的特殊要求，其表面涂层是半光，建筑外墙涂料为了消除光污染和掩盖本身缺陷，需要低光泽。

使用消光剂和增光剂是调节涂料表面光泽的重要手段。增光剂主要是能提高颜料在涂料中分散、改进漆膜流平和降低漆膜表面张力的表面活性剂，主要通过改善颜料的分散和涂膜外观增大光泽度。消光剂品种繁多，包括金属皂、改性油、蜡、功能性填料等，通过提高涂膜表面的粗糙度发挥作用。在涂料中应用的光泽助剂主要是消光剂。

9.3.4.1 涂料光泽的影响因素

光线投射到涂膜表面，一部分被涂膜反射和散射，表面越是平整则反射部分越大，光泽度就越大，如果表面越粗糙，则散射部分相应增加，光泽度就很低。因此，涂膜的光泽是其表面粗糙度的表现，主要影响因素有颜料的颗粒大小和分布、颜料的分散、颜料体积浓度、成膜过程等。

研究表明，颜料的颗粒大小和分布是影响涂膜光泽的重要因素，减小颜料的颗粒大小可以降低涂膜的粗糙程度从而提高光泽度，颜料颗粒平均直径小于 0.3μm 时才能够获得高光泽表面，颗粒大小在 3～5μm 时消光效应最明显。

调整颜料，特别是体质颜料的用量是控制色漆漆膜表面光泽常用的方法，在一般油基漆中，无光泽的 PVC 值为 52.5%～71.5%，半光漆的 PVC 值为 33%～52.5%，磁漆 PVC 值为 20%～30%，这是由于树脂能够充分包覆颜料和填料，能够形成平整的涂膜。

颜料类型和用量确定后，它们在涂料中的分散程度将决定漆膜的光反射特性。当有效地增加颜料分散性时，颜料的絮凝体尺寸减小，面吸附基料的量增加了，产生光滑的表面，光泽随颜料分散程度而提高。但是，过高的分散会使颜料颗粒吸附更多的基料，则可能导致影响漆膜的光泽。

涂料的成膜过程影响涂膜表面的粗糙程度。一般情况下，涂料施工后，随着溶剂蒸发，漆膜厚度降低并收缩，悬浮颗粒重新排列在表面上，产生不同程度的凹凸面。不同的基料，因分子结构内自由体积不同，成膜后的收缩率也不同，光泽也有差异。对于溶剂型涂料，良溶剂能够保证树脂分子充分流平，由于溶剂各组分挥发速度不同，残留组分的溶解性能不佳时，树脂分子易于变成颗粒析出，导致涂膜平整性下降。

能使漆膜表面产生粗糙度，明显地降低其表面光泽的物质称为消光剂。涂料中使用的消光剂应能满足下列基本要求：

① 消光剂的折射率应尽量接近树脂的折射率，不至于影响清漆透明度和色漆的颜色；

② 化学稳定性好，不影响涂料的储存和固化；

③ 分散性好且储存稳定；

④ 用量少，加入少量即能够产生强消光性能。

9.3.4.2　常用消光剂及其使用

涂料中大量使用的消光剂包括金属皂、蜡、改性油消光剂和功能性填料等。

(1) 金属皂

金属皂是研究和应用较早的消光剂，由于它与漆料组分不相容，以非常细微的悬浮物分散在涂料里，成膜时分布在漆膜表面，降低漆膜表面的光反射性而达到消光目的。

常用的金属皂消光剂有硬脂酸铝、锌、钙，铅和镁的皂用得较少。金属皂消光剂的用量一般为涂料基料的5%～20%，使用时要避免过度加热和研磨影响消光效果，此外金属皂消光剂还具有增稠、防沉、防流挂等作用。

(2) 蜡

蜡作为涂料的消光剂使用简单，应用较早。涂料施工后，因溶剂挥发，蜡从漆中析出，形成微细结晶，浮在漆膜表面，形成一层散射光线的粗糙面而起到消光作用。天然蜡已很少用作消光剂，取而代之的是半合成蜡和合成蜡，半合成蜡由天然蜡改性而得，如微粉脂肪酸酰胺蜡、微粉聚乙烯棕榈蜡等，合成蜡多为低聚物，如低分子聚乙烯蜡、聚丙烯蜡、聚四氟乙烯以及它们的改性衍生物。它们不仅消光能力强，还能够提高涂膜的硬度、耐水性、耐插伤性、耐湿热性等。

(3) 改性油消光剂

有些干性油，如桐油能形成无光漆膜，这是由于桐油中共轭双键反应活性高，漆膜底面不同的氧化交联速度使漆膜表面产生凹凸不平而达到消光效果。为了克服生桐油的缺点，可使其进行部分聚合，在油料中加入天然橡胶稀溶液或其他消光剂。

(4) 功能性填料

功能性填料包括微粉级合成二氧化硅、硅藻土、硅酸镁、硅酸铝等。微粉级合成二氧化硅主要有微粉级合成二氧化硅气凝胶、微粉级沉淀二氧化硅、气相二氧化硅。

微粉级合成二氧化硅气凝胶具有强度高、分散中耐研磨、孔容积大的特点，此外对涂膜的透明性和干燥性影响很小。目前此类产品多为国外公司生产。

微粉级沉淀二氧化硅国内产量较大，但是质量档次低，多用于低端涂料。气相二氧化硅目前仅有德固赛公司生产，涂膜透明性好，多用于高档涂料。

使用消光剂时一方面要注意颗粒大小和膜厚度的匹配，以平衡消光效果和涂膜外观，另一方面要注意避免过度研磨。

(5) 增光剂

增光剂能够促进涂料流平、降低涂膜表面粗糙度，从而提高涂膜光泽度。常用的润湿分散剂可以促进颜料分散、避免容易凝聚的颜料如炭黑等凝聚，提高涂膜光泽度。高沸点真溶剂或丙烯酸酯低聚物、丁基纤维素可改善涂料流平提高涂膜光泽度，硅油或改性聚二甲基硅氧烷可以降低涂料的表面张力，提高涂料对基材的润湿，避免橘皮等表面缺陷，得到高光泽的涂膜。

9.3.5　流变剂

在外力作用下，任何物体都会发生变形或流动，研究流体在外力作用下流动和变形规律的科学，称为流变学。涂料生产的各个阶段，从原料选择、涂料生产、储存、应用施工直到固化成膜，都涉及流变性能。

触变性流体的黏度与剪切历程有关，经受剪切的时间越长，其黏度越低，直到某一下限值，且一旦释去剪切力，黏度又回升，由于原始结构已遭破坏，必须经过一定的时间，才能恢复到原始值。涂料体系的触变性在施工时的高剪切速率下有较低黏度，有助于流动并易于施工；在施工后的低剪切速率下，有较高黏度，可防止颜料沉降和湿膜流挂。

9.3.5.1　流变剂的作用机理

在低剪切速率下使涂料具有触变性的方法有：①颜料絮凝法；②流变助剂法。

在涂料配方中添加了表面活性剂使颜料疏松地附着在一起形成絮凝物。由于这一脆弱的结构，形成了颜料颗粒链，总合起来为颜料网络，使絮凝了的涂料体系在低剪切速率下显示高黏度。但它削弱了颜料颗粒分散效果，容易影响遮盖力和展色性。使用流变助剂形成凝胶网络，赋予涂料在低剪切速率下的结构黏度是较好的方法，已被普遍地采用，颜料絮凝法已被迅速取代。

涂层流挂和流平是两个相互矛盾的现象。良好的涂膜流平性要求在足够长的时间内将黏度保持在最低点，有充分的时间使涂膜充分流平，形成平整的涂膜。这样就往往会出现流挂问题。反之，要求完全不出现流挂，涂料黏度必须保持特别高，它将导致较少或完全没有流动性。

为此需要优良的流变助剂，使涂料流挂和流平性能取得适当平衡，即在施工条件下，涂料黏度暂时降低，并在黏度的滞后回复期间保持在低黏度下，显示了良好的涂膜流平性；一旦流平后，黏度又逐步回复，这样就起防止流挂的作用。

涂料在储存时，流变助剂在其内部形成疏松的结构。为了破坏其内部结构并使之流动，必须施加外力。当这个力超过该涂料的屈服值时，其内部结构遭到完全破坏，涂料变为极易流动的流体而便于流平，到一定阶段，疏松网状结构又得以形成，有利于防止流挂。

高剪切速率区，涂料的流动行为主要受基料、溶剂和颜料的影响，在低剪切速率区，涂料的流动行为主要由流变剂、颜料的絮凝性质和基料的胶体性质所决定。

在涂料体系中添加流变剂能够形成胶体结构，使涂料具备触变性，同时能保持良好的颜料分散，还保证了颜料悬浮。

9.3.5.2　常用流变剂与应用

涂料中使用流变剂可以防止储存时颜料沉降或使沉降软化以提高再分散性，防止涂装时流挂，调整涂膜厚度，改善涂刷性能，防止涂料渗入多孔性基材，消除刷痕，提高流平性。常用的几类流变剂主要有有机膨润土、气相二氧化硅、蓖麻油衍生物、聚乙烯蜡、触变性树脂。

有机膨润土流变剂用于涂料工业已有30多年历史。原料来自天然蒙脱土，主要有水辉石和膨润土两种。亲水性膨润土与鎓盐，如季铵盐反应后成亲有机性化合物，可有效地使用于溶剂型涂料。

球形气相二氧化硅表面上含有憎水性硅氧烷单元和亲水性硅醇基团，由于相邻颗粒的硅醇基团间的氢键，形成三维结构。三维结构能为机械影响所破坏，黏度由此下降。静置条件下，三维结构自行复生，黏度又上升，因此使体系具有触变性。在完全非极性液体中，黏度回复时间只需几分之一秒；在极性液体中，回复时间则长达数月之久，这取决于气相二氧化硅浓度和分散程度。气相二氧化硅在非极性液体中有最大的增稠效应，因为二氧化硅颗粒和液体中分子间的相互作用在能量上大大弱于颗粒与颗粒间的相互作用。

氢化蓖麻油衍生物分子中含有极性基团，其脂肪酸结构容易溶剂化，在溶胀时生成溶胀粒子间氢键键合，形成触变结构。氢化蓖麻油衍生物主要应用于氯化橡胶涂料、高固体分涂料、环氧涂料，赋予触变结构，改善颜料悬浮性能，控制流变而不牺牲流平性。

相对分子质量1500～3000的乙烯共聚物统称聚乙烯蜡。将其溶解和分散于非极性溶剂中，制成凝胶体，可作涂料流变剂用。聚乙烯蜡改善颜料悬浮性能而不明显增稠，改善流变控制而流平性能好，在金属闪光漆中还可控制金属颜料定向。

9.3.6　增稠剂

增稠剂是一种流变助剂，加入增稠剂后使涂料增稠，在低剪切速率下的体系黏度增加，而在高剪切速率时对体系的黏度影响很小，同时还能赋予涂料优异的力学性能及物理性能，在涂料施工时起控制流变性的作用，在乳胶漆中应用广泛。

① 生产　在乳液聚合过程中作保护胶体，提高乳液的稳定性。在颜、填料的分散阶段，提高分散物料的黏度而有利于分散。

② 储存　将乳胶漆中的颜、填料微粒包覆在增稠剂的单分子层中，改善涂料的稳定性，防止颜、填料的沉底结块，水层分离，其抗冻融性及抗力学性能提高。

③ 施工　能调节乳胶漆的黏稠度，并呈良好的触变性。

9.3.6.1　增稠剂的作用机理

溶剂型涂料的黏度取决于合成树脂的相对分子质量，而合成乳液的黏度与其相对分子质量无关，取决于分散相的黏度。目前对乳胶漆增稠的作用机理有多种说法，一般可归纳为三个方面，即水合增稠机理、静电排斥增稠机理、缔合增稠机理。

(1) 水合增稠机理

纤维素分子是一个由脱水葡萄糖组成的聚合链，通过分子内或分子间形成氢键，也可以通过水合作用和分子链的缠绕实现黏度的提高，纤维素增稠剂溶液呈现假塑性流体特性，静态时纤维素分子的支链部分缠绕处于理想无序状态而使体系呈现高黏性。随着外力的增加，剪切速率梯度的增大，分子平行于流动方向做有序的排列，易于相互滑动，表现为体系黏度下降。与低相对分子质量相比，高相对分子质量纤维的缠绕程度大，在储存时表现出更大的增稠能力。而当剪切速率增大时，缠绕状态受到破坏，剪切速率越大，相对分子质量对黏度的影响越小，这种增稠机理与所用的基料、颜料和助剂无关，只需选择合适的相对分子质量的纤维和调整增稠浓度即可得到合适的黏度，因而得到广泛应用。

（2）静电排斥增稠机理

丙烯酸类增稠剂，包括水溶性聚丙烯酸盐和碱增稠的聚丙烯酸酯两种。这类高分子增稠剂的分子链上带有大量的羧基，当加入氨水或碱时，不易电离的羧酸基转化为离子化的羧酸盐，结果沿着聚合物大分子链阴离子中心产生了静电排斥作用，使大分子链迅速扩张与伸展开来，提供了长的链段和触毛，同时分子链段间又可吸收大量水分子，大大减少了溶液中自由态水。由于大分子链的伸展与扩张及自由态水的减少，分子间相互运动阻力加大，从而使乳液变稠。

（3）缔合增稠机理

缔合型增稠剂是在亲水的聚合物链段中，引入疏水性单体聚合物链段，从而使这种分子呈现出一定的表面活性。当它在水溶液浓度超过一定特定浓度时，形成胶束。同一个缔合型增稠剂分子可连接几个不同的胶束，这种结构抑制了水分子的迁移，因而提高了水相黏度。另外，每个增稠剂分子的亲水端与水分子以氢键缔合，亲油端可以与乳胶粒、颜料粒子缔合，导致了体系黏度增加，增稠剂与分散相粒子的缔合可提高分子间势能，在高剪切速率下表现出较高的表观黏度，有利于提高涂膜的丰满度；随着剪切力的消失，其立体网状结构逐渐恢复，便于涂料的流平。

增稠剂的增稠可以是某种增稠机理单独起作用。如非离子型纤维素增稠剂、丙烯酸类增稠剂、聚氨酯增稠剂，也可同时存在多种增稠机理，如憎水改性丙烯酸类乳液，憎水改性羟乙基纤维素。

9.3.6.2 常用增稠剂与应用

乳胶漆用增稠剂根据作用机理可分为缔合型和非缔合型两类，按其组成可分为四类：无机类，纤维素类，聚丙烯酸酯类，聚氨酯类。

（1）无机增稠剂

无机增稠剂是一类可以吸水膨胀而具备触变性的凝胶矿物质，主要有有机膨润土、水性膨润土、有机改性水辉石等。水性膨润土在水性涂料中不但起到增稠作用，而且还可以防沉、防流挂、防浮色发花，但保水性、流平性差，常与纤维素醚配合使用或者用于底漆及厚浆涂料。

（2）纤维素类增稠剂

纤维素类增稠剂是应用历史较长、适用面广的一类重要增稠剂，主要包括羟甲基纤维素、羟乙基纤维素、羟丙基纤维素，其中羟乙基纤维素使用最为广泛。

与其他增稠剂相比，纤维素类增稠剂具有以增稠效率高、与涂料体系相容性好、储存稳定性优良、抗流挂性能高、黏度受 pH 值影响小、不影响附着力的优点，但纤维素类增稠剂的使用也存在较大的缺陷，限制了其使用，主要表现在以下几个方面：

① 抗霉菌性差。纤维素类增稠剂属天然高分子化合物，易受到霉菌攻击，导致黏度下降，对生产和储存环境要求严格。

② 流平性差。以纤维素增稠的乳胶涂料在剪切应力作用下，增稠剂与水之间的水合层被破坏，易于施工，涂布完成后，水合层的破坏即行终止，黏度迅速恢复，涂料无法充分流平，造成刷痕或滚痕。

③ 易飞溅。在高速辊涂施工时，辊筒和基材的出口间隙处常会产生涂料小颗粒，称之为雾化；在手工低速辊涂时则称为飞溅。

④ 易相分离。纤维素类增稠剂容易导致乳胶粒子的絮凝和相分离，影响涂料稳定性，产生脱水收缩现象。

（3）丙烯酸酯类增稠剂

丙烯酸酯类增稠剂有碱溶型和碱溶胀型两种，需要保证 pH 值高于 7.5。丙烯酸酯类增稠剂是阴离子型，其耐水、耐碱性较差。与纤维素类增稠剂相比，流平性好且抗溅落，对光泽影响小，可用于有光乳胶漆。

（4）聚氨酯类增稠剂

与纤维素类增稠剂和丙烯酸酯类增稠剂相比，聚氨酯类增稠剂有以下优点：

① 既有好的遮盖力又有良好的流平性；

② 相对分子质量低，辊涂时不易产生飞溅；

③ 能与乳胶粒子缔合，不会产生体积限制性絮凝，因而可使涂膜具有较高的光泽；

④ 疏水性、耐擦洗性、耐划伤性及生物稳定性好。

聚氨酯类增稠剂对配方组成比较敏感，适应性不如纤维素类增稠剂，使用时要充分考虑各种因素的影响。

增稠剂品种繁多，选择使用时首先要考虑其增稠效率和对流变性的影响，其次要考虑对施工性能、涂膜外观的影响以及其稳定性等。

9.3.7 催干剂

催干剂常用于氧化交联涂料体系中，能显著提高漆膜的固化速度，使用较为广泛的催干剂是环烷酸、辛酸、松香酸，亚油酸的铅盐、钴盐和锰盐。一般认为，催干剂能促进涂料中干性油分子主链双键的氧化，形成过氧键，过氧键分解产生自由基，从而加速交联固化；或者是催干剂本身被氧化生成过氧键，从而产生自由基引发干性油分子中双键的交联。钴盐催干剂是一种表面催干剂，最常见的是环烷酸钴，其特点是表面干燥快，单独使用时易发生表面很快结膜而内层长期不干的现象，造成漆膜表面不平整，常与铅盐催干剂配合使用，以达到表里干燥一致，避免起皱的目的。其用量以金属钴计，一般在0.1%以下。锰盐催干剂也是一种表面催干剂，但催干速度不及钴盐催干剂，因此有利于漆膜内层的干燥，但其颜色深，不宜用于白色或浅色漆，且有黄变倾向，常用的锰盐催干剂有环烷酸锰，其用量多不超过3%。铅盐催干剂是一种漆膜内层催干剂，常与钴盐或锰盐催干剂配合使用，铅盐催干剂主要有环烷酸铅，其用量为0.5%～1.0%。

9.4 一些成膜聚合物常用的溶剂

有机溶剂既可以使用单一溶剂，也可以使用混合溶剂。各种溶剂的溶解能力及挥发性等因素对于成漆在生产、储存、施工及漆膜光泽、附着力、表面状态等多方面性能都有极大影响。

溶剂的品种很多，按照沸点高低可分为低沸点溶剂（沸点<100℃）、中沸点溶剂（沸点100～150℃）、高沸点溶剂（沸点>150℃），而按其化学成分和来源可分为以下几大类。

① 萜烯溶剂：绝大部分来自松树分泌物，常用的有松节油。

② 石油溶剂：这类溶剂属于烃类，是从石油中分馏而得，常用的有溶剂汽油、松香水。溶剂汽油能溶解大多数天然树脂、油性树脂及中至长油度醇酸树脂，常用于硝基漆和醇酸漆等。松香水是油漆中普遍采用的溶剂，毒性较小。

③ 煤焦溶剂：由煤干馏而得，这类溶剂也属于烃类，常用的有苯、甲苯、二甲苯等。苯的溶解能力很强，但毒性大，挥发快，一般不用；甲苯的溶解能力与苯相似，主要用作醇酸漆溶剂，也可以作环氧树脂、喷漆等的稀释剂用；二甲苯的溶解性略低于甲苯，挥发性比甲苯小，毒性较小。近年来，重芳烃（三甲基苯）类溶剂得到了广泛应用。

④ 酯类溶剂：是低碳有机酸和醇的酯化物，一般常用的有醋酸丁酯、醋酸乙酯、醋酸戊酯等。酯类溶剂毒性小，一般用在民用漆中。

⑤ 酮类溶剂：主要用来溶解硝酸纤维，常用的有丙酮、甲乙酮、甲异丙酮、环己酮、异佛尔酮等。

⑥ 醇类溶剂：能与水混合，常用的有乙醇、异丙醇、丁醇等。醇类溶剂对涂料的溶解力差，仅能溶解虫胶或聚乙烯醇缩丁醛树脂，与酯类、酮类溶剂配合使用时，可增加其溶解力，因此称它们为硝基漆的助溶剂。乙醇不能溶解一般树脂，而能溶解硝基纤维、虫胶等。

⑦ 其他溶剂：常用的有含氯溶剂、硝化烷烃溶剂、醚醇类溶剂等。含氯溶剂

溶解力很强，但毒性较大，只是在某些特种漆和脱漆剂中使用；醚醇类溶剂是一种新兴的溶剂，有乙醚乙二醇、甲醚乙二醇及其酯类等。

9.5 涂料配方原理

涂料一般由树脂、颜填料、溶剂、稀释剂和助剂组成的，是一个多组分体系，也是一个配方产品。涂料一般不能单独作为工程材料使用，必须涂装在基材表面与被涂器件一起使用。由于基材和使用环境不同，故对涂膜的性能也提出种种不同的要求，而涂料配方中各组分的用量及其相对比例又对涂料的使用性能（如流平性、干燥性等）和涂膜性能（如光泽、硬度等）产生极大的影响，对涂料必须进行配方设计方能满足各方面要求。

涂料配方设计是指根据基材、涂装目的、涂膜性能、使用环境、施工环境等进行涂料各组分的选择并确定相对比例，并在此基础上提出合理的生产工艺、施工工艺和固化方式。总的来说，涂料配方设计需要考虑的因素包括：基材、目的、性能、施工环境、应用环境、安全性、成本等。

由于影响因素千差万别，建立一个符合实际使用要求的涂料配方是一个长期和复杂的课题，需要进行必要的实验并且根据现场情况进行调整，才能得到符合使用要求的涂料配方。涂料配方设计时要考虑的因素很多，主要因素见表 9-3。

表 9-3　涂料配方设计时要考虑的主要因素

项　目	主要因素
涂料性能的要求	光泽，颜色，各种耐性，力学性能，户外/户内，使用环境，各种特殊功能等
颜填料	着色力，遮盖力，密度，表面极性，在树脂中的分散性，比表面积，细度，耐候性，耐光性，有害元素含量
溶剂	对树脂的溶解力，相对挥发速度，沸点，毒性，溶解度参数
助剂	与体系的相容性，相互间的配伍性，负面作用，毒性
涂覆底材特性	钢铁、铜铝材、木材、混凝土、塑料、橡胶，底材表面张力、表面磷化、喷砂的表面处理
原材料的成本	客户对产品价格的要求
配方参数	配方中各组分比例的确定，即所谓配方参数的设计，如颜基比、PVC 值、固体分、黏度
施工方法	对配方设计的影响，如空气喷涂、辊涂，UV 固化、高压无空气喷涂，刷涂、电泳及施工现场或涂装线的环境条件

下面介绍几个涂料配方实例。

(1) 实例一　水性氯磺化聚乙烯涂料参考配方

原料	用量(质量份)	原料	用量(质量份)
氯磺化聚乙烯胶乳	100～200	助剂	1～2
钛白	10～15	滑石粉	10～15
水性环氧树脂	15～40	无离子水	适量

性能及用途：该涂料储存稳定，具有优良的防腐蚀性能。

(2) 实例二 氯化橡胶带锈涂料参考配方

原料	用量（质量份）	原料	用量（质量份）
氯化橡胶	5.0	炭黑	1.6
苯乙烯化醇酸树脂（58%油度）	20.0	环烷酸钴（催干剂）	0.2
吸湿性二氧化硅	1.4	二甲苯	40.0

性能及用途：该涂料具有良好的防锈性和极强的附着力，耐候性好，适用于不需打磨、除锈和洗净等复杂工序的金属构件表面涂装。

(3) 实例三 聚酯面漆参考配方

原料	用量（质量份）	原料	用量（质量份）
GP-185 聚酯树脂液（60%）	5.30	助剂	0.36
氨基树脂液（70%）	0.531	颜料	2.36
固化剂（10%）	0.29	二甲苯/环己酮（溶剂）	1.14

性能及用途：该漆具有优异的力学性能，特别是硬度和柔韧性更佳，且耐候性好。用于钢铁表面涂刷。

(4) 实例四 有机硅氧烷改性丙烯酸酯乳胶涂料（硅-丙乳液涂料）

原料	用量（质量份）	原料	用量（质量份）
硅丙乳液（固含量40%）	30	分散剂	1.5～2
金红石型钛白粉	18～21	增稠剂	0.15
滑石粉	12～14	消泡剂	适量

性能及用途：以有机硅改性的丙烯酸乳液为基料的建筑涂料，由于链结构中含硅氧烷键，不含易氧化和水解的基团，因而涂层的保光性、保色性、耐水性和耐候性较好。

习 题

1. 颜料的分类方法很多，按照其在涂料中的功能和作用一般可分为哪几类？
2. 着色颜料主要有哪几类？功能性颜料主要品种有哪几类？
3. 什么叫流平性和流挂性？如何检测？
4. 什么是颜料体积浓度？什么是临界颜料体积浓度？
5. 常用流平剂主要有哪三类？
6. 常用填料主要有哪几类？
7. 涂料工业用的消泡剂一般都是非离子型表面活性剂，主要有哪三类？
8. 涂料中使用的消光剂应能满足哪些基本要求？
9. 乳胶漆用增稠剂按其组成可分为哪四类？
10. 溶剂是涂料配方中的一个重要组成部分，它主要具有哪些功能？

11. 按照化学组成，溶剂可分为哪些类型?

12. 涂料配方设计需要考虑的因素包括哪些?

13. 请解释催干剂的作用机理。

14. 涂料中大量使用的消光剂主要有哪些种类?

15. 涂料中使用的绿色颜料、蓝色颜料、红色颜料、珠光颜料分别有哪些?

第10章　涂料的涂装工艺

10.1　概述

将涂料均匀地涂布在基体表面并使之形成连续、致密涂膜的操作工艺称为涂装。涂装材料（包括涂料、前处理液等）、涂装技术与设备以及涂装管理对整个涂膜的质量起决定作用，这三者相互联系、相互影响，通常称为涂装三要素。

在涂装材料中，涂料的性能对涂层质量起重要作用。在选用涂料时，要从使用环境、涂装产品的材质、施工条件和技术经济性等综合考虑。涂料选用不当，例如在湿热条件下选用耐水性、耐潮湿性不好的涂料，即使施工再精心，所得涂层也不可能耐久，涂层会早期起泡；将耐候性不好的室内涂料错用作户外面涂层，同样易失光、变色和粉化。涂装技术与设备是涂层质量的关键，主要包括所用涂装设备及涂装工艺条件。能否正确选用合适的涂装技术是充分发挥涂料性能的必要条件。

涂料对涂层来说只是半成品，因此涂料的最终产物应当是涂膜而不是涂料本身。评定涂料的优劣，一般来说主要是涂膜性能的优劣，而涂膜性能的优劣不仅取决于涂料本身的质量，更大程度上取决于基材和涂装工艺。不同的涂料，涂装工艺有所不同，但一般都包括前处理、涂布和固化成膜等主要工序。

10.2　涂装前处理

10.2.1　前处理的意义

材料在加工、运输、储存过程中，容易产生或黏附异物，如油脂、污垢、锈蚀产物、氧化皮、油污等，这些物质会影响涂层的结合力与保护性。金属表面涂装前，必须将这些物质除去，并进行适当的表面化学转换，以增加涂膜的附着力，延长涂膜的使用寿命，减少引起金属腐蚀的因素，充分发挥涂层的保护作用与装饰效果。因此，涂装前的表面处理是涂料施工中不可缺少的工序，是保证涂层质量的重要一环。

前处理对整个涂装质量起着决定性作用，是充分发挥涂料功能的前提条件。实践证明，由前处理引起的涂层弊病，大约占整个涂层弊病的50%以上。具体来说，前处理有以下几方面的作用。

① 通过前处理可提高涂层与基体的结合力。由范德华力可知分子间作用力与

分子间距离的6次方成反比。通过前处理去除基体表面上的附着物，减小分子间距离，因而大大提高涂层的结合力。前处理中形成的转化膜为多孔性物质，涂料可以充分渗透到转化膜孔隙中，形成“抛锚效应”，使结合力增强。

② 增强涂层的抗蚀能力。通过前处理形成不导电的难溶性磷酸盐或氧化物转化膜，使腐蚀原电池难以形成，因而大大减缓涂层腐蚀的速率。一般认为，磷化后涂层的耐蚀性将提高2～3倍，因此磷化处理引起了各个行业和各个企业的高度重视，目前涂装生产中，主张100％地采用磷化处理。

③ 提高涂料的润湿性。当基体表面存在油污等污物时，涂料在基体上的润湿程度减小，涂料难以在基体上充分铺展，容易形成“鱼眼”、“缩孔”等涂层弊病，严重者涂层起皮、脱落。同时，通过机械打磨、化学腐蚀等措施使基体表面粗化，也有利于涂料在基体上的润湿。

④ 提高涂层的装饰性。基体表面的粗糙度直接影响涂层的光泽。例如铸铁件，由于表面粗糙，涂层暗淡无光，因而必须进行喷砂、打磨处理，使材料表面粗糙度达到4～6级，既保证有较好的附着力，又保证有较好的外观。

10.2.2 前处理的内容

前处理主要包括除锈、脱脂、消除机械污物、转化膜处理，以及预涂偶联剂、特种涂料等内容。

① 除氧化皮和铁锈。金属在加工和存放过程中，由于受高温和各种因素的影响，易产生氧化皮和铁锈。以钢铁为例：其氧化皮和铁锈的主要成分是铁的氧化物或水合氧化物，其结构式为Fe_2O_3、Fe_3O_4、$Fe_2O_3 \cdot xH_2O$等。这些氧化物的电极电位比较高，它们的存在会加速钢铁的电化学腐蚀，同时氧化物的晶格常数比较大，脆性大，如果直接在锈蚀上涂装，涂膜在受到冲击、挠曲时，易开裂。因此除锈是涂装前处理的重要内容之一。

② 脱脂。金属在加工和储存过程中，易被油污污染。有些工件为防止在储存过程中生锈，还必须涂防锈油或防锈脂加以保护。油污的存在影响涂料在基体上的润湿与结合力。因此涂装前必须将基体上的油污彻底清洗干净。

③ 消除机械污物。机械污物主要指粉尘、焊渣、型砂以及在机器加工过程中可能产生的毛刺、凹凸不平等缺陷。这些缺陷不清除，将直接影响到涂层的装饰性与保护性。

④ 转化膜处理。根据材质不同，通过不同的方式，在基体表面生成一层薄膜以提高涂层附着力和耐蚀性。一般地，在钢铁表面进行磷化处理，在铝合金表面进行氧化处理等。

⑤ 预涂偶联剂、特种涂料等。为增强涂层的结合力，对大型工件不便于入槽磷化处理时可涂装磷化底漆、热塑性粉末涂料，预涂底漆等。

10.2.3 前处理方法选择的依据

涂装前处理内容多，处理方式各种各样，在选择前处理工艺时应根据实际情况合理选择。

① 根据污物形式和程度选择。对于冷轧钢板，表面油多而锈少，因此前处理的重点是脱脂，可进行两次除油而无需除锈；如果油污主要为可皂化油，可选择以强碱为主的脱脂液皂化水解清洗；如果油污主要为矿物油，则应选择以表面活性剂为主的脱脂液处理。

② 根据工件使用环境选择。如果工件使用环境恶劣，可采用清洗、磷化、钝化等，以提高涂层的耐蚀性；对于在室内使用的工件，可适当降低前处理的要求。

③ 根据涂料特性选择。涂料组成不同，与基体的结合力不同，对前处理的要求也不同。过氯乙烯涂料、有机硅涂料等在钢铁等基体上的附着力差，必须严格进行前处理，尤其是除油要彻底，否则涂层容易整张脱落。环氧树脂底漆、聚氨酯底漆等对钢铁等基体的结合力强，因而对前处理的要求低。带锈涂料可在一定量的锈蚀基体上涂装。

④ 根据工件材质选择。目前工程材料主要包括钢铁、有色金属、工程塑料等。材质不同，前处理的内容和要求也不相同。如钢铁材料的脱脂可采用强碱性脱脂液，有色金属宜采用弱碱性脱脂液，塑料表面的脱模剂常采用有机溶剂擦洗。又如钢铁表面常进行磷化处理，铝合金表面常进行氧化处理，塑料表面常进行紫外线粗化处理或溶剂浸蚀处理。工件材质、处理剂与处理方法的配套性见表10-1。

表10-1　工件材质、处理剂与处理方法的配套性

材质	喷丸抛砂	酸洗	水基清洗剂	表面调整剂	磷　化	封闭与氧化	其他
铸件	√	浸	√	镍盐	锰盐、锌盐、铁盐，浸		
钢铁		浸	弱碱/中碱	钛胶	各类磷化剂，浸/喷	Cr^{3+}磷酸系，浸	
铝合金		浸	弱碱/中碱	碱活化	含 HF、H_2CrO_4 磷化剂，浸	铬酸钝化，浸	
镀锌板			弱碱	钛胶	含 F-锌盐磷化剂，浸/喷	Cr(Ⅳ)-Cr(Ⅲ)-PO_4	
塑料			中性/弱碱	专用表面活性剂	Cr(Ⅳ)-Cr(Ⅲ)-PO_4	铬酸氧化，浸	除脱模剂

10.2.4　前处理方法

10.2.4.1　脱脂

金属材料在加工、储存过程中会黏附各种油污。根据油污的性质可分为皂化油与非皂化油。皂化油为动植物油，主要存在于拉延油、抛光膏等产品中，从结构上看为酯结构，可与碱作用皂化为可溶物；非皂化油为矿物油，如凡士林、润滑油和石蜡等，常存在于防锈油、润滑剂和乳化剂等，它们不发生皂化反应，但能溶于某些溶剂，能被表面活性剂乳化、分散。这两类油均不溶于水，根据工件材质、油污性质不同，可采用不同的处理工艺。

(1) 有机溶剂去油

有机溶剂去油利用溶剂对油污的溶解作用除去皂化油和非皂化油。采用的溶剂要求溶解力强，不易燃、毒性小、便于操作、挥发较慢且价格低廉。在实际生产中经常采用的有机溶剂各有其特点，如芳烃溶剂，主要有甲苯、二甲苯等。该类溶剂溶解性强，但对人体危害大，挥发性高，生产中尤其不要采用苯，因为苯是严重的致癌性物质。石油溶剂如汽油，常用的有 200 号溶剂汽油等，该类溶剂价格便宜，毒性小，对常见油污有较强的溶解力，但挥发快、易燃、易爆。卤代烃类溶剂，如二氯乙烷、三氯乙烯等，去油能力强、不燃烧，应用较多，但毒性大。

有机溶剂去油一般采用擦洗、浸洗、蒸气洗等方式。擦洗工艺劳动强度大，生产效率低，工作环境差，但可在常温下进行，且不受工件形状影响。该工艺主要用于批量小或不能用其他方法处理的工件，如大工件户外作业或无其他条件的企业。三氯乙烯是最常用的蒸气清洗剂，即所谓的气相法除油用溶剂之一。该法一般在封闭型的脱脂机中进行。脱脂机装置分为三部分：底部为带加热装置的三氯乙烯的液相区，中部是蒸气区并挂有被处理的工件，上部是装有冷却管的自由区。加热三氯乙烯至沸点（87℃）而气化，当碰到冷的工件时，冷凝成液滴溶解工件上的油污滴下，以达到去油的目的。当工件与蒸气的温度达到平衡时，蒸气不再冷凝，去油过程结束。从被清洗工件上除去的油污的沸点，通常较溶剂的沸点高得多，因此，即使在溶剂含有大量油污的情况下，其蒸气仍然基本是纯溶剂的蒸气。重复使用溶剂，仍可得到良好的清洗效果，达到很高的清洁程度。采用溶剂去油的优点是不受油污种类、工件材质与形状的限制，除油效率高。如果在封闭型脱脂机中进行，则溶剂损失小，空气污染小。但是使用有机溶剂脱脂时，在溶剂挥发后，往往工件表面还剩一薄层油膜，对于要求清洁度很高的表面，还需采用其他工艺进一步处理。

（2）碱液清洗

碱液清洗去油利用碱与油污的皂化反应，形成可溶性皂而将油脂除去。碱与非皂化油不起反应，但可借助于硅酸钠、多聚磷酸盐等无机表面活性剂的作用，使非皂化油形成乳化液而除去。

常用的碱有 NaOH、Na_2CO_3、Na_2SiO_3、磷酸盐等。NaOH 为强碱，可与酸性污垢和动植物油反应而除去，去污力强，但只能用于黑色金属，水清洗性差；Na_2CO_3 水解后呈碱性，有缓冲作用，易润湿金属，对硬水有软化作用，但皂化力弱，水洗性差，可用于黑色金属和有色金属；Na_2SiO_3 水解力强：$SiO_3^{2-}+3H_2O \longrightarrow H_4SiO_4$（胶体）$+2OH^-$，水解后提供的碱性略低于 NaOH，远强于 Na_2CO_3，皂化力强。同时水解生成的胶体，对污物分散性好，具有润湿、乳化等表面活性作用和缓冲作用。硅酸盐是碱液清洗中去污力强、作用全面的组分，广泛用于有色金属和黑色金属清洗，但 H_4SiO_4 易沉于金属表面，不易清洗，影响到以后的磷化质量；磷酸盐有 Na_3PO_4、焦磷酸钠、三聚磷酸钠等，其作用机理类似于硅酸盐，但含磷废水难处理，所以目前在清洗液中使用受到限制。

去油用碱的浓度不宜过高，因为碱的浓度过高，皂类的溶解度和乳化液的稳定性下降，对有色金属易产生腐蚀。碱性过强，对磷化膜质量有较大的影响，尤其对常（低）温磷化影响更大。因为高温强碱对钢铁表面有侵蚀和钝化作用，能中和钢铁表面的许多晶格点，形成氧化膜和氢氧化物，导致成膜时晶核的生长速度小于晶粒长大的速度，从而在数目不多的活性点上晶粒长得粗大，降低磷化质量和涂层的防护性能。而且脱脂液碱性强，清洗效果不佳。所以对常（低）温磷化应选用中低温弱碱性脱脂剂。

对于不同的金属，不同的处理工艺应选择不同的碱液配方。实际上，单一碱液清洗的配方和工艺工业上很少单独使用，一般采用多组分混合液，如碱类、表面活性剂和多种螯合剂等多种助剂混合组成，通常称这种清洗剂为复合碱性清洗剂。因为复合清洗剂能发挥各种洗净剂的特性，显著提高洗净效率，尤其是添加少量的表面活性剂后，能成倍地提高洗净效率。碱溶液的表面张力非常大，添加表面活性剂可改善渗透性，使表面张力维持在 4×10^{8} N/m 以下。碱液清洗剂配方可根据清洗的油污种类、被清洗物的材质、清洗方式等因素通过实验确定。

碱液去油成本低，介质无毒，不燃不爆，生产效率高，去油彻底，操作简单，因此碱液去油仍是除油采用的主要方法。但碱液去油一般需加热至 45℃以上，能耗大且不适于常低温磷化要求。

(3) 表面活性剂去油

表面活性剂（清洗剂）去油是利用表面活性剂的表面活性作用，降低油污与金属之间的界面张力，通过渗透、润湿、乳化、分散等多种作用除油。表面活性剂按其结构特征，可分为阴离子型、非离子型、阳离子型和两性型表面活性剂。

(4) 超声波脱脂

超声波脱脂是利用超声波振荡的机械能作用于脱脂液体时，周期交替产生瞬间正压和瞬间负压。在负压的半周期溶液中产生大量孔穴，蒸气和溶解的气体变成气泡，随后在正压的半周期瞬间产生强大的压力，使气泡被压缩而破裂，产生数以万计的冲击波，对溶液产生激烈的搅拌，并强烈冲击零件表面，从而加速除油过程并使零件表面深凹和孔隙处的油污彻底清除。超声波可应用于溶剂脱脂、化学脱脂和电化学脱脂，还可用于酸洗等场合，一步或分步达到脱脂、除锈、除膜（挂灰、浮渣、污膜）等效果。超声波脱脂液的浓度和温度较其他脱脂液低。因为浓度和温度过高将阻碍超声波的传播，降低脱脂能力。使用超声波可降低脱脂液的温度和浓度，节约能源，保护基体金属免受腐蚀。应合理选择脱脂液的组成和配比，选择合适的超声波振荡频率和强度等参数。

超声波脱脂对处理形状复杂、有微孔、盲孔、窄缝以及脱脂要求高的零件更有效。一般用于除油的超声波频率为 30kHz 左右，复杂的小零件可采用高频率、低振幅的超声波，表面较大的零件则使用频率较低的超声波。

(5) 超临界 CO_2 清洗

CO_2 的临界温度为 31℃，临界压力为 7.38MPa。此时 CO_2 气体不能液化，体系处于气液不分的混沌状态，气体与液体的许多物理性质相等，如摩尔体积、密度、折射率、传热系数、溶解能力等。因此当 CO_2 气体达到超临界状态时，体系既具有液体的高密度、强溶解性和高传热系数，又有气体的低黏度、低表面张力和高扩散系数，并且这些性质还会随温度、压力的调整而发生显著变化。如果对压力做微小调整，超临界CO_2的渗透性和溶解性就大幅度地提高，作为替代溶剂赋予它优良的性质。一般来说，超临界CO_2可以直接溶解碳原子数在20以内的任何有机物，加入适当的表面活性剂，可以溶解或分散油脂、石蜡、重油、蛋白质、聚合物、水及重金属。因此超临界CO_2作为替代溶剂有广阔的应用领域。超临界CO_2清洗不燃不爆，对环境基本无污染，是一种绿色清洗技术。

通常情况下，CO_2超临界清洗在封闭系统内进行，CO_2可循环利用，不会产生温室效应。即使有少量散发，其GWP（全球升温潜能值）仅是氯代烃的几千分之一，其ODP（臭氧破坏潜能值）为零。事实上，CO_2从其他行业回收利用，作为替代溶剂减少了对环境的影响。同时，CO_2的蒸发潜能较溶剂低，比溶剂更节能。因此超临界CO_2清洗系统在整体上，对环境、节能和节省资源都是有利的。

10.2.4.2 除锈

钢铁容易氧化或发生电化学腐蚀，在其表面生成氧化皮或铁锈。钢铁表面常见的氧化物有氧化亚铁（FeO，灰色）、三氧化二铁（Fe_2O_3，赤色）、水合三氧化二铁（$Fe_2O_3 \cdot nH_2O$，橙黄色）和水合四氧化三铁（$Fe_3O_4 \cdot nH_2O$，蓝黑色）。

除锈方法大体上可分为两大类，即物理方法（手工铲锈、机械除锈、喷砂或喷丸、火焰法和激光方法）和化学方法（酸洗除锈和碱液除锈）。

(1) 物理除锈

手工除锈是用钢丝刷、刮刀、锤子、砂布等工具以手工来除锈的方法；机械除锈是利用电动砂布、电动砂轮等工具除锈。手工除锈简单、劳动强度大、生产效率低，通常用于批量小或工件局部除锈。喷砂或喷丸法是用砂、钢柱或其他硬质材料，利用压缩空气或机械离心力为动力，将砂或钢丸喷在金属表面，靠冲击力和摩擦力来除锈的方法。根据被处理件的形状、金属的厚薄、锈蚀的程度来选择磨料种类、粒度大小、喷射方式和喷射工艺。喷丸除锈清理设备一般由弹丸喷抛装置、丸料循环输送装置、丸料净化装置、室体、工件运载装置和通风除尘装置六个主要部分组成。所用磨料分金属和非金属两类：非金属磨料包括石英砂、塑料等；金属磨料包括冷激铸铁、可锻铸铁、铸钢和钢丝段。石英砂是最常用的非金属磨料，经喷砂处理过的表面比较光滑，纹路较细，适合于要求较高的工件除锈和有色金属的处理。但砂消耗较大，粉尘大，所以逐渐被淘汰。

(2) 化学除锈

化学除锈是将金属制件浸于酸溶液中（或将酸液直接喷射到金属表面），通过化学反应去掉金属表面锈蚀和氧化物的除锈方式。

酸洗常用酸有盐酸、硫酸、磷酸、硝酸及其他有机酸和氢氟酸的复合酸液，最常用的酸为盐酸和硫酸。它们的作用力强、除锈速度快、原料来源广、价格便宜，但它们对锈的作用和使用工艺有差别。酸洗除锈生产效率高，去锈彻底，不受工件形状影响。酸洗除锈一般采用浸泡方式，也可采用喷淋方法，喷淋去锈效率更高，但对设备的腐蚀严重。锈蚀产物中，FeO 易被溶解，Fe_3O_4 较难溶解，Fe_2O_3 则最难溶解。

10.2.4.3 涂装前磷化处理

磷化处理是在金属表面通过化学反应生成一层难溶的、非金属的、不导电的、多孔的磷酸盐薄膜的过程，通常称为转化膜处理过程。

磷化处理在工业上使用很广泛，主要用作防锈、润滑及涂装前处理等，作为涂层的基底是重要用途之一。因为磷化膜具有多孔性，涂料可以渗入到这些空隙中，形成“抛锚效应”，显著提高涂层的附着力；而且磷化膜使金属表面由良导体变为不良导体，从而抑制了金属表面微电池的形成，有效地阻碍了涂层的腐蚀，可以成倍提高涂层的耐腐蚀性；同时，致密均匀的磷化膜使金属表面更加细致，有利于提高涂层的装饰性。因此薄板金属件的涂装，倾向于100％采用漆前磷化处理，甚至铸件在涂漆前也采用磷化处理。为此，磷化处理已成为涂装前处理工艺中不可缺少的一个重要环节。

10.2.5 钢铁材料的综合处理

工件进行涂装的化学处理设备众多，工序复杂。为简化操作步骤，可采用综合处理，即一步工序具备几个功能，从而提高工效，节省时间与设备。

(1) 除油、除锈二合一

此类处理是综合处理中最成熟、效果最好的工艺，应用较为广泛。除油、除锈二合一溶液是由酸与表面活性剂（非离子型和阴离子型）组合而成，可在低温、中温下处理中等油污、锈蚀及氧化皮的工件。若是重油、重锈工件，必须进行预脱脂、除锈。常用的“二合一”配方如下：

① 盐酸（37％）10％～20％，硫酸（98％）10％～15％，表面活性剂（OP类、磺酸盐）0.4％～10％，缓蚀剂适量，处理温度25～45℃，时间视工件污染程度确定。

② 硫酸15％～20％，表面活性剂（OP类、磺酸盐）0.4％～10％，缓蚀剂适量，处理温度50～80℃，时间5～10min。

③ 磷酸20％～40％，OP-10 0.5％，温度40～80℃，时间适当。

(2) 酸洗磷化二合一

一步完成除锈与磷化工艺，适用于轻锈工件。常用配方如下：H_3PO_4 15％～30％，硫脲0.2％，$Zn(H_2PO_4)_2$ 1％～2％，酒石酸1％～2％，水为余量。

10.2.6 非铁材料的涂装前处理

工程上常用的非铁材料主要有铝合金、锌合金、镁合金和塑料等，这些材料的前处理工艺与钢铁相比各有特点。

(1) 铝及其合金的化学处理

铝及其合金与氧的结合力强，在大气中很容易形成一层氧化膜（厚度约为0.01～0.02μm），该膜具有一定的耐蚀性，但由于这层氧化膜非晶，使铝件失去原有的光泽；该膜厚度较薄，疏松、不均匀，直接在氧化膜上涂装，会使涂膜的附着力不强，因而需对其进行氧化处理。目前铝合金的氧化处理分化学氧化和电化学氧化两种。化学氧化主要采用铬酐氧化，所得氧化膜较薄（约为0.5～4μm），多孔，有良好的吸附能力，质软不耐磨，抗蚀性能较低，主要作为涂装底层。该工艺简单、操作方便、生产效率高、成本低，不受工件形状大小限制。按工艺规范可分为酸性氧化和碱性氧化。

(2) 锌合金的化学处理

锌合金在工程上的应用日益广泛，而且随着钢铁基体耐蚀要求的提高，许多工件要求先镀锌后再涂装，因此锌及其合金的表面处理量逐渐增加。由于锌及其合金表面平滑，与涂膜的附着力差，而且涂料中的游离成分易与锌发生化学反应生成金属皂，影响涂膜的固化和性能，所以要进行化学处理改变表面的状态，增加涂膜的附着力。常用的方法有磷化和氧化两种。磷化适合于电镀锌和熔融镀锌制品，所采用的促进剂通常是氟化物或含氟的配合物，其反应机理为：

$$Zn+2H_3PO_4 \longrightarrow Zn(H_2PO_4)_2+H_2$$

$$3Zn(H_2PO_4)_2 \longrightarrow Zn_3(PO_4)_2\downarrow +4H_3PO_4$$

该法最大特征是在极短的时间内形成有磷酸锌的致密薄膜，但在锌的预处理中，必须尽量采用缓和的试剂，避免用强酸、强碱，否则容易使锌表面侵蚀。

(3) 镁及其合金的化学处理

镁合金具有密度小、比强度大等特点，在航空、通讯器材、计算机等领域具有广泛的应用。但镁合金的化学活性高，在空气中自然形成的碱式碳酸盐膜防护性很差，因此镁合金作为工程材料时必须进行表面防护。涂装是常用的方法之一，涂装前表面要进行转化膜处理，主要有化学氧化和电化学氧化。化学氧化配方为重铬酸钠65～80g/L，硝酸7～15mL/L，磷酸二氢钠65～80g/L，亚硝酸钠10～20g/L，加水至1000mL，80～90℃浸5min，然后水洗，干燥。

(4) 塑料表面处理

塑料因其质轻、耐腐蚀、易成型和抗冲击等优势，在机电产品中的用量很大。但塑料自身颜色单一、光泽度低、易老化，因此塑料也需要表面涂装。工程上常用的塑料品种有ABS、PP、PC、PP/ABS、PP/EPDM及SMC、BMC、RRLM等。塑料一般结晶度较大、极性小或无极性、涂层附着力弱；塑料制品表面常附有残余的脱模剂，涂料不易润湿；同时，塑料是不良导体，易产生静电黏附灰尘。因此塑料制品在涂装之前必须进行预处理。具体包括以下内容：

① 退火　塑料在成型时容易产生内应力，进行涂装、溶剂处理时，易产生有机溶剂局部溶解、溶胀现象，在应力集中处易开裂，所以涂装前需要首先进行退火处理。通常把塑料加热到稍低于热变形温度（一般低于热变形温度5～10℃），并

保持一定的时间（如 0.5～2h）。即使进行退火处理，仍会有应力残存，表面质量要求高的制品，最好选用耐溶剂性能好的塑料制造。塑料表面喷涂适当的溶剂后，局部的高应力区在溶剂的作用下，发生应力释放，表面变毛糙，从而整个表面应力趋于均匀。溶剂的基本组成为：乙酸丁酯 45%，乙酸乙酯 25%，丁醇 15%，其他 15%。应力检查：将零件完全浸入 (24±3)℃的冰醋酸中持续 30s，取出后立即清洗，然后晾干检查表面。表面有细小致密裂纹的地方即有应力存在。裂纹越多，应力越大。再重复上述操作，在冰醋酸中浸 2min，再检查零件表面，若有深入塑料的裂纹，则说明此处有很高的内应力。裂纹越严重，内应力越大。也可将工件置于 (21±1)℃的 1∶1 的甲乙酮的混合溶剂中，持续 15s 后，取出立即甩干，依上法检查。

② 脱脂　塑料模型制品表面的油污和残存的脱模剂，容易引起涂膜缩孔、附着力不良等缺陷，所以在涂装前必须进行脱脂处理。脱脂方法与金属类似，可以用碱性水溶液、表面活性剂溶液或有机溶剂等处理。对于用擦洗法不能充分除去的脱模剂可用砂纸打磨去除；对于产量较大、要求较高的塑料件，也可用超声波使塑料表面的油污或使脱模剂尽量分散到清洗液中。在用有机溶剂脱脂时，对溶剂敏感的树脂如 ABS、聚苯乙烯等可采用甲醇、乙醇、异丙醇等或挥发性好的脂肪溶剂如己烷、庚烷等进行擦拭处理；对溶剂不十分敏感的材料如 PP、热固性树脂等可采用甲苯、二甲苯、甲基异丁基甲酮等清洗处理。

③ 除尘　用表面活性剂溶液洗涤，可兼有除尘、防静电作用，但在洗涤和干燥过程中还有黏尘的可能。对于大批量生产的塑料件，常用静电除尘，即压缩空气通过火花放电装置，使空气电离，这种离子化的空气吹到塑料表面，中和塑料表面的电荷，能同时起到防静电和除尘的效果。另外，还可以通过在塑料表面涂防静电液或在塑料中添加防静电剂等。

④ 表面改性　塑料制品的改性处理是利用物理或化学方法在其表面上生成活性点，增加粗糙度，增加表面的极性与化学活性，增加对涂膜的附着力。产生活化点的最有效方法是表面氧化处理，另外还有机械处理、紫外线照射、火焰氧化、溶剂蒸气浸蚀等。化学氧化处理通常用铬酸、硫酸混合液，将塑料表面氧化生成羟基、酮基等极性基团或其他官能团，从而提高表面极性和润湿性，使表面浸蚀为多孔性结构，达到增强涂料对塑料附着力的目的。如 $K_2Cr_2O_7$ 7 份、硫酸 150 份、水 2 份的混合液对聚乙烯、聚丙烯进行处理，温度 50～60℃，处理 5～10min，水洗，干燥即可涂装。聚四氟乙烯等氟塑料表面张力最小，不进行表面处理，则不能涂装，需进行“钠氨”处理，即在新蒸馏过的液氨中，加入 1%金属钠作为处理剂，经处理后的塑料表面氟含量少，并氧化成极性基团。聚乙烯、聚丙烯、聚苯乙烯、聚碳酸酯、聚酰胺、聚氯乙烯、环氧树脂和 ABS 等都可以用次亚氯酸叔丁酯处理，配合以叔丁醇在室温条件下浸渍处理 20min 左右即可。

机械处理是采用机械打磨、喷砂等措施使表面粗化，提高附着力。此法容易使表面粗糙而不透明，嵌入表面的微粒难以除净，只适用于厚制件。

紫外线照射是用高能量短波紫外线（约 1000Hz）对塑料表面照射处理，使表面生成极性基团，提高涂层附着力。紫外线处理效果好，但仅适用于形状简单的工件，一般工件与紫外灯的距离控制在 20～40cm。

表面处理后的塑料制品，处理的程度和均匀性必须予以检查，以保证涂装质量。在进行工艺分析实验时，可通过测量液滴在制品表面的接触角检验。一般采用的生产检验方法有两种，即水润湿法和品红着色法。水润湿法是观察表面被水润湿的程度；品红着色法是将处理完毕的塑料制品浸入酸性品红溶液中，取出后用水冲洗，处理的均匀性由着色程度的均匀程度判定，并可与标准样比较。

10.3 溶剂型涂料的涂装工艺

溶剂型涂料广泛应用于机械、建筑和电子等行业，因此研究溶剂型涂料的涂装工艺与设备有着特别重要的意义。

溶剂型涂料涂装是利用一定的设备和合理的工艺将涂料薄而均匀地涂布在被涂物表面。常用的方法有刷涂、刮涂、浸涂、淋涂和喷涂等。

10.3.1 浸涂

浸涂是指用人工或机械将工件浸入到涂料中，然后提出工件沥干余漆，使工件表面形成一层涂膜的过程。浸涂工艺的最大优点是：设备简单，机械化程度高，涂料利用率高，对环境的污染小，不会产生涂装死角。其缺点是涂装表面上薄下厚，易产生流挂，易堆漆的工件不适宜用此种方法。

(1) 浸涂工艺

① 涂料品种的选择　一般烘烤型涂料较适合于浸涂，因为其溶剂挥发速度慢，槽中不易结皮，涂料长时间使用比较稳定，同时由于具备烘烤条件，适合于规模化生产，如氨基醇酸涂料、单组分环氧树脂涂料等。另外一些单组分自干型涂料亦可用于浸涂工艺，如醇酸树脂涂料、沥青涂料等，但必须增加自然晾干的场地。双组分涂料如双组分聚氨酯树脂涂料等，由于混合后存在使用期的问题，不适用于浸涂工艺；密度较大的涂料易产生沉淀，不适合采用浸涂工艺；快干型涂料由于具有干燥快、流平差、溶剂挥发快、存在安全隐患等特点，也不适合采用浸涂工艺。

② 浸涂工艺条件的选择　涂料的施工黏度是浸涂的重要工艺条件，直接影响浸涂后涂膜的外观效果。室温（20℃）下施工黏度一般控制在 20～30s（涂-4 杯黏度计，25℃）。施工时要根据施工温度的变化不断调整施工黏度。施工温度越低，施工黏度要求增大；施工温度越高，施工黏度要求相应减小。当施工黏度过低时，涂膜的流平性提高，但易出现露底等缺陷；当施工黏度过高时，涂膜的流平性降低，易出现流挂等缺陷。

浸涂的最佳施工温度为20～30℃。施工中维持一定的温度范围，有利于保持浸涂槽的稳定性和涂层质量。施工时应根据温度，选择合适的施工黏度。随着施工的不断进行，涂料黏度将发生变化，黏度降低时可加入原涂料调整，黏度升高时加入稀释剂调整。具体的加入比例应根据实验结果确定。

浸涂槽一般每3～4h搅拌1次，搅拌完毕应待气泡消失后再施工。工件入槽时，应尽可能使工件最大平面垂直入槽，其他平面与涂料呈一定角度，以减少入槽及出槽阻力。

(2) 浸涂设备

浸涂槽是浸涂工艺的主要设备，按工作方式可分为间歇式和连续式两种。间歇式浸涂槽主要用于小批量生产，槽体较小，一般为矩形或柱形槽体，工件的起吊采用人工或行吊的方式。连续式浸涂槽主要用于大批量生产，槽体较大，一般为船形槽体，工件的运输主要通过悬链完成。为保证槽内涂料不出现沉淀及分层现象，浸涂槽必须设有搅拌装置。常用的搅拌装置可分为泵式搅拌装置和机械搅拌装置。泵式搅拌装置主要用于连续式浸涂槽，由泵、溢流槽、过滤网组成。泵吸入溢流槽中的涂料，并通过浸涂槽底部的管道排入到浸涂槽中，然后浸涂槽表面的涂料连同其中的泡沫溢流到溢流槽中，同时通过溢流槽中的滤网将其中的杂质过滤干净。为保持固定的温度范围，需设置调温装置。调温装置包括加热装置和冷却装置。

冬季气温降低时，涂料的黏度升高难以施工，必须增加加热装置。常用的加热装置有盘管式、外套式和电加热式等几种。盘管式加热装置位于槽内底部或两侧，以热水或蒸汽作热源。该装置升温速度较快，但易出现局部过热，同时由于盘管位于槽内易造成施工不便。外套式加热装置是在槽体外部增加一夹层，夹层内以热水作热源，热水与槽内涂料温差较低，不易出现局部过热，同时由于接触面积大，升温速度较快。电加热式加热装置由于存在漏电危险，现已较少使用。夏季气温升高时，溶剂挥发速度较快，不仅造成大量浪费而且易发生火灾危险，因此必须增加冷却装置。冷却装置以外套式居多，夹层内通冷却水，冷却水可采用深井水。大型浸涂槽必须设有事故排放口，且要保证事故发生时槽内涂料在5min内全部自动排放至室外储漆槽。另外槽口必须设有自动灭火装置。

10.3.2 高压空气喷涂

(1) 空气喷涂的原理与特点

高压空气喷涂是利用空气从喷嘴中喷出时产生的负压将罐内的涂料吸出，吸出的涂料迅速扩散呈漆雾状飞向工件表面形成连续的涂膜。高压空气喷涂具有下列特点。

① 设备简洁实用。空气喷枪的价格比较低，与一台空压机组合即可构成一套喷涂系统，可以在不同场地很方便地完成喷涂作业。

② 操作适应性强。空气喷涂几乎适用于各种涂料和被涂物，对工人的培训要

求低。

③ 涂膜质量好。空气喷涂的雾化效果较好，喷涂后可得到均匀美观的涂膜。

④ 涂装效率较高。空气喷涂每小时可喷涂 150～200m^2 工件，约为刷涂的 8～10 倍。但空气喷枪需要频繁加料，影响作业效率，工人劳动强度高。

⑤ 涂料利用率低。空气雾化导致涂料四处飞散，浪费涂料，涂料利用率只有 50％左右，飞散的涂料污染作业环境并造成人体的伤害。

(2) 空气喷涂喷枪

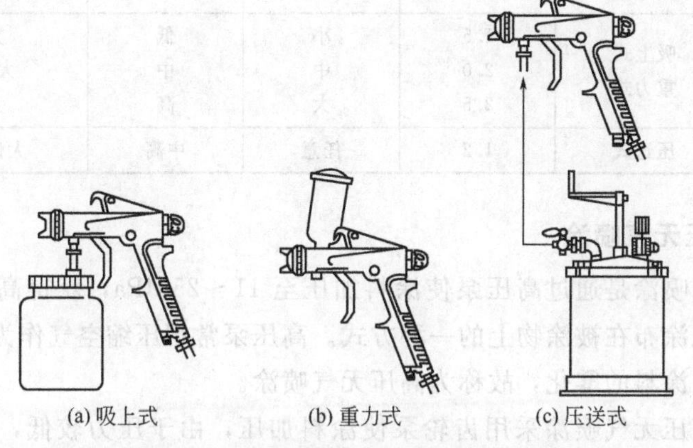

图 10-1 喷枪的形式（按涂料供给方式）

① 喷枪种类。喷枪是决定喷涂质量的重要设备，按压缩空气的供给方式可分为内混式和外混式两种；按涂料的供给方式可分为吸上式、重力式和压送式三种。重力式喷枪主要用于喷涂样板及小面积修补用。吸上式喷枪主要用于小批量生产，压送式喷枪适用于批量大的工业化涂装。喷枪的形式如图 10-1 所示。

② 喷枪结构。喷枪由喷头、调节机构、枪体三部分组成，结构如图 10-2 所示。

喷头由涂料喷嘴、空气帽和针阀等组成，是决定涂料雾化及喷雾图形的关键部件。调节机构可调节涂料及空气的喷出量，还可调节喷涂扇面的大小。枪体上装有开闭针阀的扳机和防止泄漏涂料及气的密封件，并制成便于手握的形状，以便于施工操作。喷枪喷嘴一般由合金钢制造，并经热处理，提高其使用寿命。喷嘴的口径有 0.5～5mm 多种规格，一般 0.5～0.7mm 的口径用于着色剂、虫胶等易雾化涂料

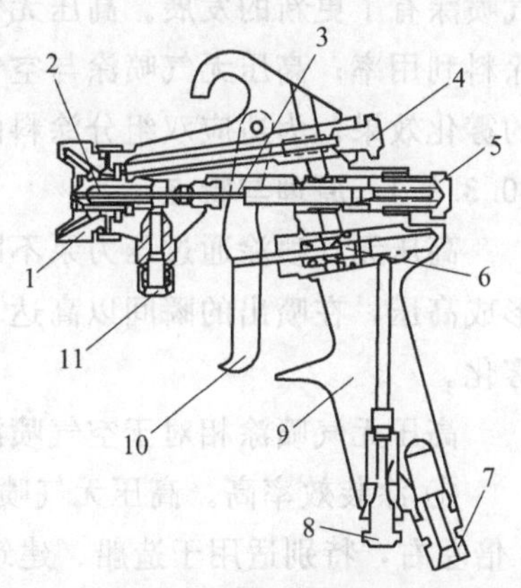

图 10-2 喷枪的结构

1—空气帽；2—喷嘴；3—针阀；4—喷雾图形调节旋钮；5—涂料量调节旋钮；6—空气阀；7—空气管接头；8—空气量调节旋钮；9—枪身；10—扳机；11—涂料管接头

的喷涂；1.0～1.8mm 的口径用于硝基涂料、合成树脂涂料等的喷涂；2.0～2.5mm 的口径用于橘纹涂料。喷涂口径的选择参考见表 10-2。

表 10-2 喷涂口径的选择参考

枪体大小	涂料供给方式	喷嘴口径/mm	出漆量	涂料黏度	适宜生产方式
小型喷枪	吸上式 重力式	1.0 1.2 1.5	小 中 稍大	低 中 中	小件涂饰 小件一般涂饰 小件一般涂饰
	压送式	0.8	任意	中	小件大批量涂饰
大型喷枪	吸上式 重力式	1.5 2.0 2.5	小 中 大	低 中 高	大件涂面漆 大件一般涂装 大件涂底漆
	压送式	1.2	任意	中高	大件大批量涂饰

10.3.3 高压无气喷涂

高压无气喷涂是通过高压泵使涂料加压至 11～25MPa，获得高压的涂料在喷嘴处快速雾化涂布在被涂物上的一种方式。高压泵常用压缩空气作为动力源，但压缩空气不参与涂料的雾化，故称为高压无气喷涂。

初期的高压无气喷涂采用齿轮泵使涂料加压，由于压力较低，涂料的雾化较差，常采取加热的方式。后来为提高压力采用柱塞泵或隔膜泵加压，涂料的雾化效果大大提高，使无气喷涂很快进入推广阶段。

为适应不同环境下的涂装要求，高压无气喷涂与其他涂装方式相结合使高压无气喷涂有了更新的发展。高压无气喷涂与静电喷涂相结合，大大提高了涂装效率及涂料利用率；高压无气喷涂与空气喷涂相结合实现空气辅助无气喷涂，提高了涂料的雾化效果；为适应双组分涂料的喷涂，又出现了双组分高压无气喷涂。

10.3.3.1 原理与特点

高压无气喷涂通过压力泵不断地向密闭的管路内输送涂料，从而在密闭空间内形成高压，在喷出的瞬间以高达 100m/s 的速度与空气发生碰撞，同时迅速膨胀而雾化。

高压无气喷涂相对于空气喷涂具有以下特点：

① 涂装效率高。高压无气喷涂的涂装效率是刷涂的 10 倍左右，是空气喷涂的 3 倍左右，特别适用于造船、建筑等大型工业领域。

② 涂料利用率高。因不采用空气雾化，涂料飞散少，提高了涂料的利用率。

③ 一次性喷涂厚度大。由于采用高压雾化，喷枪的喷嘴可任意更换，高压无气喷涂可一次获得较高膜厚。

④ 对环境的污染小。较低的涂料飞散及漆雾回弹减少了对环境的污染，也改善了工人的操作环境。

⑤ 对涂料的适应范围广。由于喷涂压力高，可喷涂高黏度涂料，获得较厚涂膜的涂层。在汽车涂装中高黏度的抗石击的 PVC 涂料及焊缝密封胶均采用高压无气喷涂。

10.3.3.2　高压无气喷涂设备

高压无气喷涂设备如图 10-3 所示。

(1) 动力源

高压无气喷涂的动力源主要有压缩空气源、油压源和电动压力源三种。其中压缩空气源由于其具有操作方便、简单、安全可靠的特点，在生产中得到了广泛应用。近来发展的油压源和电动压力源主要用于一些较特殊的工作场合。

① 气动高压泵　以压缩空气作为动力源，是使用最广泛的泵。它具有安全可靠的特点，在使用过程中无电火花的产生，特别是在有机溶剂存在的场合下，无任何火灾危险。使用压缩空气的压力一般为 0.4～0.7MPa，涂料经泵压缩后压力是压缩空气压力的几十倍。决定压力比（涂料的压力与压缩空气压力的比值）的主要依据是柱塞的面积与加压活塞面积的比值。在实际操作过程中，工作压力比受涂料喷出量的影响，随喷出量的增加而减小。通过减压阀调节压缩空气的压力来调整涂料的压力。

② 油压高压泵　以油作为动力源，其技术性能以最高喷出压力表示，大小通过减压阀调节，其最高压力可达 6.87MPa，通常工作压力为 4.9MPa。油压高压泵的特点是动力利用率高（为气动泵的 5 倍），噪声低，使用安全。

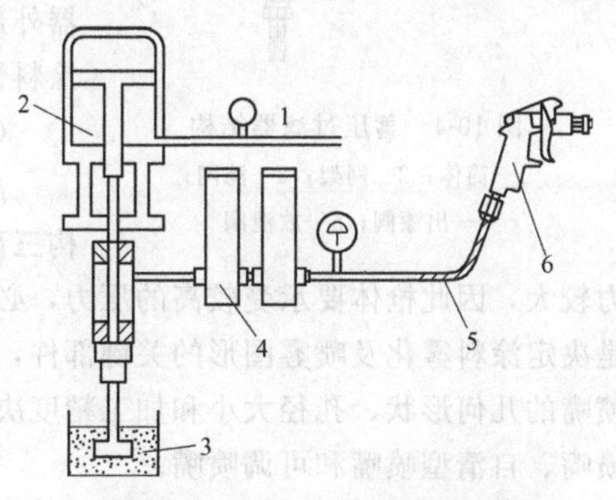

图 10-3　高压无气喷涂设备

1—动力源；2—高压泵；3—涂料容器；4—蓄压过滤器；5—涂料输送管道；6—喷枪

③ 电动高压泵　以交流电作为动力源，分为自动停止型和溢流型两种。自动停止型是指喷涂工作停止时，泵也自动停止；溢流型是指喷涂工作停止时，泵仍然运行，泵出的涂料通过溢流阀在泵与涂料桶之间循环。目前这种泵的喷出压力最高为 19.6MPa，喷出量为 1.3L/min 左右。电动高压泵的主要优点是移动方便，不需要特殊的动力源，只要有电源即可使用。

(2) 蓄压过滤器

蓄压过滤器有蓄压与过滤两种作用，其结构如图 10-4 所示。蓄压依靠蓄压筒体，当柱塞作上下活塞运动时，在上下转折点时涂料停止输出，此时依靠涂料蓄压筒体的缓冲作用才不至于使涂料压力不稳定，以达到稳定的喷涂效果。过滤依靠过滤器，可将涂料中的杂质及异物过滤掉，避免喷涂过程中喷枪堵塞。

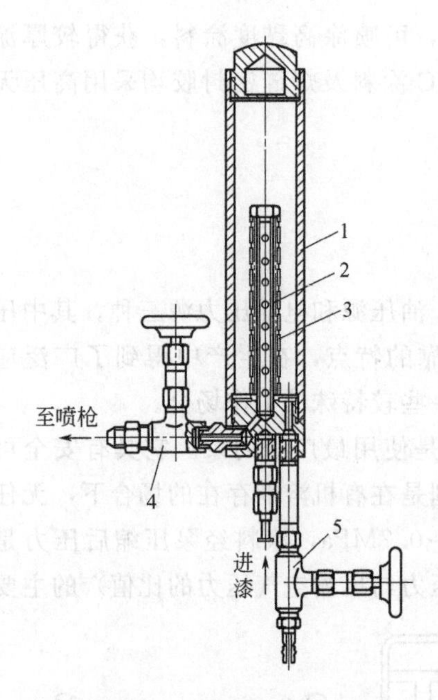

图 10-4　蓄压过滤器结构

1—筒体；2—网架；3—滤网；4—出漆阀；5—放泄阀

(3) 输漆管

输漆管也是高压无气喷涂设备的主要部件之一，不仅要耐溶剂，而且要耐高压（24～52MPa），同时又要兼有消除静电的作用。输漆管的管壁构造分为三层：内层为尼龙管；中间层为化学纤维或不锈钢编织，同时编入接地导线以便喷涂作业时保持接地状态；外层以尼龙、聚氨酯或聚乙烯包覆。软管内径一般有 4.5mm 和 6.9mm 两种，长度为5～30m。

(4) 涂料容器

涂料容器是在喷涂作业过程中盛装涂料的工具，一般配有搅拌器，以便调整黏度并将涂料混合均匀，另外在一些特别的场合，涂料容器外部还可配备加热套，保证涂装作业过程中涂料恒温，以获得最佳的涂装效果。

(5) 喷枪

高压无气喷枪主要由枪体、喷头和调节机构三部分组成。高压无气喷涂工作时涂料的压力较大，因此枪体要承受较高的压力，必须有较高的耐压性和较好的密封性。喷头是决定涂料雾化及喷雾图形的关键部件，涂料的喷雾图形、喷出量和喷幅宽度是由喷嘴的几何形状、孔径大小和加工精度决定的。涂料喷嘴可分为标准型喷嘴、圆形喷嘴、自清型喷嘴和可调喷嘴。

调节机构可调节涂料的喷出量，还可调节喷涂扇面的大小，与空气喷涂不同的是高压无气喷枪没有压缩空气通道。

10.3.3.3　新型高压无气喷涂设备

(1) 双组分无气喷涂设备

由于双组分涂料不受烘烤条件的限制，且具有涂料性能好、干燥速度快的特点，在生产中的应用越来越广泛。但由于双组分涂料采用固化剂固化，双组分混合后若不在规定时间内用完，涂料会增稠直至固化，施工很不方便，也易造成涂料的浪费，双组分无气喷涂设备采用双组分分别输送，在枪内混合，很好地解决了这一难题。双组分无气喷涂设备采用两个不同的泵将涂料主剂和固化剂分别输送，输送量靠流量计控制，计算时应根据涂料的密度将质量比换算成体积比。涂料的混合方式有内混式和外混式两种。内混式是指涂料主剂和固化剂在枪内的静电混合器内混合均匀后喷出，主要适用于主剂与固化剂的比例为（1∶1）～(6∶1）的涂料。外混式是指双组分分别喷出后在枪外雾化的过程中混合，主要适用于主剂与固化剂的比例为（20∶1）～(100∶1）的涂料。

（2）富锌涂料无气喷涂设备

富锌涂料由于具有阴极保护作用，在船舶、桥梁和钢结构等使用环境比较苛刻的工件得到了广泛的应用。但由于锌粉的密度较大且具有金属特性，在喷涂过程中极易产生沉淀，且易造成金属器件的磨损，因此必须使用专用设备。富锌涂料无气喷涂设备必须具有以下特点。

① 涂料桶配有专用的搅拌设备，涂料管内配有自循环系统，以保证涂料在喷涂过程中不发生沉淀。

② 高压泵的活塞与连杆的运动速度缓慢，以降低压送机构的磨损。

③ 与涂料接触的部件均以耐磨材料制造，以延长使用寿命。

④ 由于密度及喷出量均较大，空气管及涂料管的口径均较一般无气喷涂大。

（3）喷涂设备

空气辅助无气喷涂是一种结合空气喷涂和高压无气喷涂两种技术而成的喷涂方式，既保留了空气喷涂涂料雾化好、涂膜质量高的优点，又保持了高压无气喷涂出漆速度快、出漆量大、效率高的优点，同时又保证了涂料的利用率。空气辅助无气喷涂设备与高压无气喷涂设备不同的是空气辅助无气喷涂设备配有空气帽和喷雾图形调节装置，空气流一方面可以提高物化效果，另一方面包围漆雾以防止漆雾飞散。

10.4　水性涂料的涂装工艺

10.4.1　水性涂料涂装工艺

水性涂料的涂装工艺与常规溶剂型涂料的涂装工艺无太大差异，应结合工件形状、防腐要求、外观装饰等具体情况，选用刷涂、浸涂、辊涂、淋涂、喷涂等。对铸件采用浸涂，出槽后要充分流平，但浸涂所形成的涂膜不均匀。对薄片工件采用辊涂，在230℃固化3～4min后，能得到预期的涂膜。

水性涂料的喷涂方法有如下几种：

① 空气喷涂，适用于黏度小于30s（涂-4杯，以下同）的涂料；

② 空气辅助无气喷涂（或称混气法），适用于黏度大于30s的涂料，已在木制家具业普遍使用；

③ 静电喷涂，由于水性涂料的高导电性，应选用水性涂料专用的静电喷枪。

水性涂料的施工要求虽与溶剂型涂料基本相同，但仍有其特殊性。因此，在施工中应注意以下事项。

① 木制品经去污或打磨后，表面无木屑粉尘；塑料件经清洁处理后，表面应无脱模剂类残余物及毛刺，并根据不同类型的塑料材质进行表面活化或功能化处理；金属件应在经过脱脂的基材上进行转化膜和喷砂处理。

② 砂浆、混凝土及砖砌体基层表面应坚硬、平整、粗糙、干净、湿润，有一

定的强度，如有不平之处，应进行平整处理；如有浮灰层、尘土等，应用钢丝刷除掉，油污、滑动脂等用溶剂除去；对脆弱空鼓部位应除去，直至露出坚硬的基底，用水泥砂浆找平；对各种缝隙、裂纹、冷接缝等部位，应凿成V形槽，用水泥或乳胶砂浆修补找平，砖砌体灰缝应用水泥砂浆填实压平；对穿过基层的管道、铁件、电源插座四周，应剔成环形槽，用乳液改性砂浆嵌填压实抹平；干燥的基层，特别是砖砌体，表面要喷水湿润处理，并注意用干布擦去游离水分，以提高与基层的黏结力。

③ 防水层施工应将水性丙烯酸酯防水涂料加40%～50%的水稀释并搅匀，在已处理好的基层上涂刷1～2道，这样可以加快涂料向基层中的渗透，增加其对基层的粘接强度。施工温度应大于5℃，阴雨天不能施工，施工后必须保证在8h内不能下雨（雪）等，否则漆膜容易起泡、剥落，防水、耐污性等技术指标无法保证，墙面上的雨水污染不能清洗干净。墙漆施工不能加水稀释，应充分搅拌均匀，否则易产生色差，影响其质量。外墙漆施工必须涂刷一遍外墙底漆，且外墙底漆不能和面漆混合一起施工，否则墙面易产生泛碱、泛盐、泛白、泛色等现象。

整块墙面应采用同一批次生产的墙漆施工，如上一批次墙漆有少量剩余，不够整块墙面辊涂施工时，应将上一批次少量剩余的墙漆作为第一遍面漆施工使用，整块墙面第二遍面漆全部采用第二批次的面漆施工，保证整块墙面颜色相对一致。

10.4.2 电泳涂料涂装工艺

10.4.2.1 概述

电泳涂料也属于水性涂料，但其涂装工艺与一般水性涂料完全不同。

在直流电场作用下，分散在极性介质（例如水）中的带电胶体粒子向其所带电荷相反的电极方向移动的现象称为电泳。

电泳涂装是利用胶体的基本原理，将被涂物（或工件）浸在水溶性涂料中，在电场的作用下，依靠电场产生的物理化学作用将涂料沉积在工件上的一种涂装方法。

按涂料品种可分为电泳底漆、底面合一电泳、电泳面漆和二次电泳等。根据涂料树脂所带电荷的种类、电泳时采用的电源等的不同，可分为阳极电泳、阴极电泳、脉冲电泳、喷射电泳和交流电泳。

在阳极电泳和阴极电泳过程中，被涂物件分别作为阳极和阴极，均采用普通直流电源。脉冲电泳采用脉冲电流进行电泳涂装，使电泳涂膜更加均匀致密，减少或避免直流电泳过程中出现的诸如针孔等涂膜弊病产生，提高了电流效率，该法适用于任何阳极或阴极电泳涂料的电沉积。

根据实际需要，脉冲电泳涂装可以采用以下三种方式：

① 脉冲电流由连续电流和间断电流组成；

② 电流交替的连续或断续；

③ 在整个涂装时间内采用小的连续电流并在连续电流上叠加较大的断续电流或脉冲电流。

进行脉冲电泳涂装时，只需一台脉冲发生器作电源，其余设备与普通电泳涂装相同。

喷射电泳是以被涂工件为一极，喷射装置作另一极，涂料液由喷嘴喷出时，在被涂工件及喷嘴产生电位差，涂料如同阳极电泳或阴极电泳发生的变化一样，沉积在被涂工件上。该工艺主要用于大型物件、漂浮物件（油箱等）、长形物件（条钢、型钢、管材）等的产品，因为这些工件采用一般的电泳涂装法，需要的电泳槽很大，一次配槽需要的电泳涂料很多，经济上不合理，涂料液难以保持稳定。尽管与普通电泳的原理相同，但影响电泳效果的施工参数较多，如喷嘴与被涂工件的距离、槽液从喷嘴喷出的速度、喷涂时间及喷嘴大小、电流密度和电压等，因此该方法对表面结构复杂的工件不适用。

交流电泳是以 50Hz 频率作正弦变化的交流电为电源，在工件和极板之间施以交变电场，涂料液中的带电粒子在电场正半周时向工件移动，失去电子，在工件上沉积成膜；在负半周时，粒子被排斥，不能在工件上沉积成膜。交流电泳与直流电泳相比，设备简单，对涂料液的 pH 值不需严格控制，对电泳涂料的固化分要求较宽，可用于铁件和铝件等的电泳。但耗电量大、电压高、电泳沉积效率低，不适合大规模的连续性生产。

电泳涂装是一项先进的施工新技术，与一般浸涂或喷涂相比，具有以下特点：

① 有利于实现涂装连续化、自动化，大大提高了劳动生产率并减轻了劳动强度。

② 由于电泳涂料采用水作为溶剂，所以没有有机溶剂中毒和火灾等危险，从根本上改善了劳动条件。

③ 无论形状复杂或形状简单的工件，均可获得附着良好、厚度均匀的涂层。

④ 涂料利用充分，利用率可达 90%～95%，大大降低了成本。

⑤ 电泳设备复杂，投资费用大，对电泳涂料的稳定性要求高，槽液管理技术比较复杂。

烘干电泳底漆的固化条件一般为 160～180℃/30min。生产上广泛采用红外线辐射加对流的方式。由于电泳涂料以水为溶剂，水的蒸发焓很高，密度较大，水蒸气不易排除，涂膜在热的水蒸气中容易造成溶解失光，因此仅用辐射加热难以保证质量。通过对流及时排放一定比例的热风，保证烘干室中热空气的湿度，有利于保证涂层质量。

10.4.2.2　电泳涂装基本原理

目前国内所采用的电泳涂装主要是阴极电泳涂装与阳极电泳涂装，一般包括电泳、电沉积、电解和电渗四种作用。

(1) 电泳

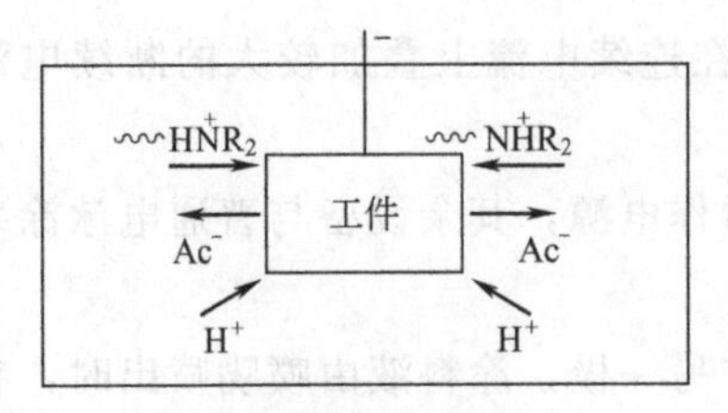

图 10-5 阴极电泳时粒子运动示意图

水溶性电泳涂料是一个组成复杂的胶体，其高分子离子可视为胶体粒子，在直流电场作用下，夹带、吸附颜料与填料一起泳向工件，这就使电泳过程变得非常复杂。与此同时，小分子中和剂胺的正离子或羧酸的负离子向阴、阳极移动，电泳过程实际上是正、负离子分别向两极移动的过程，如图 10-5 所示。

离子电泳的速度可由胶体粒子的双电层结构理论推导。由于存在分散相和分散介质，两相界面上就存在电位，这种电位是由胶体粒子双电层结构引起的，带电胶体粒子在电场中受电场力作用产生运动，胶体移动的速度 V 应正比于所加的电位梯度 E(V/m)、电势 ζ 以及介质的介电常数 ε，而反比于介质的黏度 η，其关系为：

$$V=\zeta\varepsilon E/k\pi\eta$$

式中，k 表示与粒子形状有关的常数，球形粒子 $k=6$，棒形粒子 $k=4$；V 表示泳动速度；E 表示电场电位梯度，V/m；ζ 表示双电层界面动电位；ε 表示介质的介电常数；η 表示体系的黏度。

因此，电泳涂装中提高槽电压、增大电位梯度、降低涂料黏度，可加快沉积速度。由于槽液的温度、pH 值等直接影响涂料的介电常数、电位梯度和黏度等参数，进而影响涂装质量。因此选择和控制适宜的涂料液温度、施工电压和涂料液 pH 值等工艺条件是保证涂装质量的重要因素。

(2) 电沉积

在直流电场作用下，带电高分子粒子夹带颜料、填料等移向工件并放电，在工件表面上沉积，生成不溶于水但含水约 5%～15%涂膜的过程称为电沉积。这是电泳涂装过程中的主要反应。

阳极电泳涂料中，涂料粒子主要为羧酸盐，电沉积反应包括以下三个反应：

$$RCOO^- - 2e^- \longrightarrow R\text{—}R + CO_2 \text{（科尔伯反应）}$$

工件为阳极，通电时钢铁部分溶解，溶解的 Fe^{2+} 与泳动过来的胶体粒子结合并沉积于涂层中：

$$2RCOO^- + Fe^{2+} \longrightarrow Fe(RCOO)_2$$

由于 $Fe(RCOO)_2$ 为深色，导致阳极电泳涂膜颜色加深，影响涂膜的装饰性，因此阳极电泳涂装不能作为高档装饰性涂层。同时由于电沉积膜的主要成分为高分子羧酸，其导电性很弱，当基体表面形成完整的涂层后，电场力基本消失，阳极电泳涂料自身为碱性（pH＝7.5～8.5)，如果长时间浸泡在槽液中，涂膜发生溶解失光，这种现象称为涂膜的再溶解现象。

阴极电泳涂料的主要成分为带正电荷的铵盐，电沉积反应为：

$$R\text{—}NH^+(C_2H_4OH)_2 + OH^- \longrightarrow R\text{—}N(C_2H_4OH)_2 + H_2O \text{（阴极表面 pH=9～10）}$$

由于阴极电泳涂层为中性高分子胺，而阴极电泳涂料为弱酸性（pH＝5.5～

6.5)，与阳极电泳涂料一样，如果浸泡时间过长，也存在涂膜再溶解问题。但涂膜中不夹杂金属皂，涂膜颜色不因电沉积而改变，因此阴极电泳涂层可以作为高档装饰性涂层。

通过单位电量时析出涂膜的质量称为电沉积的库仑效率。一般阳极电泳底漆的库仑效率为10～20mg/C，阴极电泳涂料的库仑效率为30～35mg/C。

电泳涂料泳涂到背离辅助电极一侧及泳涂到工件狭缝、内腔的能力称为电泳涂料的泳透力。目前，阴极电泳涂料的泳透力为100%，阳极电泳涂料的泳透力为70%以上。影响泳透力的因素很多，主要取决于涂料自身的性质，如电导率、涂膜电阻率等，也与施工条件，如电压、极比、极间距、pH值和温度等因素有关。

(3) 电解

电解主要指小粒子在电极上发生的反应，这是电泳过程中不需要的。

阳极电泳过程中的电解反应为：

阳极 $4OH^- - 4e^- \longrightarrow 2H_2O + O_2\downarrow$

$2Fe - 4e^- \longrightarrow 2Fe^{2+}$

阴极 $4N^+H_3CH_2CH_2OH + 4e^- \longrightarrow 4NH_2CH_2CH_2OH + 4H_2$

在电泳过程中，由于阴极电量完全用于析出小分子胺，因此随着电泳的不断进行，槽液的pH值将不断升高。同时阳极电泳过程中，基体被腐蚀，导致涂层的耐蚀性下降。

阴极电泳过程中的电解反应为：

阴极 $4H^+ + 4e^- \longrightarrow 2H_2$

阳极 $4CH_3COO^- - 4e^- + 2H_2O \longrightarrow 4CH_3COOH + O_2$

由于辅助阳极的电量完全用于析出小分子羧酸，使得阴极电泳槽液的pH值不断降低。

电解反应在电泳涂装中是不可避免的，但应适当控制，否则将导致不良后果。若电解反应过于剧烈，逸气严重，沉积涂膜容易产生针孔、气泡等弊病；阳极电泳中金属离子中和电泳至阳极的涂料粒子，使分子呈高分子皂类沉积，这些金属皂对涂膜的颜色和防腐性能产生不良影响等。

实践证明，水的电解反应程度与电场强度成正比，因此电泳时应尽量不采用过高电压并缩短电泳时间。实际上，每一种电泳涂料都有一个适宜的施工电压范围。

(4) 电渗

电渗是电泳的逆过程，即在电场力的作用下，沉积在被涂件上湿膜中的水分借助电场作用，从涂膜内渗出移向涂料液中的现象，也称作电内渗。

电渗的作用是将沉积下来的涂膜进行脱水，通常使形成的涂膜中含水量为5%～15%，这样就可以直接进行高温烘干。若电渗不好，涂膜中含水量过高，烘烤时会产生大量气泡并发生流挂现象，影响涂膜质量。

实践证明，电渗的质量主要取决于以下几个因素。

① 涂料液的颜基比。颜基比大，则电渗好；反之，基料比大，则电渗差。

② 水溶性树脂的相对分子质量。相对分子质量小，电渗差；相对分子质量大，则电渗好。

③ 涂料液的 pH 值。阴极电泳涂料 pH 值高，电渗好；阳极电泳涂料 pH 值高，不利于电渗。

10.4.2.3 **电泳涂装的后处理**

(1) 水洗

水洗的目的在于除去工件在电泳涂装过程中由于浸渍而黏附在涂膜表面的浮漆，以防涂膜出现“花脸”，同时防止黏附的浮漆对涂膜有再溶现象。

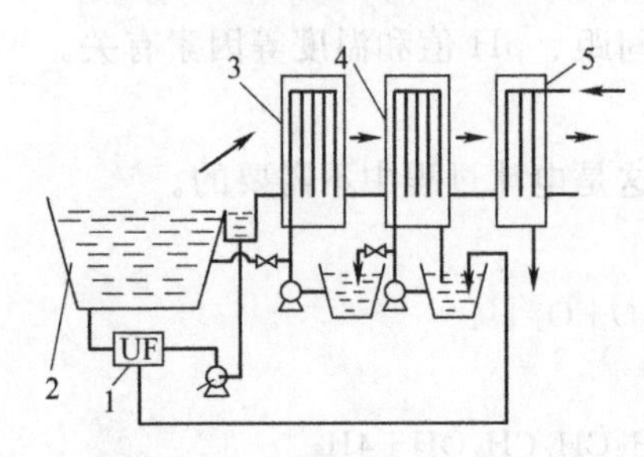

图 10-6 二级循环超滤水洗系统

1—超滤器；2—电泳槽；3—第一级超滤水冲洗设备；4—第二级超滤水冲洗设备；5—去离子水冲洗设备

水洗包括超滤水洗和去离子水洗。目前超滤水洗工艺主要采用二级循环超滤水洗或一级超滤水洗，前者适用于大批量流水线生产，后者通常用于小批量间歇式生产。二级循环超滤水洗系统如图 10-6 所示。

也有的在溢流槽上方设置喷嘴，工件离开电泳槽前，将大部分浮漆冲回槽中，大大减轻其他水洗工序的负担。因为超滤水中含有溶剂、小分子助剂和无机盐离子，因此必须用去离子水将涂层表面的超滤水洗净。一般采用一道循环去离子水水洗，一道纯去离子水水洗。在水中添加 0.5%～3%的表面活性剂，对改善涂膜外观、增加光洁性、克服水痕等均有好处。

(2) 检验

除了检验涂膜的外观，如是否平整、光滑、致密，还要检验涂膜的厚度（一般为 20～359μm)、耐蚀性、附着力和耐冲击性能等。

(3) 回收涂料

实践证明，附着于电泳涂膜或留在工件凹缝中带出槽外损失的涂料可达到使用量的 10%～15%，若随冲洗水一起排入下水道，不仅浪费了大量涂料和大量的冲洗棚，而且使环境水质受到污染，采用超滤装置使冲洗水进入超滤器，将涂料回收利用并净化棚水，构成“封闭回路”和零排放。

10.4.2.4 **电泳面漆涂装工艺**

电泳面漆包括透明电泳面漆和具有遮盖能力的电泳面漆。前者由可溶性树脂或可溶性树脂加入可溶性染料组成，颜色均匀、耐久性强、不易剥落，主要有金色、红铜色、仿古铜色和黑镍色等；后者以可溶性树脂配以具有遮盖力的颜料组成，如白色、光黑色、亚黑色、蓝色和咖啡色等。

透明电泳涂料主要用于防氧化目的，可在银件（或镀银件）、铜件（镀铜件）、铝件、锌合金件、仿金电镀层和铝氧化层等表面涂装，防止镀层或基体变色。因为聚氨酯树脂涂料的最大特点是在日光下不泛黄，而且自身透明度很高。但应注意，涂装前必须将基体处理彻底，否则底层的缺陷将完全显现出来，甚至加重。该工艺可代替电镀。

非透明电泳面漆可直接在基体上涂装，其施工特点类似于电泳底漆。

习　题

1. 涂装前处理有何意义？
2. 涂装前处理包括哪些内容？
3. 前处理方法选择的依据主要有哪些？
4. 物理除锈主要有哪些方法？
5. 金属材料涂装前必须脱脂，脱脂的方法主要有哪些？
6. 金属涂装前为什么要进行磷化处理？
7. 溶剂型涂料涂装主要有哪些方法？
8. 高压无气喷涂相对于空气喷涂具有哪些特点？
9. 高压无气喷涂设备主要有哪些？
10. 水性涂料的喷涂方法有哪几种？
11. 电泳涂装与一般浸涂或喷涂相比，具有哪些特点？
12. 电泳涂装的后处理包括哪些内容？

第 11 章　漆膜的形成机理

11.1　涂料中的流变学

流变学是研究液体流动和形成的科学，液体在承受应力时产生不可逆形变的性质叫做液体的流变性。流变性是涂料在生产、储存和施工过程中表现出来的重要性质之一，而且直接影响涂料干膜的质量和性能。

11.1.1　简单剪切下流体的流变性

当液体受到简单剪切时，会发生层流流动，这时，可以把整个厚度范围内的液体看成是由若干液体薄层叠放在一起的，层流就可以看成是流体以平行的薄层在流动。

把单位面积液层上所受的剪切力叫做剪切应力，用 τ 表示。当剪切力 F 作用于面积为 A 的液层时，则所受的剪切应力为：

$$\tau=\frac{F}{A}$$

把单位液层厚度间液层移动的距离差叫做剪切形变。假设在厚度为 $\mathrm{d}z$ 的液层间移动的距离差为 $\mathrm{d}x$，则：

$$剪切形变=\frac{\mathrm{d}z}{\mathrm{d}x}$$

把单位时间内发生的剪切形变称为剪切速率，用 D 表示：

$$D=\frac{\frac{\mathrm{d}x}{\mathrm{d}z}}{\mathrm{d}t}$$

实验证明，在简单剪切中，剪切应力 τ 与剪切速率 D 成正比，可以表示成：

$$\tau=\eta D$$

比例系数 η 就定义为该液体的黏度，即：

$$\eta=\frac{\tau}{D}$$

这样定义的黏度叫做动力黏度（也写作黏度），单位是 Pa · s。把动力黏度 η 与液体密度 ρ 的比值定义为液体的运动黏度，即：

$$\nu=\frac{\eta}{\rho}$$

可以由动力黏度的单位推导出运动黏度 ν 的单位，运动黏度的单位是 m^2/s。

运动黏度是由自由流出式黏度计（如涂-4 杯）测得的黏度，因为液体所受的力（重力）与液体的密度有关，所以不同种液体的运动黏度没有可比性，但对同一或密度相近的产品，也能做对比，也有使用价值，因此，在涂料生产中也得到广泛应用。

在进行液体的流变性研究时，剪切应力与剪切速率的比值是一个很重要的参数。根据剪切应力随剪切速率的变化情况，可以把液体分成牛顿型液体、非牛顿型液体（包括塑性液体、假塑性液体、膨胀性液体、触变性液体）。在整个剪切速率中，如果此比值保持恒定，这种液体就叫做牛顿型液体；如果此比值不恒定，这种液体就叫做非牛顿型液体。

（1）牛顿型液体

在任何给定的温度下，在广泛的剪切速率范围黏度保持不变的流体称为牛顿型液体。许多涂料原料，如水、溶剂和一些树脂溶液属牛顿型液体，而涂料成品却大都是非牛顿型液体。牛顿型液体的流动和黏度特性曲线如图 11-1 所示。

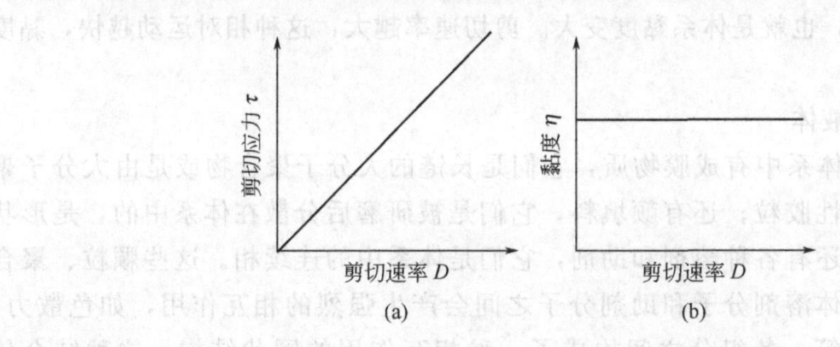

图 11-1　牛顿型流体的流动和黏度特性曲线

（2）塑性液体

当塑性液体所受的剪切应力增大到一定值后，液体才开始流动。把这个能使液体开始流动的最小剪切应力值叫做屈服值。

塑性液体大多都是分散体系。体系稳定后，各分子之间存在着相互作用力（如偶极力、氢键力、色散力等）而形成了一种强度不大的刚性结构，当体系受到外力时，如果外力较小，就不足以克服这些相互作用力，体系只会发生弹性形变，外力一旦消失，体系就会恢复原状。只有当外力大于此值时，体系才开始流动。这就是塑性液体存在屈服值的原因。

（3）假塑性液体

假塑性液体也有屈服值，其黏度随剪切速率的增大而减小。假塑性液体大多数都是含有长链大分子聚合物或形状不规则颗粒的体系。静置稳定后，因为长链大分子或不规则颗粒取向各异，相互牵制，所以只有当外力足以克服这些牵制时，体系才开始流动，所以假塑性液体也有屈服值。体系开始流动后，随着剪切速率的逐渐增大，大分子长链、不规则颗粒就会逐渐向着流动方向取向，具有弹性的颗粒也会顺着流向变得扁平。

一旦外力克服屈服值，使体系开始流动以后，体系内的分散相逐渐顺着流向取向，分散相之间的牵制逐渐减小，也就是体系的黏度逐渐降低。如果剪切停止，分散相的形状、取向也会逐渐恢复原状，最后达到稳定状态。

（4）膨胀性液体

膨胀液体没有屈服值，其黏度随剪切速率的增大而增大。

分散相是细微的固体颗粒且其比例较大的分散体系，常常是膨胀液体。例如，在色漆的生产过程中，颜料经过研磨后静置，这时颜料颗粒堆砌紧密，颗粒之间的空隙很小，如果受到外力作层流流动时，相邻两层颗粒之间将会发生相对移动，从而改变原来颜料颗粒的堆砌方式，使得颗粒之间变得松散，使体系的体积增大。当剪切速率较低时，颗粒之间移动较缓慢，颗粒表面还会有连续相（液体）的黏附，连续相可起到润滑的作用，使体系的黏度降低；当剪切速率较高时，颗粒间相对移动较快，空隙较多，颗粒在连续相还来不及黏附其表面时，就在做相对移动，颗粒间的摩擦力增大，也就是体系黏度变大。剪切速率越大，这种相对运动越快，黏度增加也越快。

（5）触变性液体

在液态涂料体系中有成膜物质，它们是长链的大分子聚合物或是由大分子聚合物构成的溶胀性胶粒；还有颜填料，它们是被研磨后分散在体系中的，是形状不规则的颗粒；还有各种溶剂和助剂，它们是体系中的连续相。这些颗粒、聚合物大分子膨胀液体溶剂分子和助剂分子之间会产生强烈的相互作用，如色散力、氢键力和偶极力等，各组分之间构成了一种相互作用的网状结构。这种结合较弱，当体系受到一定的剪切速率时，将会被破坏，从而表现出体系的黏度也会随着剪切速率的增大而减小。一旦剪切停止，这种结构又会逐渐恢复。把这种被剪切时黏度减小，静置后黏度又变大的性质叫做触变性。把具有触变性的液体叫做触变性液体。

触变性液体在剪切力的作用下，会产生流动现象，当剪切速率逐渐增大时，体系中各组分之间的网状结构逐渐被破坏，体系黏度逐渐降低；当剪切停止时，黏度不再下降，开始回升。但是组分之间的网状结构并不是立刻就能形成，只能是逐渐恢复，而且恢复的速度较慢。

在剪切过程中，影响触变性液体体系中结构被破坏程度的因素有剪切力持续时间和剪切速率的大小（外界施加的能量）。如果剪切速率越大，单位时间内外界对体系施加的能量也就越多，结构被破坏程度就越大。如果要完全破坏其网状结构，剪切速率太小是不可能的，只有当剪切速率达到某一值时，才能使体系中的网状结构被彻底破坏。

涂料工业中比较常见的为触变性液体和悬浮体。

悬浮体是指颗粒分散在连续相中的液体，它的黏度随悬浮颗粒在体系中的体积分数的增大而增大。这是因为，如果悬浮体颗粒的体积分数较大，也就是在单位体积悬浮体中悬浮颗粒较多，颗粒之间相互碰撞的概率较大，使颗粒间的摩擦力较大，从而使流动阻力较大，也就使悬浮体系的黏度较大。如果体系中悬浮颗粒的体积分数较小，颗粒间相互碰撞的概率较小，因颗粒间的摩擦使体系升高的黏度可忽略不计，但是，液层流过悬浮颗粒时，也会产生摩擦从而使悬浮体的黏度比非悬浮体的要大。

11.1.2 纯剪切力下的流变性

当液体受到上、下方向的压力时，液体会在纯剪切条件下作前后、左右方向的流动，即液体会被挤向前后、左右方向。在涂料的辊涂施工中，涂料的流动状态就是如此。在色漆的生产过程中，颜料在三辊机中研磨时，颜料浆是作简单剪切和纯剪切的复合流动。

11.2 涂料施工中的表面张力

表面张力是涂料重要的内在性质之一。在涂料的生产和施工过程中（颜料的分散、湿膜对底材的润湿和流平等），表面张力不仅影响生产效率和生产成本，还对施工质量有较大的影响。

11.2.1 液体的表面张力

(1) 表面张力的定义

当没有外力的影响或外力影响不大时，液体都有变为球状的趋势。例如，掉在玻璃板上的水银球，荷叶上的水珠等。在体积一定的几何形体中，球体的表面积是最小的。所以当液体从其他形状变成球状的同时，其表面积也缩小了。由此可以看出液体的表面有自动收缩的趋势。

表面张力是液体的一种基本物理性质，一般都在0.08N/m以下。表面张力受温度的影响，随温度的上升而降低；如果在水中加入表面活性剂，水的表面张力将会大大降低。

(2) 液体的动态表面张力

测定液体表面张力的方法有提环（板）法、毛细管法和液滴法等。在测定过程中，如果表面积没有变化，测得的是静态表面张力（简称表面张力）；如果表面积变化时，测得的是动态表面张力。当液体中存在表面活性物质时，表面积的变化速率会影响液膜的表面张力。假设液体的表面积变小了，液体中表面活性物质浓度就会高于平衡（静）态，对液体表面张力的破坏程度就要大于平静态。因此，这时的表面张力直到表面活性物质在液体表面上经过扩散分布均匀后，达到新平衡，表面张力才能恢复到静态表面张力值。所以，动态表面张力是液体表面积和时间的函数，也可以说是表面积变化速率的函数。

对于单一组分液体，因为没有破坏表面张力的因素，因此不论液体表面积如何变化（其他条件不变时），其表面张力值与静态表面张力值相等。但是，对于多组分的液体，也存在动态的表面张力现象，因为各组分之间会相互破坏对方的表面张力，只是这种破坏程度远远没有表面活性物质的破坏程度大。

11.2.2 液体在固体表面的展布

假设固体本身的表面能为 E_1，涂布上液体后表面能为 E_2，把液体涂布前后的表面能之差定义为展布系数，用 S 表示，则：

$$E_1=\gamma_s$$

$$E_2=\gamma_l+\lambda_{sl}$$

式中，γ_s 为固体的表面张力；λ_{sl}为液-固之间的界面张力；γ_l 为液体的表面张力。那么：

$$S=\Delta E=E_1-E_2=\gamma_s-(\gamma_l+\lambda_{sl})=(\gamma_s-\lambda_{sl})-\gamma_l$$

式中，$\gamma_s-\lambda_{sl}$就是固体临界表面张力或润湿张力。

① 如果 $S=0$，则 $\gamma_s-\lambda_{sl}=\gamma_l$，也就是液体表面张力与固体表面的润湿张力相等。这时，因固体表面的表面能在液体涂布前后没有变化，所以液体在外力的作用下，在固体表面上涂布后，既不再展布也不回缩。

② 如果 $S<0$，则 $\gamma_s-\lambda_{sl}<\gamma_l$，也就是液体表面张力大于固体表面的润湿张力。这时，因液体涂布在固体表面后使体系的表面能增加，变得更不稳定。所以，即使借助外力把液体涂布在固体表面上，液体也要回缩。

③ 如果 $S>0$，则 $\gamma_s-\lambda_{sl}>\gamma_l$，也就是液体表面张力小于固体表面的润湿张力。这时，因液体涂布在固体表面后，使体系的表面能降低了，变得更稳定了。所以，即使没有外力的作用，液体也能自发地在固体表面上展布。

展布系数 S 的大小，是体系中液体在固体表面展布能力的反映。同时，润湿张力是液体能在固体表面上展布的最低极限值。

11.2.3 液体的表层流动

如果液体表层的组成或温度有区域性的差异，液体表面就会出现区域性的表面张力差，使得液体表面各点的受力不均衡，这时表层液体就会从表面张力较小的区域向表面张力较大的区域流动，使表面张力较小的区域逐渐扩大，表面张力较大的区域逐渐变小，最终整个表面的表面张力一致，使整个表面能达到最小，体系处于稳定的状态。这种现象也叫做马兰戈尼效应。

如果液体中有表面活性物质存在，一旦表面积发生变化，在新、旧表面上就会出现表面活性物质的浓度差异，因为表面活性物质会使液体的表面张力大大降低，所以这时液体表面区域性的表面张力差异显得很大，造成剧烈的表层流动现象。随着这一浓度差异的逐渐消失，区域性的浓度差也会逐渐消失，体系又会达到新的动态平衡。

11.3 涂料漆膜的形成机理

涂料覆盖于基体表面后，由液体或疏松固体粉末状态转变成致密完整的固体薄膜的过程，称为涂料或涂层的干燥或固化。涂料固化成膜主要依靠物理作用或化学作用实现，按固化机理可分为非转化型和转化型两大类。非转化型涂料，如挥发性涂料和热塑性粉末涂料等，通过溶剂挥发或熔合作用，便能形成致密的涂膜。转化型涂料，如热固性涂料，必须通过化学作用才能形成固态膜。因此涂料成膜机理依组成不同而有差异。

11.3.1 非转化型涂料

仅依靠物理作用成膜的涂料称为非转化型涂料，它们在成膜过程中只发生物理状态的变化而没有进一步的化学反应。此类涂料包括挥发性涂料、热塑性粉末涂料、乳胶漆及非水分散性涂料等。

(1) 挥发性涂料

挥发性涂料树脂相对分子质量很高，完全依靠溶剂挥发即能形成干爽的硬涂膜，常温下表干很快，多采取自然干燥或低温强制干燥。常见的挥发性涂料有硝基涂料、过氯乙烯涂料、热塑性丙烯酸树脂涂料和沥青树脂涂料等。

此类涂料施工以后的溶剂挥发分为三个阶段，即湿阶段、干阶段和两者重叠的过渡阶段，涂膜溶剂保留与时间关系曲线如图 11-2 所示。

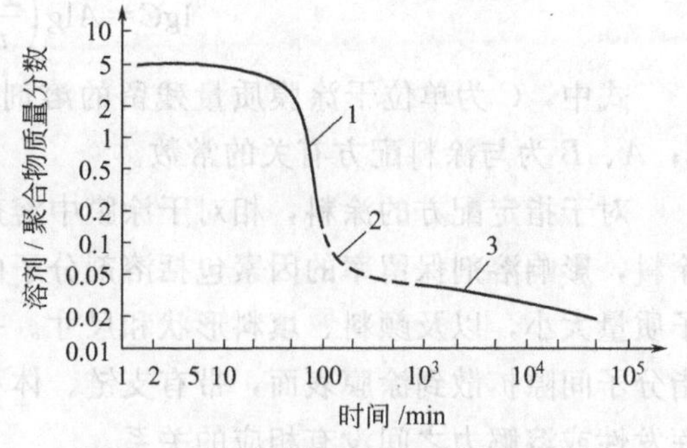

图 11-2　涂膜溶剂保留与时间关系曲线

1—湿阶段；2—过渡阶段；3—干阶段

在湿阶段，溶剂挥发与简单的溶剂混合物蒸发行为类似，溶剂在自由表面大量挥发，混合蒸气压大致保持不变，且等于各溶剂蒸气分压之和。

$$P=P_1+P_2+P_3+\cdots$$

式中，P_1，P_2，P_3，…为溶剂的饱和蒸气压，mmHg。

烃类、酯类溶剂的质量相对挥发速度 $E_W=10P^{0.9}$；酮类、醇类溶剂的质量相对挥发速度 $E_W=8P^{0.9}$。

很显然，增大环境气体流速，必将提高溶剂的挥发速度。另外，根据克劳修斯-克拉珀龙方程可推得以下关系式：

$$\lg\frac{E_{W_1}}{E_{W_2}}=0.197\Delta H\left(\frac{1}{T_2}-\frac{1}{T_1}\right)$$

乙酸乙酯的 ΔH(298K)=44.38kJ/mol，当温度由 25℃增至 35℃时，E_W 由 100 增至 170。显然温度对挥发性产生了很大的影响。涂料用溶剂挥发过快时，会带走大量热量，产生显著的冷却效应，造成水汽冷凝，涂膜易“泛白”。因此，为了降低溶剂的成本和平衡溶剂的挥发速度，采用混合溶剂。混合溶剂的挥发速度有以下关系式：

$$E_T=\sum\gamma_i c_i E_i$$

式中，E_T 为总挥发速度；γ_i 为混合溶剂中 i 溶剂的活度系数；c_i 为 i 溶剂的浓度；E_i 为纯 i 溶剂的挥发速度。

在混合溶剂中加入高沸点的极性溶剂使溶剂的挥发速度降低，防止“泛白”。

在过渡阶段，沿涂膜表面向下出现不断增长的黏性凝胶层，溶剂挥发受表面凝胶层的控制，溶剂蒸气压显著下降。

在干阶段，溶剂挥发沿厚度方向受整个涂膜的扩散控制，溶剂释放很慢。例如硝基涂料在自然干燥 1 周后，涂膜中仍可含有 6%～9%的溶剂。虽然其实干时间一般在 1.5h 左右，但这样的涂膜实际上是相对干涂膜。相对干涂膜中残留溶剂的释放可按下式计算：

$$\lg C=A\lg\left(\frac{x^2}{t}\right)+B$$

式中，C 为单位干涂膜质量残留的溶剂质量；x 为干膜厚度，μm；t 为时间，h；A、B 为与涂料配方有关的常数。

对于指定配方的涂料，相对干涂膜中溶剂保留量取决于涂膜厚度。不同配方的涂料，影响溶剂保留率的因素包括溶剂分子的结构和大小、树脂分子结构与相对分子质量大小，以及颜料、填料形状和尺寸。一般地，体积小的溶剂分子较易穿过树脂分子间隙扩散到涂膜表面，带有支链、体积较大的溶剂分子易被保留，与溶剂的挥发性或溶解力之间没有相应的关系。

相对分子质量大的树脂对溶剂的保留率较高，硬树脂对溶剂保留率较软树脂大。因此添加增塑剂或提高环境温度到玻璃化温度以上，将明显增强溶剂的扩散逃逸。

在涂料中添加颜料、填料或颜填料微细分散，甚至是片状颜料，都将使溶剂扩散逃逸性不断减弱。

根据以上挥发固化机理，挥发性涂料的固化过程与涂料自身性质、组成及环境条件有直接关系，必须了解树脂特性，确定施工条件。例如，过氯乙烯树脂对溶剂的保留能力很强，因此施工时，每次应薄喷，并控制好时间间隔，在实干以后重喷，以免涂层长期残留溶剂而整张揭起。

对于同一挥发性涂料，应控制空气流速、温度和湿度。由于湿阶段溶剂大量挥发，表面溶剂蒸气达到饱和，此时提高空气流速有利于涂膜表干。提高温度使涂膜中溶剂扩散性增加，有利于实干并降低溶剂保留率；但提高温度使溶剂的饱和蒸气压大幅度增加，结果涂膜表干过快，流平性很差，在低温烘干强制干燥时，可通过控制一定的闪干时间来解决该矛盾。湿度增大，溶剂蒸发过程中空气中的水分易在涂层上凝结，一般控制相对湿度低于 60%。

另外，为保证涂层的装饰性，必须控制涂层固化环境的粉尘度，以免灰尘沉积到涂层表面，造成涂层弊病。

(2) 乳胶涂料

乳胶涂料的干燥成膜与环境温度、湿度、成膜助剂和树脂玻璃化温度有关。

环境湿度极大地制约成膜湿阶段水的蒸发速率，提高空气流速可大大加快涂膜中水的蒸发。当乳胶粒子保持彼此接触时，水的挥发速率降至 5%～10%。此时如果乳胶粒的变形能力很差，将得到松散不透明且无光泽的不连续涂膜。

乳胶漆膜为了赋予应用性能，树脂的玻璃化温度都在常温以上，故加入成膜助剂来增加乳胶粒在常温下的变形能力，使乳胶粒的最低成膜温度达到 10℃以上，彼此接触的乳胶粒将进一步变形熔合成连续的涂膜。

在乳胶粒熔合以后，涂膜中水分子通过扩散逃逸，释放非常缓慢。一般地，乳胶涂料的表干时间在 2h 以内，实干时间约 24h，干透则需 2 周。

成膜助剂从涂膜中的挥发速度按乙二醇单乙醚、乙二醇单丁醚、乙二醇醚醋酸酯、乙二醇、二乙二醇单丁醚依次递减。乙二醇单甲醚蒸发太快，在达到干膜前便完全逸失，乙二醇醚醋酸酯则基本上全部分布于树脂相中。这两种助剂在干阶段对水的蒸发影响较小。乙二醇单丁醚则趋向于在水相和树脂相中分配，水蒸发受其蒸发率的影响。乙二醇的存在使之形成一个连续的膨胀的亲水网状结构，使极性成膜助剂易于扩散逃逸。但乙二醇比丙二醇更趋吸湿性，涂膜干透较慢，添加丙二醇的乳胶漆膜在几周以后保留极少的水或成膜助剂，不至于对涂膜（特别是户外涂料）产生不利影响。

(3) 热塑性粉末涂料和非水分散涂料

热塑性粉末涂料和热塑性非水分散涂料必须加热到熔融温度以上，才能使树脂颗粒熔合形成完整涂膜。此时成膜取决于熔流温度、熔体黏度和熔体表面张力。

11.3.2 转化型涂料

靠化学反应交联成膜的涂料称为转化型涂料。此类涂料的树脂相对分子质量较低，它们通过缩合、加聚或氧化聚合交联成网状大分子固态涂膜。

由于缩合反应大多需要外界提供能量，因此一般需要加热使涂膜固化，即需要烘干，例如氨基涂料、热固性丙烯酸树脂涂料等，固化温度都在 120℃以上；依靠氧化聚合成膜的涂料，依赖于空气中 O_2 的作用，既可常温固化，又可加热固化，如酚醛涂料、醇酸涂料和环氧酯型环氧树脂涂料等；依靠加成聚合反应固化成膜的涂料，一般可在常温下较快反应固化成膜，所以此类涂料一般为双组分涂料，如丙烯酸聚氨酯涂料、双组分环氧树脂涂料和湿固化聚氨酯涂料等，为提高涂层的光泽度和硬度，该涂料通常在常温固化后，再进一步低温烘干流平。

总之，转化型涂料不管按什么反应进行固化，一旦成膜后，涂层即交联成不熔不溶的高分子，所以转化型涂料形成的涂层均为热固性涂层。

11.4 涂层的固化方法

按涂膜固化过程中的干燥方法可分为自然干燥、烘干和辐射固化三类。

(1) 自然干燥

自然条件下，利用空气对流使溶剂蒸发、氧化聚合或与固化剂反应成膜，适用于挥发性涂料、气干性涂料和固化剂固化型涂料等自干性涂料，它们的干燥质量受环境条件影响很大。

环境湿度高时抑制溶剂挥发，干燥慢，造成涂膜泛白等缺陷；温度高时溶剂挥发快、固化反应快，干燥快，这对减少涂膜表面灰尘有利，但可能使流平性变差。当环境温度过高时，应在涂料中添加适量的防潮剂。因此，自然晾干区，最好设置空调系统和空气过滤系统，以保证涂层质量。

(2) 烘干

烘干分为低温烘干、中温烘干和高温烘干。固化温度低于 100℃称为低温烘干，主要是对自干性涂料实施强制干燥或对耐热性很差的材质表面涂膜进行干燥，干燥温度通常在 60～80℃，使自干性涂料固化时间大幅度缩短，以满足工业化流水线生产作业方式。中温烘干温度在 100～150℃，主要用于缩合聚合反应固化成膜的涂料。当温度过高时，涂膜发黄，脆性增大，此类涂料的最佳固化温度一般在 120～140℃之间。固化温度在 150℃以上的为高温固化，如粉末涂料、电泳涂料等。

根据加热固化的方式，烘干又可分为热风对流、热远红外线辐射及热风对流加辐射三种方式。

热风对流式固化利用风机将热源产生的燃烧气体或加热后的高温空气引入烘干室，并在烘干室内循环，从而使被涂物对流受热。对流式烘干室分为直接燃烧加热型和使用热交换器的间接加热型两种。

热风对流加热均匀、温度控制精度高，适用于高质量涂层，不受工件形状和结构复杂程度影响，加热温度范围宽，所以该方式应用很广泛。但该方式升温速度相对较慢，热效率低，设备庞大，占地面积大，防尘要求高，涂层温度由外向内逐渐升高，外表先固化，内部溶剂挥发时，容易造成涂层针孔、气泡和起皱等弊病。

所用热源有蒸汽、电、柴油、煤气、液化气和天然气等。选择热源时应根据固化温度、涂层的质量要求、固化温度、当地资源及综合经济效果。

(3) 辐射固化

辐射固化是利用电子束、紫外线照射电子束固化涂料和 UV 涂料的一种新型固化方式。

辐射固化具有固化时间短（几秒、几十秒至几分钟）、常温固化、装置价格相对较低等优点。但照射有盲点，只适用于形状简单的工件，照射距离控制严格。

除了上述三种主要干燥方法之外，还有电感应式干燥和微波干燥，但主要用于胶黏剂快速固化方面。电感应式干燥又称高频加热，当金属工件放入线圈里时，线圈通 300～400Hz/s 交流电，在其周围产生磁场，使工件被加热，最高温度可达 250～280℃，可依电流强度大小来调节。由于能量直接加在工件上，故树脂膜是从里向外加热干燥，溶剂能快速彻底地散发移出并使涂膜固化，粘接强度很高，在粘接领域得到广泛应用。

微波干燥是特定的物质分子在微波（1mm～1m）的作用下振动而获得能量，产生热效应。微波干燥只限于非金属材质基底表面的涂膜，这一点正好与高频加热相反。微波干燥对被干燥物有选择性，且投资较大，但干燥均匀，速度快，干燥时间仅为常规方法的 1/100～1/10。

11.5 漆膜的弊病及影响因素

11.5.1 与涂料流变性有关的漆膜弊病

在涂料施工过程中，应用各种涂装工具把涂料涂布于被涂物表面后，形成一层湿膜。湿膜是不平整的，而且如果漆膜处在垂直于地面的表面上，还会在重力的作用下发生外形变化。把不平整的湿膜在表面张力的作用下产生流动，最后达到完全平整的过程叫做湿膜的流平。如果湿膜处于垂直于地面的被涂面上，它在表面张力和重力合力的作用下，产生向下流淌或湿膜下部厚度远大于上部的现象，叫做流挂。与施工工具施加的剪切相比，表面张力和重力产生的剪切速率要小得多。因此，流平与流挂都是在低剪切速率下进行的。

水平面上湿膜流平的动力是表面张力，但是流动的现象只有在湿膜流动性存在的条件下才能发生。湿膜流动性的丧失可能是因为溶剂的挥发，但最重要的是涂膜内各组分之间的网状结构的恢复（因为一般涂料配方设计时，都要考虑溶剂的挥发时间）。如果湿膜流动性保持时间太短，没有足够的时间使湿膜上各处的表面张力均一化，湿膜表面就会受力，湿膜的表层流动就不能停止下来，如果这时湿膜的流动性丧失，就导致了流平不良的弊病产生。另一方面，如果湿膜的流动性保持时间太长，对于垂直于地面的被涂面上的湿膜，在重力的作用下，当因湿膜厚度太大，由湿膜表面张力产生的回缩力不足以克服其重力时，就会产生流挂。

11.5.2 由表面张力引起的漆膜弊病

（1）缩孔

因被涂物表面存在的（或混入涂料中的）异物（如油、水等）的影响，涂料不能均匀地附着于底材，产生抽缩而露出被涂面的现象，如果露底面积大且不规则，称为抽缩；如果呈直径为0.1～0.2mm的圆形，称为缩孔；如果在圆孔里有颗粒，称为“鱼眼”。

如果底材表面的组成不均一，那么其润湿张力也不均一。当涂料涂布后，在底材表面范围内湿膜展布系数是不同的，在底材润湿张力较小的区域或点上，可能小于零。为了降低总的表面能，湿膜尽力回缩，而这些区域或点上的润湿张力不足以抗拒由湿膜产生的回缩力，所以这些区域或点上的湿膜就被向四周拉回，露出底材的表面，导致缩孔的产生。由于随着湿膜中溶剂的不断挥发，其表面张力会逐渐增大，也就是湿膜的展布系数逐渐减小，只有当展布系数小于零时，缩孔才可能发生，所以缩孔的出现，有的较早，有的较晚。对于烘漆，如果在晾干的过程中没有出现缩孔，并不能保证经烘烤后一定不会出现缩孔。如果它在晾干过程中，展布系数小于零时有效流动性已经丧失，就会保留回缩趋势但不回缩。在烘烤过程中，漆膜又重新获得了足够的流动性，回缩就会发生，就会产生缩孔。

要防止缩孔现象的发生，对涂料而言，就是要提高涂料的抗缩孔性，主要是通过降低成膜物的表面张力来实现；对底材而言，就是要使得底材的润湿张力尽量均一，主要是通过对底材表面进行处理来实现的。

如果在施工时湿膜中沾上了比湿膜表面张力更低的异物，在湿膜的表面张力均一化的过程中，有异物处的湿膜因表面张力较小，也会被其周围的漆膜（表面张力较大）拉过去，露出底材表面，产生缩孔。例如，如果在刚涂布的湿膜上不慎沾上了一小滴硅油（或含硅油的涂料），就会产生缩孔。

如果用裸手取拿经表面处理过的工件，手上的油污（或汗渍）就会留在工件表面上，如果马上在该表面上涂装，因为油污的表面张力小，湿膜就会从此缩回，从而形成指印的图像，这就叫做印透，印透是缩孔的特例。

（2）橘皮

橘皮也是涂料施工（特别是喷涂施工）过程中一种常见的漆膜弊病，是指湿膜不能形成平滑的涂膜面，而是呈橘子皮状的凹凸不平整的表面。喷涂时，从喷枪口喷出的漆雾粒子，并不是同时到达工件表面的，有的运行时间较长，有的较短。运行时间较长的粒子挥发掉的溶剂要比运行时间较短的部分多，粒子中成膜物质的浓度也较大，表面张力也较大。最终当这些粒子都到达湿膜上时，就产生了表面张力，因为表面张力差驱使湿膜流向这些运行时间较长的粒子，从而导致了橘皮状表面的产生。

喷涂工具已经决定了漆雾粒子的运行时间不同，所以要减轻或消除橘皮，就必须减小湿膜的表面张力差，具体方法是减小涂料中溶剂的挥发率，使先后到达湿膜的粒子中的成膜物质浓度差减小，从而减小湿膜的表面张力差；另一种方法是在涂料中加入流平助剂（如改性硅油、丙烯酸辛酯共聚物等），它们能在湿膜表面快速扩散开来，使整个湿膜表面的表面张力均匀，从根源上消除橘皮弊病。

（3）浮色和发花

色漆在施工过程中，在涂膜的纵向上产生颜色差别的现象，叫做浮色。如果颜色差别产生在水平方向上，就叫做发花。

湿膜一旦涂布于底材表面上，溶剂就开始从湿膜表面挥发，结果是湿膜表层的高分子成膜物含量高于底层，那么表层的密度就大于底层，导致表层下沉，底层上升，形成对流，这是纵向上的流动；同时，因湿膜薄层的表面张力并不均一，所以湿膜表层在横向上也会流动。湿膜刚形成时，厚度是不均一的，随着溶剂的挥发，湿膜较厚处的溶剂总量一般都大于较薄处，所以这种纵向对流在湿膜较厚处显得较为明显，表层不断下沉，底层不断上升，整个湿膜表面上就形成一个个小旋涡，称为贝纳德旋涡。色漆中的颜料粒子很细，而且可能不止一种，粒度较小的、密度较小那部分颜料粒子会随着旋涡流动，直到湿膜在纵向上的流动性丧失为止。随着上下流动的开始，原来分散均匀的颜料粒子就会变得不再均匀地存在于涂膜中，当纵向流动性丧失时，这种不均匀的状态就被保留下来，就会在纵向上产生不同的颜色，浮色就产生了。因为在纵向对流不断进行的同时，湿膜在水平方向的流动也在进行着，纵向对流使粒度较小、密度较小的那部分颜料粒子到表层后，会向水平方向流动，导致湿膜在水平方向上也会产生颜色差别，这就是发花的产生。

要降低或消除浮色和发花，就是要使涂料中颜料分散体系稳定，可以通过降低颜料粒子的流动性、减小不同种颜料粒子的可分离程度来解决。具体方法有提高涂料的颜料体积浓度（PVC）、在涂料中添加絮凝剂，使各种颜料粒子絮凝成团等。

（4）厚边

在工件的内边角处，比表面积（表面积与体积之比）比其邻近的平面处大，在此处的湿膜溶剂挥发也较快，导致此处高分子成膜物的浓度也就较大，湿膜的表面张力也就较大。所以在湿膜具有有效流动性时，邻近平面上的湿膜就会向这边角处流动，从而导致边角处湿膜增厚。

要防止厚边，从工件制作的角度，可以通过增大工件内边角的弧度的方法，降低工件的比表面积，从而降低边角处的溶剂挥发速度，减小与别处的表面张力差。从涂料的角度，可以通过提高涂料黏度的方法来减小湿膜的流动速度，缩短流动时间，从而使流入边角处的涂料量减少。

（5）缩边及漏角

在工件的外边和角处，湿膜形成的面积要比处于平面状态时大些，实质上是在单位长度方向上的表面积较大，如果湿膜展布在此处，湿膜的表面积未能达到最小状态，也就是表面能未能达到最小状态，体系不稳定。为了降低体系的总表面能，湿膜就会从外边及角上回缩。

只要使涂膜的有效流动时间缩短，就可以使外边角处的湿膜回缩量减少，因为有的还未来得及回缩就已经被“冻住了”，从而减少了缩边及漏角的程度，直至消除。

(6) 对底材附着不良

从表面张力的角度来看，涂膜对表面的附着好坏，取决于涂料的表面张力和底材的润湿张力。当涂料的表面张力大于底材的润湿张力时，即使把涂料强制涂在底材表面上，湿膜也会缩回去，更谈不上附着力强；当涂料的表面张力与底材的润湿张力接近时，涂料的展布系数接近于零，那么湿膜对底材也附着不良；只有当涂料的表面张力小于底材的润湿张力时，湿膜的展布能自发进行，涂膜对底材的附着力也会较强。

从表面张力的角度，要提高涂膜对底材的附着力，需要降低涂料的表面张力；对底材，需要通过各种预处理，提高其表面的润湿张力。

(7) 层间附着不良

在涂装过程中，对于配套使用的底漆、中底漆、面漆的逐道涂装时，一般不会出现层间附着不良的现象；但是如果在某些干透（或已经使用过相当长时间）的漆膜上再涂时，会出现湿膜附着不良的现象，主要原因是以干膜为底材，干膜的润湿张力太小，湿膜在底材上难以自发展布。

要解决层间附着不良的问题，可以采用对底材（干膜）进行处理（用砂布把已干透的漆膜打毛，以增加干膜的表面积和表面粗糙度）的方法，本质上是增加干膜的润湿张力。

(8) 气泡痕

涂料在施工过程中，常会有空气混入湿膜内形成气泡，如果气泡破裂时，湿膜还具有有效流动性，湿膜会流动填补裂痕，表面不会留下痕迹；但是如果气泡破裂时，湿膜已经没有流动性了，其破裂痕迹就会残留在干膜上，这就是气泡痕。

在施工时，涂料（特别是表面活性剂含量较多的水性涂料）起泡是很常见的。常用消泡剂来解决这个问题。消泡剂的作用机理是使气泡上产生表面张力差，使气泡壁表层的液体流动，从而使气泡壁上表面张力较小部位的壁变得更薄、易破裂。

(9) 针孔

针孔是漆膜表面上出现的针状小孔或橡皮革上毛孔一样的弊病。如果混入湿膜中的空气在逸出时，溶剂挥发过快或烘漆烘干时升温过急等原因造成湿膜表面张力太大，就会产生针孔。防止针孔出现的方法，是在涂料中添加释气剂，使涂料中混入的空气在湿膜表面张力较低时逸出。

(10) 破幕

在幕式淋涂施工过程中，如果底材表面沾了表面张力很小的油污、杂物，或者涂料内本身混有表面张力比涂料低的异物，当“幕”形成时，“幕”的表层会产生剧烈流动，在表面张力的作用下，异物处的“幕”（湿膜）就会向四周流动，最后因变薄而破裂，结果是露出底材。

11.6 涂料漆膜的评价

(1) 涂膜外观

涂膜外观通常是在日光下通过肉眼观察。按规定指标测定涂膜外观，要求表面平滑、光亮，无皱纹、针孔、刷痕、麻点、发白、发污等弊病。涂膜外观的检查，对美术漆更为重要。影响涂膜外观的因素有很多，包括涂膜质量和施工各方面，应视具体情况具体分析。

涂膜外观包括色漆涂膜的颜色是否符合标准，用它与规定的标准色（样板）作对比，无明显差别者为合格。有时库存色漆的颜色标准不同，这大多是没有搅拌均匀（尤其是复色漆，如草绿色、棕色等)，或者是储存期内颜料与漆料发生化学变化所致。测定方法见《漆膜颜色及外观测定法》(GB 1729—79)。

涂料白色测定一般是用目测即可进行评定，但由于人们视觉的差异，不能对真正的白色做出客观评价，故需要采用仪器测定。

(2) 光泽测定

光泽是指漆膜表面对光的反射程度，检验时以标准板光泽为 100%，被测定的漆膜与样板比较，用百分数表示。涂料品种除半光、无光之外，都要求光泽越高越好，特别是某些装饰性涂料，涂膜的光泽是最重要的指标。但墙壁、黑板漆则要半光或无光（也称平光)。影响涂膜的因素很多，通过这个项目的检查，可以了解涂料产品所用树脂、颜填料以及和树脂的比例等是否适当。

涂料的光泽视品种不同分为三挡：有光漆的光泽一般在 70% 以上，磁漆多属此类；半光漆的光泽为 20%～40%，室内乳胶漆多属此类；无光漆的光泽不应高于 10%，一般底漆即属此类。测定方法见《漆膜光泽测定法》(GB 1743—79)。

(3) 涂料厚度测定

涂膜厚度影响涂膜的各项性能，涂膜的物理力学性能受厚度的影响最明显，因此测定涂膜性能时都必须在规定的厚度范围内进行检测，可见厚度是一个必测项目。测定涂膜厚度的方法很多，玻璃板上的厚度可用千分尺测定，钢板上的厚度可用非磁性测厚仪测定。干膜往往是由湿膜厚度决定的，因此近年常进行湿膜厚度的测定，用以控制干膜厚度，测定湿膜厚度的常用方法有湿膜轮规法和湿膜梳规法。干膜厚度测定方法见《漆膜厚度测定法》(GB 1764—79)。

(4) 涂膜硬度测定

涂膜的硬度是指涂膜干燥后具有的坚实性，用以判断它受外来摩擦和碰撞等的损害程度。通过漆膜硬度的检查，可以发现漆膜的硬树脂用量是否适当。漆膜的硬度与柔韧性相互制约，硬树脂多，漆膜坚硬，但不耐弯曲；反之软树脂或油脂多了，就耐弯曲而不坚硬。测定漆膜硬度的方法很多，目前常用的有四种方法，即摆杆阻尼硬度法、铅笔硬度法、划痕硬度法和压痕硬度法。常用的标准方法有《涂膜硬度铅笔测试法》(GB/T 6739—1996)、《漆膜硬度测定法　摆杆阻尼试验》(GB 1730—93)。

《涂膜硬度铅笔测试法》是采用已知硬度标号的铅笔刮划涂膜。以铅笔的硬度标号表示涂膜的硬度。测定时，先用削笔刀削去木杆部分，使铅芯呈圆柱状露出约3mm，然后在坚硬的平面上放置砂纸将铅芯垂直靠在砂纸上画圆圈慢慢地研磨，直至铅笔尖端磨成平面边缘锐利为止；将试验机的试验样板放置台上，将样板的涂膜面向上，水平放置且固定；试验机的重物通过重心的垂直线，使涂膜面的交点接触到铅笔芯的尖端，将铅笔固定在铅笔夹具上；调节平衡重锤，使试验样板上加载的铅笔荷重处于不正不负的状态，然后将固定螺丝拧紧，使铅笔离开涂膜面，固定连杆。在重物放置台上加上(1.00±0.5)kg的重物，放松固定螺丝，使铅笔芯的尖端接触到涂膜面，重物的荷重加到尖端上；恒速地摇动手轮，使试验样板向着铅笔芯反方向移动约3mm，使笔芯刮划涂膜表面，移动的速度为0.5mm/s；将试验样板向着与移动方向垂直的方向挪动，以变动位置，刮划五道。每道刮划后，铅笔的尖端要重新磨平再用。

进行涂膜刮破试验时，在五道刮划试验中，如果有两道或两道以上认为未刮破到样板的底材或底层涂膜时，则换用前一位铅笔硬度标号的铅笔进行同样试验，直至选出涂膜被刮破两道或两道以上的铅笔，记下这个铅笔标号后一位的硬度标号。

(5) 涂膜附着力测定

涂膜附着力是指它和被涂物表面牢固结合的能力。附着力不好的产品，容易和物面剥离而失去其防护与装饰效果。所以，附着力是涂膜性能检测中最重要的指标之一。通过这个项目的检测，可以判断涂料配方是否合适。附着力的测定方法有划圈法、划格法、扭力法、划痕法、胶带附着力和剥落试验法。

划圈法按GB 1720—79 (89)《漆膜附着力测定法》中规定用附着力测定仪测定。划格法按《色漆和清漆　漆膜的划格试验》(GB 9286—1988) 进行测定。

(6) 涂膜柔韧性测定

国家标准《漆膜柔韧性测定法》(GB 1731—79) 规定使用轴棒测定器。测试时将涂漆的马口铁板在不同直径的轴棒上弯曲，以其弯曲后不引起该膜破坏的最小轴棒的直径来表示。

(7) 杯突试验

杯突试验是评价色漆、清漆及有关产品的涂层在标准条件下使之逐渐变形后，其抗开裂或抗与金属底材分离的性能。杯突试验所使用的仪器头部有一个球形冲头，恒速地推向涂漆试板背部，以观察正面涂膜是否开裂，漆膜破坏时冲头压入的最小深度即为杯突指数。它与耐冲击性所表现的性能不同。其测定方法是利用静态负荷下的冲击来测试金属底材上涂层的延展性(变形能力)。将试板固定、涂层面向下，冲头以(0.2±0.1)mm/s恒速顶推试板，直至涂层开裂。

(8) 涂膜耐水性的测定

常温浸水法：按 GB/T 1733—79（88）《漆膜耐水性测定法》规定将涂漆样板的 2/3 面积放入温度为（25±1）℃的蒸馏水中，待达到产品标准规定的时间后取出，目测评定是否有起泡、失光、变色等现象，也可以用仪器来测定失光率和附着力的下降程度。

（9）涂膜耐腐蚀性测定

盐雾试验是目前普遍用来检验涂膜耐腐蚀性的方法，按《色漆和清漆　耐中性盐雾性能的测定》（GB/T 1771—91）规定执行。涂膜样板在具有一定温度［(40±2)℃］、一定盐水浓度（3.5%）的盐雾试验箱内每隔 45min 喷盐雾 15min，经一定时间试验后，观察样板外观的破坏程度。

习　题

1. 解释下列名词：

（1）牛顿型液体　（2）塑性液体　（3）假塑性液体　（4）触变性液体

2. 非转化型涂料主要包括哪些品种？
3. 什么是转化型涂料？
4. 按涂膜固化过程中的干燥方法，涂膜固化可分为哪三类？
5. 由表面张力引起的漆膜弊病主要有哪些？
6. 涂料漆膜性能主要从哪些方面进行评价？

第 12 章　涂料的工业应用

12.1　概述

近年来，涂料工业发展很快，涂料的品种越来越多，性能越来越好，应用范围越来越广，涂料已广泛应用于船舶、汽车、飞机、桥梁、机械、电子、家具、家电、建筑、皮革涂饰、造纸、印染、木材加工、工业塑料及日用品的涂饰。可以说，涂料与国家建设、人们生活息息相关。

根据主要成膜物质的不同，涂料主要有以下品种：

（1）沥青涂料

沥青涂料是指以天然沥青或人造沥青，加油料或不加油料为主要成膜物质的涂料。沥青是一种热塑性材料，是历史悠久的涂料品种。由于其具有材料来源丰富、价格低廉、施工方便的特点，得到了广泛应用。主要品种有纯沥青漆、加油沥青涂料、加树脂沥青涂料。其主要特点是：优异的耐水性，良好的耐化学性能和绝缘耐热性，是一种很好的保护、防腐装饰的涂料。可应用于排水管、集装箱货柜底板、混凝土基础等作防水防潮防腐涂装。

（2）酚醛树脂涂料

酚醛树脂涂料是以酚醛树脂或改性酚醛树脂与干性植物油作主要基料，根据使用原料不同加入不同种类的催干剂、颜料和辅助材料调制而成的涂料。该涂料可分为醇溶性酚醛树脂涂料、油溶性纯酚醛树脂涂料、改性酚醛树脂涂料和水溶性酚醛树脂涂料。酚醛树脂涂料在硬度、光泽、耐水、耐酸碱及绝缘性方面有较好的性能，可应用于木器、家具、建筑、电器涂料，但其易变黄，而耐候性差，不宜用作浅色漆和白色漆，适用于室内，不宜用于室外。

（3）醇酸树脂涂料

醇酸树脂涂料是以醇酸树脂为主要成膜物质的一类涂料。醇酸树脂涂料用途范围广、适应性强。其主要性能有：漆膜干燥后耐候性好、不易老化、保光性能持久、耐摩擦、柔韧性强，可采用喷涂、刷涂施工方法，经烘干后耐油、耐水、绝缘性都大大提高。醇酸树脂可与其他树脂配成多种不同性能的自干或烘干磁漆、底漆、面漆和清漆，广泛用于桥梁等建筑物以及机械、车辆、船舶、飞机、仪表、木器等涂装。

（4）氨基树脂涂料

氨基树脂涂料是以氨基树脂和醇酸树脂为主要成膜物质的一类涂料。用来制备涂料的氨基树脂有三种：一种是三聚氰胺甲醛树脂，另外两种是脲醛树脂和苯代三聚氰胺甲醛树脂。但是若单纯用氨基树脂制备涂料，加热固化后的漆膜硬而脆，附着力差。因此，氨基树脂必须和其他树脂配合使用。

(5) 硝基涂料

硝基涂料是以硝化棉为主要成膜物质的一类涂料。硝基涂料虽然品种很多，由于涂料中硝化棉的比例不同，改性树脂不同，以及增塑剂的品种不同，所以性能、用途也不尽一样。其优点是：涂膜干燥快，坚硬、耐磨，有良好的耐化学品性，耐水、耐弱酸和耐汽油、酒精的侵蚀且柔韧性好。调配合适的增塑剂，可制成柔韧性很好的软性硝基涂料，如硝基皮革漆。

(6) 过氯乙烯树脂涂料

过氯乙烯树脂涂料是以过氯乙烯树脂为基础的涂料，还包括其他树脂、增塑剂、稳定剂、颜料及有机溶剂，是一种挥发性涂料，其优点是：自然干燥较快，仅次于硝基涂料，适合多种施工方法。有优良的耐化学稳定性，能在常温下耐25％的硫酸、硝酸及40％烧碱达几个月之久。有良好的耐候性、耐水、耐湿热及很好的防火性能，特别适用于各种室外球场、体育场看台等。

(7) 丙烯酸树脂涂料

丙烯酸树脂涂料由于选用单体的不同，可以制成热塑性和热固性两大类涂料。热塑性丙烯酸树脂涂料具有很好的硬度，色泽浅不泛黄，具有很好的耐久性。主要用于要求耐候性、保光性良好的铝合金表面。热固性丙烯酸树脂涂料多采用氨基树脂、环氧树脂、聚氨酯低聚物等作固化剂进行固化。漆膜力学性能、丰满度、耐候性好，硬度大，保色好，光亮度高，有一定的耐水、耐油性，广泛用于内外墙涂装、皮革涂装、木器家具、地坪涂装，在汽车、摩托车、自行车、卷钢等产品上应用也十分广泛。

(8) 环氧树脂涂料

环氧树脂涂料具有多种优异性能，发展很快，品种多、产量大。为了更好地提高其性能，常加入其他树脂进行改性，得到更满足使用要求的涂料。其突出性能是附着力强，特别是对金属表面的附着力更强，耐化学腐蚀性好，广泛用作金属防腐涂料、地坪涂料、汽车底漆、船舶涂料、食品罐头内外壁涂料、冰箱和洗衣机外层涂料、工厂设备和管道防腐涂料、储槽内外壁防腐涂料、集装箱涂料、桥梁防腐涂料和海上钢铁部件防腐涂料等。

(9) 聚氨酯涂料

聚氨酯涂料具有很好的力学性能，漆膜坚硬、光亮、丰满、耐磨及附着力好；防腐性能好，漆膜耐酸、耐碱；室温固化或加热固化；可和多种树脂拼用，制成多种聚氨酯涂料。聚氨酯涂料可用于汽车行业、航空、海洋、建筑、塑料、机电、石化等各个领域。

本章主要介绍各种类型的涂料在汽车、船舶、建筑、木器和塑料领域的应用。

12.2 汽车涂料

汽车涂料是指各种类型汽车在制造过程中涂装线上使用的涂料以及汽车维修使用的修补涂料。汽车涂料品种多、用量大、性能要求高、涂装工艺特殊，已经发展成为一大类专用涂料。汽车涂料是工业涂料中技术含量高、附加值高的品种，它代表着一个国家涂料工业的技术水平。

汽车外部使用的涂料有特殊要求：

① 极高的表观要求；

② 很高的防腐蚀要求和防损伤要求。

世界汽车用涂料在近百年中已实现了五次大的更新换代：油性漆、硝基漆（汽车喷漆）、以醇酸和酚醛为主的合成树脂涂料、电泳涂料和优质合成树脂（环氧树脂、氨基醇酸树脂、丙烯酸树脂、聚酯树脂、聚氨酯树脂等）涂料、环保型涂料。

汽车涂料主要品种有汽车底漆、汽车中涂层涂料（中涂）、汽车面漆、罩光清漆和汽车修补漆等。

12.2.1 汽车底漆

目前国内汽车底漆普遍用阴极电泳涂料，只在客车及部分载货车上还采用醇酸类、酚醛类或环氧类。

电泳涂料是指带有极性官能团的高分子树脂，溶于水后形成带电粒子，在电场作用下，带正电的粒子向阴极泳动，称阴极电泳涂料；带负电的粒子向阳极泳动，称阳极电泳涂料。由于阳极电泳涂漆工艺存在溶解阳极（被涂对象）的缺点，所以当前主要使用阴极电泳工艺。电泳涂料是最早开发的水性涂料，具有涂装效率高，经济、安全、污染少，可实现完全自动化等特点。阴极电泳涂料不断更新换代，经历了普通膜厚、厚膜、抗黄变、中厚膜、无铅阴极电泳漆的过程。经过20多年的发展，目前第5代阴极电泳涂料已在世界各大汽车制造厂的生产线上获得广泛应用。

阴极电泳涂料主体树脂常选择多种单体合成，其目的是使制得的树脂具有多方面的优异性能，如防腐性、柔韧性、低温稳定性等。很多高分子树脂经阳离子化后，均可成为阴极电泳涂料的成膜物。使树脂阳离子化的方法很多，关键是要在高聚物分子上引入带有孤对电子的元素如N、P等，再用酸中和使之具有水溶性。当前应用的主体树脂主要是含氮元素的环氧树脂类、丙烯酸树脂类、聚丁二烯类和聚氨酯类等。

12.2.2 中涂层涂料（中涂）

汽车中涂也称二道底漆，就是用于汽车底漆和面漆或底色漆之间的涂料。要求它既能牢固地附着在底漆表面，又能容易地与它上面的面漆涂层相结合，起着重要的承上启下的作用。中涂除了要求与其上下涂层有良好的附着力和结合力，同时力学性能要好，能提供与面漆相适应的保护性能；中涂还应具有填平性，以消除被涂物表面的洞眼、纹路等，从而制成平整的表面，使涂饰面漆后得到平整、丰满的涂层，提高整个漆膜的鲜映性和丰满度，以提高整个涂层的装饰性；还应具有良好的打磨性，从而使打磨后能得到平整光滑的表面。

目前新车原始涂装一般采用二道底漆作为中间涂层。它所选用的基料与底漆和面漆所用基料相似，这样就可保证达到与上下涂层间牢固的结合力和良好的配套性。二道中涂主要采用聚酯树脂、氨基树脂、环氧树脂、聚氨酯树脂和黏结树脂等作为基料；颜料和填料选用钛白、炭黑、硫酸钡、滑石粉、气相二氧化硅等。二道中涂一般固体分高，可以制得足够的膜厚；力学性能好，尤其是具有良好的抗石击性；另外还具有表面平整、光滑，打磨性好，耐腐蚀性、耐水性优良等特点，二道中涂对汽车整个漆膜的外观和性能起着至关重要的作用。随着用户要求的质量越来越高，对汽车的耐石击性能的要求也逐渐苛刻，汽车的发动机罩盖、侧下围等部位漆膜易受路面小石子攻击而崩裂破损，严重影响车体外观和耐腐蚀性能。为此，新一代耐石击中涂层涂料应运而生。

改良中涂层涂料耐击性的方法有很多种，欧美体系采用封闭的异氰酸酯交联剂来改善中涂层漆膜的耐石击性能；日本则采用改良树脂的结构和弹性加上配合防石击颜料来实现。二者各有千秋，均能达到不同厂家、不同车型、不同部位、不同成本的多样化需求。

新一代耐石击性中涂层涂料的主要特点如下：

① 耐石击性能优良。对底漆的单涂层耐石击性可以达到 2 级以上，对底漆/中涂/面漆的复合涂层耐石击性可以达到 4 级以上，基本可以达到汽车厂家的耐石击性要求。

② 层间附着力良好。作为一个承上启下的中间涂层，不但要同各种厂家的阴极电泳漆附着力良好，同时也要与不同的面漆/金属光泽漆附着力良好，保证其具有优良的配套性能。

③ 填补能力强。具有优异的填补底材缺陷能力，可有效地降低钢板/磷化膜/电泳漆膜的各种缺陷，保证面漆的高装饰性能。

④ 免打磨。由于该漆种是为适用于现代化涂装线大生产的需要而设计的产品，所以不需要涂装前的电泳漆打磨，也不需要面漆前的中涂漆打磨，只需要对有缺陷的地方进行点打磨即可，大大节约运行时间、成本。

⑤ 高固体分。为满足涂膜的附着力、填补性能、耐石击性能的要求，同时又要考虑环保的 VOC 排放法规的要求，该产品采用高固体分技术，其固体分≥65%，有效地降低了涂膜的内部表面收缩应力。

⑥ 可湿碰湿涂装。产品不但可按用户的不同要求设计成单独的中间涂层，或中间涂层与车窗部位的窗框黑面漆进行湿碰湿涂装，而且还可以按用户要求进行中间涂层、基色漆、罩光清漆三个涂层湿碰湿的所谓金属光泽漆涂装。以上涂装工艺

均可在中涂漆涂装线中完成，并可按车型、颜色、配置的不同混线生产，大大节约涂装工程及运营成本。

⑦ 可彩色中涂。产品不但有通用型的灰色、白色，同时也能按用户要求或对面漆、金属珍珠光泽漆的配套性要求，设计成各种彩色中间涂层，增加面漆的颜色鲜艳性、色彩饱和度，提高整体涂膜的可装饰性效果。

12.2.3 汽车面漆

汽车面漆是整个漆膜的最外一层，这就要求面漆具有比底层涂料更完善的性能。首先耐候性是面漆的一项重要指标，要求面漆在极端温变湿变、风雪雨雹的气候条件下不变色、不失光、不起泡和不开裂。面漆涂装后的外观更重要，要求漆膜外观丰满、无橘皮、流平好、鲜映性好，从而使汽车车身具有高质量的协调和外形。另外，面漆还应具有足够的硬度、抗石击性、耐化学品性、耐污性和防腐性等性能，使汽车外观在各种条件下保持不变。

随着汽车工业的飞速发展，汽车用面漆在近50年来，无论在所用的基料方面，还是在颜色和施工应用方面，都经历了无数次质的变化。20世纪30、40年代主要采用硝基磁漆、自干型醇酸树脂磁漆和过氯乙烯树脂磁漆，至20世纪80、90年代采用氨基醇酸磁漆、中固聚酯磁漆、热塑性丙烯酸树脂磁漆、热固性丙烯酸树脂磁漆和聚氨酯磁漆等，使面漆各种力学性能、耐候性、耐化学品性和耐污性等都有了显著的提高，从而大大改善了面漆的保护性能。与此同时汽车面漆在颜色方面也逐渐走向多样化，使汽车外观更丰满、更诱人。进入20世纪90年代以来，为执行全球性和地区环保法，减少汽车面漆挥发分的排放量，开始研究探索和采用水性汽车面漆，目前一些西方发达国家的新建汽车涂装线上，已经采用了水性汽车面漆，而国内基本上还处于溶剂型汽车面漆阶段。

汽车面漆的主要品种是磁漆。所谓磁漆也称作瓷漆，又称瓷油，是以清漆为基础加入颜料等经研磨而制成的涂料。磁漆的特点是经涂装后形成的涂膜坚硬光亮，因像瓷釉而得名。汽车用面漆多数为高光泽的，有时根据需要也采用半光的、垂纹漆等。面漆所采用的树脂基料基本上与底层涂料相一致，但其配方组成却大不相同。例如，底层涂料的特点是颜料分高，配料预混后易增稠，生产及储存过程中颜料易于沉淀等。而面漆在生产过程中对细度、颜色、涂膜外观、光泽、耐候性方面的要求更为突出，原料和工艺上的波动都会明显地影响涂膜性能，对加工的精细度要求更加严格。

目前高档汽车和轿车车身主要采用氨基树脂、醇酸树脂、丙烯酸树脂、聚氨酯树脂、中固聚酯等树脂为基料，选用色彩鲜艳、耐候性好的有机颜料和无机颜料如钛白、酞菁颜料系列、有机大红等。此外还必须添加一些助剂如紫外吸收剂、流平剂、防缩孔剂、电阻调节剂来达到更满意的外观和性能。

12.2.4 汽车修补漆

汽车修补漆应具有如下特点：

① 漂亮的外观。要求漆膜丰满，光泽华丽柔和，鲜映性好。

② 极好的耐候性、耐腐蚀性，能适用于各种温度、暴晒及风雨侵蚀，在各种气候条件下保持不失光、不变色、不起泡、不开裂、不脱落、不粉化、不锈蚀。漆膜的使用寿命一般大于 10 年。

③ 极好的施工性和配套性。汽车漆一般系多层涂装，因靠单层涂装一般达不到良好的性能，所以要求各涂层之间附着力好，无缺陷。

④ 极好的力学性能。适应汽车的高速、多震和应变，要求漆膜的附着力好，坚硬柔韧，耐冲击、耐弯曲、耐划伤、耐摩擦等性能优越。

⑤ 极好的耐擦洗性、耐污性和良好的可修补性。要求耐毛刷、肥皂、清洗剂清洗，与其他常见的污渍接触后不留痕迹。

汽车修补漆分为线上修补漆和售后修补漆。

(1) 线上修补漆

如果是装配过程中需要修补，则所用涂料和原来涂料一致。但如果汽车涂装完毕，需要修补就不能全部用原涂料。

原涂料为热固型，不可整车高温烤，只能局部用红外灯加热至 80℃，所以需要专门的低温或者室温固化涂料。

(2) 售后修补漆

售后修补漆的组成跟一般的涂料一样，一般由成膜物质（树脂）、助剂、颜料、溶剂组成。售后修补漆的种类，按施工工序可分为：底漆、中涂、二道底漆、面漆、罩光漆等。

汽车修补漆的调色依据是按“光谱色”制作标准卡，从色卡中找要配的颜色，也可依据用户提供标准涂层样片来配色。

12.3 船舶涂料

船舶涂料是用于船舶及海洋工程结构物各部位，满足防止海水、海洋大气腐蚀和海洋生物附着及其他特殊要求的涂料的统称，用来保护船只、舰艇、海上石油钻采平台、航标、码头钢桩及海上钢铁结构等设施不受海水腐蚀。单纯涂料品种难以适应各种不同的要求，因此船舶不同部位需采用不同涂料品种。

船舶的各个部位处于不同的腐蚀环境中，易遭受外界的不同作用，因此对涂料的性能要求也各不相同。但总的来说，船舶涂料除了应具备一般涂料的性能外，还必须具备以下特性：

① 船舶的庞大决定了船舶涂料必须在常温下干燥；

② 船舶涂料的施工面积大，因此涂料应适用于高压无气喷涂作用；

③ 船舶涂料的某些区域施工比较困难，因此希望一次涂装能达到较高的膜厚，故往往需要厚膜型涂料；

④ 船舶的水下部位往往需要阴极保护，因此用于船舶水下部位的涂料需要较高的耐电位性，耐碱性；

⑤ 船舶从防火角度考虑，要求机舱内部和上层建筑内部的涂料不易燃烧，且一旦燃烧，也不会放出过量的烟。

船舶涂料主要分为车间底漆、船舶防锈漆、船舶防污漆、水线漆、船壳漆、甲板漆、上层建筑漆、饮水舱漆、成品舱漆等。

12.3.1 无机富锌涂料

无机富锌涂料在船舶涂装中主要是作为防锈底漆，广泛应用于钢材预处理以及船壳内、外表面的防锈涂装，在这类场合的应用充分体现了无机富锌涂料的优异防腐蚀性能。

12.3.2 滑油舱、燃油舱涂料

长期以来，船舶的滑油舱和燃油舱涂料一直是使用“清油”，清油带来的弊病很多，由于其不溶于滑油或燃料油，当脱落而混入滑油或燃料油中，易造成管道及油泵喷嘴堵塞。因此这些部位采用的涂料要既能起临时性保护效果，又要能溶解于滑油和燃料油中，且对这两种油的质量无影响。目前这一部位较适合的涂料是石油树脂在溶剂汽油中的溶液，固含量一般在50%。石油树脂在烃类溶剂中很容易溶解，和许多树脂的混溶性良好，由于结构中不含极性基团，因此具有良好的抗水性和耐酸碱性。

12.3.3 压载水舱涂料

压载水舱涂料目前使用的多为厚浆型环氧沥青涂料、环氧树脂涂料及氯化橡胶沥青涂料。环氧沥青厚浆型涂料施工一次干漆膜就达到250μm，在配方中适当提高超细云母粉或滑石粉及触变剂用量，制成超厚浆型，这样即使喷涂到湿漆膜500μm以上亦不致流挂，由于漆膜厚，内部溶剂不易逸去，溶剂应采用甲苯等低沸点溶剂。船舶与石油钻采平台的压载水舱、边水舱双层底这一类舱室都较狭窄，通风条件差。这种舱室或长期处在海水的浸泡下，或有时装燃料油，用空后又灌入海水，这样交替使用，条件十分苛刻，是船舶防腐蚀工作中最困难的部位。因此只有在采用喷丸或喷砂处理，再涂装长效防锈涂料等一系列措施后，才能取得很好的防锈和保护效果。该部位所用涂料的保护性能要求其寿命接近船舶使用期限。

12.3.4 货舱涂料

货舱涂料系用于船舶货舱内，需具有良好的附着力和一定的耐磨性。长期以来货舱涂料多采用一般性的涂料，如醇酸漆。但近年来船舶货舱装载货物内容有了变化，如散装化肥、粮食和饲料等。化肥对常规漆膜有破坏性，导致漆膜脱落、钢板锈蚀。在装谷物、饲料时，谷物与漆膜直接接触，因此必须通过卫生部门鉴定、认可，保证漆膜无毒。大型散装货物，往返途中单向装运货物，难免有空船或装货不

足的现象，因此必须在中间1只货舱内灌入海水来压舱，这样货舱上涂的涂料还必须像压载水舱一样要经受海水的浸渍。目前在货舱内用得较多的是氯化橡胶涂料。但若兼作装运谷物，其涂料中的颜料必须是无毒的，如铝粉、钛白、氧化铁红、滑石粉等。冷固化环氧涂料主要用于无毒货舱或饮水舱。环氧沥青涂料虽有优良的耐水性和耐油性，但由于沥青的渗出而产生污染，因此不能用于装载有食品的舱室内。又因沥青为黑色，环氧沥青涂料只能制得黑色或棕色而不能制造浅色涂料。

12.3.5　饮水舱涂料

饮水舱是船上装载生活用水的舱，水舱钢板上所用的涂料除了要有良好附着力、力学性能、耐水性外，还要求其漆膜无毒性，对其储存的清水没有污染，其水质必须符合国家饮用水的标准。目前，大部分船舶的饮水舱是采用涂料进行保护的，饮水舱涂料品种目前主要是环氧涂料和漆酚涂料。

12.3.6　甲板漆

甲板漆用于船舶甲板上，要求耐水、耐晒，对底漆有良好的附着力。船舶的甲板部位人员走动较为频繁，装卸货物时容易碰撞，因此甲板漆还必须有良好的防滑性、耐磨性及耐洗刷性。石油钻采平台的甲板上要求更高，还要耐石油、机油和钻井用的泥浆等。甲板漆一般采用黄砂、水泥作为防滑耐磨材料。黄砂用清水洗净后晒干，过筛，取20～60目的砂粒与400号水泥按生产厂指定的比例，调至不见夹心为止。施工一般采用橡皮刮刀，刮1～3层，其厚度为1～2μm。另一方法是先将水泥用粗筛过筛，调入防滑漆内，进行涂装。在漆膜未干前，将黄砂撒于漆膜表面，干后扫除未黏结的黄砂，然后再在上面涂防滑漆一道。甲板漆是用醇酸树脂、过氯乙烯树脂或氯化橡胶作为漆基，亦有用环氧树脂加入苯基苯酚甲醛树脂或桐油漆料作为漆基，并加入耐磨颜填料配制而成。

12.3.7　船壳、上层建筑用漆

船壳漆涂刷于船壳及船舰或海上石油平台上层建筑。这些部位受到强烈变化的海洋气候，如日光、风雨、盐雾等，并常受海水中浪花溅泼和海水中蒸发出来水汽的腐蚀作用。

12.3.8　水线漆

船舶吃水线部位及海上工程如石油钻采台、深水码头钢桩等，处于空气与水交替接触部位，该部位钢板基材有更多机会形成氧浓差电池而使钢板造成腐蚀，且时而露出水面受到烈日的暴晒，又要受到缆绳和船舶的擦伤及碰撞，因此水线部位是船体中腐蚀最严重的区域。目前水线部位应用较多的是氯化橡胶水线漆，它是以氯化橡胶树脂为基料，具有干燥快、附着力好、坚韧耐磨、耐干湿交替、重涂性好、维修方便等特点。

12.3.9　船底防污漆

船底防污漆是涂装于船底和海洋水下设施的一种特殊涂料。它的主要作用是防

止海洋生物附着于船底或海洋水下设施。附着生物对船舶危害性极其严重，它会使航行阻力增大，从而增加燃料消耗。除造成经济损失外，对军事方面造成的威胁会更大。如何有效地消除海生物污损，是一项具有经济和军事意义的工作。

12.3.10 船底防锈漆

船舶漆中最重要的是船底漆。船底漆就是涂刷在船舰水线以下长期浸在水下船底部位的一种涂料。由于船舰在航行期间对船底无法进行保养维修，只有在船舰进坞或上排时才能进行，因此要求船底漆在一定时间内（至少为1年），具有既能防止海水对船底钢板的腐蚀，又能防止海洋附着生物在船底附着。船底漆由船底防锈漆和船底防污漆两种性质不同的涂料配套而成。船底防锈漆是用来防止海水对钢板的腐蚀，延长船舰寿命；船底防污漆是用来防止船舰不受海洋附着生物的附着，在一定时间内能保持船底清洁。

12.4 建筑涂料

12.4.1 概述

建筑涂料是指用于建筑物内墙、外墙、顶棚及地面的涂料。建筑涂料用作建筑物的装饰材料，与其他涂层材料或贴面材料相比，具有方便、经济、基本上不增加建筑物自重，施工效率高、翻新维修方便等优点，涂膜色彩丰富、装饰质感好，并能提供多种功能，建筑涂料作为建筑内外墙装饰主体材料的地位已经确立。

建筑涂料的分类方法很多，总的来说，主要有以下几种分类方法。

(1) 按基料的类别分类

可分为有机、无机、有机-无机复合建筑涂料三大类。有机建筑涂料由于其使用的溶剂不同，又分为有机溶剂型涂料和有机水性（包括水乳型和水溶型）涂料两类。生活中常见的建筑涂料一般都是有机涂料。无机建筑涂料是指用无机高分子材料为基料所生产的涂料，包括水溶性硅酸盐系、硅溶胶系、有机硅及无机聚合物系。有机-无机复合建筑涂料有两种复合形式，一种是涂料在生产时采用有机材料和无机材料共同作为基料，形成复合涂料；另一种是有机涂料和无机涂料在装饰施工时相互结合。

(2) 按涂膜的厚度或质地分类

可分为表面平整光滑的平面涂料和有特殊装饰质感的非平面类涂料。平面涂料又可分为平光（无光）涂料、半光涂料等。非平面类涂料的涂膜常常具有很独特的装饰效果，有彩砖涂料、复层涂料、多彩花纹涂料、云彩涂料、仿墙纸涂料、纤维质感涂料和绒白涂料等。

(3) 按使用功能分类

可分为普通涂料和特种功能性建筑涂料（如防火涂料、防水涂料、防霉涂料、道路标线涂料等）。

（4）按分散介质的种类分类

可分为溶剂型建筑涂料、水性建筑涂料。

（5）按在建筑物上的使用部位分类

可分为内墙涂料、外墙涂料、地面涂料和顶棚涂料。

建筑涂料的主要类型见表 12-1。本节重点介绍内墙涂料、外墙涂料、地面涂料和顶棚涂料。

表 12-1　建筑涂料的主要类型

按基料分类				按建筑物使用部位分类					按涂膜厚度、质地分类			
				内墙装饰	外墙装饰	地面装饰	顶棚装饰	特种功能	平面涂料	非平面涂料		
										砂壁涂料	多彩（色）涂料	凹凸花纹涂料
有机涂料	水性	水溶性	聚乙烯醇系乳液	○			○	○	○			○
有机涂料	水性	乳液型	乙烯系乳液	○	○		○		○	○		
有机涂料	水性	乳液型	醋酸乙烯系乳液	○			○		○			
有机涂料	水性	乳液型	纯丙烯乳液	○	○	○	○	○	○	○	○	○
有机涂料	水性	乳液型	苯丙乳液	○			○	○		○	○	○
有机涂料	水性	乳液型	叔丙乳液	○	○		○		○	○		
有机涂料	水性	乳液型	叔醋乳液	○			○	○	○	○		○
有机涂料	水性	乳液型	环氧系乳液	○		○	○	○	○			
有机涂料	水性	乳液型	氯偏系乳液	○	○		○	○	○	○		
有机涂料	溶剂型		酚醛系			○			○			
有机涂料	溶剂型		酚酸系	○	○				○			
有机涂料	溶剂型		硝酸纤维系					○	○		○	
有机涂料	溶剂型		过氯乙烯系	○	○	○			○			
有机涂料	溶剂型		丙烯酸树脂系	○	○			○	○			
有机涂料	溶剂型		环氧树脂系						○			
有机涂料	溶剂型		聚氨酯系	○	○	○			○			
有机涂料	溶剂型		有机硅系		○				○			
有机涂料	溶剂型		有机氟系		○				○			
有机涂料	溶剂型		氯化橡胶系		○				○			
无机涂料	水性		碱金属硅酸盐	○	○			○	○			
无机涂料	水性		硅溶胶	○	○			○	○			○
有机-无机复合涂料	水性		碱金属硅酸盐-合成树脂乳液	○	○				○			
有机-无机复合涂料	水性		硅溶胶-合成树脂乳液	○	○	○			○			○

12.4.2 内墙涂料

内墙涂料的主要功能是装饰和保护室内墙面，使其美观整洁，让人们处于舒适的居住环境之中。为获得良好的装饰效果，内墙涂料应具有以下特点：

① 色彩丰富、细腻、调和。内墙涂料的装饰效果，主要由质感、线条和色彩三个因素构成。内墙涂料的颜色一般应浅淡、明亮，因居住者对颜色的喜爱不同，因此建筑涂料的色彩要求品种丰富。内墙涂层与人们的距离比外墙涂层近，因而要求内墙装饰涂层质地平滑、细腻、色彩调和。

② 耐碱性、耐水性、耐粉化性良好。由于墙面基层常带有碱性，因而要求涂料的耐碱性良好。室内的湿度一般比室外高，同时为清洁内墙，涂层常要与水接触，因此要求涂料具有一定的耐水性及耐洗刷性。

③ 透气性良好。室内常有水汽，透气性不好的墙面材料易结露、挂水，使人们居住有不舒适感，因而透气性良好的材料配置内墙涂料是可取的。

④ 涂刷方便，重涂容易。人们为了保护优雅的居住环境，内墙面翻修的次数较多，因此要求内墙涂料施工方便，维修重涂容易。

目前，常用的内墙装饰涂料主要包括水溶性涂料、合成树脂乳胶漆和溶剂型涂料三类。

(1) 水溶性内墙涂料

水溶性内墙涂料价格便宜，但不耐水和碱，涂层受潮后易剥落，属低档内墙涂料。多为低档或临时住房室内装修用。常用品种如聚乙烯醇内墙涂料、聚乙烯醇水玻璃内墙涂料等。

用聚乙烯醇制成的涂料涂膜不耐水洗，只能制成普通的内墙涂料。这类涂料曾经是我国内墙涂料的主要品种，随着建筑涂料的技术进步，新品种涂料的出现，聚乙烯醇内墙涂料已经逐步淡出应用领域，建设部于 2001 年已将其列为淘汰产品，禁止使用。

(2) 合成树脂乳胶漆

合成树脂乳胶漆是一种以水为介质，以合成树脂乳液为主要成膜物质制成的有机水性涂料。合成树脂乳胶漆由水分蒸发干燥成膜，不含有机溶剂，对环境污染小，并可避免施工时火灾发生。涂膜透气性好，可有效减少内墙的结露现象。施工方便，可在湿度较高的基层上涂饰。涂膜耐水、耐碱、耐候等性能良好。根据装饰的效果，乳胶漆可分为亚光、半光、中广、高光和丝光等类型。常用的建筑内墙乳胶漆以平光漆为主，其主要产品为醋酸乙烯乳胶漆、乙丙乳胶漆、苯丙乳胶漆、硅丙乳胶漆、聚氨酯-丙烯酸乳胶漆、丙烯酸乳胶漆等。

① 醋酸乙烯乳胶漆　它是由聚醋酸乙烯乳液为主要成膜物质，加入颜料、填料及各种助剂，经过研磨或分散处理而制成的一种乳液涂料。该涂料无毒、无味，涂膜细腻，平滑，透气性好，附着力强，色彩多样，施工方便，但耐水、耐碱、耐

候性较其他共聚乳液差。

② 乙丙乳胶漆 它是由乙烯与丙烯酸酯共聚乳液为主要成膜物质制成，其耐碱性、耐水性、耐久性均优于聚醋酸乙烯乳胶漆，同时外观细腻、保色性好。多用于住宅、学校、商业、影剧院、办公、旅馆等的中高档装修。

③ 苯丙乳胶漆 它是苯乙烯-丙烯酸酯共聚乳液涂料的简称，其主要成膜物质是苯乙烯、丙烯酸酯、甲基丙烯酸酯等三元共聚乳液。苯丙乳胶漆具有优良的耐碱性、耐水性、耐擦洗性和耐候性，其外观细腻，色彩艳丽，质感好，与水泥基材附着力好。

④ 硅丙乳胶漆 它是由硅溶胶与丙烯酸树脂乳液混合共聚而成，其特点是既保持了无机涂料的硬度又具有一定的有机柔韧性、快干和易涂刷性，涂刷干燥后表面平整光洁，不起粉，耐候性、耐久性较好，具有很好的装饰性，其价格较便宜，可制成多彩涂料，适用于住宅、商店、学校、医院、旅馆、剧院等建筑的室内墙面和顶棚涂装。

⑤ 聚氨酯-丙烯酸乳胶漆 它是由聚氨酯-丙烯酸酯共聚乳液制得，该涂料无毒、无味、干燥快、遮盖力强，涂后表面光洁，冬季在较低温度下不冻结，施工操作容易（喷、涂、刷均可）。涂料中加入聚苯泡沫塑料颗粒，喷涂墙面或顶棚，可取得很好的装饰效果。聚氨酯-丙烯酸乳液内墙涂料耐水、耐擦洗、耐潮，主要用于民用住宅和公共设施的内墙和顶棚装修，也可用于厨房、厕所、仓库等潮湿场合。

⑥ 丙烯酸乳胶漆 它是以丙烯酸酯共聚乳液为基料制成的水性涂料，是目前使用较多的一类内墙涂料。其成膜物质是由甲基丙烯酸甲酯、丙烯酸乙酯或丙烯酸丁酯、丙烯酸、甲基丙烯酸为单体，进行乳液共聚而得到的纯丙烯酸共聚乳液。涂膜光泽柔和，耐候性、保光保色性优异，透气性、耐水性好，附着力强，色彩鲜艳，丙烯酸乳胶漆环保无毒，是一种高档内墙涂料。掺入防霉剂、防锈剂可制成防霉、防锈乳胶漆等具其他特殊功能要求的产品。

（3）溶剂型内墙涂料

溶剂型内墙涂料与溶剂型外墙涂料基本相同，常见品种如过氯乙烯墙面涂料、氯化橡胶墙面涂料、丙烯酸酯墙面涂料、聚氨酯墙面涂料、聚氨酯-丙烯酸酯墙面涂料等。由于漆膜透气性较差，用作内墙装饰容易结露。在施工过程中由于会有溶剂挥发，故室内施工要注意通风、防火。溶剂型内墙涂料漆膜光洁度好，易于冲洗，耐久性也好，可用于厅堂、走廊等部位的内装饰，较少用于住宅内墙。目前用作内墙装饰的溶剂型涂料主要为多彩内墙涂料。

多彩内墙涂料是将带色的溶剂型树脂涂料慢慢掺入到甲基纤维素和水组成的溶液中，通过不断搅拌，使其分散成细小的溶剂型油漆涂料珠滴，形成不同颜色油滴的混合悬浊液而成。多彩内墙涂料是一种较常见的墙面、顶棚装饰材料，为减少污染，其成膜物质禁用含苯、氯、甲醛等类物质。该涂料具有如下特点：

① 色彩丰富，花纹优雅，立体感强，装饰效果独特；

② 性能优异，耐水、耐碱、耐洗刷，兼具有较好的透气性；

③ 涂层一气呵成，无接缝，整体感强，无卷边忧患；

④ 对基材适应性强，可在各种建筑材料上使用；

⑤ 一次喷涂可获得多彩立体图案，施工效率高。

多彩内墙涂料按其介质可分为水包油、油包水、油包油和水包水型四种，其中以水包油型的储存稳定性最好，因此，生产多彩涂料主要是水包油型。

聚氨酯-丙烯酸酯溶剂型内墙涂料的涂层光洁度好，漆膜似瓷砖的釉面，适用于卫生间、厨房的内墙与顶棚装饰。

12.4.3 外墙涂料

外墙装饰涂料的主要功能是装饰和保护建筑物的外墙面，使建筑物外观整洁靓丽，与环境更加协调，从而达到美化城市的目的。同时能起到保护建筑物，提高建筑物使用的安全性，延长其使用寿命的作用。

为获得良好的装饰与保护效果，外墙涂料一般应具有以下特点：

① 装饰性良好。要求外墙涂料色彩丰富，保色性良好，能较长时间保持良好的装饰性能。

② 耐水性良好。外墙面暴露在大气中，要经常受到雨水的冲刷，因而作为外墙涂层应有很好的耐水性能。

③ 耐沾污性好。大气中的灰尘及其他物质沾污涂层以后，涂层会失去其装饰效能，因而要求外墙装饰涂层不易被这些物质沾污或沾污后容易清除掉。

④ 耐候性良好。暴露在大气中的涂层，要经受日光、雨水、风沙、冷热变化等作用，在这类自然力的反复作用下，作为外墙装饰的涂层要求在规定的年限内，不发生开裂、剥落、脱粉、变色等现象。

⑤ 施工及维修容易。建筑物外墙面积很大，要求外墙涂料施工简便。同时，为了始终保持涂层良好的装饰效果，要经常进行清理、重涂等维修施工，要求重涂施工容易。

⑥ 价格合理。

目前，建筑外墙涂料常用的有溶剂型涂料、乳液型涂料和无机硅酸盐涂料三类。

12.4.3.1 溶剂型外墙涂料

溶剂型外墙涂料是以合成树脂为主要成膜物质，以有机溶剂为稀释剂，加入一定量的颜填料及助剂，经混合、溶解、研磨而配制成的一种挥发性涂料。其涂膜较紧密，光泽好，耐水性、耐酸碱性较好，耐候性和耐污染性良好。但施工时大量易燃的有机溶剂挥发会污染环境，且价格一般较乳液型涂料高。

常用的溶剂型外墙涂料有：过氯乙烯涂料、氯化橡胶涂料、丙烯酸酯涂料、聚氨酯外墙涂料、氟树脂外墙涂料、有机硅改性丙烯酸酯外墙涂料以及真石漆外墙涂料等。其中聚氨酯丙烯酸酯外墙涂料和丙烯酸酯有机硅外墙涂料的耐候性、装饰性、耐沾污性都很好，耐用性都在 10 年以上。氟树脂外墙涂料寿命达 20 年以上。

(1) 过氯乙烯外墙涂料

该涂料是以过氯乙烯树脂为主，掺用少量其他改性树脂共同组成主要成膜物质，加入一定量的增塑剂、颜填料和助剂等制成的一种溶剂型外墙涂料，也可用于内墙装饰。该涂料的色彩丰富、涂膜平滑、干燥快，在常温下 2h 可全干，冬季晴天亦可全天施工；且具有良好的耐候性及化学稳定性，耐水性很好。但其热分解温度低，一般应使用在低于 60℃以下的环境；涂膜的表干很快，全干较慢，完全固化前对基面的黏附力较差，基层含水率不宜大于 8%。

(2) 氯化橡胶外墙涂料

该涂料又称氯化橡胶水泥漆，是氯化橡胶、溶剂、增塑剂、颜填料和助剂等配置而成的溶剂型外墙涂料。其在 25℃以上的气温环境中 2h 可表干，8h 可刷第二道；能够在－20℃低温至 50℃的高温环境下施工，施工受季节影响小，但气温降低，干燥速度减慢；涂料对水泥混凝土和钢铁表面具有较好的附着力；耐水、耐碱、耐酸及耐候性好，且涂料的维修重涂性好，是一种较为理想的溶剂型外墙涂料，施工中需注意防火和劳动保护。

(3) 溶剂型丙烯酸酯外墙涂料

该涂料是以热塑性丙烯酸酯树脂为主要成膜物质，加入溶剂、填料、助剂等，经研磨而成的一种溶剂型外墙涂料，它是由溶剂挥发成膜，有很好的耐久性，使用寿命可达 10 年以上，是目前我国高层建筑外墙装饰应用较多的涂料品种之一。丙烯酸酯外墙涂料具有良好的耐候性，在长期光照、日晒雨淋的条件下不易变色、粉化或脱落；耐碱性好，且对墙面有较好的渗透作用，粘接牢固；施工不受温度限制，即使 0℃以下的严寒季节也能干燥成膜；施工方便，可采用刷涂、辊涂、喷涂等施工工艺，可根据工程需要配制成各种颜色；与丙烯酸酯乳胶漆相比，价格较便宜。

(4) 聚氨酯外墙涂料

该涂料是以聚氨酯树脂或聚氨酯与其他合成树脂复合为主要成膜物质，添加颜料、填料、助剂组成的优质外墙涂料。主要品种有聚氨酯丙烯酸酯外墙涂料和聚氨酯高弹性外墙防水涂料。

聚氨酯外墙涂料一般为双组分或多组分涂料。主涂层材料是双组分聚氨酯厚质涂料，通常可采用喷涂施工，形成的涂层具有优良的弹性和防水性；面层材料为双组分的非黄变性丙烯酸改性聚氨酯树脂涂料。

聚氨酯涂料是一种有发展前途的高档外墙涂料，涂膜柔软，弹性变形能力大，与混凝土、金属、木材等粘接牢固，可随基材的变形而延伸，即使基材裂缝宽度在0.3mm以上时涂膜也不至于撕裂。涂膜耐化学药品性好、耐候性优良，经1000h的加速耐候试验，其伸长率、硬度、抗拉强度等性能几乎没有降低，且经5000次以上伸缩疲劳试验而不断裂，而丙烯酸厚质涂料经500次伸缩疲劳试验就发生断裂；表面光洁度极好，呈瓷质状，耐沾污性好。

(5) 有机硅改性丙烯酸外墙涂料

该涂料具有优良的耐候性（耐人工加速老化3000h以上）、耐沾污性和耐化学腐蚀性，同时不回粘、不吸尘，综合性能超过丙烯酸聚氨酯外墙涂料，可广泛用于混凝土、钢结构、铝板、塑料等基材的装饰。

(6) 溶剂型真石漆外墙涂料

该涂料是由丙烯酸橡胶、溶剂、助剂、彩色砂石、配套底漆及面漆等组成。具有较强的黏结性、耐水性、耐候性及耐污性，与马赛克面砖有良好的粘接性，适用于内外墙高级装饰及马赛克、面砖外墙的翻新改造。

12.4.3.2 **乳液型外墙涂料**

乳液型外墙涂料是以合成树脂乳液为主要成膜物质的外墙涂料。乳液型外墙涂料的主要特点是：

① 以水为分散介质，涂料中无易燃的有机溶剂，因而不会污染环境，不燃，无毒；

② 施工方便，可以刷涂、辊涂、喷涂，施工工具可以用水清洗；

③ 涂料透气性好，涂料中又含有大量水分，故可以在稍湿的基层上施工，非常适宜于建筑工地的应用；

④ 外用乳胶型涂料耐候性良好，尤其是高质量的丙烯酸酯外墙乳液涂料，其光亮度、耐候性、耐水性、耐久性等各项性能可以与溶剂型丙烯酸酯类外墙涂料媲美。

目前乳液型外墙涂料存在的主要问题，是其在太低的温度下不能形成优质的涂膜，通常必须在10℃以上施工才能保证质量，因而冬季一般不宜施工。

按涂料质感可分为薄质涂料（乳胶漆）、厚质涂料及彩砂涂料等。常用的薄质涂料主要有丙烯酸酯乳胶漆、乙丙乳胶漆、苯丙乳胶漆、交联型高弹性乳胶涂料、聚氨酯外墙涂料等；厚质涂料主要有乙丙乳液厚质涂料；彩砂涂料主要有乙丙彩砂涂料、苯丙彩砂涂料等。

(1) 丙烯酸酯乳胶漆

该漆是以甲基丙烯酸甲酯、丙烯酸丁酯、丙烯酸乙酯等丙烯酸系单体经乳液共聚而制得的纯丙烯酸酯系乳液为主要成膜物质，加入填料、颜料及其他助剂而制得的一种优质乳液型外墙涂料。其特点是较其他乳液涂料的涂膜光泽柔和，耐候性与保光性、保色性优异，涂膜耐久性可达10年以上。

(2) 交联型高弹性乳胶漆

该漆主要由高弹性聚丙烯酸系合成树脂乳液、颜料、填料和多种助剂组成，其具有良好的耐候性、耐沾污性、耐水性、耐碱性及耐洗刷性，同时漆膜具有高弹性，能遮盖细微裂缝、抗 CO_2 的渗透性能优良。主要用于旧房外墙渗漏维修，混凝土建筑表面的保护及房屋建筑外墙面的保护与装饰。

（3）彩砂外墙涂料

该涂料是以丙烯酸酯或其他合成树脂乳液为主要成膜物质，以彩砂为骨料制成的一种砂壁状外墙涂料。又称仿石型涂料、真石型涂料等，是外墙涂料中颇具特色的一类装饰涂料。由于采用高温烧结的彩色砂粒、彩色陶瓷粒或天然带色石屑作为骨料，使制成的涂料具有丰富的色彩及质感，其保色性及耐候性比其他类型的涂料有较大的提高。具有无毒、无溶剂污染，快干、不燃、耐强光、不褪色等特点。利用不同的骨料组成和颜色搭配，可使涂料色彩形成不同层次，取得类似天然石材的质感和装饰效果。

12.4.3.3　无机外墙涂料

无机外墙涂料是以碱金属硅酸盐及硅溶胶为基料，加入相应的固化剂或有机合成树脂乳液、颜料、填料等配制而成的外墙装饰涂料。

无机外墙涂料按其基料种类，可分为金属硅酸盐涂料和硅溶胶涂料。它们是以水溶性碱金属硅酸盐或水分散性二氧化硅胶体（俗称硅溶胶）为主要成膜物质的一种建筑涂料，适合作建筑物的外墙装饰。

12.4.4　地面涂料

地坪涂料是采用耐磨树脂和耐磨颜料制成的用于水泥基地面的涂料。与一般涂料相比，地坪涂料的耐磨性和抗污染性特别突出，广泛用于商场、车库、跑道、工业厂房等地面装饰。为了获得良好的效果，地面涂料应具有以下特点：

① 耐磨性好。耐磨损性是地面涂料的主要性能之一。人的行走、重物的拖移都要使地面受到磨损，因此地面涂料要有足够的耐磨性。

② 耐碱性要好。因为地面涂料主要是涂刷在水泥砂浆基面上，必须有较好的耐碱性，且应与水泥地面有良好的粘接力。

③ 良好的耐水性。为了保持地面清洁，需要经常用水擦洗，因此地面涂料必须有良好的耐水洗刷性能。

④ 良好的抗冲击性。地面容易受重物撞击，要求地面涂料的涂层在受到重物冲击时，不易开裂或脱落，只允许出现轻微的凹痕。

⑤ 施工方便，重涂容易，价格合理。

用于地面装饰的材料很多，涂料是品种比较丰富、档次比较齐全、功能多种多样的一类地面装饰材料。如果按成膜物质的种类进行分类，地面涂料可分为酚醛类、醇酸类、聚氨酯类、丙烯酸类、过氯乙烯类和环氧树脂类等。其特性和使用场合如表 12-2 所示。

表 12-2 地面涂料的种类、特征和使用场合

涂料种类	性能特征	主要应用场合
酚醛类	属于氧化固化型涂料，具有适当的硬度、光泽、快干性、耐水和耐酸、碱，且成本较低。但易黄变，耐久性差，因而需进行改性处理。酚醛类涂料比丙烯酸类涂料、醇酸类涂料的性能都差	主要用于木门窗的涂装，作为地面涂料已经很少使用，少量的酚醛清漆和磁漆主要用于木地板的涂装
醇酸类	属于氧化固化型涂料，醇酸涂料经涂装成膜后，涂膜能够形成高度的网状结构，不易老化，耐候性好，光泽能持久不退；涂膜柔韧、坚牢，并能耐摩擦，抵抗矿物油、醇类溶剂性良好。但涂膜的耐水性不良，不能耐碱，在涂装时干燥成膜的时间虽然很快，但完全干透的时间较长	主要用于各种木器的涂装，如家具、门窗等，醇酸类地面涂料主要是醇酸清漆和磁漆，前者用于木地板的涂装，后者用于木地板和水泥地面的涂装
丙烯酸类	属于挥发固化型涂料，丙烯酸涂料或用了其他树脂进行改性的丙烯酸涂料，均具有很好的物理性能，涂膜光滑坚韧，并有耐水性，具有优良的光泽保持性，不褪色、不粉化，耐候性、耐化学腐蚀性强，单组分，使用方便，价格相对便宜。耐热和耐溶剂性不良是其不足之处	品种多，用途十分广泛。例如用于各种木器的涂装等。丙烯酸类地面涂料主要是清漆和磁漆，用于室内装修的涂装。前者用于木地板的涂装，后者用于木地板和水泥地面的涂装
聚氨酯类	属于反应固化型涂料，所形成的涂膜具有优异的物理性能，例如硬度、附着力、耐磨性、耐碱性以及耐溶剂性能等都非常好。聚氨酯漆的耐热性能是其他一些涂料（如丙烯酸涂料、醇酸涂料等）所不能比拟的。此外，涂膜光亮丰满，装饰效果非常好。因而，高质量的聚氨酯涂料（特别是双组分型）是目前常用的家用涂料中档次最高的涂料品种	用途十分广泛，品种也多，如防水类聚氨酯涂料，外墙聚氨酯涂料和各种功能型聚氨酯涂料等。聚氨酯木器清漆用于木地板的涂装是目前最好的涂料品种
过氯乙烯类	属于挥发固化型涂料，耐候性、耐化学腐蚀性优良；耐水、耐油、阻燃性和三防性能较好。附着力较差；打磨抛光性较差；不能在70℃以上高温使用；固体分低	在装饰类涂料的应用中主要是用作地面涂料，如木地板和水泥地面的涂装
环氧树脂类	属于反应固化型涂料，涂膜附着力强；耐碱、耐溶剂；具有较好的绝缘性能和耐各种化学介质的腐蚀性能，漆膜坚韧，硬度高。室外暴晒易粉化，保光性差，色泽较深，漆膜外观较差	属于功能性地面涂料，即耐磨地面涂料和耐腐蚀地面涂料。该类涂料用量最大的是用于大型工业厂房地面涂装

(1) 聚氨酯地面涂料

聚氨酯地面涂料可以分为以下两种：

① 聚氨酯厚质弹性地面涂料　该涂料是以聚氨酯为基料的双组分溶剂型涂料。具有整体性好、装饰性好，并具有良好的耐油、耐水、耐酸碱性和优良的耐磨性，此外，还具有一定的弹性，脚感舒适。聚氨酯厚质弹性地面涂料的缺点是价格高且原材料有毒。聚氨酯厚质弹性地面涂料主要适用于水泥砂浆或水泥混凝土表面，如用于高级住宅、会议室、手术室等的地面装饰，也可用于地下室、卫生间等的防水装饰或工业厂房车间的耐磨、耐油、耐腐蚀等地面。

② 聚氨酯地面涂料　与聚氨酯厚质弹性地面涂料相比，涂膜较薄，涂膜的硬度较大、脚感硬，其他性能与聚氨酯厚质弹性地面涂料基本相同。聚氨酯地面涂料（薄质）主要用于水泥砂浆、水泥混凝土地面，也可用于木质地板。

(2) 环氧树脂地面涂料

环氧树脂地面涂料主要有以下两种。

① 环氧树脂厚质地面涂料　该涂料是以环氧树脂为基料的双组分溶剂型涂料。环氧树脂厚质地面涂料具有良好的耐化学腐蚀性、耐油性、耐水性和耐久性，涂膜与水泥混凝土等基材的粘接力强、坚硬、耐磨，且具有一定的韧性，色彩多样，装饰性好。其缺点是价格高。环氧树脂厚质地面涂料主要用于高级住宅、手术室、实验室、公用建筑、工业厂房车间等的地面装饰、防腐、防水等。

② 环氧树脂地面涂料　环氧树脂地面涂料与环氧树脂厚质地面涂料相比，涂膜较薄、韧性较差，其他性能则基本相同。环氧树脂地面涂料的技术性能应满足水泥地板用漆的技术要求，主要用于水泥砂浆、水泥混凝土地面，也可用于木质地板。

12.4.5 顶棚涂料

顶棚涂料即天花板涂料，一般内墙涂料也可用作顶棚涂料。天花板乳胶涂料中，填料相对用得比较多，基料和成膜物质用量很少，故成本相对较低。用普通的石灰水涂饰天花板，容易脱落，然而用天花板乳胶涂料则不需耐擦洗，易重涂，天花板乳胶涂料超过临界颜料体积浓度，故会很白。天花板涂料的发展趋势重点是无毒，吸音性好，耐污染的中、高档涂料。其中珍珠岩粉厚涂料就能起到吸音的效果。

顶棚涂料有薄涂料、轻质厚涂料及复层涂料三类。

① 薄涂料　有水性薄涂料、乳液薄涂料、溶剂型薄涂料（油漆）及无机薄涂料。内墙涂料均可用作顶棚涂料。

② 轻质厚涂料　有珍珠岩粉厚涂料、聚苯乙烯泡沫塑料粒子厚涂料和蛭石厚涂料等。

③ 复层涂料　有合成树脂乳液复层涂料、硅溶胶类复层涂料、水泥系复层涂料、反应固化型复层涂料。复层涂料由封底涂料、主层涂料和罩面涂料组成。封底涂料主要采用合成树脂乳液及其与无机高分子材料的混合物、溶剂型合成树脂等。主层涂料主要采用以合成树脂乳液、无机硅溶液、环氧树脂等为基料的厚质涂料，以及普通硅酸盐水泥等。罩面涂料主要采用丙烯酸系乳液涂料、溶剂型丙烯酸树脂和丙烯酸-聚氨酯的清漆和磁漆。

表 12-3 为一种室内用顶棚涂料参考配方。

表 12-3　室内用顶棚涂料参考配方

物料名称	配方质量(质量份)
二氧化钛(锐钛型)	175
硅酸钙	20
碳酸钙	296
羟丙基甲基纤维素的 2% 水溶液	200

续表

物料名称	配方质量(质量份)
六偏磷酸钠	30
二乙二醇丁醚	20
水	20
防腐剂	138.6
苯乙烯-丙烯酸酯共聚乳液	118

12.5 塑料涂料

塑料由于质轻、易加工、耐腐蚀、资源丰富等特点，已广泛替代了传统的材料，如金属、木材、皮革等。但塑料制品成型加工时会产生颜色不均匀、色泽单调、花斑疵点等缺陷，且易产生老化变脆、划痕、沾污、静电等问题。涂装涂料可以避免上述缺陷和问题。但由于塑料是低表面能物质，其表面涂装要比钢铁、木器、建筑等表面涂装困难得多，附着力成为制约塑料涂料发展的一个重大障碍。需要根据不同的塑料底材选择不同配方的涂料，这样才能产生更好的附着力。随着人民生活水平的提高和环保意识的加强，塑料涂料也像其他涂料一样，正向着功能化和环保化方向发展。

涂料在塑料底材上的附着有多种理论：扩散理论、溶解度参数理论、静电理论、化学键合理论、吸附和机械咬合理论等，其中扩散理论已经得到广泛的认可，该理论认为涂层附着力的大小与涂料扩散到塑料底材内部能力的大小密切相关。其实各种理论并不矛盾，涂料一旦渗透到塑料底材中，渗透物与塑料底材间存在的静电和机械咬合现象会明显增强二者之间的附着力。

要想涂料渗透到塑料底材当中，首先要使它能很好地润湿底材。可以通过调配涂料中各组分的比例，使之在底材上铺展开来。此时涂层和塑料底材之间通过化学作用力而结合到一起。如果成膜树脂与塑料基材的溶解度参数选择适当，就能使漆膜与塑料表面形成一个互混层，这时涂料与塑料之间的静电和机械咬合力就会起作用。互混层虽有助于附着，但是要靠涂料中的溶剂对塑料的轻微溶解来实现，如果把握不当使涂料过分溶蚀塑料底材表面，将会使塑料底材表面凹凸不平，漆膜起皱，流平性不好，影响外观。因此所用溶剂的溶解度参数要尽量与塑料的溶解度相差远一些。由于塑料和涂料均是较为复杂的体系，存在着物理、化学等方面的不均一性，因此存在着内应力，如收缩应力、热应力和变形应力等，这些应力均会对涂料的附着力造成不利影响，因而需要添加合适的助剂及选择适当的涂料体系来加以消除。不同的塑料底材也要根据结构相似、极性相近原理选择合适的涂料体系。

目前塑料的种类主要有聚烯烃、PS（聚苯乙烯）、PVC（聚氯乙烯）、ABS［聚(丙烯腈-丁二烯-苯乙烯)］、PC（聚碳酸酯）、PMMA（聚甲基丙烯酸甲酯）、

PET（聚对苯二甲酸二乙醇酯）、PPO（聚苯醚）、聚酰胺和聚醚塑料等。其中，聚烯烃、ABS 和 PS 塑料的应用最为广泛。由于不同塑料底材的结构、极性有很大差别，因此不同的塑料底材要选用不同的涂料体系，见表 12-4。

表 12-4 常见塑料及选用的涂料类别

塑料类别	特　点	所用涂料类别
PE	耐溶剂、耐药品、密度轻、耐磨，电气特性好	丙烯酸系、环氧、聚氨酯、氯化聚烯烃系
PP	耐溶剂、耐药品、密度轻、耐磨，电气特性好	丙烯酸系、环氧、聚氨酯、氯化聚烯烃系
PVC	难燃、耐候、耐药品、电绝缘	丙烯酸系、聚氨酯、氯化聚烯烃系
PS	刚性、不透、不结晶，加工性好、电绝缘	丙烯酸系、聚氨酯、过氯乙烯
ABS	机械强度高、加工性好、注塑成形性好	丙烯酸系、环氧、聚氨酯
PMMA	透明、耐候、表面硬度高、电气特性好	丙烯酸系、硝基
PC	透明、耐热、电气特性好、耐冲击	双组分聚氨酯、丙烯酸系有机硅
PET	长期耐热、耐磨、耐冲击、耐疲劳，表面光泽度高	聚酯、聚氨酯
PPO	坚韧、耐燃、耐久性好	丙烯酸系、聚氨酯

本节主要介绍聚烯烃塑料涂料、ABS 塑料涂料、PC 塑料涂料和一些塑料用功能涂料。

12.5.1 聚烯烃塑料涂料

聚烯烃类塑料主要有聚丙烯塑料（PP）、聚乙烯塑料（PE）。聚烯烃类塑料基材的结晶度高，耐溶剂性强，表面极性和表面能低，除应选择适当的涂料体系外，还需进行适当的表面处理。与该塑料基材有相似的分子结构和溶解度参数的氯化聚烯烃类涂料、氟碳树脂涂料等可提供良好的附着力，是该类塑料用涂料的首选，也可使用环氧、聚氨酯、双组分丙烯酸类涂料。

12.5.2 ABS 塑料涂料

ABS 是由丙烯腈（acrylonitrile）、丁二烯（butadiene）、苯乙烯（styrene）三种单体共聚而成的聚合物。改变三种组分的比例，且采用不同的组合方式，以及通过调节聚合物相对分子质量，可以制造出性能范围广泛的不同规格、型号的 ABS 树脂，目前单体含量的范围为：A 占 20%～30%；B 占 6%～30%；S 占 45%～70%。可以看出：ABS 与 PS 具有同宗性，但由于刚性强、硬度大、韧性好、表面性好、成型性好等优点，其应用范围已远远超过 PS。但其成本要比 PS 高，这制约了它的发展。由于 ABS 含苯乙烯单体，适合 PS 类塑料涂装的涂料也适合 ABS 的涂装。又由于 ABS 含有极性单体丙烯腈，具有较高的表面张力，因而较其他塑料制品更容易涂装。其可选择的涂料范围比较宽，既可选择挥发性涂料，如丙烯酸酯涂料、环氧醇酸硝基涂料、氨酯油涂料，也可选双组分转化型涂料，如丙烯酸聚氨酯涂料。根据需要可以把这些涂料制成有光、半光、各色金属质感以及橡胶软质感的涂料。

12.5.3　PS塑料涂料

由于成型性能好、外观漂亮、综合力学性能优良等特点，PS与由它改性而来的ABS二者主宰电器塑料外壳市场。出于成本考虑，PS比ABS更容易被厂家接受。但单纯的PS因其脆性大、易碎裂、耐热性差等缺点，应用受到了限制。用橡胶类聚合物改性聚苯乙烯得到HIPS，即高抗冲击聚苯乙烯，由于解决了上述缺点而在家电外壳得以广泛应用，并越来越多地代替了ABS。HIPS为非结晶、无色透明的塑料，该类塑料分子具有极性，与涂层附着力较好。适宜的体系有环氧涂料、热塑性丙烯酸酯树脂涂料、热固性丙烯酸酯-聚氨酯树脂涂料、丙烯酸改性醇酸树脂涂料、醇酸树脂改性聚苯乙烯涂料、改性纤维素类涂料等。

12.5.4　塑料用功能涂料

随着家用电器、手机和汽车等行业的飞速发展，加之人们对外观表面装饰与保护功能的新的要求，塑料用涂料正朝着多功能化、环保化方向发展。

(1) 防火塑料涂料

防火涂料又称阻燃涂料，塑料本身为高分子材料，属易燃物质，通过在塑料和涂料中添加有效的阻燃剂就可以达到防火的目的。在PP里添加一些含铝的异丁基倍半硅氧烷作为阻燃剂，具有明显的阻燃效果。以改性高氯化聚乙烯树脂为成膜物，多季戊四醇为成炭剂，聚磷酸铵为成炭催化剂研制的防火塑料涂料，防火性能优异，可作塑料制品表面的超薄型防火涂料。

(2) 导电塑料涂料

导电涂料是在20世纪50年代末产生的一种新型涂料，与其他涂料的区别主要是加入了导电填料。随着家用电器、手机等的广泛使用，其外壳上涂覆导电涂料可以防止电磁干扰、射频干扰、无线电噪声干扰和电晕干扰等。一部分导电涂料还可以起防静电作用，因此导电涂料日益受到人们的重视。GE塑料公司开发出一种适合于粉末涂料基材的导电性树脂，该树脂由聚酰胺与改性聚苯醚制得，含有导电性填充剂，可以起导电作用。日本神东涂料公司最近开发成功电磁干扰（EMI）屏蔽用水性导电涂料，该导电涂料主要用于涂覆塑料壳体内表面。阿克斯布里奇的Trimite有限公司最新推出两种新型电磁波屏蔽涂料，这两种涂料具有优异的遮盖力，用于ABS、PVC、改性聚苯醚及其他混合型基材，具有很高的附着力及导电率，可大大降低成本，提高应用效率。

(3) 防静电塑料涂料

塑料等非金属制件表面受摩擦或撞击时很容易产生和积累静电。静电积累达到一定程度就会放电，致使各种精密仪器、精密电子元器件击穿而报废，甚至引起易燃易爆物起火或爆炸，造成巨大的生命和财产损失。另外，积累在塑料制品表面的静电，由于吸尘严重而难以净化，从而影响制品的外观和在超净环境（如手术室、计算机室、精密仪器等）中的应用。为了避免塑料表面产生和积累静电，目前外部处理的方法就是在塑料表面涂装防静电涂料。以丙烯酸酯为基料，加入一些导电材料如石墨等，使漆膜体积电阻率在 $10^4 \sim 10^9 \Omega \cdot cm$。但通过这种添加导电材料的方法所制得的防静电涂料大多附着力、耐油性差，且颜色难看，成本普遍较高。由于一些导电涂料可用于防静电，因此也可以直接涂上导电涂料形成防静电层起防静电作用，如导电性聚苯胺复合纳米材料直接喷涂或刷涂于塑料基材上，不仅起到防静电作用，而且附着力高、成本低。

(4) 耐磨耗和耐划伤塑料涂料

塑料制品，如手机、收录机、电视机等壳体由于经常跟人手接触，其涂膜容易磨损，这就要求提高涂料的耐磨损和耐划伤性能。早在 1940 年，杜邦公司就进行过相关研究。最初，是改良现有的涂料品种，但效果不显著，后来利用聚碳酸酯有机聚硅氧烷系达到了提高涂膜耐磨性的效果，后人在此基础上进行了大量工作，使有机硅涂料成为耐磨耗和耐划伤涂料的主流。随后对氟碳树脂也有所研究，其硬涂层具有优异的耐划伤性、耐磨性等性能，近年来，氟碳树脂与有机硅树脂一起在塑料制品的涂装中得到广泛应用。

12.6 木器涂料

木器涂料是指木材制品（包括实木制品、人造板制品）上所涂装的涂料，包括家具、门窗、护墙板、地板、日常生活用品、木制乐器、体育用品、文具、儿童玩具等木制品所用涂料。由于木材是天然产物，组织构造复杂，材质不均匀，多孔、亲水膨缩，因此木材制品色泽单调、表面粗糙、吸湿易变形、易腐烂，木器涂料可以赋予木材制品色彩、光泽、平滑性，增强木材纹理的立体感和表面的触摸感，并增强木材制品的耐湿、耐水、耐油、耐化学药品、防虫、防腐等性能。

与金属、塑胶等其他材质涂装不同，木材涂装困难的原因主要有两点：

① 木材的多孔性。木材表面的孔隙度平均约占表面积的 40%上下，少则 30%左右，多则可达到 80%。所以涂料对木材的润湿性和附着力是木材涂装的一个大问题。

② 木材亲水膨缩性。木材遇水狂胀，脱水猛缩，会造成涂膜开裂、脱落，所以涂膜的持久稳定性是木材涂装的另一大难题。另外木材有的含酸和脂胶类物质，易于渗出表面，再有木材质地的软硬度、材质结构、表面色相的不均一性等也是木材涂装的难点。

针对木材涂装的特点，对木器涂料有以下要求：

① 木材涂装是多层的配套体系，要求底层涂料对木材具有良好的渗透性、润湿性和优越的附着力，同时层与层之间应具有良好的附着力。

② 涂膜要有良好的韧性，保证涂膜的持久性。

③ 涂层要有良好的装饰性，保证木纹的清晰度及明显的立体感。

④ 涂层要有良好的力学性能、耐水性、耐化学药品性、耐污染性、耐热性等良好的保护性能。

⑤ 涂膜的硬度要高，具有较强的耐摩擦性及良好的手感。

⑥ 涂料要有良好的施工性、重涂性。

木器涂料按木器制造工艺分为板材预涂料和木器成品涂装涂料；按用途可分为家具涂料、地板涂料等；按涂料类型分为溶剂型涂料、水性涂料和无溶剂型涂料；按光泽可分为高光、半哑光、哑光；按成膜物质分为天然树脂类和合成树脂类涂料。天然树脂类木器涂料主要有油脂漆和天然树脂漆，其中油脂漆主要有桐油等植物油及其加工品，天然树脂漆主要有天然大漆、虫胶清漆、松香加工品涂料等。合成树脂类涂料种类繁多，目前，木器涂料主要以合成树脂类涂料为主。

12.6.1 硝基漆

硝基漆，即硝基纤维素漆，是以硝酸纤维素（硝化棉）为主要成膜物，并加入不干性醇酸树脂、改性松香甘油酯，以及增韧剂、溶剂、颜料等调配而成的溶剂型涂料。增塑剂主要有邻苯二甲酸二丁酯、邻苯二甲酸二辛酯、氧化蓖麻油等，溶剂主要有酯类、酮类、醇醚类等真溶剂，醇类等助溶剂，以及苯类等稀释剂。硝基漆属挥发性油漆，属典型的快干漆，具有干燥快、光泽柔和等特点，其施工简便、光泽好、强度高、耐磨，可用砂蜡、光蜡进行打磨抛光。缺点是固含量较低（10%～30%），丰满度不高，需要喷涂或刷涂多次才能达到较好的装饰效果；耐久性不太好，尤其是内用硝基漆，其保色保光性不好，使用时间稍长就容易出现诸如失光、开裂、变色等弊病；不耐有机溶剂、不耐热、不耐腐蚀；耗用的有机溶剂太多，属易燃液体，使用时要注意防火防爆。

硝基漆主要用于木器及家具制品的涂装、家庭装修、金属涂装和一般水泥涂装等方面。

硝基漆主要有硝基清漆、硝基磁漆、硝基底漆和硝基腻子四种，其代表品种有硝基木器清漆、硝基磁漆以及底漆和透明漆。

12.6.2 聚酯漆

聚酯漆是用羟基型饱和聚酯树脂为主要成膜物质制成的一种厚质漆，属于双组分漆。聚酯漆的漆膜丰满，层厚面硬。

聚酯漆施工过程中需要进行固化，其固化剂的分量占了油漆总分量的1/3。固化剂也称为硬化剂，其主要成分是TDI（甲苯二异氰酸酯）。这些处于游离状态的TDI会变黄，不但使家具漆面变黄，同样也会使邻近的墙面变黄，这是聚酯漆的一大缺点。目前市面上已经出现了耐黄变聚酯漆，但也只能做到耐黄变而已，还不能做到完全防止变黄。另外，超出标准的游离TDI还会对人体造成伤害。游离

TDI 对人体的危害主要是致敏和刺激作用，包括造成疼痛流泪、结膜充血、咳嗽胸闷、气急哮喘、红色丘疹、接触性过敏性皮炎等症状。国际上对游离 TDI 的限制标准是控制在 0.5%以下。

12.6.3　不饱和聚酯漆

不饱和聚酯漆就是通称的“钢琴漆”，为无溶剂、多组分漆。由不饱和聚酯为主要成膜物质，在引发剂、促进剂或特种能源的作用下，与作为稀释剂使用的不饱和单体聚合交联，形成网状结构的不溶性涂膜。不饱和聚酯漆按交联固化方式可分为三类：催化固化型不饱和聚酯漆、光固化型不饱和聚酯漆和电子束型不饱和聚酯漆。不饱和聚酯漆不含挥发性溶剂，不排放有毒有害气体，不污染环境，一次涂饰可以获得厚膜；漆膜靠自由基聚合，常温干燥，固化反应在漆膜内部和表面同时进行，故厚膜也能固化；漆膜丰满度好，坚硬，光泽高。

12.6.4　聚氨酯木器漆

聚氨酯漆即聚氨基甲酸酯漆。其漆膜强韧，光泽丰满，附着力强，耐水，耐磨、耐腐蚀性，被广泛用于高级木器家具，也可用于金属表面。其缺点主要有遇潮起泡，漆膜粉化等问题，与聚酯漆一样，它同样存在着变黄的问题。

通常，聚氨酯木器漆以双组分形式供应市场，是一种最常用的木器漆，构成了从低端到高端的系列化产品，分为封闭底漆、中间二道底漆、面漆，还有特殊功能专用的地板漆封闭底漆，其渗透性好，配套性强，除了与聚氨酯面漆、中间二道漆配套好以外，还可与硝基漆、不饱和聚酯漆配套使用。中间二道漆涂于封闭底漆之上、面漆之下，是一种中间涂层，使木材得到进一步的填充效果，面漆有三种规格，其组分略有不同，用途也不同，特性也各异。

12.6.5　醇酸型木器漆

由干性植物油改性的中油度醇酸树脂、催干剂、松节油与二甲苯的混合溶剂调制而成。漆膜具有较好的附着力和耐久性、柔韧性，漆膜也比较美观，能在室温下干燥，但耐水性较差，适用于室内木器及家具表面涂饰，并可作醇酸磁漆罩光用。

醇酸树脂是最先应用于涂料工业的合成树脂之一，也是至今仍广为应用的漆用树脂。其原料来源广泛，配方灵活，易于通过种种改性而赋予各种性能特色，因此可以应用于几乎所有类型的涂料之中。随着近十年来涂料工业的迅速发展，醇酸树脂采用的原料、应用的领域在不断扩大，工艺、设备在不断更新，产品品质在不断提高。

12.6.6　丙烯酸自干木器漆

丙烯酸自干木器漆是以丙烯酸酯类和甲基丙烯酸酯类及其他烯类单体共聚制成的树脂，通过选用不同结构的树脂、生产工艺及溶剂组成制成的涂料，涂覆于以木材为底材的物件上，在自然条件下干燥成膜，起到装饰和保护作用的涂料。该漆属于单组分，施工方便，耐老化，缺点是固体分较低。

12.6.7 酚醛型木器漆

酚醛型木器漆是以酚醛树脂或改性酚醛树脂为主要成膜物质的木制品涂装涂料，主要有酚醛清漆、各色酚醛磁漆等。

酚醛清漆由干性植物油和松香改性酚醛树脂和200号溶剂油或松节油等调制而成，漆膜光亮、耐潮、外观透明、无机械杂质，适宜木制家具的涂饰。酚醛磁漆由干性油和松香改性酚醛树脂熬炼后与颜料及体质颜料研磨，加催干剂并以200号溶剂油或松节油调制而成。漆膜坚硬、光亮、附着力较好，但耐候性稍差，主要用于无光的室内木器、家具装饰用。

12.6.8 过氯乙烯木器漆

过氯乙烯木器漆是以过氯乙烯树脂为主要成膜物质的木制品涂装涂料，主要有清漆和磁漆两种。

过氯乙烯清漆由过氯乙烯树脂、油改性醇酸树脂、增韧剂及有机混合溶剂调制而成。该漆具有优良的耐腐蚀性，亦可防火，并可耐酸、碱、盐、煤油的侵蚀，可单独使用，但附着力差。适宜涂刷工厂厂房中的设备、管道、建筑物、室内门窗、护墙木板的装饰与保护，以及地铁轨道涂饰。

过氯乙烯磁漆是由过氯乙烯树脂、醇酸树脂、颜料、增韧剂和有机混合剂等调制而成。该漆具有优良的耐防腐蚀性和耐潮性，但附着力差。用于各个化工厂机械管路、设备、建筑及木材表面上，可防止酸碱及其他化学品的腐蚀。

12.6.9 酸固化氨基醇酸清漆

酸固化氨基醇酸清漆为双组分涂料，主要是以氨基树脂和醇酸树脂为主。其特性为干燥迅速，可在常温下或低温下固化，在60～70℃时5～10min即可固化，漆膜丰满度好，光亮，硬度高，附着力好，保色性和耐候性均好，可作为地板装饰用。

12.6.10 UV木器漆

UV木器漆即紫外光固化木器漆。它采用UV光固化，是21世纪最新潮流的涂料。产品固化速度快，一般为3～5s即可固化干燥。产品不含甲醛、苯及TDI，真正绿色环保。施工方法有：喷涂、刷涂、辊涂、淋涂等。由于是化学交联固化，因此漆膜性能优异，另外由于固含量高（一般＞95%），因此丰满程度是其他总类油漆无法比拟的，其缺点：需要专业设备方可固化。

12.6.11 水性木器漆

目前水性木器漆发展的类型有自交联型、酸固化型、聚氨酯水分散体型。水性木器漆与溶剂涂料相比，在节约能源和保护环境方面具有不可比拟的优越性，没有大量的VOC挥发到空气中，不用有机溶剂，用水作稀释剂，节约了能源，是一种很有发展前途的环保型涂料。但也有一些缺点，与溶剂型木器漆相比，干得慢，硬度低，易回黏，漆膜丰满度上也比不上溶剂型木器漆，这方面还有待于继续科研攻关。目前主要有水性木器透明底漆和水性木器高光面漆两种。

（1）水性木器透明底漆

底漆要求对木材的润湿性好、渗透性强、打磨性好、附着力强。丙烯酸共聚物具有快干，光稳定性好，透明性、流动性好及较好的低温柔韧性，成本较低。可选择粒径小、玻璃化温度适中的丙烯酸乳液作为封底漆树脂。助剂的选择要求基材润湿剂能有效降低体系的表面张力，增加对木材的润湿性和渗透性，提高层间附着力；消泡剂要求相容性好、消泡能力强。

（2）水性木器高光面漆

水性木器面漆的树脂有水性聚氨酯分散体、丙烯酸改性水性聚氨酯和丙烯酸乳液三大类。

水性聚氨酯分散体具有流平好、丰满度高、耐磨、抗化学品性好和硬度高等优点，非常适用于配制各种高档水性木器面漆，如家具漆和地板漆等。

丙烯酸改性水性聚氨酯是通过核-壳等聚合方法将丙烯酸和聚氨酯聚合在一起的一种新型水性树脂，其不但具有丙烯酸树脂的耐候性、耐化学性和对颜料的润湿性，并且继承了聚氨酯树脂的高附着力、耐磨性和高硬度等性能，常用于中高档木器面漆。

丙烯酸树脂乳液具有快干、光稳定性优异的特点，传统的丙烯酸共聚物系热塑性树脂，力学性能较差，如硬度、耐热性较低，目前的发展趋势是采用多步聚合法制备常温自交联乳液，其特点是干燥迅速、硬度高、透明性好、流动性好、耐化学品优异，并具有良好的低温柔韧性和抗粘连性，另外采用核-壳聚合方法也可以制备成膜温度低、抗粘连性及柔韧性好的多相丙烯酸分散体，但硬度稍差，丙烯酸类乳液由于相对低廉的成本，目前在市场上仍倍受关注，广泛用于水性底漆及低端水性木器装饰漆等。

习　题

1. 汽车外部使用的涂料有哪些特殊要求？
2. 沥青涂料有哪些主要特点？
3. 过氯乙烯树脂涂料是一种挥发性涂料，具有哪些优点？
4. 硝基涂料有哪些优点？
5. 汽车涂料的主要品种有哪些？
6. 新一代耐击性汽车中涂层涂料有哪些主要特点？
7. 汽车修补漆应具有哪些特点？
8. 船舶涂料除了应具备一般涂料的性能外，还必须具备哪些特性？

9. 船舶涂料主要有哪些涂料品种？

10. 建筑涂料按在建筑物上的使用部位分类，可分为哪几类？

11. 乳液型外墙涂料有哪些主要特点？

12. 塑料用功能涂料主要有哪些类型？

13. 与金属、塑胶等其他材质涂装不同，木材涂装困难的原因是什么？

14. 针对木材涂装的特点，对木器涂料有哪些要求？

第13章 绿色环保型涂料

13.1 概述

传统的溶剂型涂料，其组成中含有高达50%的有机溶剂，这些有机溶剂在涂料的涂装、干燥、固化过程中直接挥发到大气中，不但对环境造成了严重的污染，同时也造成了能源与资源的严重浪费。20世纪70年代以来，由于石油危机的冲击，涂料工业向节省资源、能源，减少污染、有利于生态平衡和提高经济效益的方向发展。从20世纪90年代起，国际上就兴起“绿色革命”，促进了涂料工业向“绿色”涂料方向大步迈进。进入21世纪，“低碳、环保、资源、健康”成了人们的热门话题。世界各国相继出台了相关的法律法规，对涂料的环保性提出了严格的要求。因此，绿色环保型涂料成为涂料发展的必然趋势。

绿色环保型涂料是指对生态环境不造成危害，对人类健康不产生负面影响的涂料，是所有节能、低毒、低污染涂料的总称，绿色环保涂料也有人称之为“环境友好涂料”。

与传统溶剂型涂料相比，绿色环保型涂料应该具有以下几个特征：

① 采用低能耗制造工艺和清洁的生产技术，减少废气、废渣和废水的排放。

② 在产品生产或配制过程中，不使用甲醛、卤化物或芳香族碳氢化合物，不使用铅、汞、铬等重金属的化合物作助剂或添加剂。

③ 严格控制涂料的VOC释放量，禁止使用有毒、有害的溶剂。

可以预见，随着人们健康、环保意识的增强，以及涂料科研水平的不断提高，传统的溶剂型涂料的比重将不断减少，绿色环保型涂料的比重将不断增加。

绿色环保型涂料主要包括高固体分涂料、水性涂料、粉末涂料和辐射固化涂料。

13.2 高固体分涂料

13.2.1 概况

含溶剂涂料可分为低固体分涂料、中固体分涂料、中高固体分涂料、高固体分涂料和无溶剂型涂料。高固体分涂料是指固体分含量在65%～85%的涂料，但因构成高固体分涂料的基料类型不同而会有差异。如氨基醇酸、氨基聚酯和环氧树脂高固体分涂料的施工固体分可达到80%，而氨基丙烯酸高固体分涂料的施工固体分为65%。无溶剂型涂料的VOC含量低于5%。

高固体分涂料的主要特点是在可利用原有的生产方法和工艺的前提下，减少涂料中有机溶剂用量，提高固体组分含量，从而减少了VOC的排放，降低了污染，节省了能源。这类涂料是20世纪80年代初以来以美国为中心开发的。目前主要应用于汽车工业，特别是作为轿车的面漆和中涂层使用。美国已有固体分90%的涂料用作汽车中涂层，日本也逐渐接近美国的水平。高固体分涂料近年来发展很快，其增长速度超过了5%。在美国汽车涂料中90%是高固体分涂料。

制备高固体分涂料的关键是通过合成低聚物，大幅度地降低树脂的相对分子质量，降低树脂黏度，但合成的每个低聚物分子本身含有均匀的官能团，使其在漆膜形成过程中靠交联作用获得优良的涂层，从而达到传统涂层的性能。另外需选用溶解力强的溶剂，更有效地降低黏度，或添加活性稀释剂等方法来减少VOC的排放。

13.2.2 高固体分涂料的分类

高固体分涂料可分为高固体分醇酸树脂涂料、高固体分聚酯涂料、高固体分丙烯酸涂料、高固体分聚氨酯涂料和高固体分环氧树脂涂料。

13.2.2.1 高固体分醇酸树脂涂料

高固体分醇酸树脂涂料的制备可以从改变树脂分子的结构和使用不同性能的助剂来实现。

(1) 改变树脂结构以降低树脂的黏度

降低涂料中醇酸树脂的相对分子质量，可以明显降低涂料的黏度，一般认为相对分子质量为1000～1300比较合适；使醇酸树脂的相对分子质量分布均匀，也可以使涂料的黏度明显降低；通过增加醇酸树脂侧链的含量，来达到减小树脂极性的目的，从而使涂料的黏度降低。

利用酯化法，以活性羧基丙烯酸共聚物为改性剂，采用混合脂肪酸合成常温气干型醇酸树脂，有效地将丙烯酸树脂的优点与醇酸树脂的优点相结合。所得树脂涂料的干性、硬度、耐水性等性能优于传统醇酸树脂涂料，并且固含量高，有机挥发物少，适应环保型涂料的发展方向。

(2) 选用适当的溶剂或活性稀释剂

选用毒性小、光化学反应活性小的含氧溶剂，如甲乙酮、甲基异丁基酮，或者使用二者的混合溶剂；选用活性稀释剂，如：气干型醇酸树脂高固体分涂料采用含不饱和键的活性稀释剂；烘干型涂料采用含羟基等活性基团的活性稀释剂，可以有效地降低黏度。

高固体分醇酸树脂涂料最突出的特点是污染降低，且一次成膜厚度达65～70μm，节省工时和人力，提升施工效率。

13.2.2.2 高固体分聚酯涂料

聚酯的性能介于醇酸树脂和丙烯酸树脂之间，较醇酸树脂在颜色、户外耐久、保色性及韧性方面更优，但户外耐久性及耐皂化性能不及丙烯酸树脂。聚酯树脂通过缩聚反应合成，容易得到相对分子质量较低且分布窄的树脂，配制的涂料固体含量高，最高可达80%以上。

这类高固体分涂料大多是烘烤型的，一般在120～160℃固化成膜。采用低黏度、高固含量（接近100%）的六甲氧甲基三聚氰胺（HMMM）作交联剂。也可用部分甲醇化三聚氰胺树脂代替部分HMMM，但固体含量有所下降。因该交联剂的反应活性高，交联性能提高，多用作高速生产的卷材用高固体分涂料。

聚酯树脂采用多种单体合成，赋予高固体分涂料多品种、多功能，能满足各方面用途的需要。此外，聚酯高固体分涂膜具有优良的过烘烤性，以及优异的韧性、装饰性和施工效率，在卷材生产时广泛采用此类涂料，它可以将烘烤温度升至200℃短时间固化，满足快节奏要求。

13.2.2.3 高固体分丙烯酸涂料

制备高固体分丙烯酸涂料的关键是合成出高固体分、低黏度的丙烯酸树脂。在固定的浓度下，溶液的黏度随聚合物的相对分子质量的降低而降低，一般聚丙烯酸树脂数均分子量低至2000～6000时，能使涂料固体含量达到70%左右而黏度又不太高。此外，每个高分子链需有2个以上的羟基才能保证与多异氰酸酯等交联成体型大分子，以保证涂膜的质量。同时还要控制聚合物的相对分子质量分布，使相对分子质量分布尽量均匀。为了使树脂的相对分子质量及其分布得到有效控制，最关键的是选择合适的链转移剂。目前，正在应用大分子链转移剂合成高固体分丙烯酸树脂及其涂料，已经取得了积极的进展。

丙烯酸高固体分涂料的固体含量难以提得很高，一般在65%以下。涂膜耐久性、耐水解稳定性、装饰性好，优于聚酯高固体分涂膜，耐候性比普通丙烯酸烘烤漆差。

丙烯酸高固体分涂料与轿车金属闪光底色漆配套，进行罩光，涂层丰满光亮，鲜映性高，装饰性优异。由于汽车工业的迅速发展和汽车涂料耐久性要求的日益提高，促进了热固性丙烯酸涂料的发展。

13.2.2.4 高固体分聚氨酯涂料

聚氨酯涂料具有优良的耐摩擦性、柔韧性、弹性、抗化学药品性与耐溶剂性，可以在常温和低温下固化。聚氨酯涂料可以与聚酯、聚醚、环氧、醇酸、聚丙烯酸酯、醋酸丁酯纤维素、氯乙烯与醋酸乙烯共聚树脂、沥青、干性油等配合，制备出可以满足不同使用要求的涂料品种。

高固体分聚氨酯涂料的特点如下：

① 固体含量最高。这类涂料是双组分的，A组分多异氰酸酯树脂的固体含量接近100%，因此施工固体含量很容易达到80%以上。

② 施工效率高。该类涂料的一道涂膜厚度可达 65μm，是一般溶剂型涂层（25μm）的 2.5 倍，大大减少了施工次数，降低了施工费用。

③ 优异的防护性和装饰性。

高固体分双组分聚氨酯涂料已经在重防腐、建筑公路建设、汽车及大型电机设备上得到了广泛的应用。若对涂膜外观性能要求不是太高，特别是耐候性要求不高时，高固体分防腐蚀涂料相对容易制备，基于低黏度聚醚的 100% 固体含量的芳香族聚氨酯涂料已大量用于地坪涂料和重防腐蚀领域中。脂肪族高固体分聚氨酯涂料由于具有优异的物理性能、光泽度高、色彩鲜艳、耐候性好，多用作高档装饰性面漆。

13.2.2.5 高固体分环氧树脂涂料

环氧树脂低聚物是高固体分涂料理想的成膜物，具有优良的力学性能、防腐蚀性和耐化学品性，在环氧低聚物中最适合的是在常温和低温下用氨基固化剂制作的液体环氧树脂，这类 100% 固体含量的涂料是最有发展前景的，它们聚合速度快，有可能制备几乎无限厚度的耐水及耐化学品性的涂膜。

以低黏度低聚物为基料的无溶剂环氧涂料已成功地用于地板、墙壁、天花板、马路及其他场所。用中等黏度基料制备的涂料所形成的涂层能改进使用性能，用于更为重要的行业，如汽车、飞机、电机等行业。

13.2.3 存在的问题及解决办法

高固体分涂料经过近年的发展，已经取得了辉煌的成就，在汽车行业、金属加工行业得到了广泛的应用。因为高固体分涂料在喷涂时，溶剂挥发速度较普通溶剂型涂料低，另外，由于低黏度的多元醇组分的官能度较低，玻璃化温度也低，因此相对中等固体含量的涂料来说，涂膜干燥时间更长一些。高固体分涂料容易出现的问题主要有：

(1) 爬缩和缩孔

由于高固体分涂料成膜材料中含有大量的官能团，使用的溶剂多为高极性、高表面张力溶剂，所以涂料的表面张力比传统溶剂型涂料高，造成涂料的流平性不好，容易引起爬缩和缩孔。解决这些弊病的方法：一是在配方设计时添加调整表面张力的助剂（流平剂），使高固体分涂料的表面张力接近同类传统涂料的表面张力；二是施工高固体分涂料时，对被涂底材进行严格的表面处理。

(2) 流挂

高固体分涂料由于其固体含量高，施工黏度较小，因为流挂速度和黏度成反比，因此施工后其湿膜黏度较小，而且干燥较慢，故比传统涂料的湿膜更易产生流挂。可采用两种方法有效防治：一是加入防流挂剂，如碱性磺酸钙凝胶、丙烯酸微凝胶等。如在丙烯酸涂料中添加 5% 的丙烯酸微凝胶，可使相对分子质量低的涂膜的厚度大大提高而不产生流挂；二是采用热喷涂技术，特别是双组分喷涂设备，在施工前，将涂料加热至 40～50℃，加热的目的是降低黏度，而不采用稀释剂来降低黏度，这样有益于降低 VOC。

13.3　水性涂料

13.3.1　概况

凡是用水作溶剂或者作分散介质的涂料，都可称为水性涂料。水性涂料包括水溶性涂料、水稀释性涂料和水分散性涂料三种。水有别于绝大多数有机溶剂的特点在于其无毒、无臭和不燃。用水作分散介质，不仅环保、健康，且生产和使用安全，同时可以降低涂料的生产成本。因此，水性涂料成为现代涂料工业发展的主流方向。

水性涂料具有下列优点：

① 以水为介质，安全，无火灾隐患。

② VOC 含量大大降低，减少了对大气的污染，有利于环境保护和人体健康。一般水性涂料中的有机溶剂含量不足 10%，而新一代阴极电泳涂料已达 0.6%。

③ 能在潮湿表面和潮湿环境下施工，对工件材质的适应性好，附着力好。

④ 施工简单方便，施工机具可直接用水清洗。

但水性涂料也存在以下缺点：

① 水性涂料中的基料和添加剂为有机物质，体系中含有机溶剂为 2%～12%，仍会对环境造成一定污染。

② 成膜时干燥时间较长，尤其是在低温高湿环境下。这是因为水的蒸发热高于有机溶剂，往往需要采取措施来促进水的蒸发。

③ 由于水的表面张力较大，使得涂料对基材的润湿困难。

④ 以水作溶剂，金属基体极易腐蚀。

⑤ 树脂与水的相溶性不好，以致涂料的储存稳定性差。

⑥ 因为水的冰点比大多数有机溶剂高，因此涂料的冻融稳定性差；

⑦ 容易遭受微生物破坏。

因此，水性涂料中需加入各种助剂来改善和提高其性能，这些助剂包括助溶剂、乳化剂、润湿分散剂、成膜助剂、增稠剂、消泡剂、催干剂、防霉杀菌剂、缓蚀剂等。制备水性涂料的关键是在制备水性树脂，可用作水性涂料基料的水性树脂包括水性醇酸树脂、水性环氧树脂、水性丙烯酸树脂、水性聚氨酯树脂和水性聚酯树脂等。

13.3.2　水性树脂的制备方法

制备水性树脂的关键是在树脂分子上引入亲水性基团（如阳离子、阴离子或非离子亲水链段），使树脂具有水溶性或水分散性。制备水性树脂的方法很多，但最新的方法主要有以下几种：

(1) 采用水性单体共聚

水性单体包括羧酸类、酰胺类、羟基类、磺酸类单体和一些阳离子单体。在聚合过程中，共聚单体由于其强亲水性而结合在胶粒表面，形成亲水性膜而产生立体稳定效应。离子型单体还能使胶粒表面产生电荷，通过静电斥力来维持乳液的稳定。

单体的种类、用量、加料方式，羧基单体的中和度对聚合及乳液的稳定性均有较大影响。单体的水溶性太大，易在水相发生均聚；反之，易埋在胶粒内，均不利于共聚合。利用羧基单体，采用两步法聚合可制备固含量40%以上的无皂乳液。第一步在低pH值下聚合制成种子乳液；第二步提高种子乳液的pH值，使聚合物上的羧基离子化，形成高度带电的乳胶粒作为进一步聚合的场所。联合使用水溶性羟基单体和离子型引发剂也可制备出稳定的高固含量无皂乳液。利用烯烃基甘油醚磺酸盐、3-烯丙氧基-2-烃基丙磺酸盐等制备出固含量高达60%的稳定的无皂乳液。

(2) 采用可聚合乳化剂

可聚合乳化剂种类很多，主要有烯丙醇的衍生物、苯乙烯的衍生物、马来酸的衍生物、丙烯酰胺的衍生物、(甲基)丙烯酸及其酯的衍生物等。

为了使可聚合乳化剂键合在乳胶粒表面而产生良好的稳定效果，可聚合乳化剂应具有适当的聚合活性和亲水性。聚合活性太高，它在聚合过程的早期就会和其他单体共聚而埋在颗粒内部；活性较低，则它在聚合过程的后期才与其他单体共聚，不易埋在颗粒内而位于颗粒的表面；但聚合活性太小，它就难以键合到乳胶粒上。亲水性太小的可聚合乳化剂也易埋在颗粒内，但太大可能会水相聚合，形成水溶性聚合物。

可聚合基团的位置对聚合过程及乳液的稳定性有较大的影响。双键位于疏水端的最易聚合，位于亲水端的因亲水端之间的排斥作用而难聚合。采用合适的可聚合乳化剂可制备固含量50%以上的稳定的无皂乳液。

(3) 采用大分子乳化剂

大分子乳化剂的迁移性远低于小分子乳化剂，在聚合过程中还可能与乳胶粒发生接枝作用，因而采用大分子乳化剂可克服小分子乳化剂易迁移、易起泡的缺点。大分子乳化剂主要包括嵌段共聚物、接枝共聚物等。采用大分子乳化剂可制备固含量30%～40%的稳定的无皂乳液。

(4) 化学改性

对环氧树脂，一般是通过化学改性的方法来达到水性化的目的。一般的环氧树脂是不溶于水的，通过对环氧树脂进行改性，在其分子中引入羧基、羟基、氨基、醚键、酰胺基或非离子亲水链段等亲水基团，使其转变为水溶性或水分散性环氧树脂。

13.3.3 水性助剂

13.3.3.1 水性润湿分散剂

水性润湿分散剂是为了确保颜填料在水性体系的润湿、分散。用于水性体系的润湿分散剂可分为三类：无机分散剂、聚合物型分散剂和超分散剂。

（1）无机分散剂

目前使用最多的无机分散剂主要有聚磷酸盐、硅酸盐等，聚磷酸盐主要有六偏磷酸钠、多聚磷酸钠、三聚磷酸钾（KTPP）和焦磷酸四钾（TKPP）等。其作用的机理是通过氢键和化学吸附，起静电斥力稳定作用。其优点是用量少（约0.1%左右），对无机颜料和填料分散效果好。但也存在不足之处：一是随着pH值和温度的升高，多聚磷酸盐容易水解，造成长期储存稳定性不良；二是多聚磷酸盐在乙二醇、丙二醇等二醇类溶剂中不完全溶解，会影响有光乳胶漆的光泽。

（2）聚合物型分散剂

聚合物型分散剂主要有聚丙烯酸盐类、聚羧酸盐类、缩合萘磺酸盐、多元酸共聚物等。这类分散剂的特点是，在颜填料表面产生较强的吸附或锚固作用，具有较长的分子链以形成空间位阻，链端具有水溶性，有的还辅以静电斥力，达到稳定的结果。要使分散剂具良好的分散性，要严格控制相对分子质量。相对分子质量太小，空间位阻不足；相对分子质量太大，会产生絮凝作用。

（3）超分散剂

超分散剂的分子结构分为两个部分：一部分为锚固基团，采用平面吸附方式，将分散剂锚合在颜料颗粒表面，防止超分散剂脱附；另一部分为溶剂化链，它与分散介质具有良好的相容性，能在颜料表面形成足够厚的保护层。超分散剂是通过伸展于液相中的高分子所产生的静电斥力和位阻斥力的共同作用而使粒子均匀分散于体系中的。

超分散剂亲水端大多为侧链带羧基的聚合物，如丙烯酸（酯）、马来酸（酯）及它们的衍生物，疏水端单体多为不饱和烃类，如苯乙烯、乙烯、丁二烯、二异丁烯、甲基乙烯醚、醋酸乙烯酯、α-甲基苯乙烯等。

天然的高分子化合物，如藻酸盐、瓜尔胶等，虽然相对分子质量较大，但也可用作分散剂。

13.3.3.2　水性消泡剂

水性涂料中添加的浮化剂、润湿分散剂、流平剂和增稠剂等助剂，不仅使水性涂料产生大量泡沫，而且还能够稳定泡沫。泡沫的存在使生产操作困难，给漆膜留下的气泡造成表面缺陷，既有损外观，又影响涂膜的防腐性和耐候性。水性涂料消泡剂一般分为三大类：有机消泡剂、聚硅氧烷类消泡剂和聚醚类消泡剂。

常用的有机消泡剂一般是由水溶性差、表面张力低的液体组成，破坏作用很强，而抑泡作用很差。有机消泡剂包括：矿物类如液体石蜡；胺类及酰胺类如二戊胺、卤化脂肪酰胺；醇类如椰子醇、已醇。矿物油类消泡剂使用比较普遍，主要用于平光和半光乳胶漆中。

聚硅氧烷类消泡剂表面张力低，消泡和抑泡能力强，不影响光泽，但使用不当时，会造成涂膜缩孔和重涂性不良等缺陷。常用聚硅氧烷类消泡剂包括乳液型聚硅氧烷消泡剂和聚醚改性有机硅氧烷消泡剂。乳液型聚硅氧烷消泡剂，俗称有机硅消泡剂，通过乳化甲基硅油制得，它在水相中易分散，用量小，消泡快；聚醚改性有机硅氧烷消泡剂由聚甲基硅氧烷和聚醚两种链段组成，通过改变硅氧烷、环氧乙烷、环氧丙烷的比例，可以调节消泡能力。

聚醚类消泡剂是高分子链中含有大量醚键的聚合物，通过环氧乙烷和环氧丙烷共聚制备，改变二者的比例，就可以调节聚醚对水的亲和性，制成一系列消泡剂。

传统水性涂料消泡剂是以与水相不相容而达到消泡目的的，因此容易产生涂膜表面缺陷。近几年，开发了分子级消泡剂。这种消泡剂是将消泡活性物质直接接枝在载体物质上形成聚合物。该聚合物分子链上带有湿润作用的羟基，消泡活性物质分布在分子四周，活性物质不易聚集，与涂料体系相容性良好。此外，为了满足生产零 VOC 涂料的需要，也有不含 VOC 的消泡剂。

13.3.3.3　成膜助剂

乳胶漆能形成连续涂膜的最低温度称为最低成膜温度（MFT），若低于此温度施工，乳胶漆中水分挥发后，乳胶粒的熔合过程中，聚合物颗粒过硬，乳胶粒不会变形，也就不能成膜。因此，成膜首先需要使乳胶粒变软，亦即降低聚合物的玻璃化温度。成膜助剂通过对乳胶粒子的溶解作用，降低了乳胶体系玻璃化温度。它能促进乳胶粒子的塑性流动，改善其聚结性能，使其能在广泛的施工范围内成膜。一旦乳胶粒变形与成膜过程完成后，成膜助剂会从涂膜中挥发，从而使聚合物玻璃化温度恢复到初始值，成膜助剂起一种“临时”增塑剂的作用。

成膜助剂大都为微溶于水的强溶剂，有醇类、醇醚及其酯类等。传统的成膜助剂有：松节油、松油、十氢萘、1,6-己二醇、1,2-丙二醇、乙二醇醚及其醋酸酯，这些溶剂都有一定的毒性，正逐渐为低毒性的丙二醇醚类及其醋酸酯代替。

尽管成膜助剂对乳胶漆的成膜有很大作用，但成膜助剂是有机溶剂，对环境有一定影响，所以发展的方向是环境友好型的有效成膜助剂，如降低气味、降低挥发性有机物含量，制备低毒、安全、生物降解的成膜助剂以及活性成膜助剂。

13.3.3.4　防霉杀菌剂

在水性涂料中，酪蛋白、大豆蛋白质、纤维素衍生物等为微生物提供养料，微生物在适当的条件下开始繁殖，导致涂料腐败变质。在涂料中加入适量的防霉杀菌剂可以抑制微生物的生长和繁殖，保护涂料。

防霉杀菌剂主要通过阻碍菌体呼吸、干扰病原菌的生物合成、破坏细胞壁的合成、阻碍类脂的合成发挥作用。

针对水性涂料的特点，理想的防霉杀菌剂应与涂料中各种组分的相容性良好，加入后不会引起颜色、气味、稳定性等方面的变化，具备良好的储存稳定性，水溶性良好，此外还应具有良好的生物降解性和较低的环境毒性。常用防霉杀菌剂包括：取代芳烃类，如五氯苯酚及其钠盐，四氯间苯二甲腈，邻苯基苯酚等；杂环化合物类，如 2-(4-噻唑基) 苯并咪唑，苯并咪唑氨基甲酸甲酯，2-正辛基-4-异噻唑啉-3-酮，8-羟基喹啉等；胺类化合物，如双硫代氨基甲酸酯，四甲基二硫化秋兰姆，水杨酰苯胺等；有机金属化合物，如有机汞，有机锡和有机砷；甲醛释放剂以及磺酸盐类、醌类化合物等。

目前应用的防霉杀菌剂大都由一种或多种活性成分进行复配，复配的活性成分不仅保证杀菌谱线的全面性，而且不易使周围环境的细菌出现选择性适应。

13.3.3.5 水性流平剂

水性涂料用流平剂主要有聚丙烯酸酯类、有机硅类、微粉化蜡乳液。

聚丙烯酸酯类流平剂能降低涂料与基材之间的表面张力，使涂料与基材间有最佳的润湿性。可以在短时间内迁移到涂层表面形成单分子层，以保证表面张力均匀化，增加抗缩孔效应，从而改善涂膜表面的光滑平整度。聚丙烯酸酯类流平剂通常用比均聚物有较好的相容性的共聚物。

有机硅类流平剂是以相容性受限制的长链硅树脂为主要组成，可分为聚醚改性有机硅、聚酯改性有机硅、反应性有机硅。改性有机硅可以消除贝纳德涡流，防止发花、橘皮，降低涂料与底层的界面张力，提高对底材的润湿性，增加附着力，减少缩孔、针眼等涂膜表面病态。

13.3.3.6 缓蚀剂

缓蚀剂可以防止或减缓腐蚀作用，在金属表面使用水性涂料，干燥过程中金属表面与涂料中水的接触容易发生闪锈等腐蚀现象，引入缓蚀剂，能有效避免金属腐蚀。

根据电化学理论，缓蚀剂可分为抑制阳极型缓蚀剂和抑制阴极型缓蚀剂。抑制阳极型缓蚀剂是在金属表面形成一层致密的氧化膜而抑制金属的溶解，起到缓蚀的作用；抑制阴极型缓蚀剂是溶液中的金属离子更容易被还原，从而抑制金属的溶解，抑制腐蚀的发生。吸附理论认为，缓蚀剂之所以能阻止、延缓金属的腐蚀，是由于缓蚀剂通过物理化学吸附在金属表面，减小了介质与金属表面接触的可能性，从而达到缓蚀的效果。成膜理论认为，缓蚀剂与酸性介质中的某些离子形成难溶的物质，沉积在金属表面，阻止金属的腐蚀。

缓蚀剂可分为氧化型、非氧化无机盐、金属阳离子、有机化合物和无机缓蚀颜料。

氧化型缓蚀剂包括钼酸盐、钨酸盐、铬酸盐等。

非氧化无机盐如磷酸盐，可以多种形式使用，既可作为钢铁的处理剂，也可作为颜料用于涂料，非氧化型无机盐的离子不直接参与氧化膜的形成，它的功能在于解决氧化膜的不连续性，使涂膜中缺陷部分的微孔通过阴离子的沉积而得到堵塞。

有机缓蚀剂主要包括碱式磺酸盐、二壬基萘磺酸盐、有机氮化物锌盐，螯合物助剂（苯并三唑、苯并咪唑等）、胺与胺盐（二苯胺、二甲基乙醇胺、三乙醇胺或其盐类等）等。有机缓蚀剂的作用是靠化学吸附、静电吸附或是π键的轨道吸附。

无机缓蚀颜料主要有磷酸盐、硼酸盐、钼酸盐、锌粉等。在金属材料表面的有机涂料中添加防腐蚀颜料，可以显著提高有机涂层的抗腐蚀性能。

13.3.4 乳胶漆生产工艺

乳胶漆是颜料的水分散体和聚合物的水分散体（乳液）的混合物，这二者本身都已含有多种表面活性剂，为了获得良好的施工和成膜性质，又添加了许多表面活性剂。这些表面活性剂除了化学键合或化学吸附外，都在动态地作吸附/脱吸附平衡，而表面活性剂间又有相互作用，如使用不当，有可能导致分散体稳定性的破坏。

在颜料和聚合物两种分散体进行混合时，投料次序就显得特别重要。典型的投料顺序如下：①水；②杀菌剂；③成膜溶剂；④增稠剂；⑤颜料分散剂；⑥消泡剂、润湿剂；⑦颜填料；⑧乳液；⑨pH 调整剂；⑩其他助剂；⑪水和/或增稠剂溶液。

操作步骤如下：将水先放入高速搅拌机中，在低速下依次加入杀菌剂、成膜溶剂、增稠剂、颜料分散剂、消泡剂、润湿剂，混合均匀；之后将颜填料缓缓加入叶轮搅起的旋涡中，调节叶轮与调漆桶底的距离，使旋涡呈浅盆状，加完颜填料后，提高叶轮转速。为防止温度上升过多，应停车冷却，停车时刮下桶边黏附的颜填料。随时测定刮片细度，当细度合格，即分散完毕。分散完毕后，在低速下逐渐加入乳液、pH 调整剂，再加入其他助剂，然后用水和/或增稠剂溶液调整黏度，过筛出料。

13.4 粉末涂料

13.4.1 概况

粉末涂料是一种含有100%固体分、以粉末形态进行涂装的涂料，它与一般溶剂型和水性涂料的最大不同在于不使用溶剂或水作分散介质，因而具有一定的生态环保、经济性以及工艺特性优势，具体优势如下：

① 不含有机溶剂，储存稳定、运输方便，避免了有机溶剂带来的火灾、中毒等危险；

② 有机溶剂挥发物（VOC）等于零，既节省能源，又无环境污染；

③ 涂装效率高，其成膜物质100%，节约时间和空间，溅落的粉末可以回收利用，应用时涂料损失小，因而总的涂料利用率高，通常达90%以上；

④ 涂膜厚度容易控制，一次涂装可以厚涂达 50～500μm，因此可以简化生产工序，施工效率高，节省能耗和劳力；

⑤ 涂层具有优异的物理机械性能，耐划伤，耐冲击，坚固，耐久、耐化学品性能优良；

⑥ 边角涂覆性良好，不会出现流挂等弊病；

⑦ 生产和操作比较安全，无臭，无毒，不含重金属，对人体无生理上的影响。

不过非常细微的粉末颗粒粉尘却极可能引起爆炸，必须注意粉末爆炸的极限浓度。

粉末涂料也存在以下缺点：

① 制造粉末涂料的设备要求较高，投资较大；

② 配色困难，换色也比较麻烦；

③ 粉末涂装需独特的喷涂设备、喷涂系统，故施工应用的设备投资比较大；

④ 只适合厚膜涂装，不适合薄膜涂装；

⑤ 涂膜固化温度高，不如高固体分涂料和辐射固化涂料节能。

13.4.2　粉末涂料的种类

粉末涂料种类很多，主要有热塑性和热固性两大类，此外，还有一些其他类型的粉末涂料。

13.4.2.1　热塑性粉末涂料

热塑性粉末涂料包括聚乙烯粉末涂料、含氟粉末涂料、尼龙粉末涂料、聚苯硫醚粉末涂料、乙烯-醋酸乙烯粉末涂料、醋丁纤维素和醋丙纤维素粉末涂料。

聚乙烯粉末涂料一般由低密度聚乙烯制造，该涂料耐矿物、耐碱、耐盐类和耐化学药品性能好，涂膜拉伸强度、表面硬度和冲击强度等物理机械性能好，涂膜电性能好。

含氟粉末涂料常见的为偏氟乙烯涂料，该涂料耐候性、耐污性、耐热性和耐冲击性能好，可在 200℃左右固化，可不需高温即可烧结成膜。聚氟乙烯粉末涂料用在化工防腐等方面。

尼龙粉末涂料有优异的吸水性、耐磨性、耐磨蚀、耐酸碱盐及抗冲击性和柔韧性等力学性能。

13.4.2.2　热固性粉末涂料

热固性粉末涂料包括热固性聚酯环氧型涂料、环氧粉末涂料、聚氨酯粉末涂料、丙烯酸粉末涂料、丙烯酸-聚酯粉末涂料等。

热固性聚酯环氧型涂料是以聚酯为主要成膜物质，加环氧树脂及助剂加工而制成的粉末涂料，是一种混合型粉末涂料。环氧树脂起到了降低成本、赋予漆膜耐腐蚀性、耐水性等作用，而聚酯树脂则可改善漆膜的耐候性和柔韧性。

环氧粉末涂料是以双酚 A 环氧树脂为主体，加入适量的助剂，在一定的温度下混炼、冷却粉化而成。无污染，熔融黏度低，流平性好，不需要底漆，涂膜坚固，力学性能好，有优异的反应活性和储藏稳定性，耐腐蚀性、耐药品性能好，涂料的配色好，固化剂选择范围宽，应用范围广。

聚氨酯粉末涂料是由端羟基的聚酯和各种封闭型多异氰酸酯为成膜物质的粉末涂料，由羟基和异氰酸酯反应生成含氨基甲酸酯结构的聚氨酯交换膜。该涂料有突出的流动性，漆膜光泽高、耐候性好、物理机械性能和耐化学性都十分优越。

丙烯酸粉末涂料有优良的耐候性、保光性、装饰性、耐污染性，物理性能和电气绝缘性能良好，涂抹平整光亮，色泽浅淡，透明性好，可配多种颜色，是一种具有高装饰性能的涂料。目前，世界上丙烯酸粉末涂料产量正以每年15%的速度增长，远远超过了其他涂料的增长速度。而在我国，虽然粉末涂料的产量已居世界前列，但丙烯酸粉末涂料尚处于开发阶段，没有进行工业化生产。随着汽车、洗衣机、冰箱、空调等行业的蓬勃发展，对高装饰性、高耐候性的丙烯酸粉末涂料的需求会越来越迫切。尤其在汽车行业中，丙烯酸粉末涂料以其优异的附着力、保光保色性及户外耐久性，对静电涂装适应性强，可以薄涂（30～40μm）以及良好的装饰性等特性，被国际汽车制造商用作车身面漆。

热塑性粉末涂料与热固性粉末涂料的特性比较见表 13-1。

表 13-1 热塑性粉末涂料与热固性粉末涂料的特性比较

比较项目	热塑性粉末涂料	热固性粉末涂料
树脂的相对分子质量	高	中等
树脂的软化点	高至很高	较低
颜料的分散性	稍微困难	较容易
树脂的粉碎性能	较差，常温粉碎或冷冻粉碎	较容易，常温易粉碎
对底漆的需求	需要	不需要
涂装方法	以流化床浸泡为主和其他涂装方法	以静电喷涂粉末涂装为主，兼有其他涂装方法
涂膜外观	一般	很好
涂膜薄涂性能	困难	容易
涂膜物理机械性能的调节	不容易	容易
涂膜耐溶剂性	较差	好
涂膜耐污染性	不好	好

13.4.2.3 其他粉末涂料

电泳粉末涂料是在有电泳性质的阳离子树脂（或阴离子树脂）溶液中，使粉末涂料均匀分散而得到的涂料。电泳粉末涂料涂装效率高，膜厚度容易控制，涂抹性能高，安全卫生性好，涂料利用率高。

水分散粉末涂料是由树脂、固化剂、颜料、填料及其助剂熔融混合、冷却、粉碎、过筛得到的粉末涂料。该涂料既有水性涂料的优点，又有粉末涂料的特点。此外还有导热防腐粉末涂料；有机硅改性的粉末涂料以及其他特种涂料等。

13.4.3 粉末涂料的组成

粉末涂料品种很多，配方各异，但其基本组成通常包括树脂、固化剂、各种助剂和颜填料。一个典型的粉末涂料配方应含有：50%～60%的基料（包括树脂和固化剂）；30%～50%的颜填料；2%～5%的流平剂和其他助剂。

通常，树脂是指具有较高相对分子质量和较低官能度的高聚物，固化剂是指具有较低相对分子质量和较高官能度的低聚物或化合物。粉末涂料用颜填料与溶剂型涂料基本相同。

13.4.4　粉末涂料用助剂

粉末涂料用助剂包括固化剂和固化促进剂、流平剂、消光剂、光稳定剂、美术型助剂、增稠剂（增韧剂）、偶联剂、脱气剂、边缘覆盖剂和防结块剂等。

（1）固化剂和固化促进剂

热固性粉末涂料的成膜是通过加入某种化学物质并使其在一定的条件下与基料树脂发生交联反应形成不溶、不熔的三维网状结构的高聚物来完成的。这一交联反应称为固化反应。在此，起固化反应的化学物质称为固化剂，而能使固化反应温度下降或固化速度加快的化学物质称为固化促进剂。

热固性粉末涂料涂层作为一种高分子材料，其性能主要取决于所用基料树脂本身的结构及其聚集状态，而固化剂和固化促进剂对其聚集状态将起着决定作用。因此，固化剂和固化促进剂的品种、用量及交联反应条件均为影响粉末涂料各种特性的关键因素之一。

为了满足粉末涂料在制备、储存和应用等方面的要求，固化剂和固化促进剂必须具备以下性能：

① 室温下呈固态（粉状、粒状、薄片状），并且易于粉碎以利于在预混阶段均匀分散；

② 室温下应是稳定的化合物，不易受大气、潮气的影响；

③ 与基料树脂混溶，而熔融混炼时又不发生反应；

④ 室温下交联基团是潜伏的，并且有较长的储存稳定性，同时在粉末配混期间仍是潜伏稳定的，只有在温度升高后才发挥其交联固化作用，这将保证在固化反应开始前，施工于基材上的粉末能在其熔融流动的温度范围内，流动成平整的“湿”态涂层；

⑤ 在粉末涂料施工于基材上熔融流平后能在较短的时间内迅速完成固化反应；

⑥ 使用时无刺激性气体产生，无毒性危害；

⑦ 对涂膜无着色性。

粉末涂料用固化剂种类繁多，选用的原则主要是根据其基料树脂所带有的活性基团，详见表 13-2。

表 13-2　固化剂类型及选用原则

树脂中的活性基团	固化剂的类型
羟基	酸酐、封闭异氰酸酯、带烷氧羟甲基三聚氰胺
羧基	环氧化合物或树脂、多元胺、羟烷基酰胺、异氰尿酸三缩水甘油酯
环氧基	双氰胺及其衍生物、酸酐、酰胺、含羟基聚酯树脂、芳香族胺、含酚羟基树脂、咪唑及其衍生物、BF_3 胺络合物
不饱和基团	过氧化物

（2）流平剂

粉末涂料是在生产和成膜过程中出现相转变的工业涂料中的一类特殊品种。由于粉末涂料中不存在有助于润湿性和改变涂膜流动性的溶剂，导致粉末涂料表面缺陷的消除较之液态（溶剂型）涂料要难得多。

粉末涂料是一个无溶剂的体系，将其施工在底材上，通过升温，使其粉末粒子熔融在一起（聚结），进而流动、流平（成膜），通过一个黏性液态阶段润湿底材，最后化学交联形成更高相对分子质量的涂膜，这一成膜过程可分解为熔融聚结、形成涂膜和流平三个阶段。

在涂料形成的过程中，由于连续涂膜流动不足或过度将会导致表面缺陷的形成，而这一流动又取决于驱使流动的表面张力和与此张力相反的施加于涂膜中的分子间的相互作用力（表现为熔融黏度）之间的差，流平的推动力是表面张力，它有使涂膜表面积收缩至最小的趋势，流平的阻力是熔融黏度。对于具有优良流动性的涂层而言，体系的表面张力应尽可能的高，熔融黏度应尽可能的低。但表面张力太高时，成膜过程中会出现缩孔；熔融黏度太低会导致施工时边缘覆盖性差，立面流挂。

另外，由于粉末涂料的树脂和交联剂的固有特性，且又不含低表面张力的溶剂，致使其对底材的润湿性较之溶剂型涂料困难得多，缩孔也会由于对底材的润湿不足而形成。

涂膜的表面外观还受粉末粒子的大小及分布所影响，粒子愈小，其热容量愈低，熔融需时也愈少，从而可较快地聚结成膜，进而流平，产生较好的外观；而大的粒子熔融时间较小粒子要长，产生橘皮效应的概率也就愈大。涂膜的外观还会因生产和应用阶段可能发生的表面活性剂或杂质污染而出现缺陷；熔融期间各成分之间的选择性吸附作用所导致的浸润性不良也是引起涂膜表面缺陷的主要原因之一，所有这些都与体系的表面张力和熔融黏度密切相关。

实践中，常用流平剂来改善涂膜的外观，消除橘皮、缩孔、针孔、缩边等表面缺陷。流平剂通过降低或改变表面张力和界面张力来消除涂膜表面的缺陷。一种优质的流平剂将能降低体系的熔融黏度，从而有助于熔融混合和颜料分散，同时提高对底材的润湿性，改善涂层的流动、流平，有利于去除表面缺陷和有利于空气的释除。

流平剂可分为液态与固态两大类。固态流平剂可在粉末涂料的制造过程中直接加入，与其他物料一起干混合，再挤出、粉碎、筛分。液态流平剂则必须事先与部分（一般为10%～15%）基料树脂一起熔融分散，待冷却粉碎后再与其他物料一起混合，挤出、粉碎、筛分，才能取得满意的分散效果。液态流平剂需要添加熔融分散设备，并增加了工序，因而现在大都趋向于选用固态流平剂。

丙烯酸酯液态流平剂的用量为总粉量的0.7%～1.5%（一般为1%）；固态流平剂通常是由吸收剂（载体）吸收液态流平剂制成。用量为总粉量的3%～5%

（一般为 4%）。润湿促进剂的用量为 1%～3%（一般为 2%）。

（3）消光剂

光泽是物体表面对光的反射特性，也是物体表面对光的反射能力。物体表面对光的反射能力取决于物体表面的光滑程度。表面越光滑，反射能力越大，光泽也越高；反之，表面越粗糙，反射能力越差，光泽也越低。

光泽大小的量度称为光泽度。通常把涂层光泽度大于 70%的称为有光涂料，光泽度为 6%～70%的称为半光涂料，光泽度小于 6%的称为无光涂料。鉴于光泽度的大小取决于物体表面的光滑程度，因此所谓涂料消光，实际上是采取种种手段，破坏涂层表面的光滑性，也即尽一切可能增加涂层表面的微观粗糙程度，这是所有涂料消光的基本原理。

粉末涂料的消光是通过在配方组分中加入消光剂来实现的。通常根据消光途径的差异将消光剂分为物理消光剂和化学消光剂两大类。

物理消光剂是通过借助于其与基料树脂不相容性来达到消光的目的的。将它们加入到粉末涂料中，然后被均匀地分散到涂料内部，在涂膜固化成膜过程中析出或保持原来的结晶态，分布于涂膜的表面或悬浮于涂料的表面，破坏了基体树脂的连续性，从而打破了涂料的平整性，形成了一层引起光线散射的粗糙面，而起到消光的作用。物理消光剂主要包括金属皂、某些低分子化合物、蜡和金属盐的混合物、金属有机化合物等。

化学消光剂在涂料固化成膜的过程中借助于化学反应来破坏涂膜的平整性以达到消光的目的。目前常用的有互穿网络型树脂、单盐型消光固化剂及消光固化流平剂、接枝型消光固化剂等。

除上述三种常用助剂外，粉末涂料用助剂还有光稳定剂、美术型助剂、增塑剂-增韧剂、脱气剂、偶联剂、边缘覆盖剂和防结块剂等。这些助剂的加入将赋予粉末涂料以各种各样的性能，以满足各种应用要求。

13.4.5　粉末涂料用颜填料

适用于粉末涂料的颜填料按其性能和作用大致可分为：着色颜料、金属颜料、功能颜料和体质颜料（填料）等四大类。它们是粉末涂料的重要组成部分，赋予涂层绚丽多彩的色泽，同时还能改善涂料的机械化学性能或降低涂料的成本。

粉末涂料用颜填料与溶剂型涂料用颜填料的要求基本相同，但由于其工艺技术的特殊性，对颜填料也有一些特殊的要求。选用时应考虑以下问题：

① 在常温下或熔融挤出、涂装过程中不与树脂、固化剂、助剂等组分发生化学反应；

② 颜料分散性要好，最佳分散粒度为 0.2～0.9μm，不易结块；

③ 颜料的遮盖力和着色力要强；

④ 热稳定性要好，至少需耐温 160℃以上；

⑤ 颜料要具备一定的耐光耐热性，如不易褪色、抗粉化、物理性能要持久；

⑥ 颜料吸油量要适中，抗渗色性要好。

粉末涂料配方中颜填料的含量对涂料和涂膜的各项性能有很大影响。见表13-3。

表 13-3 颜填料与粉末涂料及其涂膜性能的关系

颜填料含量	低→高	颜填料含量	低→高
涂膜光泽	高←低	涂膜花纹	低→高
涂膜柔韧性	高←低	粉末相对密度	低→高
涂膜耐冲击性	高←低	粉末储存稳定性	低→高
涂膜附着力	高←低	粉末相对成本	高←低
涂抹平整度	高←低	粉末相对喷涂性	高←低
涂膜耐候性	低→高		

因此，要想得到理想的粉末涂料，不仅要选择好颜料和填料的品种，而且还要设计好它们的用量。

13.4.6 粉末涂料制备技术

传统的粉末涂料制备方法可分为干法和湿法两种。干法可分为干混合法和熔融混合法；湿法又可分为蒸发法、喷雾干燥法和沉淀法。新近发展的一种方法为超临界流体法。

(1) 干混合法

干混合法是最早采用的最简单的粉末涂料制备方法，先将原料按配方称量，然后用混合设备进行混合粉碎，经过筛分得到产品。这种方法制造的粉末涂料粒子都以原料成分的各自状态存在，所以当静电喷涂时，由于各种成分的分散性和均匀性有较大差别，静电涂装的涂膜外观不好，回收的粉末涂料也不能再用。因此，目前已基本不用这种方法。

(2) 熔融混合法

熔融混合法在制备过程中直接熔融混合固态原料，经冷却、粉碎、分级制得粉末涂料。在熔融工序中，可以采用熔融捏合法和熔融挤出混合法，前者不易连续生产，较少采用，后者可连续生产，熔融混合法具有以下优点：

① 易连续化生产，生产效率高；

② 可直接使用固体原料，不用有机溶剂或水，无废水或溶剂排放问题；

③ 生产涂料树脂品种和花色品种的适用范围宽；

④ 颜料、填料和助剂在树脂中的分散性好，产品质量稳定，可以生产高质量的粉末涂料；

⑤ 粉末涂料的粒度容易控制，可以生产不同粒度分布的产品。

熔融混合法的缺点是换树脂品种和换颜色麻烦。

(3) 蒸发法

蒸发法是湿法制备粉末涂料的一种。此法获得的涂料颜料分散性好，但工艺流程较长，有大量的溶剂要回收处理，设备投资大，制造成本高，推广受到限制。这种方法主要用于丙烯酸粉末涂料的制备，大部分有机溶剂靠薄膜蒸发除去，然后用行星螺杆挤出机除去残余的少量溶剂。

(4) 喷雾干燥法

喷雾干燥法也是湿法制备粉末涂料的一种方法，其优点主要有：

① 配色容易；

② 可以直接使用溶剂型涂料生产设备，同时加上喷雾设备即可进行生产；

③ 设备清洗比较简单；

④ 生产中的不合格产品可以重新溶解后再加工；

⑤ 产品的粒度分布窄，球形颗粒多，涂料的输送流动性和静电涂装施工性能好。

其缺点是要使用大量溶剂，需要在防火、防爆等安全方面引起高度重视，涂料的制造成本高。这种方法适用于丙烯酸粉末涂料和水分散粉末涂料用树脂的制备。

(5) 沉淀法

沉淀法与水分散涂料的制备法有些类似，配成溶剂型涂料后借助于沉淀剂的作用使液态涂料成粒，然后分级、过滤制得产品。这种方法适合以溶剂型涂料制备粉末涂料的场合，所得到的粉末涂料粒度分布窄且易控制。由于工艺流程长，制造成本高，工业化推广受到限制。

(6) 超临界流体法

将粉末涂料的各种成分称量后加到带有搅拌装置的超临界流体加工釜中，利用超临界二氧化碳将涂料的各种成分流体化，这样在低温下就达到了熔融挤出的效果。物料经喷雾井在分级釜中造粒，制得产品。这种方法开发利用被称为粉末涂料制造方法的革命。

粉末涂料的制备工艺比较见表13-4。

表13-4 粉末涂料制备工艺

制造方法		工艺流程
干法	干混合法	原料混合→粉碎→过筛→产品
	熔融混合法	原料混合→熔融混合→冷却→粗粉碎→细粉碎→分级过筛→产品
湿法	蒸馏法	配制溶剂型涂料→蒸发或抽真空除溶剂→粉碎→分级过筛→产品
	沉淀法	配制溶剂型涂料→研磨→调色→加沉淀剂成粒→破碎→分级过筛→产品
	喷雾干燥法	配制溶剂型涂料→研磨→调色→喷雾干燥→产品
超临界流体法		配料→预混合→加入超临界流体→喷雾成粒→分级→产品

粉末涂料是发展最快的涂料品种，主要应用于铝质和钢质金属建材、家电、交通、仪器等。近年来世界研究开发的最为瞩目的粉末涂料是低温固化型粉末涂料（烘烤温度在150℃之下），其次是预涂用粉末涂料和氟树脂粉末涂料等功能性粉末涂料，再次是消光、高光泽及高鲜映性等美术型粉末涂料，并开始研究开发薄膜化、高耐候型、耐热型、提高涂装效率的粉末涂料品种。

13.5 辐射固化涂料

13.5.1 概况

辐射固化涂料主要是紫外光固化涂料，利用中、短波（300～400nm）紫外光（UV）的辐射能量引发含活性官能团的高分子材料聚合，形成不溶的固体涂膜的涂料品种。

辐射固化涂料具有以下优点：

① 固化速度快，可在几秒内固化，应用于要求瞬时同化的场合；

② 能量利用率高，节约能源；

③ 有机挥发分（VOC）少，环境友好；

④ 不需加热，对于某些热敏器件、光学电子零件来说十分有用；

⑤ 固化过程可以自动化操作，提高生产中的自动化程度，从而提高生产效率和经济效益。

当然，辐射固化涂料也存在着一些缺点：

① 活性稀释剂，主要是丙烯酸的单酯、二元酯及多元酯，对人体的皮肤、黏膜、眼睛有刺激性，有的有异味；

② 预聚物黏度大，喷涂时要加入大量的活性稀释剂，有时还要加入有机溶剂；

③ 光固化不可能达到完全聚合，涂膜中残留部分活性稀释剂、引发剂，不符合食品卫生的包装材料要求；

④ 采用自由基光聚合体系，预聚体和单体的固化速度快，故体积收缩大，影响涂膜与金属基材之间的附着力；

⑤ 涂布设备和容器清洗均需要使用有机溶剂；

⑥ 对立体的被涂覆材料，由于光照时有阴影，局部固化困难；

⑦ 遮盖力强的颜填料紫外线不能穿射，造成面干而底不干。

总的来说，由于紫外光固化体系的优点突出，近几年来已成为非常活跃的研究和开发领域，并已经在发达国家获得应用。

13.5.2 辐射固化涂料的组成

辐射固化涂料体系一般由光引发剂、活性稀释剂（单体）、低聚物和其他助剂等组成，一般配比为：低聚物 30%～60%，活性稀释剂 40%～60%，光引发剂

1%～5%，其他助剂 0.2%～0.5%。

13.5.2.1　光引发剂

光引发剂是光固化体系的关键组成部分，它关系到配方体系在光照时低聚物及单体能否迅速由液态转变成固态。按照引发机理，光引发剂可分为自由基聚合光引发剂与阳离子光引发剂，其中以自由基聚合光引发剂应用最为广泛。

(1) 自由基光引发剂

按结构特点，自由基光引发剂可大致分为羰基化合物类、染料类、金属有机类、含卤化合物、偶氮化合物及过氧化合物。按光引发剂产生活性自由基的作用机理的不同，自由基光引发剂又可分为裂解型自由基光引发剂和夺氢型自由基光引发剂两种。

① 裂解型自由基光引发剂　裂解型自由基光引发剂主要有苯偶姻及其衍生物、苯偶酰衍生物、二烷氧基苯乙酮、α-羟烷基苯酮、α-胺烷基苯酮、酰基膦氧化物。

a. 苯偶姻及其衍生物　苯偶姻（benzoin）及其衍生物的结构式如下：

$$C_6H_5-C(=O)-CH(OR)-C_6H_5$$

R＝H，$-CH_3$，$-C_2H_5$，$-CH(CH_3)_2$，$-CH_3CH(CH_3)_2$，$-C_4H_9$

苯偶姻（R＝H）俗名安息香，曾作为最早商业化的光引发剂广泛使用。苯偶姻醚光引发剂又称安息香醚类光引发剂，其引发速度快，易于合成，成本较低，但因热稳定性差，易发生暗聚合，易黄变，目前已较少使用。

b. 苯偶酰衍生物　苯偶酰（benzil）又称联苯甲酰、二苯基乙二酮，可光解产生两个苯甲酰自由基，但效率太低，溶解性不好，一般不作光引发剂使用。衍生物 α,α'-二甲氧基-α-苯基苯乙酮（又称 α,α'-二甲基苯偶酰缩酮）就是最常见的光引发剂 Irgacure651，简称 651。其结构式如下：

$$C_6H_5-C(=O)-C(OCH_3)_2-C_6H_5$$

651 有很高的光引发活性，广泛应用于各种光固化涂料、油墨中。651 的热稳定性优良，合成容易，价格较低，但易黄变，不能在清漆中使用。

c. 二烷氧基苯乙酮　二烷氧基苯乙酮结构式如下：

$$C_6H_5-C(=O)-CH(OR)_2$$

R＝$-C_2H_5$，$-CH(CH_3)_2$，$-CH(CH_3)CH_2CH_3$，$-CH_2CH(CH_3)_2$

其中作为光引发剂的最主要的为 α,α'-乙氧基苯乙酮（DEAP）。DEAP 活泼性高，不易黄变，但热稳定性差，价格相对较高，在国内较少使用。DEAP 主要用于各种清漆，也可与ITX等配合用于光固化色漆或油墨中。

d. α-羟烷基苯酮　α-羟烷基苯酮类光引发剂是目前应用开发最成功的一类光引发剂。已商品化的产品主要有：

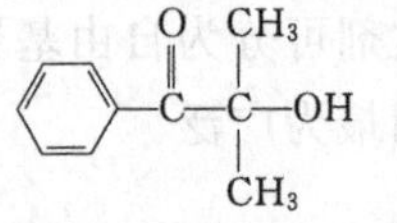

Darocure 1173（HMPP） 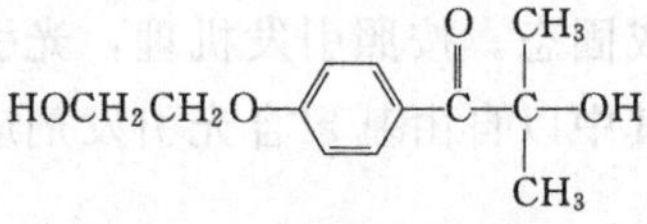　　Darocure 2959（HHMP） 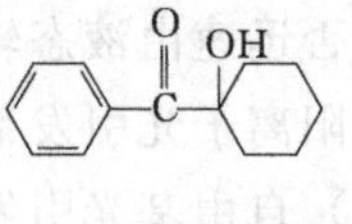　　Darocure 184（HCPK）

α-羟烷基苯酮类光引发剂热稳定性非常好，有良好的耐黄变性，是耐黄变性要求高的光固化清漆的主引发剂，也可与其他光引发剂配合用于光固化色漆中。其缺点是光解产物中有苯甲醛，有不良气味。

e. α-胺烷基苯酮　α-胺烷基苯酮是一类反应活性很高的光引发剂，已商品化的产品主要有：

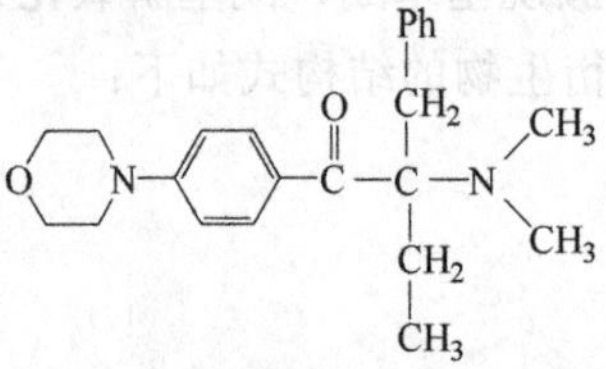

Irgacure907 (MMMP) 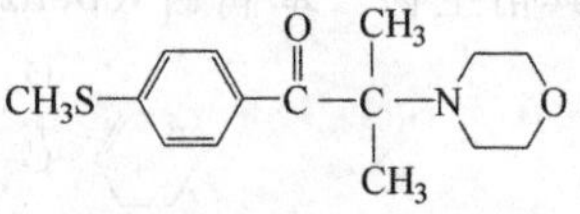　　Irgacure369(BDMB)

α-胺烷基苯酮类光引发剂引发活性高，常与硫杂蒽酮类光引发剂配合使用。但耐黄变性差，故不能在光固化清漆和白漆中使用。

f. 酰基膦氧化物　酰基膦氧化物光引发剂是一类引发活性较高、综合性能较好的光引发剂。已商品化的产品主要有：

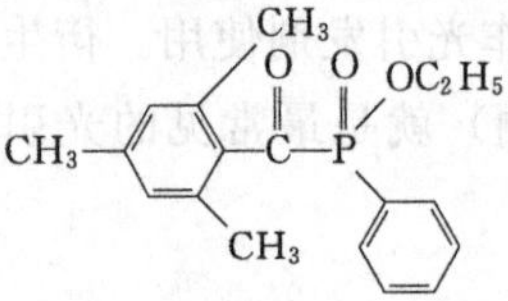

TEPO 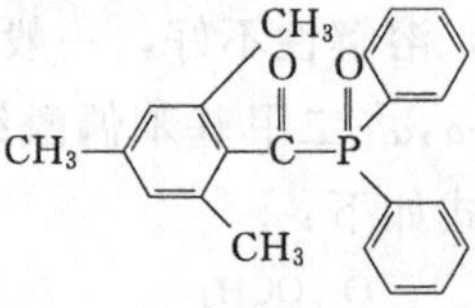　　TPO 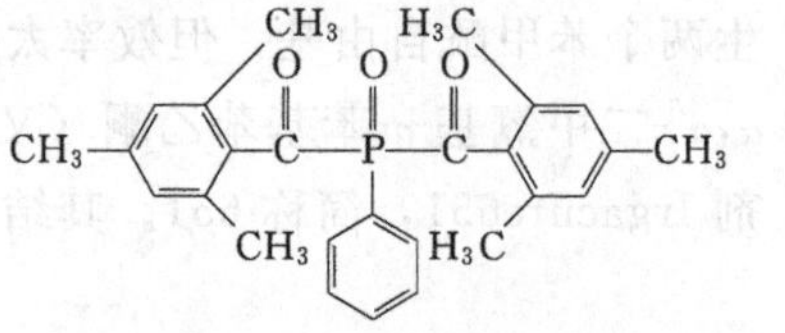　　Irgacure 819（BAPO）

酰基膦氧化物光引发剂热稳定性优良，储存稳定性好，适用于厚涂层的光固化。这类光引发剂对日光或其他短波可见光敏感，调制配方或储运时应注意避光。

② 夺氢型自由基光引发剂　夺氢型自由基光引发剂由夺氢型光引发剂和助引发剂组成。夺氢型光引发剂都是二苯酮或杂环芳酮类化合物，主要有二苯甲酮及其衍生物、硫杂蒽酮类、蒽醌类等。与夺氢型光引发剂配合的助引发剂——氢供体主要为叔胺类化合物，如脂肪族叔胺、乙醇胺类叔胺、叔胺型苯甲酸酯、活性胺等。夺氢型光引发剂分子吸收光能后，经激发和系间窜跃至激发三线态，与作为氢供体的叔胺类化合物发生双分子作用，经电子转移产生活性自由基，进而引发低聚物或活性稀释剂交联聚合。作为夺氢型光引发剂的二苯甲酮及其衍生物

主要有：

二苯甲酮（BP） 4-甲基二苯甲酮

2,4,6-三甲基二苯甲酮 四甲基米蚩酮（MK）

四乙基米蚩酮（DEMK） 甲乙基米蚩酮（MEMK）

BP 结构简单，容易合成，价格便宜，但光引发活性低，且固化涂层易泛黄。2,4,6-三甲基二苯甲酮和 4-甲基二苯甲酮的混合物即光引发剂 Esacure TZT。TZT 为无色透明液体，与低聚物和活性稀释剂相容性好，与助引发剂配合使用有很好的光引发效果，可用于各光固清漆。

MK 本身有叔胺结构，单独使用就是很好的光引发剂，若与 BP 配合使用，用于丙烯酸酯的光聚合，引发活性远远高于 MK/叔胺体系和 BP/叔胺体系。但 MK 被确定为致癌物，使用时要引起注意。

硫杂蒽酮（TX）类光引发剂主要有：

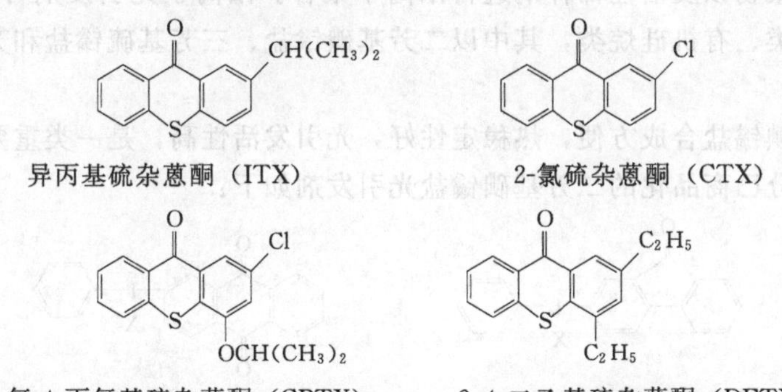

异丙基硫杂蒽酮（ITX） 2-氯硫杂蒽酮（CTX）

1-氯-4-丙氧基硫杂蒽酮（CPTX） 2,4-二乙基硫杂蒽酮（DETX）

硫杂蒽酮类光引发剂必须与适当活性胺配伍才能发挥高效光引发活性，4-二甲氨基苯甲酸乙酯（EDAB）是迄今最适合与硫杂蒽配合使用的活性胺助引发剂，它不仅活性高，而且黄变不严重。硫杂蒽酮类引发剂中应用最广、用量最大的是 ITX，它在活性稀释剂和低聚物中溶解性较好。ITX 也常与阳离子光引发剂二芳基碘鎓盐配合作用。

与夺氢型光引发剂配合的助引发剂叔胺类化合物分子中至少要有一个 α-H 原子，如脂肪族叔胺、乙醇胺类叔胺、叔胺型苯甲酸酯、活性胺等。脂肪族叔胺中最早使用的是三乙胺，其价格低，相容性好，但挥发性太大，臭味太重，现已不再使用。乙醇胺类叔胺主要有三乙醇胺、*N*-甲基乙醇胺、*N*,*N*-二甲基乙醇胺以及*N*,*N*-二乙基乙醇胺等。三乙醇胺成本低，活性高，但亲水性太大，影响涂层性能，黄变严重，故不能使用。叔胺型苯甲酸酯助引发剂活性高，溶解性好，黄变性低，主要有：

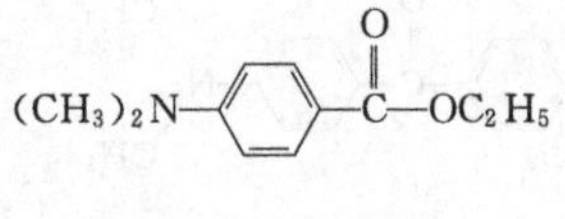

$(CH_3)_2N-C_6H_4-C(=O)-OC_2H_5$

EDAB（或 EPA）

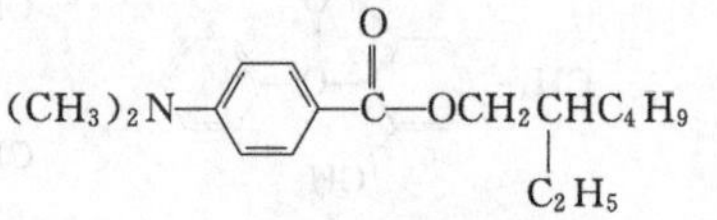

$(CH_3)_2N-C_6H_4-C(=O)-OCH_2CH(C_2H_5)C_4H_9$

ODAB（或 EHA）

$C_6H_5-C(=O)-OCH_2CH_2N(CH_3)_2$

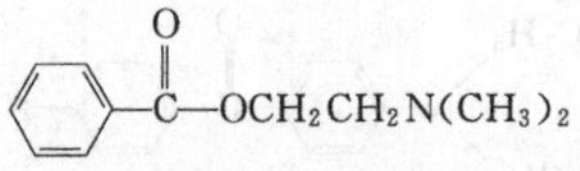

Quantacure DMB

EDAB在紫外区有较强的吸收，对光致电子转移有促进作用，有利于提高反应活性，但价格较贵，主要与TX类光引发剂配合，用于高附加值油墨中。

活性胺类助引发剂属叔胺丙烯酸酯类化合物，是由二乙胺或二乙醇胺等仲胺与二官能团丙烯酸酯或多官能团丙烯酸酯经迈克尔加成反应直接制得的。这类助引发剂相容性好，气味低，刺激性小，效率高，且不会发生迁移。

(2) 阳离子光引发剂

阳离子光引发剂是又一类非常重要的光引发剂，它吸收光能后至激发态，发生光解反应，产生超强酸，即超强质子酸或路易斯酸，从而引发环氧树脂和乙烯基醚类树脂等低聚物以及活性稀释剂进行阳离子聚合。阳离子光引发剂可分为鎓盐类、金属有机物类、有机硅烷类，其中以二芳基碘鎓盐、三芳基硫鎓盐和芳基茂铁盐最具有代表性。

二芳基碘鎓盐合成方便，热稳定性好，光引发活性高，是一类重要的阳离子光引发剂。部分已商品化的二芳基碘鎓盐光引发剂如下：

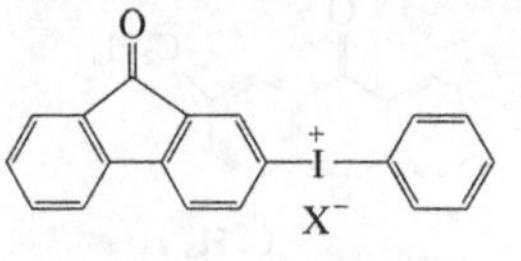

$X^-=SbF_6^-,AsF_6^-,PF_6^-,BF_4^-$

咕吨酮基苯基碘鎓盐

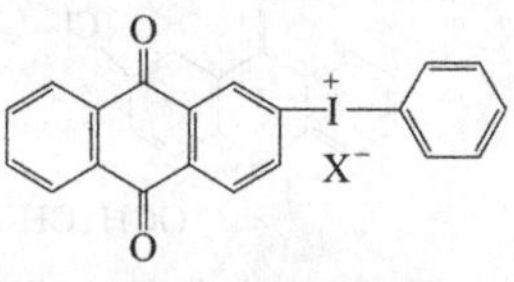

$X^-=SbF_6^-,AsF_6^-,PF_6^-,BF_4^-$

芴酮基苯基碘鎓盐

阴离子种类对碘鎓盐吸光性没有影响，但对聚合活性有较大影响。阴离子为SbF_6^-时，引发活性最高，因为SbF_6^-亲核性最弱，对增长链碳正离子中心的阻聚作用最小。阴离子为BF_4^-时，碘鎓盐引发活性最弱，因为BF_4^-易释放出亲核性较强的F^-，导致碳正离子活性中心与F^-结合，终止聚合。

二芳基碘鎓盐吸收光能后，可同时发生均裂和异裂，既产生超强酸，又产生自由基，因此碘鎓盐除可引发阳离子光聚合外，还可同时引发自由基聚合。这是碘鎓盐和硫鎓盐的共同特点。

三芳基硫鎓盐比二芳基碘鎓盐热稳定性更好，与活性稀释剂混合加热也不会引发聚合，故体系的储存稳定性极好，光引发活性高。结构简单的三苯基硫鎓盐吸光波长太短，无法利用中压汞灯的几个主要发射谱线。对三苯基硫鎓盐的苯环进行适当取代，可显著增加吸收波长。部分已商品化的三芳基硫鎓盐如下：

$X^- = SbF_6^-$、PF_6^-　　　　$X^- = SbF_6^-$、PF_6^-

双（4,4′-硫醚三苯基硫鎓）盐　　　　苯硫基苯基二苯基硫鎓盐

三苯基硫鎓盐在活性稀释剂中溶解性不好，所以商品化的三苯基硫鎓盐都是50%碳酸丙烯酯溶液。

芳基茂铁盐阳离子光引发剂中最具代表性的是 η^6-异丙苯茂铁（Ⅱ）六氟磷酸盐，商品名为 Irgacure 261。

Fe　$-CH(CH_3)_2$　PF_6^-

Irgacure 261 在远紫外和近紫外都有较强吸收，在可见光也有吸收。其吸光发生分解后，产生异丙苯和茂铁路易斯酸，引发阳离子聚合。

目前辐射固化涂料领域使用较多的为小分子紫外自由基光聚合引发剂，它与聚合物相容性较差，残留在产物中的未反应的光引发剂及光解碎片容易迁移和挥发，使产物老化黄变，并具有不愉快的气味和毒性，这制约了辐射固化体系在食品和药物包装等方面的进一步应用。

为了解决这个问题，研究人员提出了多种解决途径。其中之一即为可聚合光引发剂的开发及应用，此类光引发剂能够通过化学键结合到固化后的材料中，从而减少了普通小分子光引发剂及其光反应产物在材料中的残留，可以有效地解决气味以及毒性的问题。

13.5.2.2 低聚物

低聚物是光固化体系中比例最大的组分之一，它构成了固化产品的基本骨架，并决定了固化后产品的基本性能。目前市场份额最大的是自由基聚合机理的光固化产品，可供选择的低聚物也比较丰富。低聚物一般为辐射固化树脂，是辐射固化涂料中比例最大的组分之一，是辐射固化涂料中的基体树脂，一般具有在光照条件下进一步反应或聚合的基团，如碳碳双键、环氧基等。按溶剂类型的不同，光固化树

脂可分为溶剂型光固化树脂和水性光固化树脂两大类。溶剂型树脂不含亲水基团，只能溶于有机溶剂，而水性树脂含有较多的亲水基团或亲水链段，可在水中乳化、分散或溶解。

环氧丙烯酸酯（EA）是由环氧树脂和丙烯酸或甲基丙烯酸经开环酯化而制得，按环氧树脂主体结构类型的不同，环氧丙烯酸酯可分为双酚A型环氧丙烯酸酯、酚醛型环氧丙烯酸酯、改性环氧丙烯酸酯和环氧化油丙烯酸酯。环氧丙烯酸酯是目前国内光固化行业消耗量最大的一类低聚物，各类环氧丙烯酸酯具有优异的综合性能，但也有其缺点。比如应用较多的双酚A型环氧丙烯酸酯，所形成的固化膜硬度和拉伸强度大、抗张强度大、膜层光泽高、耐化学品性能优异，但同时也具有脆性高、固化膜柔性不足等缺点；环氧化油丙烯酸酯价格便宜、柔韧性好，但固化速度慢、力学性能差。

国内外的研究者们对各类环氧丙烯酸酯进行了改性研究，以期得到满足各种不同需求的树脂。例如可以利用双羟基化合物的羟基与部分环氧基反应，然后剩下的环氧基再与丙烯酸进行酯化反应来提高柔韧性。此外还可以通过胺改性的方法提高固化速度，改善脆性和附着力；用聚氨酯链段改性提高耐磨、耐热和弹性；有机硅改性提高耐候性、耐热性、耐磨性和防污性等。而以柔性长链脂肪二酸（如壬二酸）或一元羧酸（如油酸、蓖麻油酸等）部分代替丙烯酸，在环氧丙烯酸酯链上引入柔性长链烃基，可改善其柔韧性，同时树脂对颜填料的润湿性也可能得以改善。

聚氨酯丙烯酸酯（PUA）是一种重要的辐射固化低聚物，是用多异氰酸酯、长链二醇和丙烯酸羟基酯经两步反应合成的。由于多异氰酸酯和长链二醇品种较多，选择不同的多异氰酸酯和长链二醇可得到不同结构的产品，因此聚氨酯丙烯酸酯是目前光固化树脂中产品牌号最多的低聚物，广泛应用在光固化涂料、油墨、胶黏剂中，其用量仅次于环氧丙烯酸酯。聚氨酯丙烯酸酯树脂综合了聚氨酯和丙烯酸酯树脂的优良性能，具有较好的光固化速度、附着力、柔韧性、耐磨性及突出的高弹性和伸长率。并可以通过调整分子结构和官能度，从而得到性能广泛的聚氨酯丙烯酸酯预聚物以适应不同的需要。以往的光固化聚氨酯丙烯酸酯多以2,4-甲苯二异氰酸酯（TDI）和二苯基甲烷二异氰酸酯（MDI）为原料，由此形成的聚氨酯易发黄，耐候性很差。近来多以异佛尔酮二异氰酸酯（IPDI）为原料，其中的脂环结构赋予聚氨酯良好的硬度和柔顺性，所形成的聚氨酯具有优异的力学性能和光稳定性，不易发黄，是综合性能较均衡的品种。而脂肪族六亚甲基二异氰酸酯（HDI）分子中存在柔韧的长链，用它合成出来的聚氨酯具有更为优异的柔韧性和力学性能及突出的光稳定性。

此外，有人利用碳酸乙烯酯与胺的开环反应来制备聚氨酯丙烯酸酯，该方法不需要使用二异氰酸酯，对人体和环境不会造成影响，是合成聚氨酯丙烯酸酯的一种新途径。聚氨酯丙烯酸酯预聚物的合成工艺不同，会严重影响其最终性质，如黏度、相对分子质量等。实际应用中，可根据聚合物的具体用途结合其加工性能来选择较为理想的合成工艺，可以从原料种类、合成温度、溶剂含量、催化剂含量、单体投料等进行调整。

阳离子光固化体系具有固化时体积收缩率小，对基材附着力强，光固化过程不被氧气阻聚，固化反应不易终止，适于厚膜的光固化等优点。对阳离子光固化体系，适合的低聚物主要包括各种环氧树脂、环氧官能化聚硅氧烷树脂、具有乙烯基醚官能团的树脂等，其中环氧树脂是应用较多的一类阳离子型树脂。其中缩水甘油醚类环氧活性较低，反应慢，形成的聚合物相对分子质量也较低，因此虽然其价格低廉，但在阳离子光固化领域始终占据不了优势地位，而脂环族环氧反应活性较高，虽然价格相对较高，但在阳离子固化体系中仍然占主要地位。

除上述几种应用和研究较为广泛的光固化树脂外，还有一些功能特殊、应用规模不大的低聚物，如多烯烃低聚物、丙烯酸酯化氨基树脂、纤维素丙烯酸酯、氟碳树脂及有机磷腈树脂等。另外，不含光引发剂的电荷转移光固化体系主要是由富电子和缺电子树脂配合，是比较新颖的类型。

13.5.2.3　活性稀释剂（单体）

辐射固化涂料中的活性稀释剂不仅可以降低体系的黏度，还会影响固化动力学、聚合程度以及聚合产物的各种性能。

单官能团单体相对分子质量较低，因此挥发性较大，相应的毒性大、气味大、易燃等，所以在很多配方中没有得到重视和应用。现在已经开发出不少低挥发性、低毒低味甚至无毒无味的单官能团活性稀释剂，如 2-苯氧基乙基丙烯酸酯（PHEA）是一种低黏度单体，其稀释性强、反应性高、黏附性强、收缩率低、柔韧性好，适合作为塑料涂料、金属涂料等辐射固化产品的活性稀释剂。而带有长的烷烃链（10 个碳以上）的丙烯酸长链丙烯酸酯单体的挥发性较低，气味小，加入这些稀释剂能增加涂膜的柔韧性，这得益于长烃链的内增塑作用。同时，这些稀释剂固化收缩率低、附着性好，所得涂膜耐水性优良。

最新发展的含甲氧端基的（甲基）丙烯酸酯单体作为单官能团单体，其反应活性相当于甚至超过多官能团单体，同时也具备单官能团单体的低收缩性和高转化率，因而被称之为第三代活性稀释剂。此外，含氨基甲酸酯、环状碳酸酯的单官能团丙烯酸酯也显示出高的反应活性和转化率。一般来说，丙烯酸酯类单体光固化后收缩率大，耐热性较差，使光固化材料的应用领域受到影响。因此，设计及开发新型功能性丙烯酸酯类光活性单体对拓展光固化材料的应用领域及制备高性能的光固化材料具有重要的意义。近年来，研究者逐渐关注到一类新型的杂化单体，它既含有可自由基聚合的丙烯酸酯基团，又含有可阳离子聚合的乙烯基醚基团，从而同时发生自由基光固化反应和阳离子光固化反应的体系，可以取长补短，充分发挥自由基和阳离子光固化体系的特点，从而拓宽了辐射固化体系的使用范围。而且这种单体聚合后必定形成高交联密度的聚合物网络，由于混合体系中自由基和阳离子聚合是独立进行的，因此形成两种类型的聚合物互穿网络，它们之间几乎没有化学键的交联。

13.5.3 辐射固化涂料的应用

辐射固化涂料最初主要用于木器和家具等产品的涂饰，目前在木质和塑料产品的涂装领域开始广泛应用。在欧洲和发达国家，辐射固化涂料市场潜力大，很受大企业青睐，主要是流水作业的需要，美国现约有700多条大型光固化涂装线，德国、日本等大约有40%的木质或塑料包装物采用辐射固化涂料。最近又开发出聚氨酯丙烯酸光固化涂料，它是将有丙烯酸酯端基的聚氨酯低聚物溶于活性稀释剂（光聚合性丙烯酸单体）中而制成的。它既保持了丙烯酸树脂的光固化特性，也具有特别好的柔性、附着力、耐化学腐蚀性和耐磨性。

近年来随着人们节能环保意识的增强，辐射固化涂料品种性能不断增强，应用领域不断拓展，产量快速增大，呈现出迅猛的发展势头。目前，辐射固化涂料不仅大量应用于木材、纸张、塑料、皮革、金属、玻璃、陶瓷等多种基材，而且成功应用于光纤、印刷电路板、电子元器件封装等材料。随着对各种固化材料的深入研究和创新，辐射固化涂料正进一步向传统涂料的各应用领域扩展。相信广大科研工作者也会努力研究出各种具有优良性能，能够满足不同需求的辐射固化涂料。

习 题

1. 与传统溶剂型涂料相比，绿色环保型涂料应该具有哪些特征？
2. 高固体分涂料可分为哪几种？
3. 制备高固体分涂料的关键是什么？
4. 高固体分聚氨酯涂料有哪些特点？
5. 高固体分涂料存在哪些问题？各有什么解决办法？
6. 水性涂料有哪些优缺点？
7. 可用作水性涂料基料的树脂主要有哪些？
8. 制备水性涂料的关键是什么？最新的方法有哪些？
9. 用于水性体系的分散剂可分为哪三类？水性涂料消泡剂一般分为哪三大类？
10. 水性涂料中为什么要加入防霉防藻剂？
11. 什么是粉末涂料？与传统涂料相比有何优缺点？
12. 粉末涂料基本组成通常包括哪些组分？
13. 热固性粉末涂料用助剂主要有哪几种？
14. 粉末涂料制造方法主要有哪几种？
15. 什么是辐射固化涂料？辐射固化涂料有何优缺点？
16. 辐射固化涂料体系基本组成有哪几种？
17. 辐射固化涂料所有的光引发剂可分为哪几类？
18. 裂解型自由基光引发剂主要有哪几种？

第14章　涂料生产工艺及设备

14.1　漆料、清漆生产工艺及设备

14.1.1　生产工艺

涂料生产过程一般是将自制树脂或外购树脂先制成漆料，然后再制成清漆或色漆。树脂的生产工艺因树脂种类的不同而有很大的差异，即使是同一类型的树脂其生产工艺也不尽相同。树脂生产工艺较复杂，本节不作介绍。

(1) 漆料生产工艺

漆料作为生产液态清漆和色漆的半成品，其生产工艺有两种形式。一种是将固态或液态树脂溶解在相应的溶剂中，例如将环氧树脂、硝基树脂或过氯乙烯等树脂加入到盛有相应溶剂的溶解釜中，在搅拌下使树脂溶解，可以是常温，也可以加热加速溶解，所得溶液经净化即得相应的漆料，然后储存于储槽中备用。另一种工艺是热炼法工艺，将几种不同的成膜物质在一定温度下炼制成漆料，它包括配料、热炼、稀释和净化四个工序。将树脂按计量投入到热炼釜中，迅速升温到规定温度，保温一定时间待指标达到要求后，迅速输送到稀释罐，降温后用溶剂稀释，经净化后送入储罐。这种工艺特别强调快速升温和快速降温，要求设备传热效果要好。

(2) 清漆生产工艺

清漆为涂料产品的一大类，通常是由漆料加适量助剂和溶剂配制而成，例如，酚醛树脂清漆是由酚醛漆料加入催干剂和适量溶剂配制而成，工艺简单。有的则是在漆料制备过程中，于净化之后，即送到清漆调制釜，按配方比例加入应加的物料，搅拌均匀，经检验合格即可包装成成品。清漆配制一般在常温下进行。

14.1.2　生产设备

漆料生产过程中要用到的设备主要有反应设备、稀释设备、净化设备、树脂溶解设备和清漆的配制设备。此外，还有配料、计量、加热、输送、储存设备等。

(1) 反应设备

漆料的核心生产设备是反应设备，间歇式生产工艺的反应设备包括配有搅拌的反应釜、相应的加料和回流装置。

① 反应釜　反应釜有多种型式，从制造材质上进行分类，主要有碳钢反应釜、复合钢板反应釜、不锈钢反应釜和搪玻璃反应釜四类。涂料工业现在用得最多的是不锈钢反应釜和搪玻璃反应釜。

不锈钢反应釜具有良好的力学性能，可承受较好的压力，也可承受块状物料加料时的冲击力；且耐热性能好，工作温度范围广，用直接火加热；传热效果比搪玻璃好，升温和降温速度快；可按要求加工成不同形状和结构。但其造价高，接触卤族元素时会产生晶间腐蚀。因此，不能在有卤族元素介质存在的情况下使用。

搪玻璃反应釜统称搪瓷反应釜，是用含有二氧化硅的玻璃质釉涂于用低碳钢制成的反应釜表面，经高温烧结而成。形成的搪玻璃衬里耐腐蚀性能好，能耐一般的无机酸、有机酸、弱碱液、有机溶剂等的腐蚀。但不耐氢氟酸、强碱和温度高于180℃磷酸的腐蚀。此外，搪玻璃衬里表面光滑，物料黏附少，容易清洗。搪玻璃反应釜在耐温、耐压、抗机械冲击等方面有明显不足之处：允许工作压力有限制，一般釜内压力为0.39MPa，夹套内为0.59MPa，不宜用于真空度大于80MPa的反应；允许工作温度不限制，一般不超过200℃；温度剧变时，瓷釉容易破损；搪下盘管脆弱，抗机械冲击能力很低；传热速度较慢；导电性差，物料在釜内流动时易产生静电积累，需要采取防静电措施。因此，搪瓷釜主要适应于较低温度下反应的树脂生产。

② 其他配套装置　与反应釜配套的装置主要有：冷凝回流装置，如蒸出管、冷凝器、分水器等，反应釜的传热装置，如平滑夹套、螺旋盘管夹套和浸入式传热装置，以及各式搅拌装置等。

(2) 稀释设备

稀释设备主要为稀释罐，又称稀释釜。在稀释罐内，树脂或经热炼的漆料用溶剂予以稀释，使之达到工艺要求，供制备清漆或色漆用。

稀释罐的结构与反应釜相似，一般都是立式带搅拌的容器，需要有传热装置——夹套或内部盘管。稀释罐的搅拌不要很激烈，一般采用多层斜桨式搅拌器或开启式折叶涡轮搅拌器，罐内加装挡板。

稀释罐的传热结构在大多数情况下是为了冷却罐内的树脂液，但有时也需要用蒸汽加热，以在稍高的温度下便于树脂液的过滤。传热装置可以是夹套，也可以是内部盘管。使用内部盘管时，釜体不受外压，罐内是常压的，罐体较薄，造价较低。

由于稀释溶剂挥发，所以要在稀释罐顶部设置回流冷凝器，稀释罐的容积以略大于相配套的反应釜的2倍，以便给兑稀操作调节黏度留一些余地。

(3) 净化设备

树脂、漆料和清漆中的杂质，除原料和制备过程中带入的机械杂质外，还有树脂合成过程中形成的不溶性胶状颗粒，或树脂储存过程中生成的不溶性物质，这些杂质必须除去，否则影响产品质量。

从液态涂料半成品或成品中除去固体或胶粒状杂质的液固分离过程，称为净化。净化的方法有重力沉降、过滤和离心分离等。重力沉降速度慢，操作周期长，分离效果差，往往只作为一种辅助手段来使用，最有效、最广泛使用的涂料净化方法还是过滤。

过滤是利用过滤介质从流体中分离固体颗粒的过程。常用滤纸、滤布和金属丝网等多物质作过滤介质，使液体、气体通过，而固体颗粒则留在过滤介质上。被过滤的悬浊液称为滤浆，滤浆中的固体颗粒称为滤渣，截留在过滤介质上的固体颗粒称为滤饼，通过滤饼和过滤介质的澄清液称为滤液。

按过滤机理来分，过滤可分为表面过滤和深层过滤。表面过滤的过滤介质为滤布、滤网。过滤时，悬浊液中的固体颗粒停留并堆积在过滤介质表面。深层过滤的过滤介质是由固体颗粒（助滤剂）堆积而成的床层构成，或用多层纤维绕制而成的管状滤芯。过滤介质的空隙形成的曲折、细长的通道，过滤时，悬浊液中的细小固体颗粒随流体进入过滤介质的通道，并依静电和表面力而截留在通道内。

离心分离是利用离心力分离流体中悬浮固体和液滴的过程。按作用原理，离心分离有离心沉降和离心过滤两种。前者适用于固体含量较高且固体颗粒较大的悬浊液，在过滤式离心机中进行，后者适用于固体含量较低且固体颗粒较小的悬浊液，在沉降式离心机中进行。

漆料和清漆常用的过滤设备有板框压滤机、箱式压滤机、水平板式过滤机、垂直网板式过滤机、筒式滤芯过滤器。管式高速分离机和碟式分离机是进行离心沉降分离的设备。

板框压滤机和箱式压滤机的优点是：结构简单、机件牢固耐用、工作可靠；过滤面积大，改变板框数量可以改变过滤面积；过滤质量有保证，滤液的细度可达 15μm，透明度好；可在较高压力下工作；对各种物料的适应范围性强，应用范围广。其缺点是：溶剂挥发性大、污染环境、现场卫生条件差；卸料和更换滤布劳动强度大、工作条件差；滤布损耗大，费用较高，清洗滤布比较麻烦；滤渣、滤布夹带的物料多，浪费较大。

水平板式过滤机为密闭型过滤设备，主要由筒体和多层滤板组成。支撑板上压着滤板、滤板上铺着滤纸，多层滤板用拉杆螺栓压紧后，再用中心压紧螺栓紧固于筒体内。装好顶盖后即可进行过滤。水平板式过滤机的优点是：过滤质量好，滤液澄清透明，细度可达 15μm 以下；生产能力大；操作密闭，对环境污染小；物料损耗小，滤饼已吹干，树脂液和溶剂含量少；设备检修简单。其缺点是：操作比较麻烦，换一次滤布需要拆装不少螺栓；需要几个人同时操作，辅助设备多［混合罐、空压机（气源）、电动葫芦］。

垂直网板式过滤机的特点是不用滤布。过滤时先用助滤剂（硅藻土）在网板上形成一层助滤层，然后依靠些助滤层及其上面的滤饼进行过滤，该法适用于油的精制过滤。其优点是：不用滤布和滤纸，只用少量硅藻土，辅助材料消耗少，过滤成本低；过滤质量好，滤液细度小于 15μm；适用范围广，能过滤树脂、漆料和清漆，而且过滤速度快；操作简便，装卸网板不用电动葫芦等启动设备，一个人即可进行操作。

筒式滤芯过滤器应用很普遍，滤芯的材质很多，如纤维、纸、木屑和特种合成纤维毡等。目前涂料行业使用最多的是折叠式纸质滤芯（简称纸芯），其结构简单，占地面积小，设备投资少，生产能力大；过滤质量好，滤液细度小于 20μm；操作简便，劳动强度低；密闭操作，环境污染小。缺点是：纸芯一次性使用，过滤成本较高；纸芯强度小，过滤压力低，一般在 0.2MPa 左右；过滤时如纸芯破损不易被发现，影响滤液质量。

管式高速分离机也称超速离心机，依靠离心力工作。其主要工作部件是高速旋转的管状转鼓，转鼓高速旋转，使转鼓中的料液获得强大离心力，依靠离心力差异进行分离。可用于悬浊液的澄清，也可用于两种互不相溶的两种液体的分离。其过滤质量好，滤液细度小于 20μm；密闭操作，环境污染小，但为间歇操作，需人工排渣，生产能力小，不适合大生产需要，只适用于处理含渣量小于 0.5%的液体，目前主要用于小品种、含强溶剂的产品。管式高速分离机的转速很高，使用时一定要注意安全。

碟式分离机又称油分离机或油水分离机，其转鼓是由许多蝶形薄片叠合而成，其直径一般为 200～600mm，两碟片间的间隙为 0.3～0.4mm。转鼓转速高达 4700～8500r/min。这种分离机有澄清和分离两种用途。由于这种分离机分离质量不佳，维修费用又太高，已在涂料行业较少使用。

14.2 色漆生产工艺及设备

14.2.1 生产工艺

色漆通常是由树脂（基料）、溶剂、颜填料及少量助剂组成的，从本质上来说，色漆的生产过程就是把颜填料固体粒子混入液态漆料中，使之成为一个均匀微细的悬浮分散体。颜填料的原始粒子很小，但其在加工和储运过程中，经常相互粘接成聚集体，聚集体的粒径较大，因此在涂料生产过程中要把聚集体解除聚集，并稳定且均匀地分散在漆料中。颜填料分散得越好，色漆的质量越高。一般色漆的生产过程包括四步：

（1）预分散

简称拌和，将颜填料在一定设备中先与部分漆料混合，以制得属于颜料色浆半成品的拌和色浆，所用主要设备是带有搅拌器的设备。

（2）研磨分散

简称研磨，将预分散后的拌和色浆通过研磨分散设备进行细分散，得到颜料色浆。

（3）调漆

又称调和，向研磨的颜料色浆加入余下的基料、其他助剂及溶剂，必要时进行调色，达到色漆质量要求。一般在带有搅拌的调漆器中进行。

（4）净化包装

通过过滤设备除去各种机械杂质和粗颗粒，包装制得成品涂料。

14.2.2　生产设备

涂料生产的主要设备有五类：预分散设备、研磨分散设备、调漆设备、过滤设备、输送设备等。

14.2.2.1　预分散设备

预分散是涂料生产的第一道工序，通过预分散，颜、填料混合均匀，同时使基料取代部分颜料表面所吸附的空气使颜料得到部分湿润，在机械力作用下颜料聚集体得到初步粉碎。在色漆生产中，这道工序是研磨分散的配套工序，过去色漆的研磨分散设备以辊磨机为主，与其配套的是各种类型的搅浆机，近年来，研磨分散设备以砂磨机为主，与其配套的也改用高速分散机，它是目前使用最广泛的预分散设备。

（1）高速分散机

高速分散机又叫高速盘式分散机，一般是与研磨机配合，作为预分散机。但如使用易分散的颜料或制造对分散细度要求不高的涂料，可直接作为研磨设备使用，也可作为调漆设备。

高速分散机由机身、传动装置、主轴和叶轮组成，机身装有液压升降和回旋装置，液压升降由齿轮油泵提高压力油使机头上升，下降时靠自重，下降速度由行程节流阀控制，回旋装置可使机头回旋360°，转动后依靠锁紧装置锁紧定位。具体结构见图14-1。

高速分散机的关键部件是锯齿圆盘式叶轮，它由高速旋转的搅拌轴带动，搅拌轴可以根据需要进行升降。工作时叶轮的高速旋转使漆浆呈现滚动的环流，并产生一个很大的旋涡，位于顶部表面的颜料粒子，很快呈螺旋状下降到旋涡的底部，在叶轮边缘2.5～5cm处形成一个湍流区。在湍流区，颜料的粒子受到较强的剪切和冲击作用，很快分散到漆浆中。在湍流区外，形成上、下两个流束，使漆浆得到充分的循环和翻动。同时，由于黏度剪切力的作用，使颜料团粒得以分散。

目前的高速分散机有两种安装形式，一种为落地式，适合于可移动的漆浆罐，另一种为台架式，安装在楼板上或操作平台上。由于机头可以升降或旋转，所以一台高速分散机可以配置2～4个容器轮流使用。

使用高速分散机的注意事项：

① 漆浆的黏度要适中。黏度太低则分散效果差，太高，流动性差，也不适合。合适的漆料黏度范围通常为0.1～0.4Pa·s，加入颜填料后，漆浆黏度可以达3～4Pa·s。

② 应使叶轮位于漆浆罐中心。否则，会使分散机的主轴受力不平衡，造成安

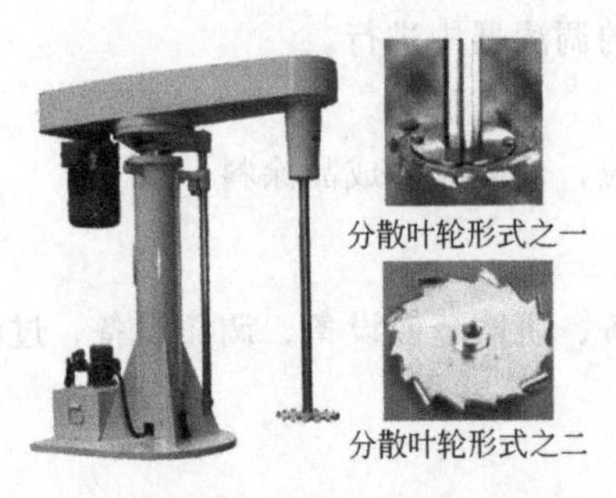

图 14-1 高速分散机

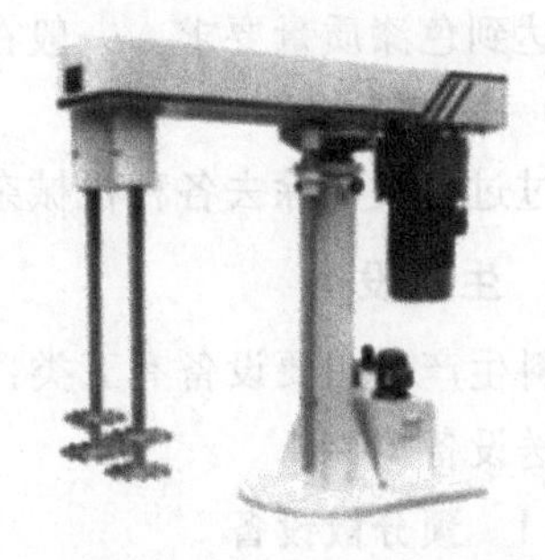

图 14-2 双轴双叶轮高速分散机

全事故。

③ 严禁开空车，以免发生设备和人身事故。当发现主轴弯曲、叶轮变形或破损，或在运转过程中发现异常情况时，应立即停车。

④ 注意操作过程中的温升。叶轮高速搅拌的机械能转变成热能，会引起漆浆液温度升高，从而使黏度降低，对分散操作不利，也会引起溶剂挥发。因此要控制温升，合理地控制开车时间，必要时要停车降温。

⑤ 操作时要注意安全，防止异物掉入，防止衣袖、长发被主轴卷入而发生事故。

高速分散机具有以下优点：

① 结构简单，操作、维护方便，保养容易；

② 应用范围广，配料、分散、调漆等作业均可使用，对于易分散颜料和制造细度要求不高的涂料，可直接制成产品；

③ 清洗、换色方便。

但其分散能力较差，不能分散硬或结实的颜料团块，对黏度太大、流动性差或某些触变性漆浆不适用。

近几年来高速分散机又开发了一些新的品种，如双轴双叶轮高速分散机（见图14-2)，它能产生强烈的汽蚀作用，具有很好的分散能力，同时产生的旋涡较浅，漆浆罐的装量系数可以提高；又如双轴高速分散机，其双轴可在一定范围内作上、下移动，有利于漆浆罐内物料的轴向混合；再如双轴双速搅拌机，其双轴一快一慢，高速轴端装锯齿圆盘式叶轮，主要起分散作用，低速轴带动一个三叶框式搅拌，主要起混合作用，以适合黏稠物料的拌和，双轴双速搅拌机适用高黏度物料的拌和，如用于生产硝基铅笔漆、醇酸腻子等。

(2) 搅浆机

在各种研磨分散设备中，三辊机和五辊机是加工黏稠漆浆的，与之配套的预分散设备通常是搅浆机，常用的有立式换罐式混合机、转筒式搅浆机和行星搅拌机。

① 立式换罐式混合机　有一个液压升降装置，机头落下时，搅拌器进入活动漆浆罐，盖好罐盖，进行操作。拌和完成，借液压装置将机头提起，清理搅拌器上

的浆液，即可将活动漆浆浆罐拉起，然后换上另一个漆浆罐进行下一次拌和。

② 转桶式搅浆机　机上带有小齿轮。将漆浆罐放在带有一个大齿轮的齿轮车上，将齿轮车推到搅浆机上，当齿轮车的大齿轮与机上小齿轮啮合后，扳下扳把将其锁住，工作时，搅浆机桨叶在自转，漆浆罐也在公转，罐边有一把刮刀起刮壁作用，因此，搅浆机有良好的拌和作用。

③ 行星搅拌机　由两个框式搅拌器和一个可移动的漆浆罐组成，两个搅拌器作行星运动（一个自转，一个公转），再加上搅拌器与漆浆罐的间隙很小，使其具有强大的剪切力和高度的捏合效果，适合黏度很高的物料，黏度一般在 10Pa·s 以上，甚至可达 1000Pa·s，漆浆罐外可装夹套，必要时可加热或冷却。

14.2.2.2　研磨分散设备

研磨分散设备是涂料生产的主要设备，其基本型式可分为两类，一类带自由运动的研磨介质，另一类不带研磨介质，依靠抹研力进行研磨分散。

带自由运动的研磨介质（玻璃珠、钢球或卵石）研磨分散设备依靠研磨介质在冲击和相互滚动或滑动时产生的冲击力和剪切力进行研磨分散，适用于中、低黏度漆浆的研磨分散。这类设备的产量大、分散效率高，成为当前最主要的研磨分散设备。属于这类研磨分散设备的有砂磨机和球磨机。

不带研磨介质的研磨分散设备有辊磨机及高速分散机等。辊磨可用于黏度很高甚至呈膏状物料的研磨分散。

(1) 砂磨机

砂磨机主要有立式砂磨机和卧式砂磨机两大类，见图 14-3。立式砂磨机研磨分散介质容易沉底，卧式砂磨机研磨分散介质在轴向分布均匀，避免了此问题。

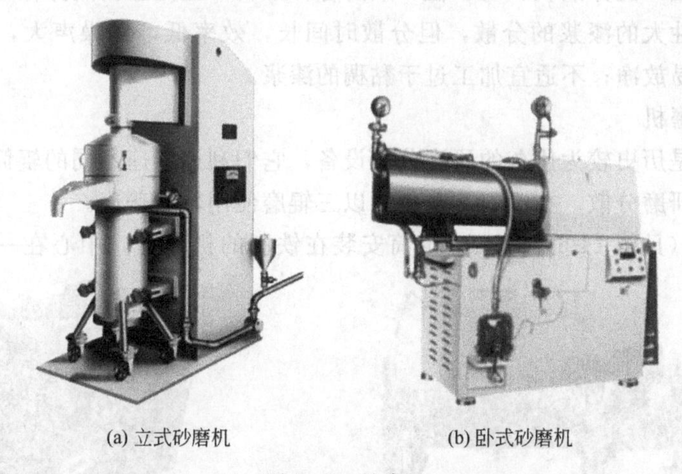

(a) 立式砂磨机　　(b) 卧式砂磨机

图 14-3　砂磨机

立式砂磨机由机身、主电动机、传动装置、筒体、分散器、送料系统和电器操控系统等组成，筒体中装有适量的玻璃珠等研磨介质，筒底有进料用的专用底阀，筒顶有出料筛网。分散器由分散轴、分散盘、平衡轮、联轴器等组成，分散盘是砂磨机的主要元件，有各种形状，使用较普遍的是带三个爪的环形圆盘和带长槽平盘。分散盘磨损较快，是砂磨机的主要易损件。

卧式砂磨机的筒体和分散轴水平安装，一般做成密封式。卧式砂磨机由机身、主电动机、传动装置、机座、送料系统和电器操调系统等组成。机身由筒体、分散轴、分散盘、轴承座和机械密封等构成。分散轴装有机械密封，分散盘通常使用方形带长槽平盘。筒体中盛有适量的玻璃珠、锆珠（主要成分为氧化锆）、瓷珠（主要成分为氧化铝）和钢珠等研磨介质。经预分散的漆浆用送料泵从底部输入，电动机带动分散轴高速旋转，研磨介质随着分散盘运动，抛向砂磨机的筒壁，又被弹回，漆浆受到研磨介质的冲击和剪切得到分散。

砂磨机具有生产效率高、分散细度好、操作简便、结构简单、便于维护等优点，因此成为研磨分散的主要设备，但是进入砂磨机必须要有高速分散机配合使用，而且深色和浅色漆浆互相换色生产时，较难清洗干净，目前主要用于低黏度的漆浆。

(2) 球磨机

球磨机（见图 14-4）是最古老的利用研磨介质进行漆浆研磨分散的设备。其机体是一个水平安装在机架上、能绕转轴作旋转的圆筒，圆筒内装有钢球、鹅卵石或瓷球等研磨介质，球磨机运转时，机体水平旋转，圆筒中的球被向上提起，然后滚落、滑落或跌落而下，球体间相互撞击，相互摩擦，使颜料团粒受到冲击和强剪切作用，同时球间漆料处于湍流状态，使颜料团粒分散到漆料中。球磨机无需预混作业，可直接把漆料、颜料投入球磨；设备简单，维修费用低；操作简便，运行安全；适应性强，能分散软、硬、粗、细的各种颜料，且完全密闭操作，适用于高挥发分漆及毒性大的漆浆的分散，但分散时间长，效率低，且噪声大，变换颜色困难，漆浆不易放净；不适宜加工过于黏稠的漆浆。

(3) 辊磨机

辊磨机是历史较为悠久的研磨分散设备，它们利用转速不同的辊筒间生产的剪切作用进行研磨分散，在涂料工业中，以三辊磨使用较为普遍。

三辊磨（见图 14-5）有三个辊筒安装在铁制的机架上，中心在一直线上，可

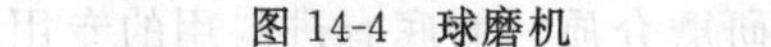

图 14-4 球磨机

图 14-5 三辊磨

水平安装，或稍有倾斜，是通过水平的三根辊筒的表面相互挤压及不同速度的摩擦而达到研磨效果的。钢质辊筒为中空，可通水冷却。物料在中辊和后辊间加入。由于三个辊筒的旋转方向不同（转速从后向前顺次增大），就产生很好的研磨作用。物料经研磨后被装在前辊前面的刮刀刮下。三辊磨是高黏度物料最有效的研磨分散设备，主要用于各种油漆、油墨、颜料、塑料、化妆品、肥皂、陶瓷、橡胶等液体浆料及膏状物料的研磨。

三辊机由于开放操作，溶剂挥发损失大，对人体危害性强，而且生产能力较低，结构较复杂，手工操作劳动强度大，故应用范围受到一定限制。但是它适用于高黏度漆浆和厚浆型产品，因而被广泛用于厚漆、腻子及部分厚浆美术漆的生产。对于某些贵重颜料，三辊机中不等速运转的两辊间能生产巨大的剪切力，导致高固体含量的漆料对颜料润湿充分，有利于获得较好的产品质量，因而被用于生产高质量的面漆。

14.2.2.3 调漆设备

调漆又称调和，是使颜填料在基料中分散以制备色漆的最后一道工序，即按涂料配方向研磨的颜料色浆加入余下的基料、各种助剂及溶剂，通过搅拌以制备均匀色漆的操作过程，使产品达到所规定的颜色和黏度要求，并实现分散体系的稳定。

调漆设备主要由搅拌装置和容器组成，这两部分可以固定在一起构成固定的调漆罐，也可以分开，一部分为各式各样的搅拌器，另一部分为活动的调漆罐和搅拌槽。

(1) 搅拌装置

按搅拌器的转速和形式可以分为两大类：一类是像高速分散机那样的搅拌器，另一类是采用桨式、框式、推进式、锚式或涡轮式等各式搅拌器。前一类可以直接采用定型的高速分散机，其调漆速度快，但其缺点是电动机装机容量大，功率消耗也大，且搅拌速度快，导致漆浆容易吸入空气产生气泡，同时对黏度高的物料也不适合。后一类搅拌速度低，传动平衡，操作平和，功率消耗低，吸入气体少。为了使同一批次色漆的色泽均匀，调漆容器正趋向于大型化，更宜采用搅拌速度低、桨叶直径较大的搅拌器。

在选用调漆搅拌器时，不要过分为缩短调漆时间而盲目增强搅拌器的搅拌强度，因为对大多数黏度较小的涂料，太激烈的搅拌会造成涂料飞溅。

对高黏度的涂料，可采用锚式、框式搅拌器。

(2) 调漆罐

调漆罐的罐体以圆形截面居多，制造比较简单，缺点是罐体内的液体会随搅拌轴一起做圆周运动，影响搅拌效果。通常可在罐体内加装挡板，也可以使搅拌器偏心安装（用于低、速搅拌）。带较大圆角的方形截面调漆罐不存在液体作圆周运动的弊端，液体在四角产生旋涡，搅拌效果较好。

罐底大多是椭球底或锥形，以减少死角，便于出料。

14.2.2.4 **过滤设备**

虽然制造涂料的原料都已经过净化处理，但在色漆制造过程中，仍有可能混入杂质，如在加入颜填料时，可能会带入一些机械杂质，用砂磨分散时，漆浆会混入碎的研磨介质，制造过程中不可能是全封闭的，有可能混入灰尘等杂质，此外还有可能有未得到充分研磨的颜料颗粒。因此在涂料包装出厂前必须要过滤。但符合细度要求的颜填料不在杂质之列，所以色漆的过滤要比漆料和清漆困难。

用于色漆过滤的常用设备有罗筛、振动筛、压滤罗、袋式过滤器、管式过滤器和自清洗过滤机等，一般根据色漆的细度要求和产量大小选用适当的过滤设备。细度要求越高，过滤越要仔细。

(1) 罗筛

罗筛是应用时间最长、结构最简单的色漆过滤设备。在一个罗圈上绷上与规格目数适当的铜丝网或尼龙丝绢，将其置于铁皮或不锈钢漏斗中，这就是一个简单的过滤罗筛。过滤时，将待过滤色漆以一定速度放入罗内，并维持一定的液位，同时用铲刀不时刮动，清理逐渐形成的滤渣，以加快过滤速度。一般从罗筛滤出的净漆可直接进行包装。

罗筛的优点是结构简单，价格低廉，清洗方便；缺点是过滤速度慢，生产效率低，净化精度不高，敞开操作溶剂挥发快，劳动条件差，对操作工作健康不利。

(2) 振动筛

振动筛就是对上述的过滤罗加以高频振动，除能大大加快过滤速度外，还能克服罗筛的滤渣易堵塞筛孔，必须由人工不断地刮动筛网的缺点。振动筛主要由筛网机构、机芯振动机构和底座组成，筛网机构通过三套特制的橡胶弹簧和主支撑螺栓与主底座连接。机芯振动机构由机芯、上偏心重锤和下偏心重锤组成，上、下偏心重锤的方位可以调整。经电动机驱动，在上、下偏心重锤产生离心作用，使筛网形成高频率的水平和垂直两个方向的复合振动，使过滤顺利进行。

对于不同物料的过滤，可选用不同孔径的筛网。同时可调整偏心重锤偏心方位，以得到理想的振幅和振型，满足不同物料的过滤要求。

振动筛的优点是：结构简单、紧凑，体积小，使用时移动方便；过滤效率高；清洗、换色方便。由于是不带压过滤，筛孔过小时影响过滤速度，所以不能满足高档色漆的细度要求，工作时有一定噪声，大多为敞开式操作，存在有机溶剂挥发污染环境的问题。

(3) 压滤罗

在普通罗筛的基础上，为扩大过滤面积并实现密闭操作，研制出了网篮式过滤器，简称压滤罗，俗称多面罗。它是在一个有快开顶盖的圆柱筒体内，悬吊着一个布满小孔的过滤筒（简称网篮）。在过滤筒中铺设金属丝网和绢布。被过滤的涂料用泵送入过滤器的上部，进入网篮，杂质被过滤介质截留，滤液从过滤器底部的出料口流出。压滤罗的网篮与筒体密封，需要设置法兰，用螺栓与筒体连接，因此更换网篮和清洗不方便。近年来，由于袋式过滤器的推广，压滤罗的应用越来越少。

(4) 袋式过滤器

袋式过滤器（见图 14-6）由一细长筒体内装有一个活动的金属网袋，内套以尼龙丝绢、无纺布或多孔纤维织物制作的滤袋。袋口嵌有金属圈便于与金属网袋压紧，带铰链的盖为平盖，盖与进口管之间、盖与金属网袋及滤袋之间，都有耐溶剂的橡胶密封圈进行密封，压紧盖时，可同时使密封面达到密封，因而在清理滤渣、更换滤袋时十分方便。

图 14-6　袋式过滤器

过滤器的材质有不锈钢和碳钢两种。为方便用户使用，制造厂常将过滤器与配套的泵用管路连接好，装在移动式推车上，除单台过滤机外，还有双联过滤机，可一台使用，另一台进行清查。

这种过滤器的优点是适用范围广，既可过滤色漆，也可过滤漆料和清漆，适用的黏度范围也很大。选用不同的滤袋，过滤细度的范围大，结构简单、紧凑、体积小、密闭操作，操作方便；缺点是滤袋价格较高，虽然清洗后尚可使用，但清洗也较麻烦。因而过滤的费用高，其次滤袋过滤后的漆料细度随过滤压力有波动。

(5) 管式过滤器

管式过滤器也是一种滤芯过滤器，其主要部件为筒体、滤芯、支撑盘、密封圈等。筒体内装 250mm 的滤芯 1～2 支，也可装一更长的滤芯。待过滤的油漆从外层进入，过滤后的油漆从滤芯中间排出，顶部一螺孔是用来放空气的，下面螺孔是用来放渣或放净时用的。它的优点是：滤芯强度高，可承受压力较高，可以达到很高的细度，用于要求高的色漆过滤；由于是深层过滤，故每支滤芯生产能力大；拆装、清洗方便，且滤芯经反冲或清洗可重复使用；设备密封性好，结构紧凑，操作方便。其缺点是滤芯价格较高，虽可清洗后再用，但过滤能力下降，因而总过滤费用高；由于筒体与滤芯之间的空间很小，所以容纳的物料不多，所以单台过滤器生产能力低，产量大时，需要多台并联。

14.2.2.5　输送设备

涂料生产过程中，原料、半成品、成品往往需要运输，这就需要用到输送设备，输送不同的物料需要不同的输送设备。常用的输送设备有：液料输送泵，如隔膜泵、内齿轮泵和螺杆泵、螺旋输送机、粉料输送泵等。

14.3　涂料质量检验与性能测试

14.3.1　概述

对涂料进行质量检验和性能测试有利于选定配方、指导生产，起到控制产品质量的作用，同时为施工提供技术数据，并且有助于开展基础理论研究。

涂料本身不能作为工程材料使用，必须和被涂物品配套使用并发挥其功能，最重要的是它涂在物体上所形成的涂膜性能。因此，涂料的质量检测有其特点：

① 涂料产品质量检测即涂料及涂膜的性能测试，主要体现在涂膜性能上，以物理方法为主，不能单纯依靠化学方法。

② 实验基材和条件有很大影响；涂料产品应用面极为广泛，必须通过各种涂装方法施工在物体表面，其施工性能可大大影响涂料的使用效果，所以，涂料性能测试还必须包括施工性能的测试。

③ 同一项目往往从不同角度进行考查，结果具有差异。

④ 性能测试全面，涂料涂装在物体表面形成涂膜后应具有一定的装饰、保护性能，除此以外，涂膜常常在一些特定环境下使用，需要满足特定的技术要求。因此，还必须测试某些特殊的保护性能，如耐温、耐腐蚀、耐盐雾等。

涂料的性能一般包括涂料产品本身的性能、涂料施工性能、涂膜性能等。

14.3.2　涂料产品性能

涂料产品本身的性能包括涂料产品形态、组成、储存性等性能。

(1) 颜色与外观

本项目是检查涂料的形状、颜色和透明度的，特别是对清漆的检查，外观更为重要，参见国家标准《清漆、清油及稀释剂外观和透明度测定法》(GB 1721—79),《清漆、清油及稀释剂颜色测定方法》(GB/T 1722—1992)。

(2) 细度

细度是检查色漆中颜料颗粒大小或分散均匀程度的参数，以“μm”表示，测定方法见《涂料细度测定法》(GB 1724—79)。

(3) 黏度

黏度测定的方法很多，涂料中通常是在规定的温度下测量定量的涂料从仪器孔流出所需的时间，以“s”表示，如涂-4 黏度计，具体方法见《涂料黏度测定法》(GB 1723—79)。

(4) 固体分（不挥发分）

固体分是涂料中除去溶剂（或水）之外的不挥发分（包括树脂、颜料、增塑剂等）占涂料质量的百分数，用以控制清漆和高装饰性磁漆中固体分和挥发分的比例是否合适，从而控制漆膜的厚度。一般来说，固体分低，一次成膜较薄，保护性欠佳，施工时较易流挂。

14.3.3　涂料施工性能

涂料施工性能是评价涂料产品质量好坏的一个重要方面，主要有：遮盖力，指的是遮盖物面原来底色的最小色漆用量；使用量，即涂覆单位面积所需要的涂料数量；干燥时间，涂料涂装施工以后，从流体层到全部形成固体涂膜的这段时间，称为干燥时间；流平性系指涂料施工后形成平整涂膜的能力。

习　题

1. 漆料生产过程中要用到的设备主要有哪些？
2. 涂料生产工艺有哪两种形式？
3. 涂料生产的反应釜从制造材质上进行分类，主要有哪四类？
4. 板框压滤机和箱式压滤机主要有哪些优缺点？
5. 一般色漆的生产过程包括哪四步？
6. 涂料生产的主要设备有哪五类？
7. 色漆生产过程中常用的研磨分散设备有哪些？各有什么优缺点？
8. 高速分散机具有哪些优点？
9. 砂磨机具有哪些优点？
10. 用于色漆过滤的常用设备主要有哪些？

参 考 文 献

[1] 潘祖仁. 高分子化学. 北京：化学工业出版社，2011.

[2] 涂料工艺编委会. 涂料工艺（上册）. 第3版. 北京：化学工业出版社，1997.

[3] 周强，金祝年. 涂料化学. 北京：化学工业出版社，2007.

[4] 张鸿. 聚酯丙烯酸涂料的研究. 表面技术，1999，28（4）：17.

[5] 何效凯. 浅析热塑性丙烯酸树脂. 涂料与应用，2011，41（4）：1.

[6] 孙志娟，张心亚，黄洪. 溶剂型丙烯酸树脂的研究进展. 化学工业与工程，2005，22（5）：393-398.

[7] 闫福安，官仕龙，张良均，樊庆春. 涂料树脂合成及应用. 北京：化学工业出版社，2008.

[8] 从树枫，喻露如. 聚氨酯涂料. 北京：化学工业出版社，2003.

[9] 汪长春，包启宇. 丙烯酸酯涂料. 北京：化学工业出版社，2005.

[10] 洪潇吟，冯汉保. 涂料化学. 北京：化学工业出版社，1997.

[11] 涂料工艺编委会. 涂料工艺（下册）. 第3版. 北京：化学工业出版社，1997.

[12] 杨建文，曾兆华，陈用烈. 光固化涂料及应用. 北京：化学工业出版社，2005.

[13] 魏杰，金养智. 光固化涂料. 北京：化学工业出版社，2005.

[14] 洪宣益. 涂料助剂. 第2版. 北京：化学工业出版社，2006.

[15] 童身毅等. 涂料树脂合成与配方原理. 武汉：华中理工大学出版社，1992.

[16] 武利民等. 现代涂料配方设计. 北京：化学工业出版社，2000.

[17] 涂伟萍. 水性涂料. 北京：化学工业出版社，2005.

[18] 陈平，王德中. 环氧树脂及其应用. 北京：化学工业出版社，2004.

[19] 李佳林. 环氧树脂与环氧涂料. 北京：化学工业出版社，2003.

[20] 郑顺兴. 涂料与涂装科学技术基础. 北京：化学工业出版社，2007.

[21] 张凯，黄渝鸿，郝晓东，周德惠. 环氧树脂改性技术研究进展. 化学推进剂与高分子材料，2004，2（1）：12.

[22] 李绍雄，刘益军编著. 聚氨酯树脂及其应用. 北京：化学工业出版社，2002，5.

[23] 孙道兴，仇如臣，新启等. 水性聚氨酯的制备方法和应用. 涂料与应用，2002，32（2）：16-19.

[24] 娄西中. 船舶涂料的技术现状与发展趋势. 现代涂料与涂装，2011，14（10）：28-24.

[25] 王群，韩燕蓝，何培新. 国内外汽车涂料的研究状况. 胶体与聚合物，2005，23（3）：37-39.

[26] 周建民. 最新实用汽车涂料与涂装技术. 汽车工艺与材料，2006，（2）：31-33，37.

[27] 冯立明，牛玉超，张殿平等. 涂装工艺与设备. 北京：化学工业出版社，2007.

[28] 王荣耕，李立，杨晓东. 高固体分涂料现状及其发展趋势. 现代涂料与涂装，2006，9（8）：13.

[29] 向斌，杨永锋，韦奉. 高固体分涂料的应用及发展趋势. 现代涂料与涂装，2007，10（10）：40.

[30] 成跃祖. 不饱和聚酯树脂的合成方法及应用. 合成树脂及塑料，1993，10（2）：47.

[31] 殷树梅，王志浩，孙红岩. 有机硅涂料的研究及应用进展. 有机硅材料，2011，25（6）：414.

[32] 吴迪，郭丽. 聚氨酯有机硅涂料的研制. 中国涂料，2004，19（6）：31.

[33] 张宝莲，于双武，魏冬青等. 有机硅改性丙烯酸酯乳液的合成及其性能研究. 涂料工业，2008，38（2）：1-4.

[34] 吴迪，郭丽. 聚氨酯有机硅涂料的研制. 中国涂料，2004，19（6）：31-32.

[35] 王正顺，陈克复，孙京丹等. 耐高温隔热保温有机硅涂料研究. 中华纸业，2010，31（6）：39-41.

[36] 赵陈超，章基凯. 有机硅树脂及其应用. 北京：化学工业出版社，2011.

[37] 胡杰，刘白玲，汪地强等. 有机氟材料的结构与性能及其涂料中的应用. 高分子通报，2003，27（1）：65.

[38] 倪玉德. 含氟聚合物及含氟涂料（Ⅱ）. 现代涂料与涂装，2000，18（5）：23-27.

[39] 汤凤，沈慧芳，张心亚等. 有机氟涂料研究新动向. 涂料工业，2004，34（6）：41-44.

[40] 管丛胜，王威强. 氟树脂涂料及应用. 北京：化学工业出版社，2004.

[41] 胡双庆. 环保型涂料发展趋势及管理现状. 现代农业科技，2010，16：266-267，272.

[42] 廖戎，杨喜朋. 绿色环保涂料. 西南民族大学学报. 自然科学版，2003，29（6）：693-697.

[43] 廖文波，魏争，蓝仁华. 绿色环保涂料的发展方向 . 广东化工，2008，35（1）：52-55.

[44] 郑素荣，王尉安，杨仕军. 绿色环保型涂料的研发进展. 广东化工，2006，34（2）：63-64，69.

[45] 王树文，荆进国. 高固体分涂料的应用和发展. 中国涂料，2001（4）：39-44.

[46] 王成卫，翟金清，蓝仁华等. 高固体分醇酸树脂的制备及其涂料的研究. 涂料工业，2003，33（5）：12-14.

[47] 王荣耕，李立，杨晓东. 高固体分涂料现状及其发展趋势. 现代涂料与涂装，2006，（08）：13-16.

[48] 张心亚，魏霞，陈焕钦. 水性涂料的最新研究进展. 涂料工业，2009，39（12）：17-23，27.

[49] 孟欢，张学俊，张蕾. 水性涂料的研究进展. 2010，48（7）：26-29.

[50] 傅和青，张心亚，瞿金清，陈焕钦. 粉末涂料新进展. 合成材料老化与应用，200，33（1）：37-40.

[51] 訾晓霞，古志国，任会军等. UV固化涂料的研究进展. 山西化工，2008，28（2）：32-34.

[52] 薛中群，董荣江. 中国辐射固化涂料的发展与现状. 中国涂料，2008，23（5）：1-5.

[53] 吴宗南，刘红波. 紫外光固化涂料的研究进展. 广东化工，2009，36（2）：52-55.

[54] 聂俊，肖鸣，何勇. 光固化涂料研究进展. 涂料工业，2009，39（12）：13-16.

[55] 杨忠敏. 浅谈水性涂料的涂装工艺. 现代涂料与涂装，2009，12（10）：34-36.

[56] 热合曼，谢凯成. 粉末涂料的进展. 涂料工业，2001，（4）：29.

[57] 傅和青，张心亚，瞿金清等. 粉末涂料新进展. 合成材料老化与应用，2004，33（1）：37.

[58] 孙先良. 21世纪粉末涂料工业展望. 涂料技术，2001，（3）：36.

[59] 陈红. 粉末涂料发展展望. 涂料工业，2001，（11）：5.

[60] 胡宁先. 21世纪世界粉末涂料工业的发展机遇. 粉末涂料与涂装，2000，（2）：1.

[61] 南仁植. 粉末涂料与涂装技术. 北京：化学工业出版社，2000.

[62] 王树文，荆进国. 高固体分涂料的应用与发展. 中国涂料，2001，（4）：39.

[63] 夏正斌，张燕红，涂伟萍等. 高固体分热固性丙烯酸树脂的合成及性能研究（I）合成研究. 热固性树脂，2003，（1）：5.

[64] 官仕龙，李世荣. 水性光敏酚醛环氧树脂的合成. 涂料工业，2007，37（1）：24.

[65] 官仕龙，李世荣. 光敏酚醛环氧树脂丙烯酸酯的合成工艺. 2006，36（1）：32.

[66] 官仕龙，李世荣. 水性丙烯酸改进酚醛环氧树脂的合成及性能. 材料保护，2007，40（5）：17.

[67] 官仕龙，李世荣. 酚醛环氧甲基丙烯酸树脂的合成. 江西化工，2006，79（2）：18.

[68] 李世荣，官仕龙. 准水性光敏环氧树脂的合成. 现代化工，2002，22（5）：26.

[69] 李世荣，官仕龙. 涂料用水溶性光敏树脂的制备及性能. 化学世界，2001，42（4）：181.

[70] 胡登华，官仕龙，董桂芳等. 自乳化水性环氧树脂的合成. 武汉工程大学学报，2011，33（8）：45.